"粮食工程"专业系列教材

淀粉工艺学

程建军　主编

科学出版社

北　京

内 容 简 介

《淀粉工艺学》共七章，全面地介绍了淀粉基础知识、淀粉及淀粉产品的生产和检测技术，包括淀粉结构、淀粉理化性质、淀粉的制取、淀粉糖生产、变性淀粉制备、淀粉发酵产品以及淀粉的检测技术。不仅提供了经典的淀粉理论和技术，还完善和补充了近些年来出现的新产品、新技术和新方法。本书内容与科研、生产实践结果紧密结合。

本书可供粮食工程、食品科学与工程等专业的本科生、研究生作为教学参考书，也可作为淀粉、食品等相关行业研究工作者及工程技术人员的参考书。

图书在版编目(CIP)数据

淀粉工艺学/程建军主编. —北京：科学出版社，2011
"粮食工程"专业系列教材
ISBN 978-7-03-032427-6

Ⅰ.①淀… Ⅱ.①程… Ⅲ.①淀粉-生产工艺-高等学校-教材
Ⅳ.①TS234

中国版本图书馆 CIP 数据核字(2011)第 196168 号

责任编辑：席 慧 孙 青 / 责任校对：朱光兰
责任印制：张 伟 / 封面设计：北京科地亚盟图文设计有限公司

科学出版社出版
北京东黄城根北街 16 号
邮政编码：100717
http://www.sciencep.com
北京凌奇印刷有限责任公司印刷
科学出版社发行 各地新华书店经销
*
2011 年 12 月第 一 版 开本：787×1092 1/16
2022 年 7 月第五次印刷 印张：16 3/4
字数：430 000

定价：59.80 元

（如有印装质量问题，我社负责调换）

《淀粉工艺学》编写人员名单

主　编　程建军　（东北农业大学）

副主编　李鸿梅　（吉林农业大学）

周　雁　（浙江工商大学）

编　者　（按姓氏笔画排序）

王　鹏　（绥化学院）

史军花　（吉林农业大学）

李鸿梅　（吉林农业大学）

肖志刚　（东北农业大学）

何胜华　（哈尔滨工业大学）

陈凤莲　（哈尔滨商业大学）

周　雁　（浙江工商大学）

徐　速　（东北农业大学）

程建军　（东北农业大学）

主　审　李新华　（沈阳农业大学）

前　言

淀粉是绿色植物果实、种子、块根、块茎的主要成分，是空气中二氧化碳和水经光合作用合成的产物，是取之不尽、用之不竭的天然资源。更好地开发利用淀粉资源是当今世界研究的热点之一。

我国现已发展成为世界淀粉最大生产国，年产各种淀粉超过1000万t，我国淀粉生产技术也已跻身世界强国行列，多项技术工艺达到国际先进水平。淀粉包括玉米淀粉、薯类淀粉、变性淀粉、淀粉糖等。2001年以来，我国淀粉总产量以年均17%的速率递增，2005年产量达1106万t，居各国之首。淀粉工业被誉为朝阳产业，可直接带动农业、食品、造纸、医药、化工、石油等诸多行业的发展。

淀粉及其深加工工业的发展是随着其相关工业的发展而发展起来的，倍受相关行业的重视。因此，充分开发淀粉资源、合理布局和规划淀粉及其深加工工业、研究淀粉工业技术、大力发展其深加工产品、提高其附加值是淀粉及其深加工工业的主要任务。

因此，为了满足我国淀粉科学技术日益发展的需要，在全体编写人员多年教学、科研基础上编著了本书，以供从事淀粉结构、功能、淀粉制取、变性淀粉、淀粉糖以及淀粉部分发酵产品的学生、科技人员作为参考。

本书第一、第二章由程建军编写，第三章由李鸿梅编写，第四章由肖志刚和王鹏编写，第五章由陈凤莲编写，第六章由史军花和徐速编写，第七章由周雁和何胜华编写。全书统稿主要由程建军完成，在此感谢苏俊烽、任为聪、刘宇协助完成统稿工作。

在本书的编写过程中，得到了教材编写委员会及相关院校各位领导和老师的帮助，在此表示衷心的感谢。

由于作者水平有限，难免有不妥及疏漏之处，敬请读者批评指正，编写组成员不胜感激。

编写组

2011年6月

目　录

第一章　淀粉的结构与性质

对淀粉的分子而言，结构是功能的基础。淀粉的结构包括化学结构、空间结构、分子构象和淀粉颗粒的微结晶结构。在淀粉分子结构中，化学结构是基本的结构，化学结构决定高级结构，空间结构决定淀粉的性质。不同植物来源的淀粉分子因其结构的差异而具有各自不同的特性。只有掌握淀粉的结构知识，才能对淀粉的特征、性能作出充分的解释。在工业生产中，淀粉的结构和性质是确定制取工艺的依据。同时，有关淀粉分子结构的理论也可为淀粉的物理和化学变性、酶降解及在发酵工业中的应用，进行深度加工，提供可靠的信息。

第一节　淀粉的构成单位和组分

一、淀粉的基本构成单位

淀粉是高分子碳水化合物，是由单一类型的糖单元组成的多糖。淀粉的基本构成单位为α-D-吡喃葡萄糖，葡萄糖脱去水分子后经由糖苷键连接在一起所形成的共价聚合物就是淀粉分子。淀粉属于多聚葡萄糖，游离葡萄糖的分子式以 $C_6H_{12}O_6$ 表示，脱水后葡萄糖单位则为 $C_6H_{10}O_5$，因此，淀粉分子可写成 $(C_6H_{10}O_5)_n$，或者写成 $[C_6H_7O_2(OH)_3]_n$、$[C_6H_7(OH)_3O_2]_n$，n 为不定数。组成淀粉分子的结构单体（脱水葡萄糖单位）的数量称为聚合度，以 DP 表示。

葡萄糖的开链结构有 5 个羟基，C_4 和 C_5 上的羟基可与醛基形成环状半缩醛结构，分别形成五环和六环两种结构存在，1,5-氧环为吡喃糖环，1,4-氧环为呋喃糖环，淀粉中的脱水葡萄糖单位是以吡喃环存在的。

淀粉是经由 α-1,4-糖苷键连接组成的。其后，人们把淀粉分离为直链分子和支链分子（图 1-1、图 1-2），直链分子是 D-六环葡萄糖经 α-1,4-糖苷键组成，支链分子的分支位置为 α-1,6-糖苷键，其余为 α-1,4-糖苷键。酶法水解淀粉产生麦芽糖，产率可达 70%～80%，说明麦芽糖是淀粉分子的组成部分，淀粉分子中糖苷键应与麦芽糖分子中的糖苷键相同，麦芽糖是

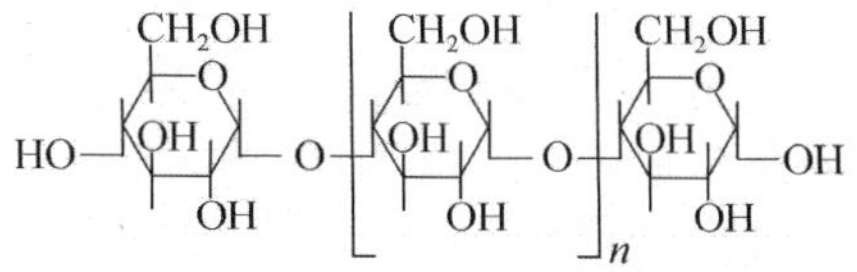

图 1-1　直链淀粉分子

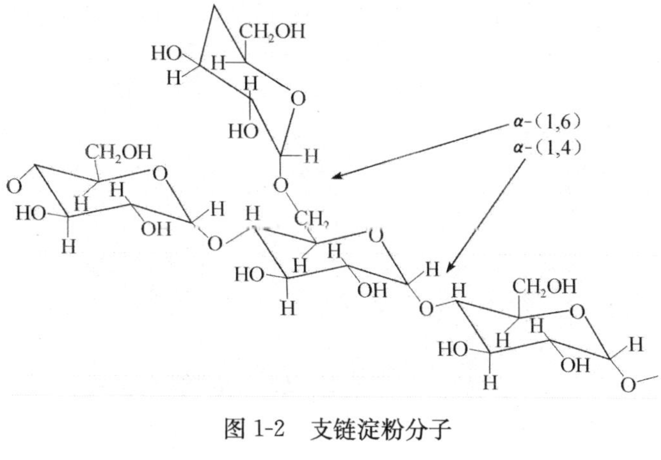

图 1-2　支链淀粉分子

2个D-六环葡萄糖经由α-1,4-糖苷键组成的二糖，所以淀粉分子中也应是α-1,4-糖苷键。而淀粉水解产物中同时还有少量的异麦芽糖存在，是经由α-1,6-糖苷键组成，这表明除α-1,4-糖苷键外，还有一定量的α-1,6-糖苷键在淀粉中存在。

虽然淀粉的化学组成比较简单，但对其进行结构分析并不容易。多糖至少由两种碳水化合物组成，但对淀粉组分和其他葡聚糖来讲，很难将单一类型的碳水化合物组成有意义的次序。因此，需要利用特殊参数来描述淀粉组分的特性。在支链淀粉中短链聚集成束，这些束结构通过长链相互连接。支链淀粉结构中不同类型的链、链段见图1-3。

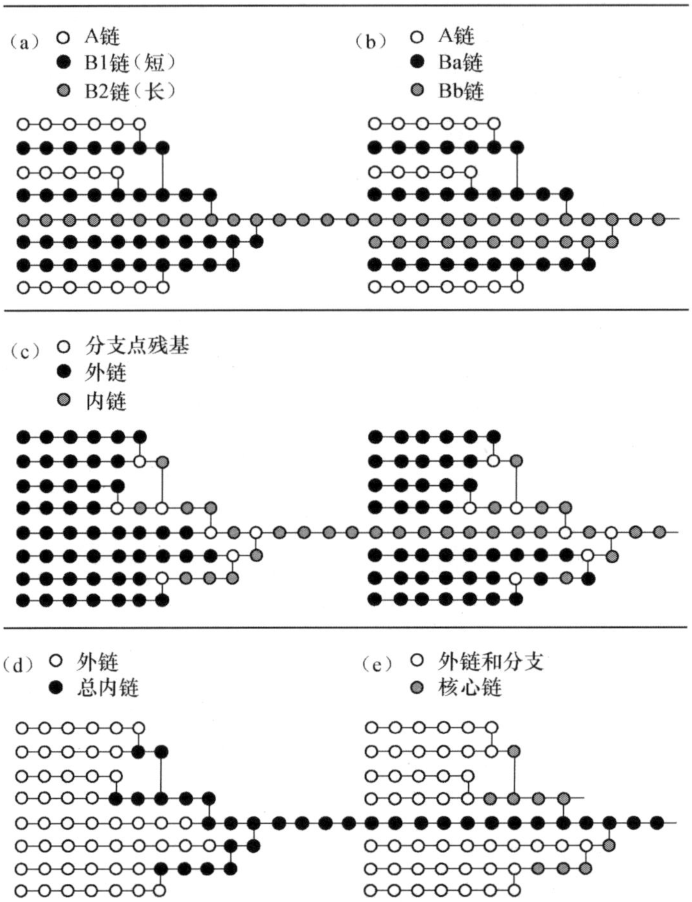

图1-3 支链淀粉分支结构中不同的链和链段定义（张燕萍，2007）

圆圈代表葡萄糖残基，横线代表1,4-糖苷键，竖线代表1,6-糖苷键

根据Peat等提出的经典命名法，A链被定义为不可替代链，而B链则可被其他链替代。大分子支链淀粉还含有一个C链，其具有唯一的还原末端。实验表明，C链无法同B链区分开。也可根据链的长短来描述链的特性，但对链长无确切的定义。而且，对链长的定义，直链淀粉与支链淀粉差别很大。不同的链进一步被分成特征性的片段，外链指从最外面的分支点延伸到非还原端的部分。这样，所有的A链都是外链，而部分B链也属于外链。其他的B链称作总内链，包括所有分支点上的葡萄糖残基。另一种定义是核心链，其不包含最外分支点上的残基。最后，内链被定义为分支点之间的B链片段，其不包含分支点上的葡萄糖残基。为了应用方便，一般认为分子还原末端的片段也属于内链。采用淀粉酶对淀粉成分进行限制性水解，可很方便地获得上述链段。

二、直链淀粉和支链淀粉

在高等植物中，淀粉存在于质体内，并以淀粉粒的形态存在。1940 年 K. H. Meyer 将淀粉团粒完全分散于热的水溶液中，发现淀粉颗粒可分为两部分，其中形成结晶沉淀析出的部分称为直链淀粉（amylose），留存在母液中的部分称为支链淀粉（amylopectin）。那些两者尚没有被分开的淀粉通常以“全淀粉”相称。

直链淀粉实质是 α-D-吡喃葡萄糖基单位通过 1,4-糖苷键连接的线型聚合物，而支链淀粉是 α-D-吡喃葡萄糖基单位通过 1,4-糖苷键及 1,6-糖苷键连接的高支化聚合物。淀粉颗粒一般都由直链淀粉和支链淀粉组成，此外，还存在一个数量很少的中间级分，它由低度支化的支链淀粉和带有少量 α-D-(1,6)-糖苷键的短支链的直链淀粉组成。玉米淀粉中的中间级组分占 4%～9%。

淀粉颗粒如何由数目众多的直链淀粉和支链淀粉分子组成复杂的结构，还没能够充分予以了解。但可以肯定的是，在淀粉颗粒中直链淀粉分子和支链淀粉分子不是机械地混合在一起的。支链淀粉量多分子又大，是构成淀粉颗粒的骨架，支链淀粉分子的侧链与直链淀粉分子间可通过氢键结合，在某些区域形成排列具有一定规律的“束网”结构，有些区域分子排列杂乱，成“无定形”结构，每个直链淀粉分子和支链淀粉分子都可能穿过几个不同区域的“束网”结构和“无定形”结构。

（一）直链淀粉

1. 平均聚合度（$\overline{DP}$）和分子质量

在天然淀粉中有 20%～30%的淀粉为直链淀粉分子。直链淀粉一般由一条形状为线状的长链分子构成，其链由数百个以上 D-葡萄糖单位通过 α-1,4-糖苷键相连接。长链的两端，一端是还原末端基，另一端为非还原末端基。即便是同一种天然淀粉颗粒，其中所含的直链分子大小也不可能一致，而是由一系列聚合度不等的分子混合在一起构成，故直链淀粉分子的聚合度通常都以平均聚合度表示，并把聚合度的变化范围称为表观聚合度分布。表 1-1 列出一些直链淀粉分子的平均聚合度。

表 1-1 一些直链淀粉的平均聚合度

淀 粉	$\overline{DP}_n$①	$\overline{DP}_w$②	$\overline{DP}_w/\overline{DP}_n$	$\overline{DP}$分布范围
大米 sasanishiki	1 100	3 100	2.8	280～9 700
hokkaido	1 100	3 200	2.9	210～9 900
IR_{32}	1 000	2 800	2.8	290～8 800
IR_{36}	900	2 800	3.1	210～9 800
IR_{42}	1 000	3 300	3.3	260～13 000
玉米	930	2 400	2.6	400～14 700
高直链淀粉玉米	710	1 900	2.7	220～4 000
小麦	1 300	—	—	360～15 600
栗	1 700	4 000	2.4	440～14 900
西米（LV）	2 500	4 400	1.8	640～11 300
（HV）	5 100	12 000	2.6	960～36 300
葛	1 500	3 200	2.1	480～12 300
木薯	2 600	6 700	2.6	580～22 400

续表

淀　粉	$\overline{DP}_n$①	$\overline{DP}_w$②	$\overline{DP}_w/\overline{DP}_n$	$\overline{DP}$分布范围
甘薯	4 100	5 400	1.3	840～19 100
山药	1 200	5 200	4.3	400～24 000
百合	3 300	5 000	2.2	360～18 900
马铃薯	4 900	6 400	1.3	840～21 800

① 数均平均聚合度；② 重均平均聚合度

2. 直链淀粉分子的分支构造

β-淀粉酶能够从直链淀粉的非还原末端开始水解相隔的 α-1,4-糖苷键，生成 β-麦芽糖，由于直链淀粉中各葡萄糖单位均是由 α-1,4-糖苷键连接起来的。所以，水解产物理应 100%为麦芽糖。早期实验结果确实如此。后来用精制的 β-淀粉酶水解直链淀粉却得到不同结果，实际水解率只有 73%～95%，这表明在直链淀粉中还可能有微量的 α-1,4-糖苷键以外的其他键存在。进一步研究发现，早期用的 β-淀粉酶为粗酶，其中含有一种与 α-淀粉酶相似的 z-酶，它能使 β-淀粉酶越过淀粉分子中的非 α-1,4-糖苷键，继续水解。

为了探明这些非 α-1,4-糖苷键的性质，在用 β-淀粉酶水解直链淀粉时，同时加入异淀粉酶和支链淀粉酶，则 β-淀粉酶的水解度明显上升。异淀粉酶和支链淀粉酶主要水解淀粉分子中构成分支的 α-1,6-糖苷键，因此，可以推测某些直链淀粉分子具有分支结构。将直链淀粉甲基化并用 Smith 法分解，得到微量 1-*O*-甲基-D-葡萄糖，进一步说明直链淀粉中存在 α-1,6-糖苷键。用 β-淀粉酶水解线状直链淀粉分子时，能够完全水解；水解带分支的直链淀粉分子时，因为 α-1,6-糖苷键的分支存在，只能有部分水解，水解后所剩下的未被水解部分称为 β-淀粉酶极限糊精（β-LD）。可根据 β-LD 的构造推测带分支直链淀粉分子的构造。

直链淀粉中轻度分支分子的结构可通过酶解法给出。轻度分支分子的链数为 4～20。直链淀粉每个分子的平均链数=轻度分支分子的平均链数×分支分子所占百分比+直链线状分子的链数×直链线状分子所占百分比，总的直链淀粉的平均链数为 2～13。相当于每 1000 个葡萄糖单位含有 2～4 条链。通常带分支的直链淀粉分子大小是直链线状分子的 1.5～3.0 倍（表 1-2）。

表 1-2　部分直链淀粉的结构特性

直链淀粉	β-水解极限值/%	分支分子所占比例/%	$\overline{DP}_n$			B/L	分支链数	
			全部分子	分支分子(B)	线状分子(L)		全部分子	分支分子
小麦	81	39	1230	1950	760	2.6	4.5	12.5
大米	80	36	1010	1410	810	1.7	2.4	6.5
直链淀粉玉米	75	44	710	1040	450	2.3	2.0	4.5
普通玉米	82	48	960	1320	630	2.1	2.1	4.4
葛	75	53	1460	1950	910	2.1	3.7	6.8
百合	89	39	2300	2780	2000	1.4	3.9	10.0
木薯	75	42	2660	3280	2210	1.5	6.8	16.1
西米（HV）	74	62	5090	6820	2260	3.0	10.4	18.3
（LV）	80	41	2490	3050	2100	1.5	6.8	16.4

图 1-4 是稻米直链淀粉分子构造模型示意图。线状不带分支的直链分子占 64%，带分支的

直链淀粉分子占 36%；不带分支的直链分子$\overline{DP}$为 800，带分支的直链分子$\overline{DP}$为 1400，因为有分支侧链存在，聚合度明显增加。每个带分支分子平均含 7 个短的支侧链，平均链长 200，β-LD 占 39%。大麦直链淀粉中，轻度分支直链分子占 27%，平均有 3.3 个分支，侧链长度为 1～60，平均链长为 17.4，主链$\overline{DP}$为 1070，分支分子的平均链长 360。

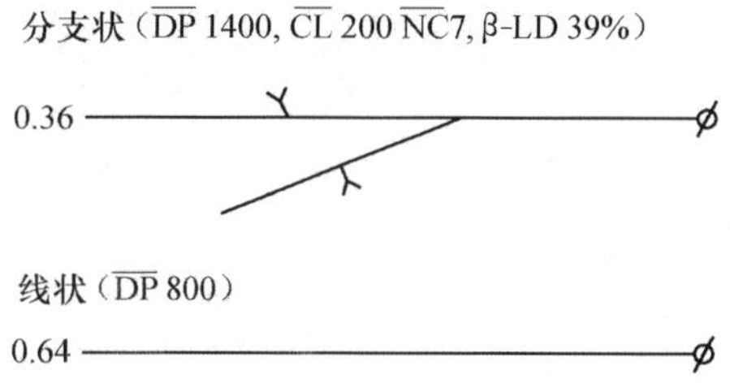

图 1-4　稻米直链淀粉的分支分子和线状分子

$\overline{DP}$：平均聚合度；$\overline{CL}$：平均链长；$\overline{NC}$：平均链数；β-LD：β-环糊精

不能把轻度分支直链淀粉分子视为混入直链淀粉中的支链淀粉分子，两者还是有明显区别的。例如，支链淀粉的分子质量要比轻度分化直链淀粉分子大得多，前者的平均链数可达数百个，后者则只有几个或十几个。轻度分支直链淀粉因分支少，侧链短，β-淀粉酶的分解极限只有 40%左右，比支链淀粉的 55%～60%要低。淀粉颗粒随处理温度升高，逐渐有分子溶出，最先溶出的是线状直链分子，之后是轻度分支直链淀粉分子，支链淀粉则在最后被溶出。不过，由于带分支的直链淀粉所具有的短侧链与支链淀粉分子链长为 20 左右的短侧链相似，也有人推测带分支的直链淀粉分子可能是支链淀粉成长过程中的中间分子。

3. 直链淀粉分子的螺旋结构

直链淀粉分子的立体结构信息主要是依靠 X 衍射技术获得的。与蛋白质和核酸相比，淀粉空间结构测定有很大难度，由于制备合适样品存在困难，一直得不到理想的 X 射线衍射图。尽管早在 20 世纪 30 年代就有淀粉 X 射线衍射的研究报道，但对其结晶性排列至今尚未得到一个肯定的结果，只是提出若干种模型。

直链淀粉为螺旋型，每一螺旋周期包含 6 个 α-D-吡喃葡萄糖基（图 1-5），这种螺旋极可能形成的是左手螺旋。一个 α-D-吡喃葡萄糖单元 C-2 位上的羟基和相连的另一个糖单元的 C_3

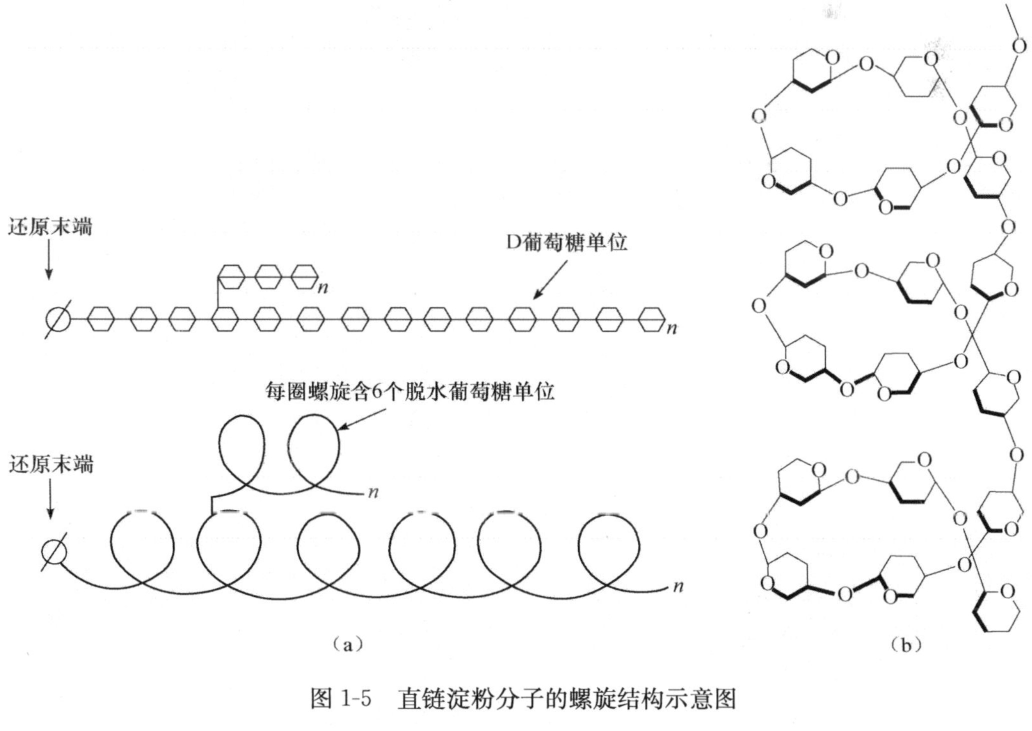

图 1-5　直链淀粉分子的螺旋结构示意图

上羟基之间形成氢键，使左手螺旋更加稳定。Kainurna 和 French（1972）指出直链淀粉是双螺旋结构，螺旋结构每一螺旋所包含的单糖单元数 $n=6$，每个单体单元沿螺旋轴上升的距离 $h=3.5\times10^{-10}$m，双螺旋很稳定，构成双螺旋的分子是同一方向或相反方向都有可能。因为这两条链紧密地配合在一起，相对单体单元的疏水区紧密接触，各羟基则位于链间产生氢键。Sarko（1980）根据最佳纤维衍射记录提出天然淀粉以右旋各股平行的双螺旋结构存在，螺旋每上升（10.4～10.5）$\times10^{-10}$m，有 3 个 D-吡喃葡萄糖单元，在螺旋轴上有一个对称轴，因此，沿单股螺旋的重复距离相当于 6 个 D-吡喃葡萄糖单元（21×10^{-10}m）。双螺旋虽然是平行合股的，却是反向堆积的，一股单螺旋是向上的，另一股是向下的。

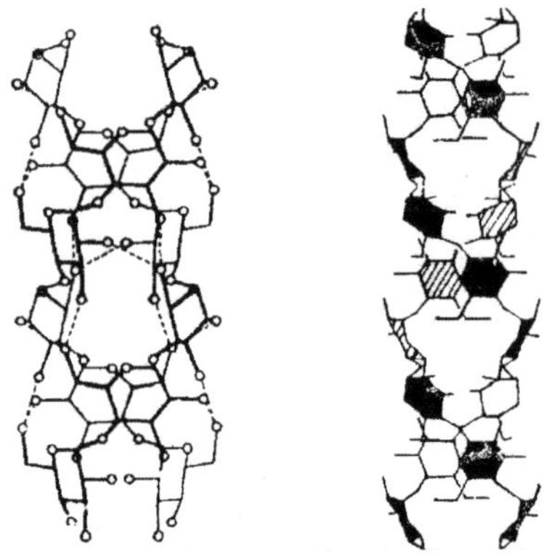

图 1-6 直链淀粉左手和右手双螺旋

现在被人们所接受的模型是从 X 射线衍射研究得到的模型（图 1-6）。两者均为反平行堆积右手双螺旋结构，每股螺旋每圈为 6 个葡萄糖残基，即螺旋分子具有六重螺旋轴对称性，重复周期为 2.08μm，但是两个模型中的双螺旋在晶胞中堆积方式有相当大的差别，淀粉的分子结构以及它们的堆积方式的研究仍在继续进行着，对一些问题还有争议。

有关直链淀粉螺旋结构的证明都来自制备的晶体样品，在溶液状态下，直链淀粉的结构又会发生怎样的变化呢？直链淀粉在稀溶液中的空间构象有三种（图 1-7）：①无规则线团（random coil），呈弯曲性非常大的完全随机的线团状态；②间断式螺旋（interrupted helix），螺旋链段和链段之间曲线连接；③螺旋形（deformed helix）状态存在，具有刚性棒状结构。

在中性溶液中，直链淀粉呈现出无规线团状态，其中带有松散缠绕的螺旋形短段。但当溶液中含有与淀粉分子形成络合物的配合剂时，直链淀粉多以螺旋形存在。

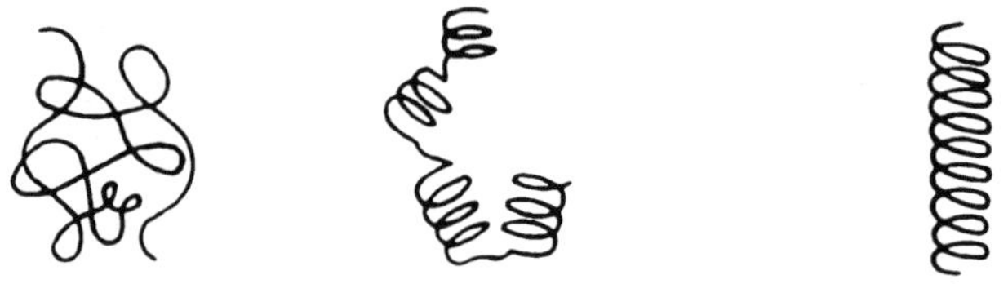

图 1-7 直链淀粉在稀溶液中的空间构象

（二）支链淀粉

1. 支链淀粉的分子结构模型

最早由 Haworth（1937）等提出层叠式结构，Staudinger 等（1937）提出梳子模型，随后 Meyer（1940）提出树枝状模型，其后 Whelan（1970）对 Meyer 的模型进行了修正（图 1-8）。

在近期提出的众多模型中，有代表性的是 French（1972）、Robin（1974）以及 Manners 和 Matheson（1981）等提出的“束簇”支链淀粉模型，以及由 Hizukuri（1986）修正后的“束簇”模型，用β-淀粉酶和脱支酶对支链淀粉进行酶解，对酶解产物分析结果表明 Manners 和 Matheson 的支链淀粉结构模式比较符合支链淀粉实际的结构（图 1-9）。

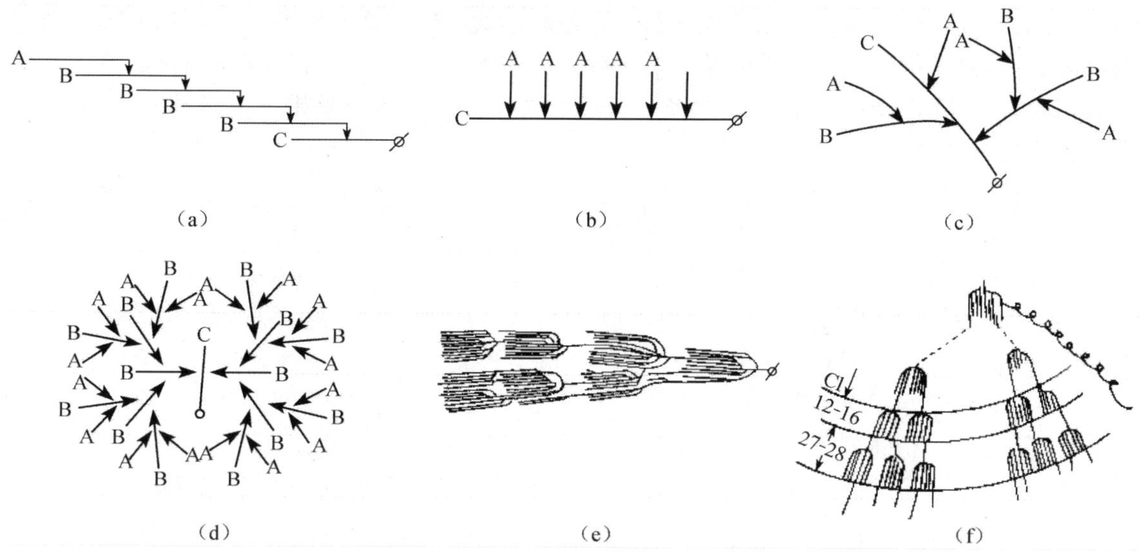

图 1-8　直链淀粉分子结构模型

(a) Haworth (1937); (b) Staudinger 和 Husemann (1937); (c) Meyer 和 Bernfeild (1941); (d) Whelan (1970); (e) French (1972); (f) Hizukuri (1986)

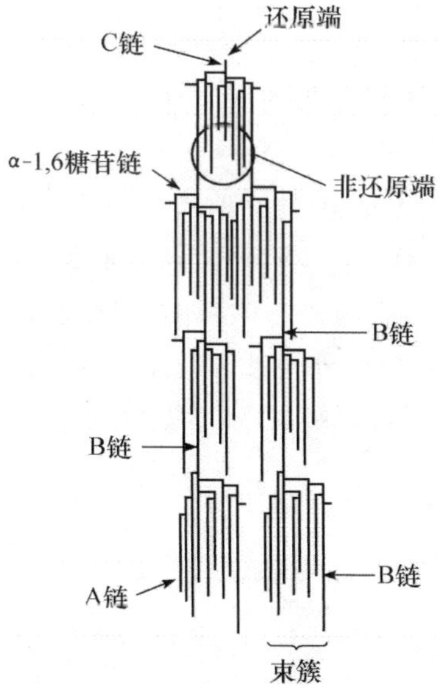

图 1-9　支链淀粉分子束簇模型

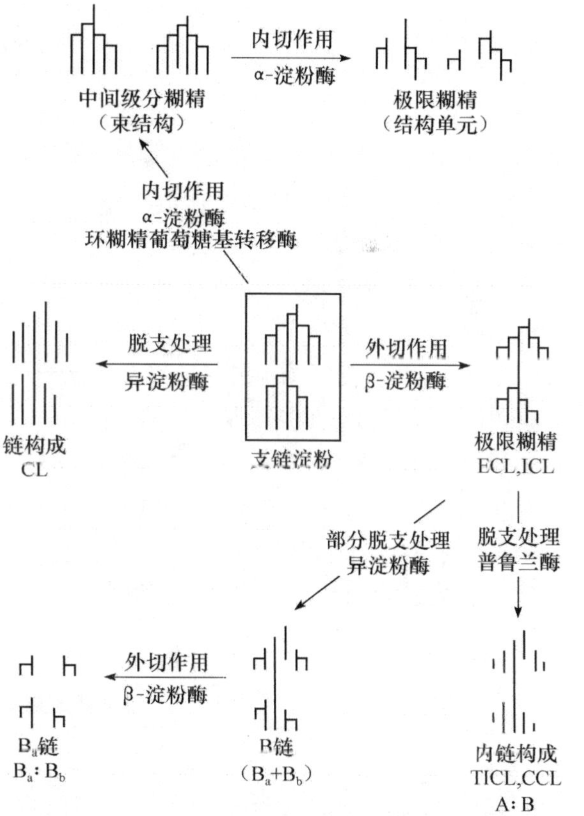

图 1-10　支链淀粉和其他分支淀粉组分采用酶分析原理

支链淀粉的分子质量较直链淀粉大得多，采用凝胶渗透色谱（Gel Permeation Chromatography，GPC）或分子排阻色谱（Size Exclusion Chromatography，SEC）研究其链长分布时，没有合适的媒介，另外支链淀粉容易形成分子聚集体或存在链段断裂的风险，所以难以获得支链淀粉这种大分子的精确平均链长组成。一般支链淀粉的质均相对分子质量（$M_{r,m}$）为（2～700）$\times 10^6$，依植物来源、分析方法以及采用溶剂的不同，而有所差别。支链淀粉质均相对分子质量（$M_{r,m}$）要低得多。

采用改进的 Park-Johnson 法测定还原能力时，不同支链淀粉样品的 DP 值为（4.8～15.0）$\times 10^3$，仅比直链淀粉略高，与质均相对分子质量 $M_{r,m}$值（0.8～2.5）$\times 10^6$ 相符。对支链淀粉还原端采用荧光示踪，然后采用 GPC 测定，不同植物来源的支链淀粉被分为 3 类，DP_n 值为（0.7～26.5）$\times 10^3$。这样 $M_{r,m}/M_{r,m}$的数量级为 10^1～10^2。图 1-10 列举了采用不同酶进行支链淀粉结构分析的途径。不同的酶类在浓度为 2.5mol/L 或较低的二甲基亚砜（DMSO）溶液中具有活力，如在酶作用前将支链淀粉溶解于 DMSO 溶液中，应注意上述情况。

从支链淀粉结构模型可以看出，淀粉分子由复杂多枝的分支构成，为了对结构分析的方便，把构成淀粉分子的链分成 A、B、C 三种，并对一些专门用语做出相应的规定。

A 链：还原性末端经由 α-1,6 糖苷键与 B 链或 C 链相连接的链。

B 链：连有一个或多个 A 链，还原性末端经由 α-1,6 糖苷键与 C 链相连接的链。

C 链：含有还原性末端的主链，支链淀粉中仅含一条 C 链，因此，C 链一端为非还原性末端，另一端为还原性末端。对许多研究而言，通常 C 链被当做一个 B 链。

外链（exterior 或 outer chain）：A、B、C 链的非还原末端到最靠近外侧支叉位置的一段链。

内链（interior chain）：支叉位置和外链以外部分组成，即相邻两个以 α-1,6 糖苷键为分支点的一段链的链长。

主链和侧链：带有还原性末端的 C 链为主链，与主链以 α-1,6 糖苷键相连接的其他链为侧链。

分支化度（multiple branching degree）：淀粉分子上每个 B 链所连接的链段（A 链）平均数目，其值大小由 A 链和 B 链数量比值决定。

2. 聚合度和分子质量

1）平均聚合度（$\overline{DP}$）

支链淀粉分子是巨大分子，各种已测得植物淀粉的支链淀粉$\overline{DP}_n$ 为 4000～40 000，大部分为 5000～13 000，相对分子质量中 M_n（数均分子量）多为 8×10^5～2×10^6，M_w（重均分子量）在 6.5×10^6～6.5×10^7，M_w 是 M_n 的 10～30 倍，比值随淀粉大小分子所占比例不同而异。糯米的$\overline{DP}_n$ 为 18 500，M_n 为 2.9×10^6，西米的$\overline{DP}_n$ 为 40 000，M_n 为 6.5×10^6，它们都是分子比较大的支链淀粉。小麦淀粉中的支链淀粉却比较小，$\overline{DP}_n$ 只有 4800。稻米的不同类型（籼稻和粳稻）、西米的不同黏度（高黏度和低黏度）在支链淀粉相对分子质量上都有明显差异（表 1-3）。支链淀粉的相对分子质量和相对分子质量分布的测定对了解淀粉的功能特性有着重要的意义。

表 1-3 支链淀粉的聚合度和链长度

淀 粉	$\overline{DP}_n$	$\overline{CL}$	$\overline{NC}$	$\overline{ECL}$	$\overline{ICL}$
糯米	18 500	18	1 000	12	5
大米 koshihikari	8 200	20	410	14	5
sasanishiki	12 800	19	670	13	5
hokkaido	11 000	19	580	13	5
IR_{32}	4 700	21	220	14	6

续表

淀　粉	$\overline{DP}_n$	$\overline{CL}$	$\overline{NC}$	$\overline{ECL}$	$\overline{ICL}$
IR_{36}	5 400	21	260	15	5
IR_{42}	5 800	22	260	15	6
玉米	8 200	22	370	15	6
小麦	4 800	19	250	13	5
菱	12 600	22	570	15	6
栗	11 000	22	500	14	7
西米（LV）	11 800	22	540	15	6
（HV）	40 000	22	1 800	15	6
山药	6 100	24	220	16	7
马铃薯	9 800	24	410	15	8

2）平均链长（$\overline{CL}$）和平均链数（$\overline{NC}$）

平均链长度是指每个非还原末端基的链所具有的葡萄糖残基数，$\overline{CL}$=产物中总量（葡萄糖当量）/产物中的总还原力（葡萄糖当量），但$\overline{CL}$不能表示出各个链的实际长度和平均值的差别。每个分子的平均链数$\overline{NC}$可由$\overline{DP}_n/\overline{CL}_n$计算。以ECL表示外链长，ICL表示内链长，平均链长和平均外链长、平均内链长间有如下关系：$\overline{CL}=\overline{ECL}+\overline{ICL}+1$。支链淀粉的平均链长$\overline{CL}_n$多为18～26，光散射法得到的重量平均链长$\overline{CL}_w$是$\overline{CL}_n$的1.3～1.6倍。多数支链淀粉分子的平均链数$\overline{NC}$为400～700，印度型高直链淀粉稻米的支链淀粉$\overline{NC}$是220～260，而糯米的链数却高达1000。从链数上看支链淀粉和带分支的直链淀粉之间还是有明显区别的。

3）单元链长和分布

最常用的支链淀粉结构分析方法是测定单元链的链长及其分布，但这不是最全面的分析方法。平均链长可从下式获得：

$$\overline{CL} = G_{tot}/NC$$

式中：G_{tot}——葡萄糖残基的总数（总碳水化合物含量）；

NC——样品的链数。

NC与非还原端数量相等，其值可通过改进的快速Smith法降解法获得。非还原性末端释放的甘油可通过酶法测定。如下所述，样品首先用酶脱支，然后采用Nelson试剂测定每个链的还原末端。采用改进的Park-Johnson试剂可使测定的精确度提高约10倍。

CL也可通过^1H和^{13}C的核磁共振波谱测定。由于支链淀粉是大分子，CL近似等于α-1,4与α-1,6糖苷键之比。在非还原末端的H-1质子发生化学位移，与另一个H-1质子分离，这增加了测定的精确性。运用核磁共振波谱测定，不必在支链淀粉结构分析前对淀粉脱支处理，该方法与酶法的测定结果相符。对单元链分布分析可获得比链长更多的信息，前者也经常被称作链分布分析。

单元链分布可通过GPC或HPSEC（高效分子排阻色谱）来分析，该办法适用于支链淀粉。无论任何来源的支链淀粉，基本都含有主要的短链组分和少量的长链组分。然而，大多数支链淀粉共有多模式分布，这可通过HPSEC获得证实。表1-4给出了一些支链淀粉典型的CL值。

表 1-4　一些支链淀粉的链长和摩尔比

来　源	CL	ECL	ICL	S∶L①	A∶B②
蜡质玉米 1	18	12	6	NA③	1.3
蜡质玉米 2	23	15	8	8.1	1.1
蜡质玉米 3	22	14	6	11.5	1.0
玉米 1	22	14	7	NA	1.2
玉米 2	26	17	8	9.0	1.2
蜡质大米 1	20	12	6	NA	1.2
蜡质大米 2	18	12	5	NA	1.3
蜡质大米 3	17	11	5	10.5	0.8
大米	19	13	5	NA	1.2
豌豆 1	26	16	9	11.5	NA
豌豆 2	NA	NA	NA	7.3	1.4
马铃薯 1	28	17	9	4.4	NA
马铃薯 2	21	14	6	6.6	1.5
无直链淀粉马铃薯	24	15	8	NA	1.2

① 短链与长链的物质的量比；② 有 β，ϕ 或 ϕ，β-极限糊精脱支后的 A、B 链物质的量比；③ 未分析

样品在脱支前，将其还原端用荧光染料 2-氨基吡啶做标记，然后用 SEC 分析。C 链的分布可通过荧光检测表明，其 DP 为 10～130，在 DP 为 40 左右有一特征峰。对于一些支链淀粉的超长链，其本质仍不十分清楚。

带有脉冲电流检测器的高效阴离子交换色谱（HPAEC-PAD），已经大大提高单链间的分辨率，最高可区分 DP 为 50～70 的链段。

图 1-11 给出了两个单元链的示意图。蜡质玉米是典型的 A 型结晶结构，其短链与长链的摩尔比较高（表 1-2）。无直链淀粉马铃薯中的支链淀粉表现为典型的 B 型结晶结构，短链与

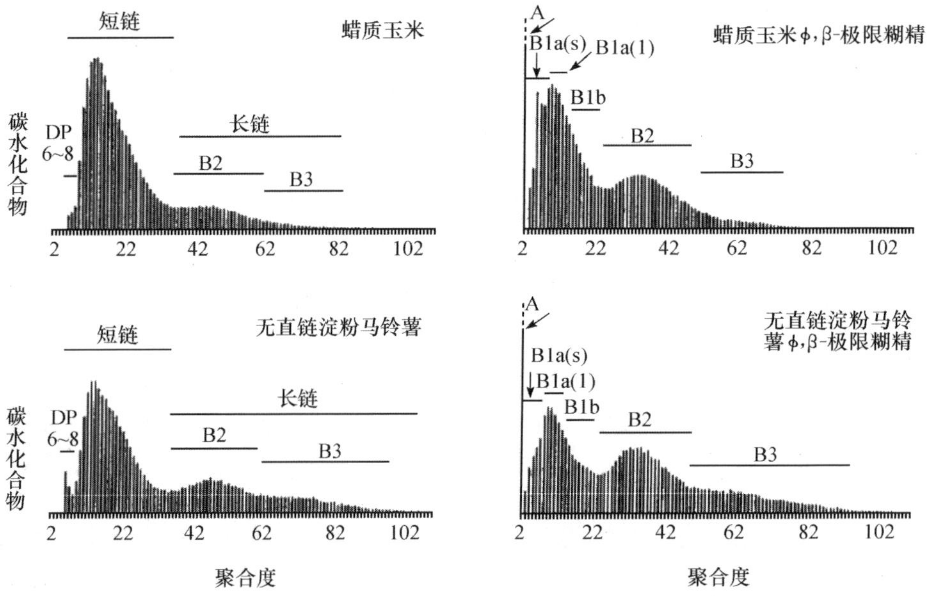

图 1-11　两种支链淀粉样品及其极限糊精单元链分布的 HPAEC-PDA 色谱图

DP>60 部分的条线图仅给出近似值，支链淀粉及其极限糊精不同链组分分别采用 Hizllk 和 Bertoft 命名法

长链的物质的量比较低。值得注意的是，两个单元链中的最短链的 DP 为 6，这是目前为止，所有支链淀粉都具有的特性（虽然可能存在极少的更短链）。DP 为 6～8 的最短链的分布模式是许多天然存在的 A 型或 B 型结晶结构所特有的。某些突变植株，如高直链玉米淀粉中的支链淀粉，具有 B 型结晶结构，这与普通玉米支链淀粉模式相似。具有 C 型结晶结构的淀粉，是 A 型和 B 型结晶结构的混合，其结构介于两者之间。

单元链分布可通过毛细管电泳或 DNA 自动测序仪进行分析，使用该方法时，脱支样品链的还原端用带负电荷的荧光 8-氨基-1，3，6-萘三磺酸标记，用荧光检测器检测，此方法的分辨率不低于 HPAEC 法，其结果直接表征单元链的摩尔分布，而不代表分子质量分布。

4）外链长度和内链分布

虽然单元链长分布提供了关于链组成的总体情况，但若要详细了解支链淀粉的细致结构，则需知道分子内链的分布、组成位置、链的数量等信息。如果采用外切淀粉酶水解外链，留下来的极限糊精则包含原有的分支结构和内链残基，这可用于研究内链结构。

β-淀粉酶从淀粉分子的非还原端水解两个葡萄糖单位，产生麦芽糖。该酶不能越过分支点进行水解，这样留下具有抗酶解作用的 β-极限糊精，其上携带有具有一定特征链长的外链残基（图 1-12）。在透析膜内进行水解作用，可直接将麦芽糖从体系中去除；或将 β-极限糊精在甲醇或乙醇中沉淀。β-极限值定义为在反应中形成的麦芽糖的相对数量。典型的支链淀粉的 β-极限值为 50%～65%。可按下式利用 β-极限值计算平均的外链长度（ECL）：

$$\mathrm{ECL} = \mathrm{CL} \times \beta\text{- 极限值} / 100 + 2$$

式中，假定样品中有相同数量的 A 链和 B 链，以及相同数量的带有奇数和偶数残基的链，因此，在 β-极限糊精中，平均的外链残基长度是 2 个葡萄糖残基。

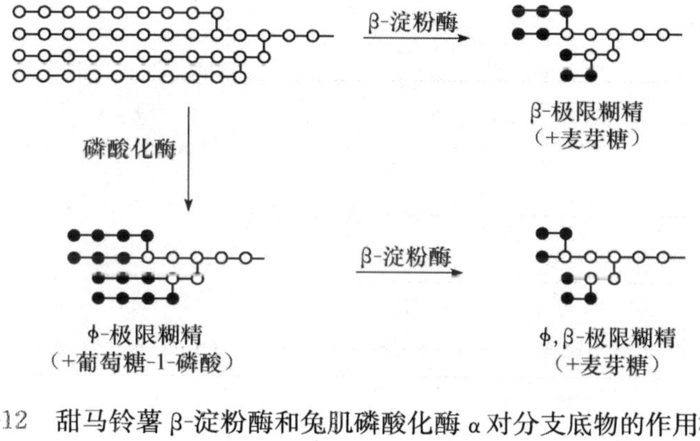

图 1-12　甜马铃薯 β-淀粉酶和兔肌磷酸化酶 α 对分支底物的作用模式

残留的 β-极限糊精外链残基模式，ϕ-极限糊精或 ϕ，β-极限糊精以实心圆表示

磷酸化酶 α 是从兔子肌肉中分离到的一种酶，其可从非还原端水解下葡萄糖-1-磷酸盐，一般水解后，距分支点平均 3.5 个葡萄糖残基。在此过程中，糖苷键的水解是通过磷酸解作用，而不是通过水解作用，在该反应体系中采用磷酸盐缓冲溶液。然而，该反应是可逆的，若想获得纯的 ϕ-极限糊精，反应完成后，磷酸盐与葡萄糖-1-磷酸盐的比率应在 10 以上。若该反应是在透析袋内进行的，则葡萄糖-1-磷酸盐的浓度应始终保持在较低的水平。因为，残留的外链残基相对较长，所以 ϕ-极限值相对于 β-极限值要低一些，ECL 值可通过下式获得：

$$ECL = CL \times \phi\text{-极限值}/100 + 3.5$$

如果用β-淀粉酶作用于φ-极限糊精，则其外链残基将再次被水解，所形成麦芽糖的摩尔量将与单元链数量相等。结果形成的极限糊精外链残基的平均长度为1.5，这样的结构与最小可能的β-极限糊精相同（图1-12）。因内链数与分支数相同，都比链数（NC）少1个，所以，内链长度（ICL）可由下式计算：

$$ICL = [(CL - ECL) \times NC]/(NC - 1) - 1$$

当NC很大或未知时，可采用下式估算：

$$ICL = CL - ECL - 1$$

一些支链淀粉的ECL和ICL值见表1-3。

普鲁兰酶作用于短链残基上的麦芽糖基较异淀粉酶更为有效，可用于对β或φ，β-极限糊精进行完全脱支。可通过色谱对链的分布进行分析，由φ，β-极限糊精获得的麦芽糖数量与A链相等，反之，所有的长链则代表B链（图1-11）。对β-极限糊精进行水解后，一半A链形成麦芽糖，另一半形成麦芽三糖。然而，一小部分最短的B链也形成麦芽三糖，这可能会对A链的判断带来一定影响。表1-4中列举了一些支链淀粉中A∶B的值，当用极限糊精时，A链的估计值与其原链长无关。这表明，若假定最短链代表A链，则由极限糊精获得的A∶B值较脱支处理的原淀粉中支链淀粉的A∶B值低。φ，β-极限糊精的B链分布代表其总内链长度加上单独外链残基（图1-12）。

5）*束单元分析*

支链淀粉的单元链堆积形成束，多个分支密集地聚集在一起。然而，对于束单元并无确切的定义，尽管已经发表了一些关于束结构的细致研究报告。Thum和Burchard提出了一个束结构模型，在其中平均包含4.22个链，然而，Hizukuri认为，每一个束包含22～25个链。Gallant等推测，一个束由18～34个链以双螺旋形式构成。

内切酶用于水解束单元间的内链，从而将其除去（图1-10）。由于不同酶的作用模式以及与分支间链段的亲和能力都不同，所得数据并不一致，甚至互相矛盾，这就需要对束作更为确切的定义。Finch和Sebesta采用来自Stutzeri P的麦芽三糖形成酶处理支链淀粉形成的β-极限糊精，所获得的具有抗消化作用的极限糊精被认为代表单元束。来自马铃薯支链淀粉的极限糊精是23 000（相应的DP值大约为140），而小麦支链淀粉所形成的束大小只有上述值的1/3。在上面两个样品中，束的大小都很均匀。Bender等研究了环糊精葡萄糖基转移酶（CGT）的作用模式。CGT除了作用于外链，产生环糊精外，其还作用于较长的内链。从蜡质玉米和马铃薯支链淀粉中制备的中间级分的非环状糊精，在甲醇中沉淀后，形成三种大小的组分，一般认为它们为束结构。所有样品中这些束形成的β-极限糊精的DP为40～140，一般认为，在蜡质玉米中束的结构更为紧密。

有研究者采用α-淀粉酶分离束结构（图1-10），该酶与CGT作用模式相似，9个次级位点不均匀地分布在催化活性位点附近，优先作用于支链淀粉的外链，形成线性的麦芽糊精，同时，该酶也作用于束之间的长内链。在反应开始时，所有的次级位点结合有D-葡萄糖残基，这时反应速率很快，但当无法满足上述条件时，反应速率开始迅速下降。在此阶段，束单元在反应混合物中为主要成分，其可在乙醇中进行分级。表1-5表明了一系列支链淀粉的极限糊精形成束结构的估测聚合度。

表 1-5　各种支链淀粉中的束大小

样　品	束大小①				
	XXL	XL	L	M	S
蜡质大米	200	150	90	47	34
蜡质大麦		130	85	65	
蜡质玉米		117	88	68	27
双隐性甜玉米			47	32	17
马铃薯			70	50	33
无直链淀粉马铃薯			48	40	31
光滑豌豆				55	32

① 样品中的极大、大、中等和小的束

通过分析发现蜡质玉米支链淀粉束结构的 ϕ-极限糊精被脱支处理后，小束中链的数量为5～8个，而大束中则包含 9～11 个链。在 α-淀粉酶进行水解过程中，A 链与 B 链的比例保持在 1∶1，这表明，酶的水解模式为均匀水解产生每种链。在对蜡质大米支链淀粉研究时，也得到了类似的结论，在此过程，A 链∶B_a 链，B_a 链∶B_b 链的比例保持恒定。然而，由于水解作用，导致长 B 链数目减少，中等长度 B 链，如 B_{1b}链优先形成。这也与长链参与束结构相互连接作用的结论相符。对于蜡质大米 β-极限糊精，可能的最短 B 链麦芽三糖的数量也增加了。这些 B 链中，可能一部分来源于 A 链，这是 α-淀粉酶作用于外链部分的结果，但大家更普遍认为，这主要是 α-淀粉酶作用于内链后新形成的 B 链，这说明了样品中束间的优先连接模式。对于马铃薯支链淀粉，A 链与 B 链的比例，以及 A 链与 B_a 链的比例在小分子的糊精中稍有增加，而 B_a 链与 B_b 链的比例有所降低。

另外，稀释的 α-淀粉酶用于分离束，100 倍以上的浓缩液用于从蜡质大米支链淀粉的束中生产 α-环糊精（图 1-10）。这些 α-环糊精仅含有非常短的内链，其具有抗消化作用，一般认为它们是形成束的结构物。不同的束一般含有 3～8 个分支的结构物，这些结构物由 2～7 个链组成，其中主要为 B_{1a}（s）链。用 GPC 分析结构物的大小分布，发现对应两个暂定的域，有两种不同的分子大小。DomA 类型的糊精，其结构物的 DP 为 5～40，峰值 DP 为 35～40。DomB 的分布更为均匀，其结构物主要为中等或较小的分子，DP 为 5～30。在玉米突变株中也发现了与蜡质大米类似的结构物，它也是 A 型结晶类型。玉米突变株的淀粉主要为 B 型结晶结构，其结构物一般较小，而且分布也存在差异。而且这种淀粉形成的束较小，每束的结构物数量平均为 1.2～1.3。这也在很大程度上表明，束的结构模式是与淀粉颗粒的结晶类型有联系的。结构物和其他小分子的糊精水解物，其组成可用 HPAEC 和 NMR 进行分析。

3. 结合磷酸

有些淀粉，尤其是根、茎类淀粉存在一些磷酸酯，这主要通过对支链淀粉葡萄糖单元 C-6 和 C-3 取代而形成的，而直链淀粉一般不形成磷酸酯。在马铃薯中发现一种二激酶，推测可能与磷酸化作用有关。马铃薯淀粉的磷含量并不高，每 200～500 个淀粉分子形成一个磷酸酯，不同品种的马铃薯淀粉间存在较大差异，这对淀粉的功能特性非常重要。比较特别的是，无直链淀粉马铃薯淀粉中也含有相同或略少的磷，而高直链淀粉马铃薯淀粉中磷含量较高。这可能是因为，磷酸化酶与分支基质的长链亲和力较强。谷类淀粉也含有磷，但只有一小部分与支链淀粉形成共价键，大部分的磷则与直链淀粉形成溶血磷脂复合物。

在D-葡萄糖残基上酯化了的磷含量及其位置，可通过P-NMR进行分析。在0.7mol/L热的HCl溶液中4h，限制性水解糖苷键后，采用葡萄糖-6-磷酸脱氢酶进行葡萄糖-6-磷酸残基数量的酶法分析，该酶能够催化$NADP^+$分解。然后采用HPAEC分离葡萄糖-6-磷酸和葡萄糖-3-磷酸。然而，葡萄糖-3-磷酸不稳定，易分解，对于其定量较为困难。一般来讲，70%的磷与C-6位结合，而30%的磷与C-3位结合。

磷酸酯在支链淀粉上的位置可通过来自代氏根霉（*Rhizopus delemar*）或黑曲霉（*Aspergillus niger*）的葡萄糖淀粉酶进行分析。该酶是外切酶，通过水解α-D-1,4-糖苷键产生葡萄糖。若B链的整个外链和A链的全部α-D-1,4-糖苷键都被水解，则该酶通过水解α-D-1,6-糖苷键继续水解掉剩余的单个葡萄糖残基，这样，整个支链淀粉分子被全部水解。然而，如果水解α-D-1,6-糖苷键的条件不具备，则形成γ-极限糊精。如果磷酸基团在A链或B链取代，就出现这种情况。在此情况下，磷酸基团形成障碍物，使酶无法完成水解（图1-13）。只有支链淀粉分子中少部分具有对酶的抗性。据报道，γ-极限糊精值为81%～97%。

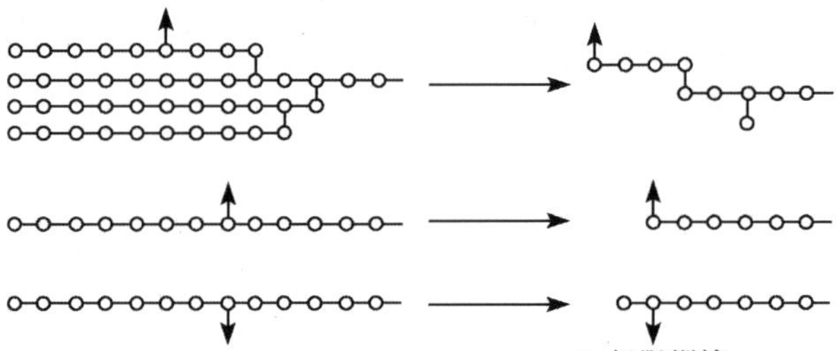

图1-13　葡萄糖淀粉酶对磷酸化的分支和线性基质的作用模式

磷酸化的支链淀粉被酶脱支后，带有磷酸基的链可通过DEAE-SephadexA-50阴离子交换色谱分离。Takeda和Hizukuri的研究表明心，进一步用β-淀粉酶处理，磷酸基主要与马铃薯支链淀粉的长B链相连，磷酸化程度随链长的增长而增加。另外，距离非还原端9个葡萄糖残基或在分支点附近，无磷酸基形成。Blennow等采用酸部分水解淀粉颗粒，结果水解后淀粉结晶区仍在，这表明大部分的磷酸基存在于无定型区。但另外有研究报告表明，在磷含量高的马铃薯中，只有35.5%的磷酸基存在于无定型区。一般认为，C-6位的磷酸化影响支链淀粉形成结晶过程，因此，C-6位的磷酸化主要存在于无定型区。而C-3位的磷酸化对结晶区和无定型区影响程度相同。另外，Blennow等分析了一系列磷酸化的淀粉，结论是，磷酸化的程度与非磷酸化链在支链淀粉组分中的分布具有高度正相关。

Jane和Shen将淀粉颗粒逐渐溶解于4mol/L $CaCl_2$溶液中，他们发现，马铃薯淀粉粒的脐点较周边部分更容易发生磷酸化，这说明支链淀粉长B链更容易向淀粉颗粒内部伸展。这也表明，含直链淀粉较少的小淀粉颗粒比大颗粒磷酸化程度高。另外，Smith等发现，马铃薯茎的内部更容易发生磷酸化作用。这表明，磷酸酯无论是在分子或颗粒水平，以及在块茎水平，其分布都是不均匀的。

4. 中间级分分析

一些淀粉，尤其是高直链淀粉型的，含有一些中间级分（IM）。IM在一些普通玉米、燕麦、小麦、黑麦、大麦、马铃薯、高直链淀粉大麦、高直链淀粉马铃薯以及另外一些突变株玉米品种和皱皮豌豆中也有记述。该级分的本质并不十分清楚，可能为某类淀粉所特有。淀粉组分的分离方法也影响 IM 的组成，特别是 IM 与直链淀粉或支链淀粉一起被分离出来时影响更大。在此情况下，研究人员可能仍不知 IM 的存在，这将影响其他组分的分析。在一些情况下，采用碘吸收法测定直链淀粉的含量时，由于 IM 具有较高的碘吸收值，以及长链支链淀粉的存在，或者两者的共同影响，使测定结果偏高。

Banks 和 Greenwood 提出一种适用于谷物淀粉的方法，在该方法中，从支链淀粉组分中分离出直链淀粉-麝香酚复合物。此复合物在丁醇溶液中沉淀，分离出直链淀粉和一种可溶性组分，该组分包含异常直链淀粉或支链淀粉，通常具有较长的链长。Adkins 和 Greenwood 研究玉米淀粉，用正丁醇沉淀直链淀粉，从上清液中（支链淀粉组分）分离出一种葡聚糖和碘的复合物。该复合物的含量随着玉米淀粉中直链淀粉增加而提高，其具有特征性的短链。Wang 等也发现 IM 与支链淀粉一起存在于上清液中。采用 GPC 对 IM 进行分级，发现其为一分支组分，比支链淀粉小。IM 具有与支链淀粉相似的链的类型，但不同链的比例与突变株的种类有关。Klucinec 和 Thompson 从含有支链淀粉的 6%正丁醇和 6%异戊醇的混合溶液中，沉淀直链淀粉和中间级分，结果，直键淀粉在正丁醇中沉淀，而 IM 仍留在上清液中。他们发现，在普通玉米中 IM 的类型与支链淀粉极其相似，但在含有高直链淀粉的淀粉中，其组成发生改变，含有大量的长链。与此同时，支链淀粉组分含有的长链数量增多。Klucinec 和 Thompson 推测，与支链淀粉类似，IM 为分支结构，其结构特性导致其物理性质发生改变，这可从其在正丁醇-异戊醇混合物中沉淀看出。在二倍体（钝性：蜡质）和三倍体（直链淀粉扩增：钝性：蜡质）突变株玉米淀粉中，IM 组分具有较高含量（分别为 40%和 80%）。IM 链的分布有一些改变，与支链淀粉相比，抗 α-淀粉酶水解的能力明显增强。在甲醇溶液中，α-糊精的性质也有差别。Bertoft 等认为，IM 具有较规律性的分支结构，能抵抗 α-淀粉酶的水解，引起分子性质发生改变。

Colonna 和 Mercier 从皱皮豌豆淀粉中分离到了一种分子质量很低的成分。该 IM 具有分支，与支链淀粉链的类型相似，但其碘吸收值较高，短链与长链的比率较低。对 IM 分析表明，其长链比率随分子质量降低而增加。实际上，小 IM 的分子质量与支链淀粉束结构类似，一般认为是由小的类似束的结构组成的，其间通过长链连接，这样就增加了长链的比率。皱皮豌豆中的 IM 被描述为极短的线性直链淀粉链与常规分支链或长链支链淀粉的混合物。

（三）直链淀粉和支链淀粉结构、性质比较

直链淀粉和支链淀粉在分子形状、聚合度、立体结构、还原能力上都有很大差别，这种结构上的差异决定了它们在性质上的不同。集中表现在溶水性、碘着色性、形成络合结构能力、晶体结构、凝沉性、糊黏度和乙酰衍生物成膜性等方面，两者的比较见表 1-6。

表 1-6 直链淀粉和支链淀粉的比较

项 目	直链淀粉	支链淀粉
分子形状	直链分子	支链分子
聚合度	100～6 000	1 000～3 000 000
末端基	分子的一端为非还原末端基，另一端为还原末端基	分子具有一个还原末端基和许多非还原末端基
碘着色反应	深蓝色	紫红色
吸收碘量	19%～20%	<1%

续表

项　目	直链淀粉	支链淀粉
凝沉性质	凝沉性强，溶液不稳定	凝沉性很弱，溶液稳定
络合结构	能与极性有机物和碘生成络合结构	不能
X 光衍射分析	高度结晶结构	无定形结构
乙酰衍生物	能制成强度很高的纤维和薄膜	制成的薄膜很脆弱

（四）淀粉的直、支链分子含量

天然淀粉粒中一般同时含有直链淀粉和支链淀粉，而且两者的比例相当稳定，如表 1-7 所示，多数谷类淀粉含直链淀粉 20％～30％，比根类淀粉要高，后者仅含 17％～20％的直链淀粉。糯玉米、糯高粱和糯米等不含直链淀粉，全部是支链淀粉，虽然有的品种也含有少量的直链淀粉，但都在 1％以下。天然淀粉没有含直链淀粉很高的品种，只有一种皱皮豌豆的淀粉含有 66％的直链淀粉，人工培育的高直链玉米品种的淀粉中直链淀粉可高达 80％。文献中报道的淀粉中直、支链淀粉含量常不一致，这是因为不同品种、不同成熟度和同一品种的不同样品间都存在差别（表 1-7）。一般水稻中的粳米要比籼米含直链淀粉高，而未成熟的玉米含有较多较小的淀粉颗粒，仅含 5％～7％的直链淀粉。

表 1-7　常见淀粉直链、支链淀粉含量（％）

淀粉种类	直链淀粉含量	支链淀粉含量
玉米	26	74
蜡质玉米	＜1	＞99
马铃薯	20	80
木薯	17	83
高直链玉米	50～80	20～50
小麦	25	75
大米	19	81
大麦	22	78
高粱	27	73
甘薯	18	82
糯米	0	100
豌豆（光滑）	35	65
豌豆（皱皮）	66	34

第二节　淀粉颗粒的结构

一、淀粉颗粒的形状与大小

（一）颗粒形状

淀粉颗粒的形状取决于来源。淀粉颗粒的形状可大致分为圆形、卵形和多角形。一般含水量高、蛋白质少的植物淀粉颗粒比较大，形状也比较整齐，多呈圆形和椭圆形，如马铃薯淀粉；相反则颗粒小呈多角形，如稻米淀粉。几种常见的淀粉颗粒形状为：玉米淀粉颗粒有圆形和多角形两种；稻米淀粉颗粒呈不规则多角形，颗粒小，并常有多个粒子聚集；马铃薯淀粉颗粒为卵圆形；木薯淀粉颗粒为球形或截头的圆形；小麦淀粉颗粒是扁平圆形或椭圆形。

淀粉颗粒的形状又因生长部位和生长期间遭受压力的大小而不同。例如，玉米淀粉有圆形和多角形两种，圆形的生长在玉米粒上部，多角形的长在胚芽两旁。即使同一种植物的淀粉颗粒也绝不是固定不变的，会随着植物的生长而发生变化。例如，马铃薯淀粉随薯块成熟长大，淀粉含量提高，淀粉粒径变大，卵圆形颗粒的密度也随之增高。

（二）淀粉粒大小

淀粉粒的大小以长轴的长度表示。不同种类的淀粉大小存在很大差别，同一种淀粉颗粒的大小也是不均匀的，彼此存在差别。通常用大小极限范围和平均值来表示淀粉颗粒的大小。薯类淀粉要比谷类淀粉大，其中以马铃薯淀粉颗粒最大，15～100μm，平均 33μm；甘薯淀粉颗粒 15～55μm，平均 30μm；木薯淀粉颗粒 5～35μm，平均 20μm。在谷类淀粉中，玉米淀粉颗粒大小很不一致，最小 5μm，最大 30μm，平均约 15μm；稻米淀粉颗粒最小，为 3～8μm，平均只有 5μm；而小麦淀粉呈双峰的颗粒尺寸分布，一组为 2～10μm，另一组为 20～30μm，处于中间状态者很少，大颗粒虽只占总数的 20%，质量却占 90%（表 1-8）。

表 1-8　淀粉的颗粒性质

主要性质	玉米淀粉	马铃薯淀粉	小麦淀粉	木薯淀粉	蜡质玉米淀粉
淀粉的类型	谷物种子	块茎	谷物种子	根	谷物种子
颗粒形状	圆形、多角形	椭圆形、球形	圆形、扁豆形	圆形、截头圆形	圆形、多角形
直径范围/μm	3～26	5～100	2～35	4～35	3～26
直径平均值/μm	15	33	15	20	15
比表面积/(m^2/kg)	300	110	500	200	300
密度/(g/cm^3)	1.5	1.5	1.5	1.5	1.5
每克淀粉颗粒数目/($\times10^6$)	1300	100	2600	500	1300

二、淀粉颗粒的轮纹结构

在显微镜下细心观察，可以看到有些淀粉颗粒呈若干细纹，称轮纹（striations）结构。轮纹样式与树木年轮相似，马铃薯淀粉的轮纹最明显，呈螺壳形；木薯淀粉轮纹也较清楚；玉米、麦和高粱等淀粉的轮纹则不易见到。各轮纹层围绕的一点叫做“粒心”，又叫做“脐”（hilum）。禾谷类淀粉的粒心常在中央，称为“中心轮纹”，马铃薯淀粉粒的粒心常偏于一侧，称“偏心轮纹”。粒心的大小和显著程度随植物而有所不同。不同淀粉粒根据粒心及轮纹情况可分为“单粒”、“复粒”及“半复粒”。单粒只有一个粒心，马铃薯淀粉颗粒主要是单粒。在一个淀粉质体内包含有同时发育生成的多个淀粉颗粒称为复粒，稻米的淀粉粒以复粒为主。由两个或更多个原系独立的团粒融合在一起，各有各的粒心和环层，但最外围的几个环轮则是共同的，是半复粒。有些淀粉粒，开始生长时是单个粒子，在发育中产生几个大裂缝，但仍然维持其整体性；这种团粒称为假复粒，豌豆淀粉就属于这种类型。在同一个细胞中，所有的淀粉粒，可以全为单粒，也可以同时存在几种不同的类型（图 1-14）。例如，燕麦淀粉粒大部分为复粒，也夹有单粒存在；小麦淀粉粒，大多数为单粒，也夹有复粒存在；马铃薯淀粉粒以单粒为主，偶有复粒和半复粒形成。

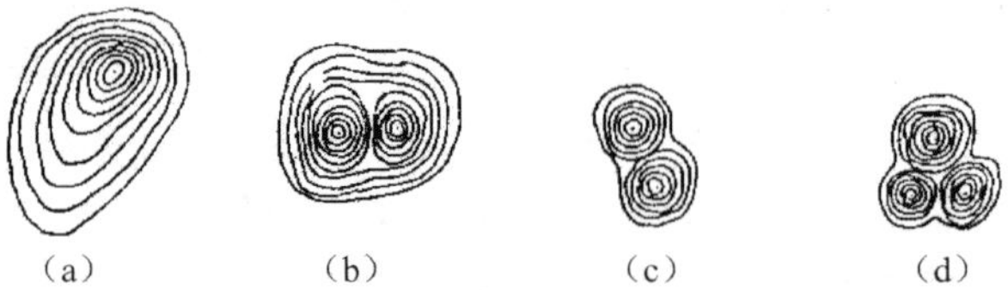

图 1-14　单、复轮纹示意图

(a) 单粒；(b) 半复粒；(c) 复粒；(d) 假复粒

用扫描电镜观察经酸、酶处理的淀粉粒或受损伤的淀粉粒也会常常看到有这种层状结构存在。轮纹式的层状结构产生的原因可能是由于淀粉粒内部折射率之差或是密度之差形成的。淀粉粒在形成过程中，由于昼夜光照的差别，造成葡萄糖供应数量不同，致使淀粉合成速率快慢不一致，形成淀粉的密度出现层状结构。不过有人将马铃薯在一定环境条件下连续照射进行栽培，淀粉粒仍能形成层状结构，因此，对上述说法提出质疑。层状结构形成的真正原因，目前还不能做出适当的说明。

三、淀粉颗粒的偏光十字

在偏光显微镜下观察，淀粉颗粒呈现黑色的十字，将淀粉颗粒分成 4 个白色的区域称为偏光十字（polarization cross）。这种偏光十字的产生源于球晶结构，球晶呈现有双折射特性（birefringence），光穿过晶体时会产生偏振光。淀粉颗粒也是一种球晶，具有一定方向性，采取有秩序的排列就会出现偏光十字。现已知道，构成淀粉粒的葡萄糖链是以脐点为中心，以链的长轴垂直于粒表面呈放射状排列的，这种结构是淀粉粒双折射性基础。

不同品种淀粉颗粒的偏光十字的位置和形状以及明显的程度有一定差别。例如，马铃薯淀粉的偏光十字最明显，玉米、高粱和木薯淀粉次之，小麦淀粉则不明显。十字交叉点玉米淀粉颗粒是在接近颗粒中心，马铃薯淀粉颗粒则接近于颗粒一端。根据这些差别，通常能用偏光显微镜鉴别淀粉的种类。

当淀粉粒充分膨胀、压碎或受热干燥时，晶体结构即行消失，分子排列变成无定形，就观察不到偏光十字存在了。

四、淀粉颗粒的微结晶结构

（一）淀粉粒的结晶形态

在讨论直链淀粉分子结构时，已介绍过制备成结晶后的直链淀粉呈现一定的 X 光衍射图谱。淀粉颗粒不是一种淀粉分子，而是由许多直链和支链淀粉分子构成的聚合体，这种聚合体不是无规律的，它在某些部分形成微小结晶构造，有了这样的结构基础，就可以用粉末 X 射线衍射线研究淀粉粒的结晶结构。已知的天然淀粉主要产生 A、B 和 C 三种不同的 X 光衍射图谱，不同植物淀粉分属于 A 型或 B 型，也有些处于从 A 型到 B 型的连续变化中间的图形 C 型，因此，C 型衍射图谱表现为 A、B 型混合物。

衍射图谱是以衍射角为横轴，以衍射X射线强度为纵轴的曲线。衍射图谱上有一系列的衍射线，根据它们的 2θ 值由大者起依次用1、2、3…加以区别，为了区分是能看到一条衍射线还是双重线和三重线，分别在数字后面附上a、b、c。衍射图谱中的小锯齿波是由统计波动引起的，没有什么分析意义。衍射线的位置和强度是淀粉结晶物质所固有的，它能反映出所测淀粉样品的晶状类型和晶体化程度。衍射图峰的位置也可由 2θ 求出面间距 d。峰的宽度与微结晶大小有关，峰越宽，衍射强度越高，晶粒越大。图1-15给出A、B、C型的淀粉的衍射图谱，每种图谱对应的衍射峰位置由表1-9列出。这样对任何一种淀粉通过它的X射线衍射图，就可了解它所具有的晶型和经变性处理后晶型的变化和被破坏程度。

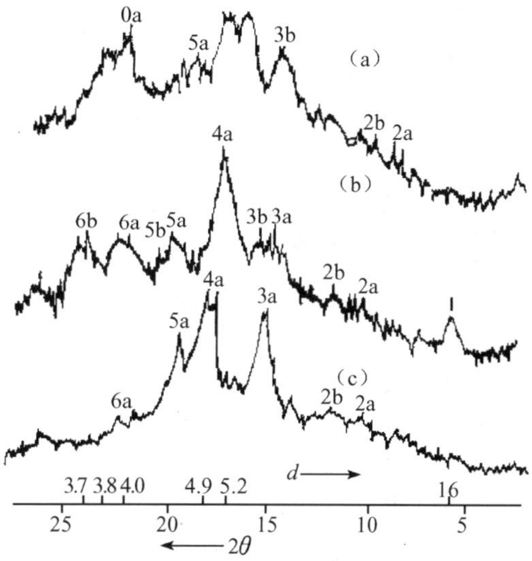

图1-15　不同种类淀粉颗粒的X射线衍射图
(a) 玉米淀粉A型；(b) 马铃薯淀粉B型；
(c) 木薯淀粉C型

表1-9　淀粉X射线粉末衍射图特征峰

A型			B型			C型		
间距	强度	2θ	间距	强度	2θ	间距	强度	2θ
5.78	S	15.3	15.8	m	5.59	15.4	W	5.73
5.17	S	17.1	5.16	S	17.2	5.78	S	15.3
4.86	S	18.2	4.00	m	22.2	5.12	S	17.3
3.75	S	23.5	3.70	m^-	24.0	4.85	m	18.3
						3.78	m^+	23.5

通过对各种淀粉分析发现，A型主要是谷类淀粉（直链分子含量高于40%者除外），B型主要是块茎和基因修饰玉米淀粉，C型主要是块根和豆类淀粉（表1-10）。

表1-10　各种淀粉结晶形态的分类

A型	B型	C型
稻米	马铃薯	葛
糯米	淀粉玉米	山药
玉米	皱皮豌豆	甘薯
糯玉米	栗	木薯
小麦		绿豆
大麦		豌豆

(二) 淀粉的结晶化度

当淀粉结晶被破坏后，原有结晶结构对应的尖峰衍射特征消失，变成为非结晶结构对应着弥散衍射结构。木薯淀粉属C型结构，当加入不同三氯氧磷时，X射线衍射曲线就由C型逐步演变为一种弥散衍射特性，呈现典型的无定型结构的衍射结构，即逐渐由多晶颗粒结构转变

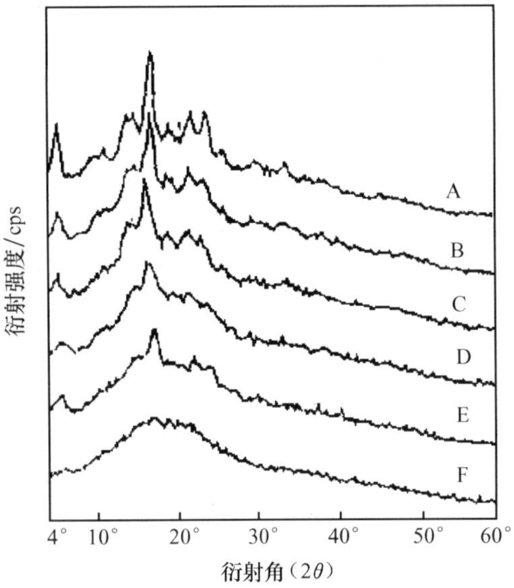

图 1-16　三氯氧磷加入量对淀粉 X 射线衍射的影响
A. 原淀粉；B. 1%；C. 5%；D. 10%；E. 20%；F. 30%

为非晶颗粒态（图 1-16）。

衍射图谱的背景高度（或面积）主要来自非结晶领域，衍射的高度（或面积）则决定结晶领域。因此，比较两者的高度就可以对结晶度进行度量。淀粉颗粒构造可以分为以格子状态紧密排列着的结晶态部分和不规则地聚集成凝胶状的非晶态部分，结晶态部分占整个颗粒的百分比，称为结晶化度。表 1-11 列出了所测定的结晶化度。淀粉粒的结晶化度最高者约为 40%，多数为 15%～35%，不含直链淀粉的糯玉米淀粉与含 20%直链淀粉的普通玉米淀粉结晶化度基本相同，而高直链淀粉品种玉米淀粉结晶化度反而较低，这说明形成淀粉结晶部分不是依靠线状的直链淀粉分子，而主要是支链淀粉分子，淀粉粒的结晶部分主要来自支链淀粉分子的非还原性末端附近。直链淀粉在颗粒中之所以难结晶，是因为线状过长的原故，聚合度为 10～20 的短直链就能很好地结晶。因此，可以认为，支链淀粉容易结晶是因为每个末端基的聚合度小得适度，能够符合形成结晶所需的条件。

表 1-11　淀粉的结晶化度

淀粉种类	结晶化度/%	淀粉种类	结晶化度/%
小麦	36	高直链淀粉玉米	24
稻米	38	马铃薯	28
玉米	39	木薯	38
糯玉米	39	甘薯	37

（三）支链淀粉的分子构造与淀粉粒结晶构型的关系

淀粉颗粒具有多种结晶形态的原因进行过长时间多方面的探讨。大豆豆芽的淀粉在高温（30℃）时是 A 型，低温（13.5℃）时是 B 型，中间温度（22.5℃）则是 A 和 B 型约成等量混合的 C 型。类似的情况在甘薯中也被发现，因此，温度成为淀粉晶型多变的原因。但后来发现马铃薯和稻米等淀粉晶型并不受温度影响。微量的脂质对 A 型的结晶型诱导非常有效，谷类淀粉是 A 型，它比 B 型的淀粉含有的脂质量要高，但含有脂质较多的淀粉玉米却是 B 型，这迫使人们去寻找新的解释淀粉结晶多型性的原因。淀粉玉米要比普通玉米品种的平均链长要长，单位链长是否与淀粉选择 A 型和 B 型有关？实验结果表明：支链淀粉 $CL_n<20$ 为 A 型，CL_n 在 20～22 范围内为 C 型，$CL_n>22$ 为 B 型。CL_n 在 20～22 范围内，淀粉晶体构型还同时受温度和脂质的影响，这就不难理解为什么有的植物淀粉会发生 A 型和 B 型间的相互转变。Hizukuri 指出，淀粉结晶型的差异取决于支链淀粉的链长，晶体的多晶型的形成是由分子结构控制的，A 型淀粉平均支链淀粉分子链长 $\overline{CL}_w$ 为 26，C 型为 28，B 型为 36，A、B 型相差很大。此外还发现，对于淀粉体系来说，直链分子与支链分子数量比值、支链分子的结构和在晶体中的排布也都决定了淀粉颗粒的结晶类型。

（四）淀粉颗粒的结晶区和无定形区

淀粉颗粒由许多微晶束构成，这些微晶束如图 1-17 一样排列成放射状，看似为一个同心环状结构。微胶束的方向垂直于颗粒表面，表明构成胶束的淀粉分子轴也是以这样方向排列的。结晶性的微胶束之间由非结晶的无定形区分隔，结晶区经过一个弱结晶区的过渡转变为非结晶区，这是个逐渐转变过程。在块茎和块根淀粉中，仅支链淀粉分子组成结晶区域，它们以葡萄糖链前端为骨架相互平行靠拢，并靠氢键彼此结合成簇状结构，而直链淀粉仅存于无定形区。无定形区除直链淀粉外，还有那些因分子间排列杂乱，不能形成整齐聚合结构的支链淀粉分子。在谷类淀粉中，支链淀粉是结晶性结构的主要成分，但它不是结晶区的唯一成分，部分直链淀粉分子和脂质形成络合体；这些络合体形成弱结晶物质被包含在颗粒的网状结晶中。淀粉分子参加到微晶束构造中，并不是整个分子全部参加到同一个微晶束里，而是一个直链淀粉分子的不同链段或支链淀粉分子的各个分支分别参加到多个微晶束的组成之中，分子上也有某些部分并未参与微晶束的组成，这部分就是无定形状态，即非结晶部分。

图 1-18 是把结晶区域作为胶束断面的微纤维状组织结构图，中间为结晶部分，外围是非结晶部分。

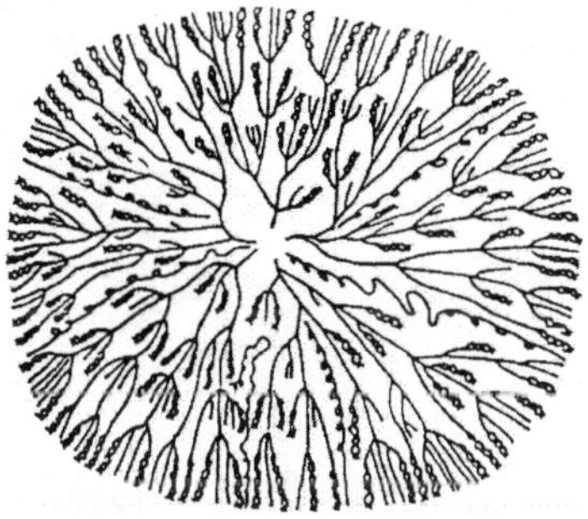

图 1-17　淀粉颗粒的结构模型

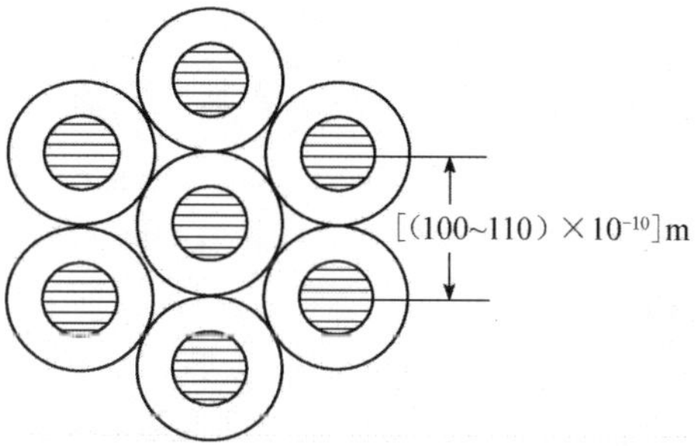

图 1-18　淀粉颗粒微晶束结构

思　考　题

1. 简述淀粉的结构和理化性质。
2. 阐述直链淀粉和支链淀粉的结构特点。
3. 支链淀粉的分子构造与淀粉粒结晶构型的关系。
4. 支链淀粉束结构的特点。

第二章　淀粉的物理化学性质

淀粉及其深加工工业带动了食品、发酵、饲料、造纸、纺织、医药等相关行业的发展，同时又为农业、化学工业、制糖工业、酶制剂工业提供了原料。淀粉的物理、化学性质的研究，为淀粉的应用提供了理论基础。只有合理地运用淀粉的理化特性，才能在实际生产中取得良好的应用效果。

第一节　淀粉颗粒的化学组成

淀粉颗粒中除淀粉分子外，通常含有10%～20%（W/W）的水分和少量蛋白质、脂肪类物质、磷和微量无机物（表2-1）。

表2-1　淀粉的主要组成

组　成	玉米淀粉	马铃薯淀粉	小麦淀粉	木薯淀粉	蜡质玉米淀粉
淀粉/%	85.73	80.29	85.44	86.69	86.44
水分（25℃，RH65%）	13	19	13	13	13
类脂物（干基）/%	0.8	0.1	0.9	0.1	0.2
蛋白质（干基）/%	0.35	0.1	0.4	0.1	0.25
灰分（干基）/%	0.1	0.35	0.2	0.1	0.10
磷（干基）/%	0.02	0.08	0.06	0.01	0.01
淀粉结合磷（干基）/%	0.00	0.08	0.00	0.00	0.00

资料来源：高嘉安，2001

一、水　　分

天然淀粉含有相当高的水分，一般规定商业淀粉的水分含量如表2-2所示。虽然淀粉含有如此高的水分，但都不显示潮湿而呈干燥的粉末状，这是由于淀粉分子中存在的羟基与水分子相互作用形成氢键的缘故。

表2-2　淀粉中的水分含量

淀粉品种	水分/%	
	国内	国际
玉米淀粉	14	15
马铃薯淀粉	18	21
木薯淀粉	15	18

淀粉的含水量取决于储存的条件（温度和相对湿度）。淀粉颗粒水分是与周围空气中的水

分呈平衡状态存在的，大气相对湿度（RH）降低，空气干燥，淀粉就失水；如果相对湿度增高，空气潮湿，淀粉就吸水。水分吸收和散失是可逆的。淀粉的平衡水分含量也取决于淀粉产品的类型，表 2-1 的水分含量是在相对湿度 65%、25℃时的数据，在同类条件下，多数商品天然淀粉含 10%～20%的水分。例如，玉米淀粉在一般情况下（25℃、RH50%）含水分约 12%，马铃薯、甘薯淀粉含水分约 20%。不同品种淀粉的水分含量有差别，源于多糖链密度与叠集规则性上的差别，尤其是由于淀粉分子中羟基自行结合与水分子结合的程度不同的原故。玉米淀粉分子中羟基自行结合的程度较马铃薯淀粉高，所剩余的能通过氢键与水分子相结合的游离羟基数目相对地减少，则淀粉的水分含量较低。

在相对湿度为 20%时，淀粉水分含量为 5%～6%，而在绝干空气中，相对湿度为零时，淀粉的水分含量也接近于零。在饱和湿度条件下，吸水量多，并引起颗粒膨胀，玉米、马铃薯、木薯淀粉的吸水量分别达到 39.9%、50.9%、47.9%（干基淀粉计），颗粒直径分别增大 9.1%、12.7%、28.4%。

图 2-1 为玉米淀粉在不同湿度下的平衡水分变化曲线，曲线 1 为散失水分平衡曲线，曲线2 为吸收水分的平衡曲线。若是较湿的淀粉置于空气中，水分散失，则水分含量在不同湿度下变化的情形与曲线 1 一致，较干的淀粉吸收水分的情况则与曲线 2 一致。温度影响空气的湿度，也间接影响淀粉的水分含量。温度上升，则相对湿度降低，引起淀粉水分的散失。

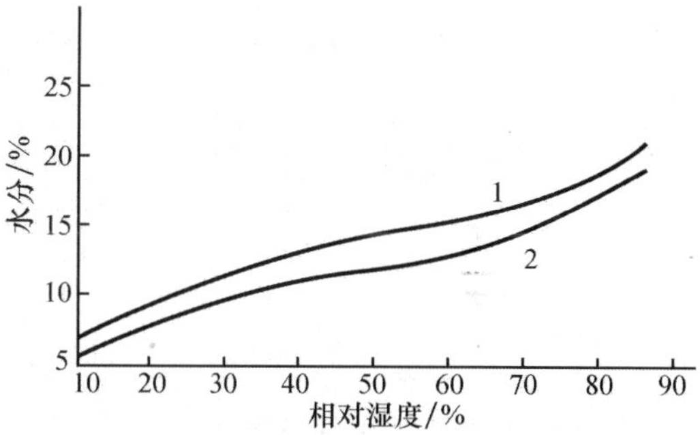

图 2-1　玉米淀粉平衡水分曲线
（高嘉安，2001）
1. 散失水分平衡曲线；2. 吸收水分平衡曲线

淀粉的水分参与结晶结构，这已通过 X 光衍射图的变化得到证实。干燥淀粉随水分含量消失，X 光衍射图的线条明显程度降低；再将干燥淀粉置于空气中吸收水分，衍射图线条明显程度被恢复。淀粉经 180℃高温干燥处理，图样线条很不明显，表明结晶结构基本消失。在 210～220℃下干燥，则呈现无定形结构图样。

实验表明，在淀粉颗粒中一般结合水位于葡萄糖单元的 6 位碳处，就结合水在颗粒中的部位来说，大部分存在于凝胶相内或微晶的表面。一般情况下，每一个 D-吡喃葡萄糖单元的淀粉吸着 0.8～1.0 分子的水。淀粉颗粒具有渗透性，水能自由渗入颗粒内部。淀粉与稀碘液接触很快变蓝，表明碘溶液能很快渗入颗粒内部与其中支链淀粉起反应。蓝色的淀粉颗粒再与硫代硫酸钠溶液相遇时，蓝色又同样很快消失，表明硫代硫酸钠溶液很快渗入颗粒内部起了反应。这种颜色变化的速率很快，表明淀粉颗粒有很高的渗透性。淀粉颗粒内部有结晶区和无定形区域，后者具有较高的渗透性。

二、脂类化合物

谷类淀粉中的脂类化合物含量较高，达 0.8%～0.9%。玉米淀粉含 0.5%的脂肪酸［游离脂肪酸（FFA），主要是棕榈酸、亚油酸、油酸］。此外，还含有 0.3%的磷脂（表 2-3）。马铃薯和木薯淀粉的脂类化合物含量则低得多，仅为 0.1%或更低。

表 2-3 淀粉中的脂类化合物（%）

脂类化合物	玉米淀粉	小麦淀粉
总脂类化合物含量（干基）	0.8	0.9
游离脂肪酸（FFA）含量（干基）	0.5	0.05
溶血磷脂含量（干基）	0.3	0.8
饱和脂类化合物含量	40	40
不饱和脂类化合物含量	60	60

资料来源：高嘉安，2001

谷类淀粉中带有极性的脂类物质与直链淀粉分子形成螺旋状笼形结构，此直链淀粉-类脂体系复合物是不溶解的，但加热高于一定的温度就会离解，离解温度的高低取决于络合剂种类和结合键的强度。一般在 125℃以上才能分解直链淀粉-类脂复合物结构，使直链淀粉的组分溶解。

玉米、小麦淀粉中高含量脂类化合物的存在会造成下列情况发生：①抑制玉米和小麦淀粉颗粒的膨胀和溶解；②直链淀粉-脂类化合络合物会使淀粉糊和淀粉膜不透明度或混浊度增加，影响糊化淀粉增稠能力和黏合能力；③不饱和脂类化合物在储存期因氧化作用而酸败，影响其应用。

三、含 氮 物 质

含氮物质包括蛋白质、酚胺、氨基酸、核酸和酶。因蛋白质含量最高，所以常把含氮物质含量习惯说成蛋白质的含量，其含量是通过实测含氮量乘以 6.25 来计算的。马铃薯、木薯淀粉仅含少量蛋白质（0.1%）。谷类淀粉蛋白质含量相对较高，为 0.35%～0.45%。

蛋白质含量高会带来许多不利的影响，如使用时会产生臭味或其他气味，蒸煮时易产生泡沫，水解时易变色等。

四、磷

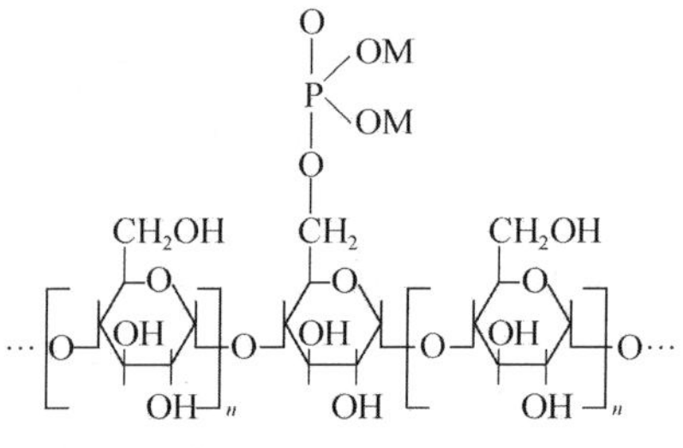

图 2-2 淀粉中磷酸酯基团的分子结构（高嘉安，2001）
M 为 H、K、Na、Ca 或 Mg；*n* 约为 300 个葡萄糖单位

谷物淀粉中的磷主要以磷酸酯的形式存在，木薯淀粉含磷量最低，马铃薯淀粉含磷量最高。它是以共价键结合存在于淀粉中，每 200～400 个葡萄糖基中含有一个磷酸基（图 2-2）。马铃薯淀粉上磷酸酯的平衡离子主要是钾、钠、钙、镁离子，其分布取决于制造马铃薯淀粉产品过程中所用的水的成分。这些平衡离子可以对马铃薯淀粉的胶化过程起重要作用。带负电荷的磷酸基赋予马铃薯淀粉一些聚电解质的物性，尽管离子电荷不高，但在水溶液中排斥类似的电荷，它对马铃薯淀粉的性质产生下列影响：①糊化温度低；②水合和膨胀快速；③淀粉糊的高黏性和膜的高透明度。

五、灰 分

灰分是淀粉产品在特定温度下完全燃烧后的残余物，它由淀粉所含有的少量或微量无机物构成。因此，马铃薯淀粉因含有磷酸酯基团，灰分含量相对较高，而其他品种淀粉的灰分就相对较低。其灰分主要成分是磷酸钾、铜、钙和镁盐。

第二节　淀粉的物理性质

一、密　　度

密度是指单位体积的质量，用密度瓶测量法可以对淀粉颗粒密度进行准确的测量。用水测定的实际是浸没容积或视比容，即 1g 淀粉加到过量的水中后净增的容积，视比容的倒数称为干淀粉的密度。用此法测得玉米淀粉的视密度为 1.637，马铃薯淀粉的视密度为 1.617。不同植物来源的淀粉密度有所不同，造成这种结果的原因是颗粒内结晶和无定形部分结构上的差异，以及杂质（灰分、类脂和蛋白质等）的相对含量不同。用有机溶剂测定所获得的值与用水测定有一定差别，因为有机溶剂不能大量渗入淀粉颗粒并使之润胀，所得的密度值低于用水测定方法，玉米淀粉为 1.50，马铃薯淀粉为 1.45。

干淀粉分子链的堆聚不是很密集的，颗粒中有许多微小空隙，用水测定时，水分子可以渗入其中，只引起较小体积的增长，吸收约 10％水分后，所有空隙都填满了，进一步吸水将使颗粒每吸收 1g 水体积增大 $1cm^3$ 左右。干淀粉充分吸水后，其含水量会大大提高，马铃薯淀粉可含 33％的水，玉米淀粉可含 28％的水，小麦淀粉吸水量大致为干基的 50％，淀粉完全水化物密度要比干淀粉低，如小麦干淀粉的密度为 1.6，完全水化物密度只有 1.3。通常含水分 10％～20％的淀粉密度是以 $1.5g/cm^3$ 折算的。

二、溶　解　度

淀粉的溶解度是指在一定温度下，在水中加热 30min 后，淀粉样品分子的溶解质量分数。淀粉粒不溶于冷水，把天然干燥淀粉置于冷水中，水分子只是简单地进入淀粉粒的非结晶部分，与游离的亲水基相结合，淀粉粒慢慢地吸收少量水分。淀粉润胀过程只是体积上增大，在冷水中淀粉粒因润胀使其密度加大而沉淀。天然淀粉不溶于冷水的原因有以下几个。

（1）淀粉分子间是经由水分子进行氢键结合的，有如架桥，氢键数量众多，使分子间结合特别牢固，以至不再溶于水中；

（2）由淀粉颗粒的紧密结构所决定的，颗粒具有一定的结构强度，晶体结构保持一定的完整性，水分只是侵入组织性最差的微晶之间无定形区。受损坏的淀粉粒和某些经过化学改性的淀粉粒可溶于冷水，并经历了一个不可逆的润胀过程。

虽然天然淀粉几乎不溶于冷水，但对不同品种淀粉而言，还是有一定差别的。马铃薯淀粉颗粒大，颗粒内部结构较弱，而且含磷酸基的葡萄糖基较多，因此，溶解度相对较高；而玉米淀粉颗粒小，颗粒内部结构紧密，并且含较高的脂类化合物，会抑制淀粉颗粒的膨胀和溶解，溶解度相对较低。淀粉的溶解度随温度变化而变化，温度升高，膨胀度上升，溶解度增加，由于淀粉颗粒结构的差异，决定了不同淀粉品种随温度上升而改变溶解度的速率有所不同（表 2-4）。

表 2-4 不同温度淀粉颗粒的溶解度（%）

淀粉样品	65℃	70℃	75℃	80℃	85℃	90℃	95℃
玉米淀粉	1.14	1.5	1.75	3.08	3.5	4.07	5.5
马铃薯淀粉	—	7.03	10.14	12.32	65.28	95.06	—
豌豆淀粉	2.48	3.61	6.84	8.3	11.14	12.28	—

资料来源：高嘉安，2001

需要指出，淀粉颗粒的胶束组织是十分坚固的，淀粉在 95℃左右蒸煮 1h，仍然保持有一定数量的、高度膨胀的水合淀粉聚集体。淀粉蒸煮至完全溶解时，块茎、块根和蜡质淀粉约是 100℃，普通玉米淀粉 125℃，直链玉米淀粉大约为 150℃。

提高淀粉溶解度的方法：①引入亲水基团，这些亲水基团与淀粉分子上的葡萄糖残基中羟基形成酯键，增强亲水力与保水力；②改变淀粉的固有结构，使淀粉颗粒结构破坏，结晶区域不再存在；③淀粉经不同方法降解，分子变小，此时淀粉虽仍以颗粒存在，但当将其混于水中时，结构脆弱，会发生部分溶解。

三、淀　粉　膜

将淀粉糊在光滑平面上涂薄层，干燥，形成薄膜。淀粉膜必须具有所需用途的某些质量特性，包括膜的强度、柔软性、水溶性、透明性、光泽及重湿性等。不同品种淀粉在成膜特性方面存在显著差别，总体说来马铃薯和木薯淀粉糊的成膜性较玉米和小麦淀粉好，因而更有利于作为造纸的表面施胶剂、纺织的棉纺上浆剂以及用作胶黏剂。

首先，马铃薯和木薯淀粉制品的膜较玉米和小麦淀粉制品的膜具有更高的柔韧性、抗张强度、破裂前的延伸率。其次，某些用途需淀粉膜能在低温水中很快溶解，马铃薯、木薯和蜡质淀粉制得的淀粉膜较普通谷类淀粉制得的淀粉膜在水中分散得更迅速和完全。

普通谷类淀粉膜溶解度低的主要原因是直链淀粉组分与含量高的脂肪物质结合的影响，谷类淀粉的小直链淀粉分子干燥成膜将会回生，不仅本身变得不溶解，还把支链淀粉分子缠在不溶性的网状结构上。块根、块茎和蜡质淀粉回生趋势很弱，因此，这些淀粉膜易溶于水，淀粉制品可用作胶纸上的再湿胶黏剂，这要求淀粉膜应在一定期间内保持其水溶性，玉米淀粉膜因为易回生会很快失去胶黏性，而块茎、块根和蜡质淀粉制出的淀粉膜却可长时间保持其胶黏性。在淀粉膜的透明度和光泽方面，马铃薯、木薯和蜡质淀粉也具有一定优势，玉米和小麦淀粉膜在干燥时和存放期进一步回生，这时直链淀粉分子结合为不溶性的胶束从而使膜变得易碎。

四、淀粉对碘的吸附作用

淀粉遇碘的呈色反应，本质不是化学反应，而是物理吸附作用。直链淀粉和支链淀粉对碘的吸附能力明显不同，呈螺旋结构的直链淀粉平均每个螺旋可吸附一个碘分子；被吸附的碘在螺旋内部呈链状排列，碘分子的长轴与螺旋轴平行。直链淀粉吸附碘形成的络合物，随葡萄糖链的增长，络合物的颜色从无色变为黄、红、紫、蓝紫、蓝的不同色调，呈现蓝色时要求直链淀粉的聚合度应在 40 以上。支链淀粉只能吸收少量的碘，与碘结合后呈现的颜色与分子外侧单位链的链长和分支化度有关，随分支化度的增加和外侧单位链链长的变短，与碘反应的颜色由红紫色转为红色以至棕色。

淀粉与碘形成蓝色复合体溶液，加热至 70℃，蓝色消失，这是由于加热使淀粉分子链伸直，形成的络合物解体，冷却后络合物重新形成，又呈蓝色。干淀粉遇碘呈暗棕色，加少量水立即转为蓝色，水可使干燥淀粉多糖链的结构发生改变，取位能最低的较原来伸展链的构象，从而使更多的碘进入双螺旋内。

一些淀粉的碘结合值见表 2-5，淀粉吸收碘的曲线由图 2-3 给出。全淀粉的碘结合值多为 4～5，而直链淀粉的碘结合值基本是 19～20，支链淀粉的碘结合值多为 0.5～1.0，个别淀粉略有偏高或降低。

表 2-5　每 100g 淀粉的碘结合值

淀　粉	全淀粉	直链淀粉组分	支链淀粉组分
大米	5.08	20.3	1.62
高直链玉米	9.31	19.4	3.60
玉米	5.18	20.1	1.10
小麦	4.86	19.5	0.98
小薯	—	20.0	—
西米　LV	5.16	19.9	0.43
HV	4.97	20.0	0.12
马铃薯	—	20.5	—

注：“—”表示未测出

资料来源：高嘉安，2001

淀粉的碘电位滴定，当往 0.05mol/L 的碘化钾的直链淀粉溶液中加碘，碘的数值常为直链淀粉质量的 18.7%，这相当于 8 个葡萄糖单元与一个碘分子相结合，因此可以用电位滴定来分析淀粉的直链和支链混合物，而且可以根据直链淀粉吸附 18.7%的碘，能很容易地算出直链淀粉的数量，碘和直链淀粉的螺旋结晶结构见图 2-4。

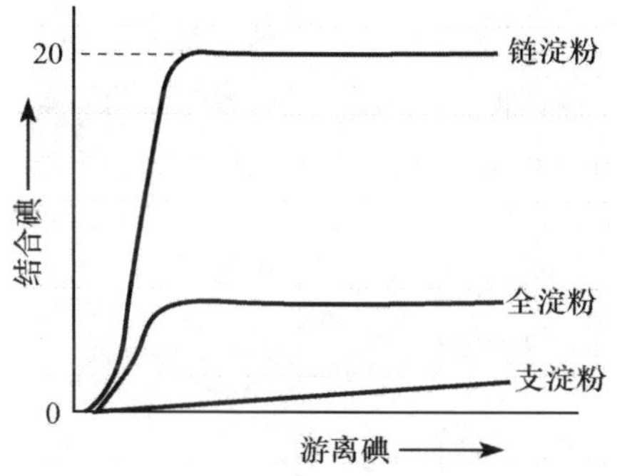

图 2-3　淀粉吸附碘的曲线
（高嘉安，2001）

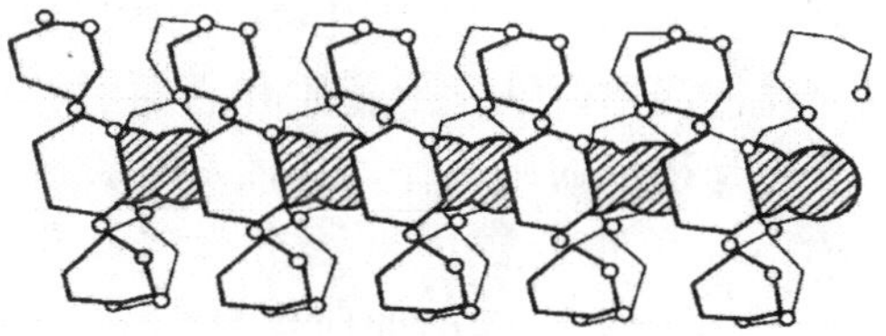

图 2-4　碘和直链淀粉的螺旋结晶结构
（陈璥，2009）

五、淀粉和脂质的相互作用

淀粉-脂质复合物是一种包合复合物，其中脂质的疏水部分在螺旋状的淀粉结构内部，见图 2-5。这一描述对直链淀粉-脂质复合物和支链淀粉-脂质复合物都适用，但对于这两种类型的复合物，在超分子水平上存在着相当的区别。

1. 淀粉-脂质复合物的性质

直链淀粉和支链淀粉都能和类似脂质的分子形成包合复合物。这种包合复合物本身在两种

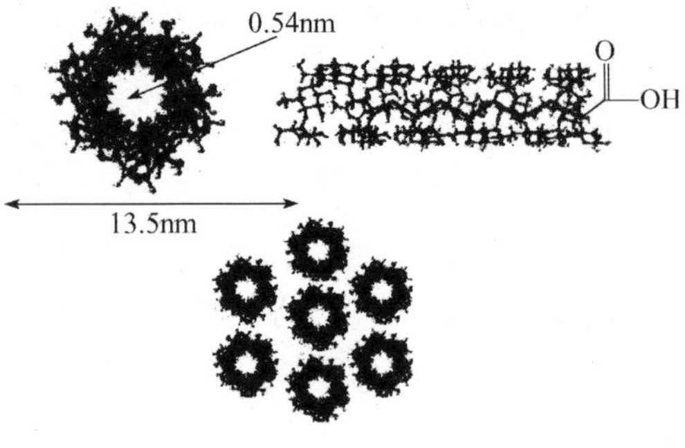

图 2-5　直链淀粉-脂质复合物和 V_h 直链淀粉螺旋的示意图

(http://caramel.oc.chemie.tu-darmstadt.de/lemmi/script/redirect.cgi? filename=http://caramel.oc.chemie.tu-darmstadt.de/lemmi/structures/chime_starch.html)

淀粉聚合物之间可能非常相似，但是两种淀粉聚合物的组织和超分子结构不同。与直链淀粉形成的聚合物无论在差示扫描量热法（DSC）中，还是在X射线晶体学中都可以轻易地检测到。

淀粉-脂质复合物通常被描述为每个螺旋有6个葡萄糖残基，每个复合物包含2个或3个螺旋。通常认为脂质的头部在螺旋结构的外部，而分子的疏水部分完全在螺旋结构的内部，对于螺旋结构内部饱和的脂质，在热力学上最合适的结构是一种全反结构。然而，Le Bail 等通过 CP/MAS/NMR 研究发现酸的棕榈酸部分在直链淀粉螺旋结构的外部，而且脂质的这一部分可能形成一种偏转反式构造。他们解释这一结果是由于两种构造之间的能量差异很小，允许两种形式都存在。

直链淀粉-脂质复合物形成的结构能协同溶解。描述为两种类型的结构：Ⅰ型和Ⅱ型。在DSC中可以看到这些结构以两种明显不同的温度溶解。Ⅰ型溶解的温度在10～30℃，比Ⅱ型低，这取决于实验条件和研究的脂质类型。Ⅱ型的结构在X射线晶体学中也能检测到，而Ⅰ型不能。因而，Ⅰ型可能处于非结晶状态。Ⅱ型复合物的晶体和相应碘-淀粉复合物在1.19nm、0.69nm、0.46nm和0.4nm位置也能看到的典型 V_h 结构。虽然聚合物的晶体顺序不同，但是它们仍然具有相似的溶解焓，表明溶解一个单螺旋结构获得的能量决定了Ⅰ型和Ⅱ型两种复合物的溶解过程。因而，两种复合物形式之间的差异可能是由熵引起的，而不是焓。直链淀粉-脂质复合物和 V_h 直链淀粉如图2-5所示。

2. 淀粉-脂质复合物的形成

淀粉-脂质复合物的形成包括一系列过程：①葡萄糖残基和从螺旋结构内部排除在外的水分之间形成氢键，实现从缠绕到螺旋的转变；②脂质和淀粉螺旋结构内部疏水基之间产生疏水相互作用；③无论是在Ⅰ型或Ⅱ型结构中都有复合物超分子结构的形成。

对于直链淀粉，已显示脂质和表面活性剂之间形成复合物是积极的协同作用，而对马铃薯和大麦支链淀粉，键合曲线显示出兰格缪尔效应，见图2-6。可能的原因是：如前面所提到的，直链淀粉-脂质之间的共同的相互作用是螺旋结构形成的协同性，而支链淀粉中的短链并不允许这种协同性。当直链淀粉的链长减小时，直链淀粉-脂质间的相互作用的协同性消失。这一结果证实了以上的结论。

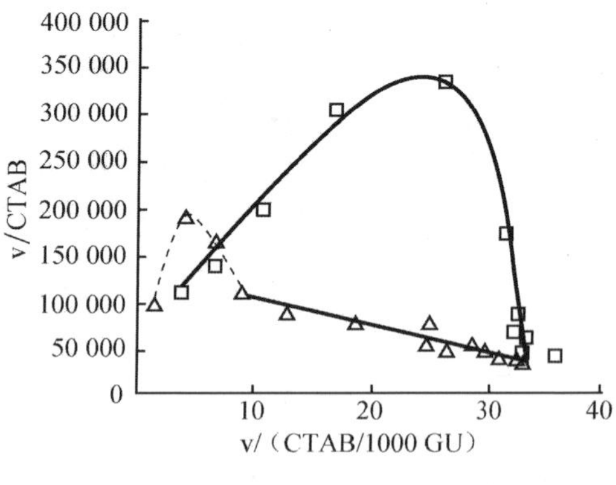

图 2-6　在27℃ CTAB结合多糖的曲线

□代表马铃薯直链淀粉，△代表马铃薯支链淀粉，浓度间隔用带点直线标记来测量沉淀

即使形成复合物的趋势很大，但是这还是得取决于脂质的可利用性，在溶液中是否能够自由形成复合物。因而，影响脂质溶解性的因素将会影响形成的复合物的量。例如，在高pH下，脂肪酸被完全带电，更趋于形成复合物，可溶的脂质在高于其克拉夫特点（Kraft point）时比低于时更易于形成复合物，而且脂质相的行态很重要。

虽然水溶性的复合物是存在的，但大多数的淀粉-脂质复合物在水中是不溶的，尤其是低浓度的复合物，且含有像十六烷基三甲基溴化铵（CTAB）或十二烷基硫酸钠（SDS）之类的带电表面活性剂时。另外，可溶性的复合物也能够通过直链淀粉的化学修饰得到。Egermayer 和他的同事用低温透射电子显微镜（TEM）研究了可溶性 SDS-直链淀粉复合物的情况，发现它们在不沉淀的溶液中主要形成一种松散的网状结构，但是在一些情况下他们也发现复合物形成泡囊。

3. 影响淀粉-脂质复合物性质的因素

1）脂质的类型

脂质-包含物复合物的性质很大程度上取决于复合物中含有的脂质类型。溶解度由复合物分解的温度来测量，随着饱和脂质链长增加而上升。溶解温度取决于复合物形成过程中的时间-温度的变化关系。不饱和脂质能形成复合物，但是形成的复合物的稳定性随不饱和程度增加而降低。然而，一般认为不饱和度的影响取决于它是顺式还是反式型。对于反式不饱和的 C18：1 单甘酯，与饱和脂质相比，对溶解温度的影响几乎可以忽略不计，但是对于反式不饱和配对物却很重要。

2）淀粉的性质

淀粉的性质对形成的复合物也会产生一定的影响。如已经讨论过的那样，直链淀粉能形成Ⅰ型和Ⅱ型结构，而支链淀粉的每个单链可能只与一脂质键合。其他将影响热稳定性以及怎样在非理想条件下容易地形成复合物的因素是淀粉的植物来源。直链淀粉分子的链长是影响复合物形成的一个因素。

3）溶液的影响

介质条件将会影响复合物的形成和分解。形成复合物的最佳条件是当脂质和淀粉分子都在溶液中时，而且形成最大量复合物的一般途径是在二甲基亚砜（DMSO）中溶解直链淀粉，在水中稀释并加入脂质。

水分活度影响复合物的分解温度，分解温度随水分含量的增加而降低，当水分过量时，且有小分子物质存在时，如食盐或尿素，也将影响复合物的稳定性。

六、淀粉的旋光性

淀粉的比旋光度 $[\alpha]_D^{20}=+180°$ 和 $+220°$，另外还发现高分子质量易溶糊精的比旋光度 $[\alpha]_D^{20}=+190°$ 和 $+200°$，很难测定不透明糊精的比旋光度，一般在比较透明的碱性溶液中测定旋光度，K. H. Meyer 将直链淀粉溶于碱，中和后很快测定得比旋光度 $[\alpha]_D^{20}=(+220\pm5)°$，这比淀粉的平均值高得多，可以认为支链淀粉的比旋光度等于 $+200°$，但是由于水溶液不透明，测得的数值不会太准确，同时还有一些直链淀粉粒甚至在短期沸腾后也不溶解，因此，如要测定溶液的比旋光度时还有另一种方法，即用丁醇沉淀直链淀粉，此新制备的支链淀粉溶液，测得比旋光度为 $(+200\pm2)°$。

直链淀粉能做成完全透明的糊精溶液，则测定其比旋光度比较简单，可以根据其糊精溶液的比旋光度来计算直链淀粉的比旋光度，一般采用 Froudenoerg K 方程式：

$$[M]_n=[M]_2+(n-2)[M]_{\infty/\infty}$$

式中：n——直链淀粉链中葡萄糖单位数量；

$[M]_n$——具有 n 个葡萄糖单位的直链淀粉分子旋光度，°；

$[M]_2$——具有 n 个葡萄糖单位的麦芽糖分子的旋光度，°；

$[M]_{\infty/\infty}$——具有无限长度的直链淀粉链中一个葡萄糖单位分子的旋光度，°。

七、淀粉的胶体性质

研究淀粉的匀质胶体性质，一般可采取测定淀粉有关参数的方法，如测定淀粉的扩散速率、比热容、溶液黏度等。Bridgman W B 用高速离心机处理玉米淀粉乳，证明淀粉乳是多相的，由两种主要组分组成，重相为淀粉，其沉降常数大约等于 6000S，而较轻组分的平均沉淀常数为 4S，其 S 值波动很大，用超速离心机还可测定近似的扩散常数、相对分子质量和不对称性。研究者认为，直链淀粉平均分子大小为 300～400 个葡萄糖单位，而支链淀粉为直链淀粉的 1000 倍。直链淀粉长轴与短轴之比 $f_s/f_0=2.5$（几乎呈球形）～45，马铃薯直链淀粉和支链淀粉的平均相对分子质量比玉米淀粉高，约为 185 000 和 1 000 000，完全分散的淀粉溶液具有很高的黏度，由于淀粉分子不对称，其链的长短及分子质量大小差别很大。

八、普通玉米淀粉的一般理化参数

颗粒状态：普通玉米淀粉颗粒为圆形和多角形，含有少量 3μm 的小颗粒，通常为 25～30μm，平均尺寸 15μm。玉米淀粉浆液黏度不大，透明度低，存放时稳定性差，易沉淀。平均相对密度为 1.61，在绝干状态下密度为 1592～1632kg/m³，商品淀粉密度为 1528～1530kg/m³。分子式为 $(C_5H_{10}O_5)_n$，含直链淀粉 27%，支链淀粉 73%。

纯玉米淀粉的比旋光度 $[\alpha]_D^{20}=184.6°$。

热湿参数：普通玉米淀粉糊化开始温度 62℃，最终温度 72℃，平均糊化温度 67℃。干燥后淀粉不容易糊化，加热至 130℃成为无水物，再继续加热至 150～160℃变成黄色水溶性物质，再加热则焦化。

含湿参数：淀粉分子内部的水分称结合水分，为 33%，一般用机械方法脱水很难除去，同时淀粉分子由于分子中羟基能与水分子结合成氢键，呈结合状态具有吸湿能力，虽含有大量水分，但却不显潮湿，在空气中存放随空气中水含量的高低，能吸收或放出水分，当含水量达到一定时即达平衡，此时的水分称为淀粉的平衡水分，玉米淀粉的平衡水分为 12%，因此玉米淀粉干燥时水分控制在 13%左右。

几种主要淀粉的显微图像见图 2-7。

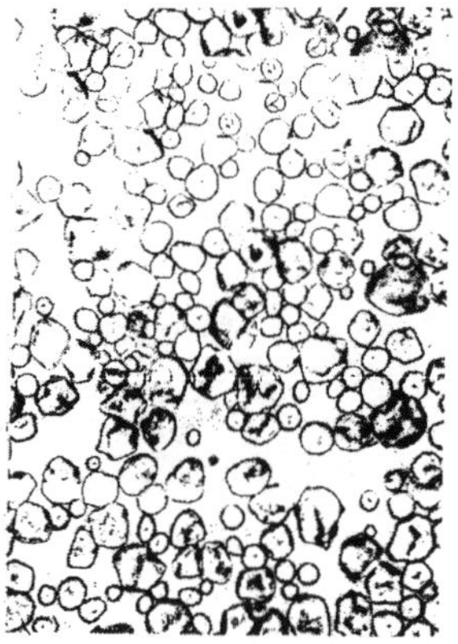

（a）玉米淀粉图像

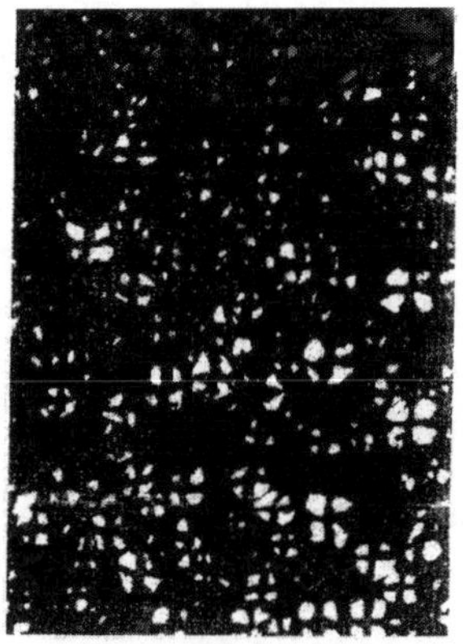

（b）玉米淀粉图像（偏振光）

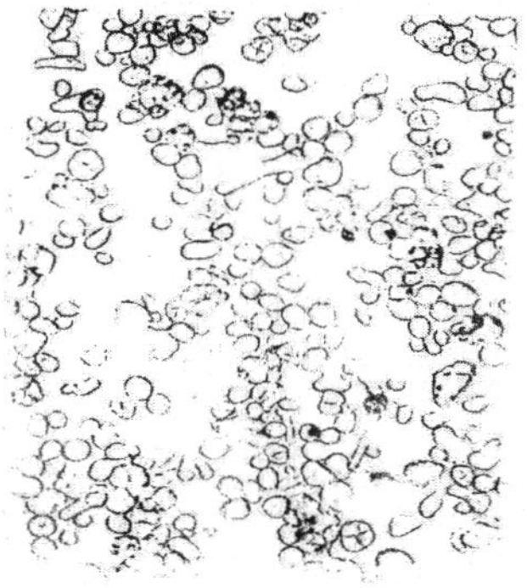

（c）高直链玉米淀粉图像

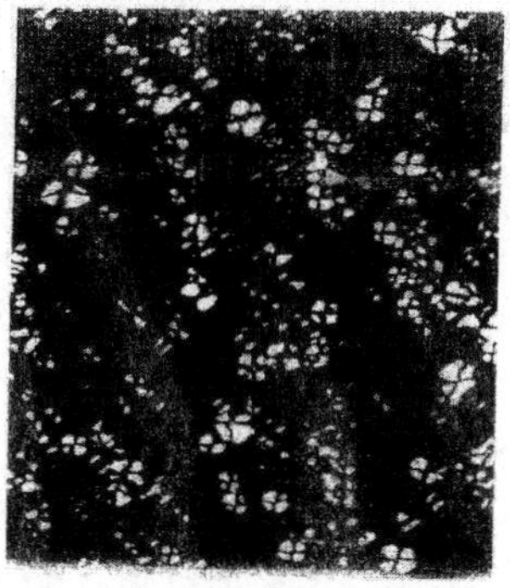

（d）高直链玉米淀粉图像（偏振光）

图 2-7　几种主要淀粉的显微图像（陈璥，2009）

第三节　淀粉的润胀和糊化

一、淀粉的润胀

淀粉在冷水中不溶解，这是由于氢键的作用，氢键是直接通过单个淀粉分子相邻的羟基或间接通过水桥所形成的。这些氢键的结合力虽弱，但是在淀粉颗粒中氢键数量众多，决定了淀粉的冷水不溶性。将干燥的天然淀粉置于冷水中，水分子可简单地进入淀粉粒的非结晶部分，与许多无定形部分的亲水基结合或被吸附，淀粉颗粒在水中膨胀称为润胀（swelling）。

淀粉的润胀可以分为两种：淀粉轻微膨胀后，经分离并处理达干燥状态，淀粉粒能缩回至原来大小的称为可逆润胀；膨胀后虽经处理仍不能恢复成原来淀粉粒的称为不可逆润胀。可逆润胀时，淀粉粒慢慢地吸收少量水分，只有体积上的增大，仍保持原有的特征和晶体的双折射，在偏光显微镜下观察，仍可看到偏光十字，说明淀粉粒内部晶体结构没有变化。可逆润胀起始于团粒中组织性最差的微晶之间无定形区，多数淀粉颗粒体积增大具有不均衡性，长向和径向的增大不等，如马铃薯淀粉长向增大 47%，径向只增长 29%。淀粉粒的晶体崩解，偏光十字消失，变成混乱无章的状态，无法恢复成原有的晶体状态，则属于不可逆润胀。受损伤的淀粉和某些经过改性的淀粉粒可溶于水，并经历一个不可逆的润胀。

二、淀粉的糊化

（一）淀粉糊的形成

将淀粉倒入冷水中，因不溶于冷水，只能混于水中，经搅拌成乳白色的不透明悬浮液称为淀粉乳。停止搅拌，则淀粉颗粒慢慢下沉，经一定时间后，淀粉沉淀于下部，上部为水。将淀粉乳加热，淀粉颗粒吸水膨胀，发生在颗粒无定形区域，而结晶束区域具有弹性，仍保持颗粒结构。随温度上升，吸收水分更多，体积膨胀更大，达到一定温度后偏光十字消失，温度继续上升，淀粉粒继续膨胀，可达原体积的几十倍甚至数百倍，高度膨胀的淀粉粒间互相接触，变成半透明黏稠状液体，虽停止搅拌，也不会发生沉淀，称为淀粉糊，这种由淀粉乳转变成糊的现象称为淀粉的糊化（gelatinization）。淀粉糊并不是真正溶液，而是由膨胀淀粉粒的碎片、水合淀粉块和溶解的淀粉分子组成的胶状分散物。

（二）淀粉的糊化温度

淀粉发生糊化现象的温度称为糊化温度，又称胶化温度。因为即使同一品种的淀粉，颗粒大小不同，糊化难易程度也不相同，淀粉中大的颗粒容易在较低的温度下先行糊化，称糊化开始温度，待所有淀粉颗粒全部被糊化，所需的温度称糊化完成温度，两者相差约10℃。糊化温度不是指某一个确定的温度，而是指从糊化开始温度到糊化完成温度的一定范围。几种普通淀粉的糊化温度见表2-6。各种淀粉的糊化温度不同，是因为颗粒结构强度不同。玉米和小麦淀粉的糊化温度比马铃薯、木薯淀粉高，蜡质玉米淀粉糊化温度与普通玉米淀粉相同，但高直链玉米淀粉在沸水中加热也难以糊化。

表2-6　各种淀粉的糊化温度范围

淀粉来源	淀粉粒大小/μm	糊化温度范围/℃①		
		开始	中间	终点
玉米	5～25	62.0	67.0	70.0
高直链淀粉玉米（质量分数为55%）	—	67.0	80.0	②
高粱	5～25	68.0	73.5	78.0
蜡质高粱	6～30	67.5	70.5	74.0
大麦	5～40	51.5	57.0	59.5
黑麦	5～50	57.0	61.0	70.0
小麦	2～45	59.5	62.5	64.0
大米	3～8	68.0	74.5	78.0
马铃薯	15～100	58.0	62.0	66.0
木薯	5～35	52.0	59.0	64.0

① 失去双折射性的温度；② 一些颗粒在100℃时仍有双折射性
资料来源：金征宇，2008

（三）淀粉颗粒糊化过程

淀粉颗粒的糊化过程可分为三个阶段（图2-8）。第一阶段：当淀粉粒在水中加热逐渐升温，水分子由淀粉的孔隙进入淀粉粒内，颗粒吸收少量水分，淀粉通过氢键作用结合部分水分子而分散，体积膨胀很小，淀粉乳黏度只有缓慢增加，淀粉粒发生可逆润胀，其性质与原来本质上无区别，淀粉粒内部晶体结构也没有发生改变。第二阶段：水温继续上升，达到开始糊化温度时，淀粉粒的周边迅速伸长，大量吸水，偏光十字开始在脐点处变暗，淀粉分子间的氢键破坏，从无定形区扩展到有秩序的辐射状胶束组织区，结晶区氢键开始裂解，分子结构开始发生伸展，其后颗粒继续扩展至巨大的膨胀性网状结构，偏光十字彻底消失，这一过程属不可逆润胀。这时由于胶束没有断裂，所以颗粒仍然聚集在一起，但已有部分直链淀粉分子从颗粒中被沥滤出来成为水溶性物质。当颗粒膨胀体积至最大时，淀粉分子之间的缔合状态已被拆散，淀粉分子或其聚集体经高度水化形成胶

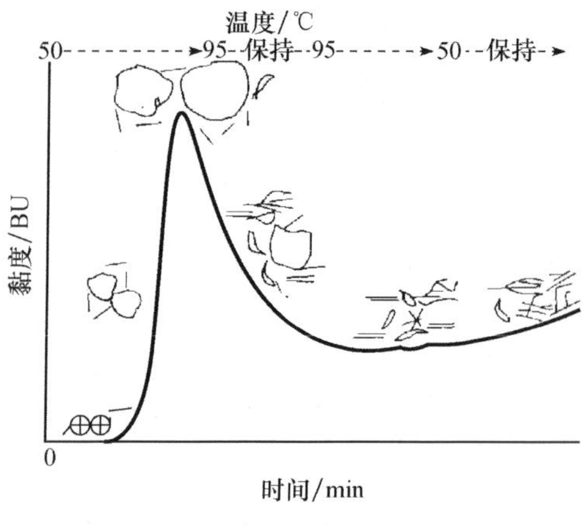

图2-8　淀粉的糊化过程（高嘉安，2001）

体体系，黏度也增至最大。可以说糊化本质是高能量的热和水破坏了淀粉分子内部彼此间氢键结合，使分子混乱度增大，糊化后的淀粉水体系的行为直接表现为黏度增加。第三阶段：淀粉糊化后，继续加热膨胀到极限的淀粉颗粒开始破碎支解，最终生成胶状分散物，糊黏度也升至最高值，因此，可以认为糊化过程是淀粉粒晶体区熔化，分子水解，颗粒不可逆润胀的过程。淀粉糊化的本质是淀粉颗粒内部分子之间氢键的破裂，晶体结构的破坏，淀粉颗粒吸水膨胀，分子扩散，形成黏稠的淀粉糊。其示意图见图 2-9 和图 2-10。

图 2-9　淀粉颗粒中淀粉分子糊化前后的示意图（金征宇，2008）

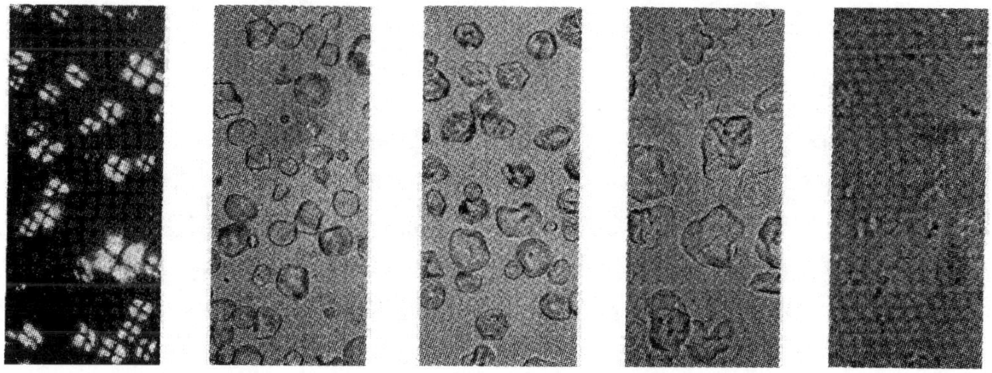

图 2-10　淀粉颗粒糊化前后的示意图（金征宇，2008）

（四）糊 化 曲 线

以 Brabénder 黏度测量仪为例，利用布拉班德黏度仪测定的特性黏度曲线常称为布拉班德黏度曲线（Brabénder Viscoamylograph），黏度单位 BU（BraBénder Unit），见图 2-11。这是评价淀粉糊化性质的依据，每种类型的淀粉都有其特征的 Brabénder 黏度曲线。

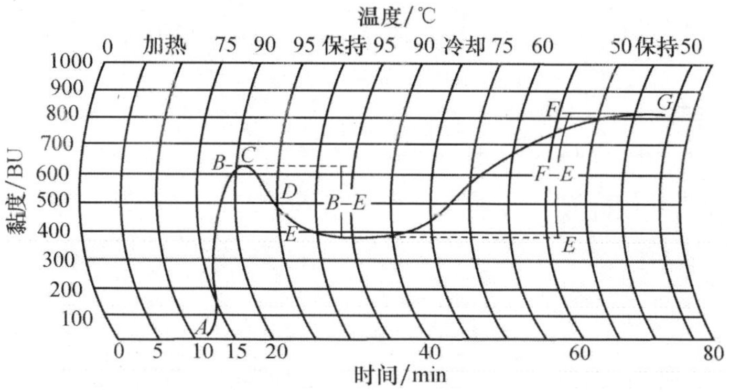

图 2-11　淀粉黏度曲线的特征值（高嘉安，2001）

在淀粉糊化曲线图谱上通常截取下列特征值：

A——起始糊化温度，一般定义为糊黏度，达 20 黏度单位时的温度,℃；

B——峰值黏度，最大黏度，糊化开始后出现的最高黏度，BU；

C——峰值温度，淀粉糊处于峰值黏度时的温度，即糊化终止温度,℃；

D——升温到 95℃时糊的黏度，BU；

E——95℃保温 30min 后的黏度，BU；

F——糊从 95℃降至 50℃时黏度，BU；

G——50℃保温 30min 的黏度，BU。

根据黏度曲线上的特征值，可以有：

B-E——降落值（breakdown），或称破损值，表示黏的热稳定性；

F-E——稠度，F-E/E 值表示冷却过程中淀粉形成凝胶性的强弱；

F-G——回生值，表示糊冷黏度稳定值；

F-B/B 值——淀粉糊凝沉性强弱。

通过测定以上数据可以判断淀粉的来源，或区分淀粉的种类和糊的黏度稳定性。

（五）影响淀粉糊化的因素

1. 晶体结构

糊化与淀粉粒的淀粉分子间缔合程度、分子排列紧密程度、微晶束的大小及密度有关。分子间缔合程度大，分子排列紧密，拆开分子间的聚合、拆开微晶束就要消耗更多的能量，淀粉粒就不易糊化；反之，分子缔合得不紧密，不需要很高能量，就可以将其拆散，淀粉粒就易于糊化。一般较小的淀粉粒因内部结构比较紧密，所以糊化温度相对要高些。直链淀粉分子间的结合力比较强，含直链淀粉较高的淀粉粒相对糊化要难些。

2. 水分含量

淀粉水分低于 30%时，使其加热，淀粉粒不会糊化，只是淀粉粒在无定形区的分子链的缠结有部分解开，以至少数微晶出现熔融，当加热到较高温度时，颗粒晶体结构发生相转移，聚合物变得有黏性、柔韧，呈橡胶态，这一变化被称为玻璃化相变。在 DSC 热分析中，以 Tg 代表玻璃化转变温度。淀粉通过湿热处理，发生相转移的过程与糊化相比是较慢的，并且淀粉的膨胀是有限的，双折射性只是降低，并不消失，把这种淀粉的湿热处理过程叫淀粉的韧化(annealing)。韧化淀粉与未处理淀粉相比，糊化温度升高，糊化温程缩短。韧化淀粉冷却时导致了无定形区内淀粉链有机会进行重排，已熔融的微结晶更高程度的缔合或明显的重取向，致使结晶度增高，糊化温度相应也会升高。韧化淀粉开始糊化时，无定形区分子发生重排会对附近的微晶施加应力，加速糊化过程的完成，使糊化温程缩短。

3. 直链淀粉和脂质

直链淀粉与脂质形成螺旋状复合物，这种复合物对热比较稳定，糊化时润胀差，糊化温度高。谷类淀粉的这种情况较普遍，高直链淀粉玉米难以糊化和润胀。脂质有抑制润胀的作用，但磷脂中卵磷脂的作用是特异的，它能显著地促进小麦淀粉的糊化和润胀。

4. 碱类

强碱能使淀粉粒在常温下就发生糊化，淀粉粒按 Freundich-Langmuir 吸附公式吸收碱，当吸收到某一极限量（NaOH 含量玉米淀粉为 0.4mmol/g，马铃薯淀粉为 0.32mmol/g）以上时便发生糊化。以玉米淀粉为例，如表 2-7 所示，说明碱浓度对淀粉糊化温度的影响。

表 2-7　碱对玉米淀粉糊化温度的影响

氢氧化钠含量/%	糊化温度范围/℃
0.0	62～67～72
0.2	55.5～64～69.5
0.3	49～59～65

资料来源：金征宇，2008

5. 盐类

阴离子促进糊化作用的顺次为：OH^-＞水杨酸离子＞SCN^-＞I^-＞Br^-＞Cl^-＞SO_4^{2-}，促进效果大于I^-者，在室温下就能使淀粉糊化。阳离子促进糊化作用的顺次为：Li^+＞Na^+＞K^+＞Rb^+。

尿素（6mol/L）、盐酸胍（4mol/L）、二甲基亚砜（DMSO）等具有破坏氢键的作用，在室温情况下就能使淀粉糊化，其中二甲基亚砜可使淀粉粒在尚未润胀时就发生溶解，常被用作淀粉的溶剂。

表 2-8 说明氯化钠对玉米淀粉糊化温度的影响。

表 2-8　氯化钠对玉米淀粉糊化温度的影响

介质名称	介质含量/%	糊化温度范围/℃
氯化钠溶液	1.5	67.5～72～77
	3.0	69.5～74～78.5
	6.0	75～79.5～82.5

资料来源：金征宇，2008

6. 糖类

D-葡萄糖、D-果糖和蔗糖能抑制小麦淀粉颗粒润胀。糊化温度随糖浓度加大而增高，对糊化温度的影响顺序为：蔗糖＞D-葡萄糖＞D-果糖。表 2-9 表明不同浓度蔗糖对玉米淀粉糊化温度的影响。

表 2-9　蔗糖对玉米淀粉糊化温度的影响

介质名称	介质含量/%	糊化温度范围/℃
蔗糖溶液	5	60.5～67～72.5
	20	65.5～72～78
	60	84～90.5～96.5

资料来源：金征宇，2008

（六）糊化测定方法

1. 偏光十字测定法

淀粉乳糊化后，颗粒的偏光十字消失，根据这种变化能测定糊化温度。测定设备需用 Kofler 热台显微镜，它由一台偏光显微镜和一个电加热台组成。将淀粉样品加于水中，浓度 0.1%～0.2%，取一滴稀淀粉乳，含 100～200 个淀粉颗粒，置于观察玻片上，放上盖玻片，盖玻片四周围以高黏度矿物油，置于电加热台，温度上升（约 2℃/min），跟踪观察淀粉颗粒偏光十字的变化情况。淀粉乳温度升高到一定温度时，有的颗粒开始消失，便是糊化开始温度，随着温度升高，更多个颗粒的偏光十字消失，当约 98%颗粒偏光十字消失即为糊化完成温度。表 2-10 是利用 Kofler 热台显微镜测定不同品种淀粉的糊化温度。

表 2-10 Kofler 热台显微镜测定的不同品种淀粉的糊化温度

淀 粉	糊化温度范围/℃
玉米	62～67～72
马铃薯	56～62～67
小麦	58～61～64
木薯	58～65～70
蜡质玉米	63～68～72
高粱	68～74～78
大米	68～74～78
黏高粱	68～70～74
西米	60～66～72
葛	62～66～70
甘薯	58～65～72
高直链淀粉玉米	67～80～92

资料来源：高嘉安，2001

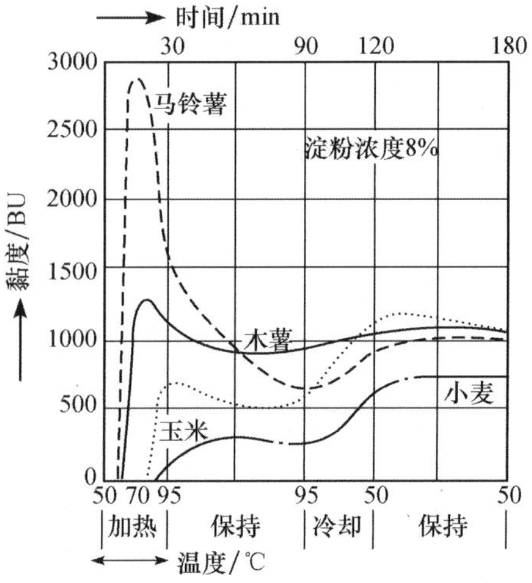

图 2-12 几种淀粉的布拉班德黏度曲线（陈璥，2009）

2. 黏度测定法

在加热状态下，利用仪器自动记录各种温度下的黏度值，加热后淀粉-水体系的行为直接表现为黏度的增加。淀粉糊化黏度的测定方法很多，如 Brabénder 黏度测量仪（BV）、快速黏度测量仪（RVA）。

从图 2-12 布拉班德黏度曲线看出，同为 8%浓度的淀粉乳，马铃薯淀粉乳糊化温度最低，黏度最高。因此马铃薯淀粉最适合于制备某些需要黏度高的变性淀粉，如预糊化淀粉等；木薯淀粉也可部分代替马铃薯淀粉，马铃薯淀粉峰黏度虽高但下降也快，很难维持高黏度，故变性后用途更广。玉米淀粉和小麦淀粉黏度曲线较平滑，黏度也较低。具体数据详见表 2-11 中各种淀粉颗粒的糊化特性。

表 2-11 淀粉粒的糊化特性

淀粉品种	糊化温度范围/℃	布拉班德糊化温度范围（8%）/℃	布拉班德峰黏度（8%）/BU
玉米	62～67～72	75～80	700
木薯	59～64～69	65～70	1200
马铃薯	58～63～68	60～65	3000
红薯	58～65～72	65～70	—
小麦	58～61～64	80～85	200
蜡质玉米	63～68～72	65～70	1100
高直链淀粉玉米	67～80～92	90～95	—
高粱	68～74～78	75～80	700
大米	68～74～78	70～75	500
西米	60～66～72	65～70	1100
葛	62～66～70	—	—

注：“—”表示未测出
资料来源：陈璥，2009

另一种黏度测定仪为快速黏度分析仪（RVA）。RVA 糊化曲线上的特征点有成糊温度（pasting temperature）、出峰时间（peak time）、最大黏度（peak viscosity）。最小黏度（holding strength）和最终黏度（final viscosity），破损值和回生值的概念也与 BV 不同（图 2-13）。

从图 2-14、图 2-15 中可以看出，玉米淀粉、不同变性淀粉的糊化特性。具体数据详见表 2-12 中各种玉米变性淀粉颗粒的糊化特性。

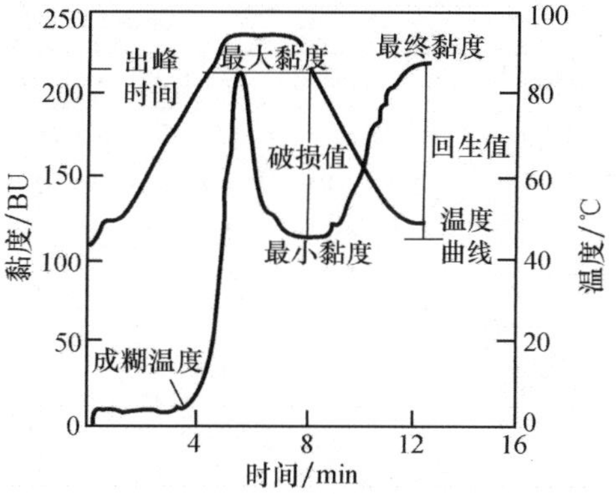

图 2-13　RVA 糊化曲线示意图（高嘉安，2001）

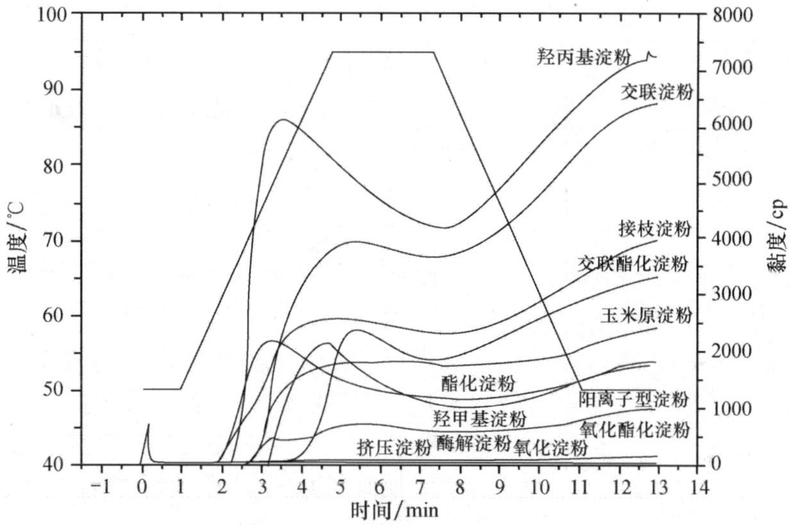

图 2-14　玉米淀粉及其各种变性淀粉的 RVA 糊化曲线

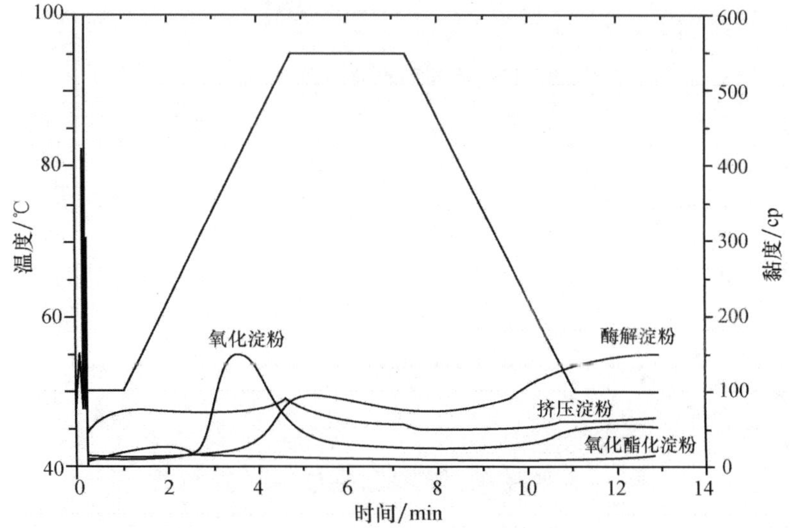

图 2-15　四种玉米变性淀粉的 RVA 糊化曲线放大图

表 2-12　各种玉米变性淀粉的糊化参数

淀粉样品	峰值黏度	低谷黏度	降落值	最终黏度	消减值	峰值时间	糊化温度
原淀粉	2435±52.33	1769.5±57.28	665.5±4.95	2479±79.20	709.5±21.92	5.335±0.05	84.25±0.57
挤压淀粉	510.5±3.54	137±1.41	373.5±2.12	259±2.83	122±1.41	1.715±0.02	—
酶解淀粉	96±0	72.5±2.12	23.5±2.12	146.5±4.95	74±2.83	5.215±0.02	—
氧化淀粉	30±1.41	9±0	21±1.41	15±1.41	6±1.41	1.7±0.10	60.375±0.04
阳离子型淀粉	730±1.41	605.5±2.12	124.5±0.71	968.5±12.02	363±9.90	5.3±0.10	69.9±0.07
羧甲基淀粉	2132.5±57.28	1041±2.83	1091.5±60.10	1809±24.04	768±26.87	4.585±0.02	74.25±0.35
酯化淀粉	2222±24.04	1150±24.04	1072±48.08	1868.5±41.72	718.5±65.76	3.18±0.07	59.625±0.67
交联淀粉	3832.5±171.83	3579.5±150.61	253±21.21	6250±222.03	2670.5±71.42	5.415±0.02	87.125±0.04
羟丙基淀粉	6011±145.66	4237.5±40.31	1773.5±185.97	7210±62.23	2972.5±102.53	3.565±0.05	64.85±0.78
接枝淀粉	3035±54.37	2549.5±53.37	485.5±4.96	3279±81.20	729.5±21.92	5.355±0.05	78.25±0.57
交联酯化淀粉	2828.5±23.33	2405±22.63	423.5±0.71	4306±22.63	1901±0	4.985±0.02	68.825±0.04
氧化酯化淀粉	152.5±2.12	26.5±0.71	126±2.83	54±0	27.5±0.71	3.565±0.19	58.425±1.10

注：玉米淀粉在挤压、酶解处理过程中已完全糊化，所以挤压淀粉、酶解淀粉无糊化温度；“—”表示未测出

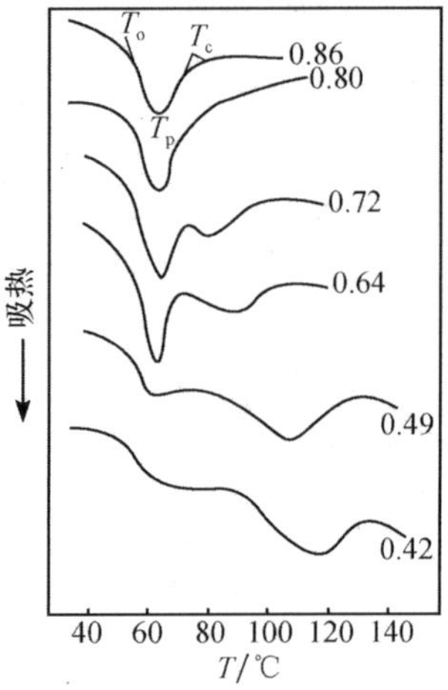

图 2-16　不同水分含量的豌豆淀粉 DSC 分析图（高嘉安，2001）

3. 差示扫描量热法（Differential Scanning Calorimetry，DSC）

DSC 的测定过程是将几毫克的淀粉样品置于特制的铝碟中，加数微升的水和电解质溶液，加盖密封后平衡一定时间，然后将样品放在 DSC 的加热器上，同时用一空碟作对照，从室温附近的温度开始，以一定速率（通常 10℃/min）加热至 120℃或更高，结果以吸热曲线表示。曲线上的吸热峰是计算糊化温度和反应热的依据。从峰的形成到结束可以得到起始温度（T_0）、峰值温度（T_p）和结束温度（T_c），峰的面积则表示糊化所需热焓（ΔH），T_p 依淀粉水分含量不同有一个或多个值（图 2-16、表 2-13）。

表 2-13　不同淀粉 DSC 分析结果

淀粉品种	浓度（W/W）/%	T_0/℃	T_{p1}/℃	T_{p2}/℃	T_c/℃	ΔH/(J/g)
豌豆	47.5	56	64	87	101	14.7
蚕豆	46.6	56	65	83	97	13.8
马铃薯	46.3	55	60	68	85	18.4
玉米	46.4	60	67	78	89	13.8
高直链淀粉玉米	48.2	71	82	105	114	17.6
蜡质玉米	47.6	64	71	88	97	16.7

资料来源：高嘉安，2001

三、淀粉颗粒的膨胀能力和临界浓度

淀粉乳加热颗粒会膨胀，对于特定的淀粉种类，其颗粒膨胀有特定的形式。淀粉的膨胀程

度以膨胀能力表示。将淀粉乳样品在一定温度水浴中加热30min，然后离心，膨胀淀粉下沉，倾出上清液，将沉淀的颗粒称重。淀粉膨胀后沉淀颗粒的质量与原来干淀粉质量比即为膨胀力。在糊化温度范围内（50～90℃）的膨胀能力测定是每隔5℃测定取样，再绘制膨胀温度与对应膨胀力特性曲线（图2-17）。

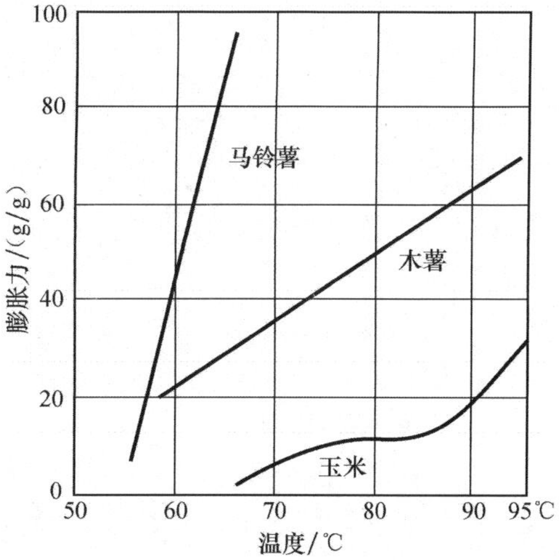

图2-17　几种淀粉的膨胀力曲线
（陈璬，2009）

玉米淀粉显示出相当慢的有限制的两段膨胀的特性，说明在颗粒内有两部分不等的结合力，弱的在75℃以下，强的在85℃以上才松弛。玉米淀粉含有脂类化合物，与直链淀粉形成络合物，能抑制颗粒膨胀，除去脂类化合物，则能除去此影响，膨胀自由。马铃薯淀粉在相当低的温度就快速高度膨胀，表明内部结构较弱。其中一个原因是，在马铃薯淀粉颗粒中部分氢键是通过水桥形成的，而不是由淀粉分子直接缔合的。而磷酸酯基的存在，引起磷酸基间电荷相互排斥，促进膨胀，是马铃薯淀粉膨胀力高的另一个原因。

几种淀粉在95℃受热30min的膨胀能力列于表2-14。表中数据显示，马铃薯淀粉的膨胀能力最高，达1153，远远超过其他淀粉。薯类淀粉与普通谷类淀粉相比，前者可在较低温度下膨胀，且其膨胀程度也高于后者，这表明薯类淀粉的联结程度比普通谷类淀粉差。直链淀粉含量影响膨胀能力，高直链玉米淀粉膨胀远低于普通玉米和蜡质玉米淀粉。由于蜡质玉米淀粉不含直链淀粉-类脂体组分，也就不能去加强颗粒内分子的网状结构，所以蜡质玉米淀粉比普通玉米淀粉容易膨胀。

表2-14　淀粉膨胀力和临界浓度

淀粉品种	膨胀力（95℃）/(g/g)	临界浓度（95℃）/%
玉米	24	4.4
木薯	71	1.4
马铃薯	1153	0.1
红薯	46	2.2
小麦	21	5.0
蜡质玉米	64	1.6
高直链淀粉玉米	6	20.0
高粱	22	4.8
大米	19	5.6
西米	97	1.0
葛	54	1.9

资料来源：陈璬，2009

淀粉的临界浓度是指淀粉95℃膨胀后能将100mL水全部吸收，形成均匀糊，无游离水残留的干基重量。当淀粉浓度超过临界值时，淀粉颗粒将容易形成膨胀粒的连续相，全部有效水都被截留；低于临界值将会有游离水分存在。工业上应用的糊浓度远高过临界浓度，淀粉的临界浓度是配制一定黏度糊所需要淀粉的相对量的依据。显然，配制一定黏度的淀粉糊，所需马铃薯量远低于玉米、小麦和木薯淀粉。

四、淀粉糊的性质

淀粉糊的性质由淀粉的类型、淀粉浓度、蒸煮方式（温度、pH、加热时间、搅拌强度、设备等）以及其他物质的存在所决定的，因为淀粉多是经糊化成淀粉糊后应用，所以了解和掌握淀粉糊的性质是十分必要的。不同品种的淀粉糊在许多性质方面都有差别，如糊的黏度、透明度、黏度稳定性、抗剪切能力、冷却后生成凝胶性、凝沉性等都会直接影响淀粉糊的用途。

1. 淀粉糊的黏度

淀粉糊的黏度由淀粉种类、蒸煮方式和淀粉浓度几个因素决定。淀粉糊的最高黏度用布拉班德曲线的峰黏度表示。通常马铃薯淀粉比其他淀粉糊黏度高，这是由于马铃薯淀粉中磷酸酯基团含量高的原故，薯类和蜡质淀粉糊的黏度比普通谷类淀粉高。

2. 淀粉糊的透明度

淀粉糊的透明度通常以 1%淀粉乳在沸水浴中加热 30min 后，调至原来浓度，冷却至室温，以 650nm 透光度表示。当光线照时在淀粉糊上时就会产生光线的穿透、折射和反射强度比例的不同，从而形成淀粉糊透明度上的差异（表 2-15）。淀粉糊以透明度的不同可分为三类：①是透明度非常好，光线照射到淀粉糊时，几乎能完全穿透，没有膨胀的颗粒状淀粉引起的光线折射和淀粉分子之间或分子内在缔合作用引起的光线反射现象；②是透明度一般，由于淀粉糊中有少量没有膨胀的颗粒淀粉会引起光线折射，分子间或分子内缔合作用会引起很强的光线反射；③是透明度差，糊中存在大量没有膨胀的颗粒状淀粉，可引起很强的光线折射，而反射光很弱。要想得到很好的淀粉糊，应选用颗粒能够完全膨胀、分散的淀粉品种，并选用适当介质以减少淀粉的缔合作用，减弱光照射在淀粉糊上的折射和反射，增强光的直接穿透能力。

表 2-15 不同品种淀粉的透光度

淀 粉	直链淀粉含量/%	直链淀粉聚合度/DP	透光率/%
马铃薯	22	4920	96
木薯	17	2660	73
小麦	24	570	62
玉米	28	710	60

测定条件为淀粉乳浓度 1%（干基），波长 650nm

资料来源：高嘉安，2001

在天然淀粉中以马铃薯淀粉糊透明度最佳，木薯、甘薯、蜡质玉米淀粉糊次之，谷类淀粉（如玉米、小麦）糊最差。马铃薯淀粉颗粒大、结构松散，在热水中能完全膨胀糊化，糊中几乎不存在能引起光线折射的没有膨胀糊化的颗粒状淀粉，磷酸酯基的存在能阻止淀粉分子间和分子内通过氢键的缔合作用，引起光线的反射强度减弱，所以有很好的透明度。木薯、甘薯和蜡质玉米淀粉虽能在热水中糊化，糊中也几乎不存在没有完全膨胀糊化的淀粉颗粒，但引起光线反射的淀粉分子间的缔合作用较强，光线不能完全直接通过淀粉糊，使其透明度有所下降，并带有白度。玉米和小麦淀粉颗粒结构紧密，糊化后仍有部分没有完全膨胀糊化的颗粒状淀粉存在，引起光的折射，同时由于淀粉分子间的缔合作用引起光的反射，使得淀粉糊的透明度差，且有很大的白度。块根类以及蜡质淀粉糊可表述为半透明、澄清或透明，普通谷类淀粉糊表现为不透明、浑浊、暗淡或无光泽。

直链淀粉含量也直接影响淀粉糊透明度。由于直链淀粉分子的分子质量小，容易相互凝聚缔合使淀粉糊回生，光线发生反射，减弱了光的穿透百分率，造成糊的透明度下降。但有的直链淀粉聚合度大，分支多，缔合作用就会减少，马铃薯淀粉中的直链淀粉具有上述特点。

某些天然淀粉因糊的透明度低，使用受到限制，可以通过化学改性的方法，引进亲水性官能团，增强淀粉粒吸水膨胀能力，阻碍淀粉分子间的缔合作用来提高糊的透明度。

介质对淀粉糊透明度也有一定影响。蔗糖能增加淀粉糊的透明度；NaCl 能减弱马铃薯淀粉的透明度，而对木薯淀粉或小麦淀粉糊的透明度影响不大。这主要是由于马铃薯中的磷酸根基团的电荷被 NaCl 破坏，而木薯、小麦淀粉不存在这样带负电荷离子。淀粉糊的酸碱性也直接影响它的透明度，碱使淀粉颗粒容易吸水膨胀糊化，光的折射强度减弱，淀粉分子带负电荷，分子间斥力增加，相互缔合作用减弱，光的反射强度变小，糊透明度增加；反之随碱性减弱，淀粉糊的透明度减小。

3. 淀粉糊的质构特性

淀粉的黏聚性、黏弹性、伸长性、纤维性、流动性、胶弹性等称为质构特性。不同的淀粉糊拉成的丝有长有短，并可利用这种简单的方法比较淀粉糊的不同韧性。马铃薯淀粉的膨胀颗粒内部联结较弱，施加一定拉力后，可使糊像带子一样伸长，一旦取消外力，它又很快恢复原状，表现出很好的质构特性。块根类淀粉和蜡质玉米淀粉的糊丝特性与马铃薯淀粉相似，但黏聚性和黏弹性要小得多。普通谷类淀粉糊中均含有未完全膨胀的颗粒，糊丝缺少黏聚性，短、柔软、黏稠，易成膏状。

4. 淀粉糊的冷、热黏度稳定性

淀粉糊化后，黏度急剧增高，随温度的上升，增高很快，达到最高值以后，继续加热，保持一定温度则黏度下降，若停止加热，任其冷却，黏度又上升。热糊的黏度一般称为糊的热黏度，最高值称为最高黏度，在继续加热期间的下降程度称为黏度的热稳定性，在糊化温度曲线中以 B-E 表示，下降幅度小，热稳定性高，停止加热，维持在一个较低温度上，黏度会上升，冷糊的黏度称为糊的冷黏度，以 50℃开始和终止黏度差表示黏度冷稳定性。黏度曲线表明，马铃薯淀粉糊具有较高的热黏度和较低的热稳定性、冷黏度。

5. 抗剪切力

淀粉糊的黏度会因受到机械剪切作用（搅拌、混合等）而降低。机械搅拌速率越快，黏度降低的程度越大，但对不同淀粉糊的影响并不一样。例如，玉米淀粉糊黏度的降低较马铃薯淀粉要少，黏度的降低是由于膨胀的淀粉颗粒被打击破裂的原故，降低的程度表示膨胀淀粉颗粒的相对强度，强度高则黏度降低少。根茎、块茎和蜡质淀粉搅拌时颗粒易破裂，糊变稀薄、抗剪切能力低，普通谷类淀粉对搅拌引起黏度下降一般具有中等程度抵抗力。抗剪切力的测定一般是搅拌淀粉糊 20min，然后测量黏度变化来确定糊对剪切的耐受力。搅拌后木薯和蜡质玉米淀粉黏度最低，马铃薯淀粉中等，玉米淀粉保持最高的黏度。工业生产中淀粉糊常常要保持相当长时间的搅拌，在用泵输送的过程中还遭受机械冲击，都会使黏度降低。在淀粉颗粒中加入极少量的交联化学物质可以加强分子间网状结构，从而限制其膨胀，抵抗搅拌剪力，稳定淀粉糊黏度。

不同种类淀粉糊的性质比较见表 2-16。

表 2-16　淀粉糊的性质比较

性　质	玉米淀粉	马铃薯淀粉	小麦淀粉	木薯淀粉	蜡质玉米淀粉
糊的黏性	中等	非常高	低	高	高
蒸煮后，获得同样热黏度，每份干淀粉与水结合份数	15	24	13	20	22
糊丝特性	短	长	短	长	长
糊透明度	不透明	非常透明	模糊不透明	透明	半透明
黏度热稳定性	较稳定	降低很多	较稳定	降低	降低很多
冷却时结成凝胶性的强度	强	很弱	强	弱	不结成凝胶体
抗剪切	中等	低	中低	低	低
凝沉性（老化性能）	高	中	高	低	很低

资料来源：高嘉安，2001

第四节　淀粉的回生

一、淀粉回生的概念

稀淀粉糊放置一定时间后会逐渐变浑浊，最终可产生不溶性的白色沉淀，而将浓的淀粉散液冷却，可迅速形成有弹性的胶体，这种现象称为淀粉的回生（retrogradation），也叫淀粉的老化或凝沉。因此，回生是指淀粉基质从溶解、分散成无定型游离状态返回至不溶解聚集或结晶状态的现象。凝沉淀粉为结晶结构，不溶于水，具有 B 型 X 光衍射图样。

淀粉糊或淀粉溶液的回生具有下列效应：①黏度增加；②显现不透明和浑浊；③在热糊表面形成不溶解的结膜；④不溶性的淀粉粒沉淀；⑤形成胶体；⑥脱水收缩。

二、回 生 机 理

回生是一种复杂的过程。淀粉完全糊化，充分水合，然后降温，当温度降到一定程度之后，由于分子热运动能量的不足，体系处于热力学非平衡状态，分子链间借氢键相互吸引与排列，使体系自由焓降低，最终形成结晶。结晶实质是分子链间有序排列的结果，其过程包括直链分子螺旋结构的形成及其堆积、支链淀粉外支链间双螺旋结构的形成与双螺旋之间的有序堆积（图 2-18）。

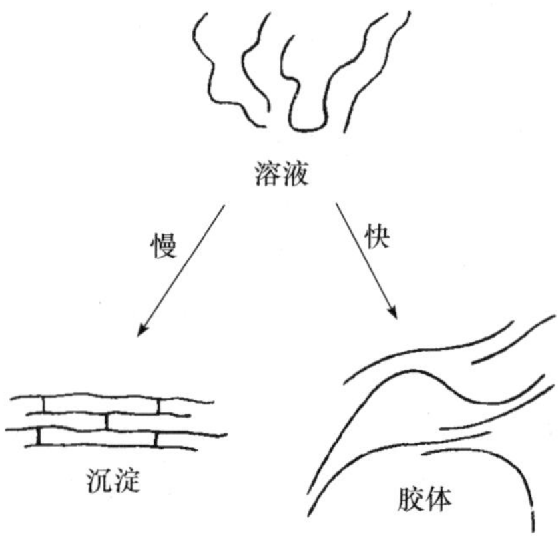

图 2-18　回生机理（高嘉安，2001）

1. 直链淀粉在淀粉回生过程中的作用

在回生过程中直链淀粉起主要作用。溶解的直链淀粉分子之间进行有效的定向迁移，使分子之间能自行平行取向，沿链排列的大量羟基能与相邻链上的羟基靠得很紧，羟基通过链间的氢键相结合，直链淀粉联结在一起形成不溶于水的聚合体。在稀溶液中结合的直链淀粉形成沉淀；在更浓的分散液中，聚合的直链淀粉将水包裹在淀粉分子的网状结构中，形成胶体。曾用X光衍射法证实了这些凝结沉淀的结晶性结构的存在，若要重新溶解，需要在100～160℃加热。

一般来讲，回生的直链淀粉由结晶区与无定形区混合组成，X射线衍射谱显示B型，结晶区可抵抗酸解和酶解，并可高达体系总量的65%，晶粒由直链淀粉分子双螺旋组成。直链淀粉分子链的长度与回生的类型及难易有关（图2-19），以聚合度（DP）为100～200个葡萄糖单位的回生速率最高，而链的增长或缩短回生速率均降低。这是由于长直链淀粉分子不容易迅速移动，与其他链形成紧密结合，并且，难在较长的空间与相邻的链完全排列整齐；较小的直链淀粉分子链短，活动速率过快，不利于相互间完全地结合，不易凝胶化。

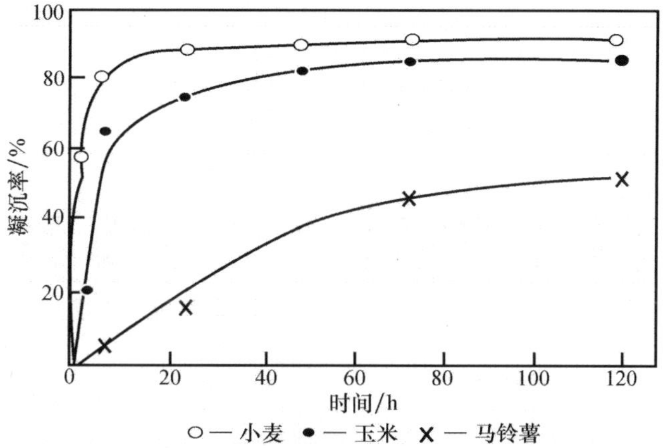

图2-19　不同品种直链淀粉凝沉性比较（高嘉安，2001）

2. 支链淀粉在淀粉回生过程中的作用

支链淀粉与直链淀粉相比不易回生。溶解的支链淀粉分子间的结合，由于它所具有的高度支叉结构而受到较强的抑制，在一般条件下不形成胶体。只有在极端条件下，如浓度很高或冰点温度下，支链淀粉分子侧链间才会结合，使糊化后的淀粉颗粒内支链淀粉重结晶，发生回生作用。不同支链淀粉分子，其回生规律差异很大，并且与分子质量及支化度无显著相关性，支链淀粉糊的凝胶动力学明显区别于直链淀粉，是通过支链分子外层短支链（DP在15左右）双螺旋的形成及结晶构成网络而导致回生。支链淀粉分子结构模型中，A链和B_1链是支链。链长分布中的短链部分，若这些短链含量较多，将有利于形成较多的晶粒，有利于后续结晶部分的堆积。要形成结晶体，对短链的链长要求至少在10个单位以上，才能形成双螺旋结构。而6～9个单位组成的短链则会阻滞回生，因而支链的长短和分布对其回生特征有重要影响。

淀粉颗粒中直、支链两种分子有一定的相互作用，当直链分子含量较高时，会与支链分子发生共结晶作用，很可能是快速形成的直链分子有序区为支链分子的结晶提供了晶种，而支链淀粉组分对直链淀粉组分的回生有一定抑制作用（图2-20）。

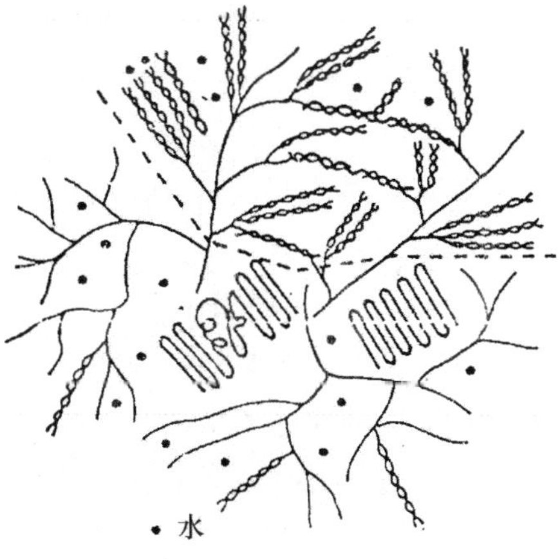

图2-20　回生淀粉结构示意图（高嘉安，2001）

3. 高温回生现象

通常回生在淀粉糊冷却过程以及在70℃或70℃以下储存时发生，然而还有另外一种形式的回生存在，它是在75～95℃储存玉米淀粉溶液时发生的，并形成均匀的颗粒状沉淀，称为高温回生现象。玉米淀粉经120～160℃糊化，得到的糊在75～95℃储存时，就发生回生情况。沉淀颗粒是由玉米直链淀粉同游离脂肪酸结合成络合物而形成的。这些游离脂肪酸在玉米淀粉中天然存在，脱脂玉米淀粉、蜡质玉米淀粉或马铃薯淀粉在120℃以上糊化并在75～95℃储存就不会产生高温回生现象。普通玉米淀粉在95℃以上储存时也没有高温回生现象发生，说明直链淀粉同脂肪酸结合形成的络合物在此温度下被解离。

4. 回生淀粉的构型

原淀粉的X射线谱型可分为A型、B型、C型和V型。对于回生淀粉，若由稀溶液制作，则为B型；若用浓溶液制作，则是A型。回生或干燥直链淀粉除有A、B、C三种类型结晶外，若有配合剂（如脂类）存在，也含有V型。

三、各种淀粉的回生速率

淀粉的回生速率是以通过淀粉糊从95℃冷却至50℃后黏度的增加来表示。普通谷类淀粉比块茎和根茎类淀粉回生更快，蜡质玉米淀粉回生速率最慢，玉米淀粉糊和溶液回生相当快，直链淀粉含量高（28%），DP小（200～1200）和类脂体含量高（0.8%）是玉米淀粉回生迅速的原因。在玉米淀粉糊中，淀粉分子通常以聚合起来的直链淀粉-类脂体复合物的形式存在，这种络合物水合力很弱，对玉米淀粉糊的结合力或增稠力不会起作用；其他普通谷类淀粉的回生情况类似，但回生速率不如玉米淀粉快。马铃薯淀粉分散液仅有中等回生趋向，这是因为它的直链淀粉含量相对较低（21%），直链淀粉分子长度大（DP为1000～6000），脂肪含量低（0.05%）。块根类淀粉具有低度到中度回生趋向（图2-21）。

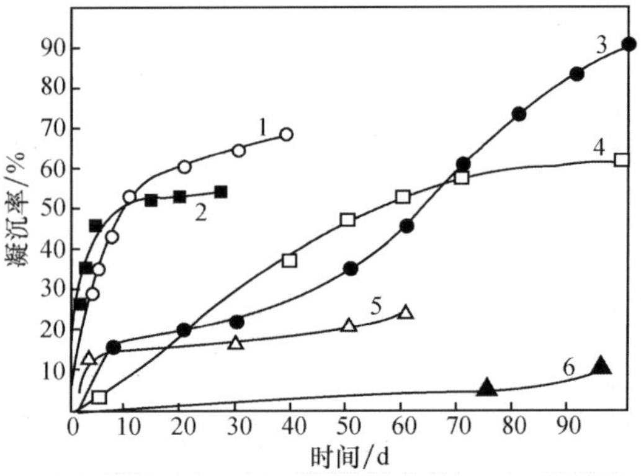

图2-21　不同品种淀粉凝沉性比较
（高嘉安，2001）
1. 玉米；2. 小麦；3. 马铃薯；4. 甘薯；5. 木薯；6. 黏玉米

四、影响淀粉回生作用的因素

淀粉的回生作用与淀粉的种类和直、支链淀粉比例、分子大小、溶液的浓度、温度以及盐类等因素都有关系。

1. 分子结构的影响

直链淀粉分子是线性分子，呈直链状构造，在溶液中空间位阻相对较小，易于取向，发生凝沉；支链淀粉分子呈树枝状构造，在溶液中空间位阻大，不易凝沉。

2. 分子大小的影响

在直链分子与支链分子分子质量分布对回生影响方面，直链淀粉分子中分子质量大的取向困难；分子质量小的，易于扩散；只有分子质量适中的直链淀粉分子才易于凝沉。对支链分子而言，支链分子较小，支链长度较均一及支化点较少等均会提高初始回生速率。

3. 直链、支链淀粉分子比例的影响

直链分子与支链分子数量的比值，对回生有明显影响，支链淀粉含量高的较难凝沉，蜡质玉米淀粉几乎全是支链淀粉分子，回生过程非常缓慢，在 24h 内仅当浓度小于 20%时才会出现凝沉现象，在此浓度以下，淀粉分子之间只有链间无规缠绕。

4. 溶液浓度影响

溶液浓度大，分子碰撞机会多，易于凝沉；溶液浓度小，分子碰撞机会少，不易凝沉。浓度为 30%～60%溶液最易发生回生作用，水分在 10%以下的干燥状态的淀粉难以回生。

5. pH 及无机盐影响

回生速率在 pH 5～7 最快，过高和过低的 pH 都会降低回生速率，pH 10 以上不发生回生现象，低于 pH 2 回生缓慢。

阴离子盐和阳离子盐都会降低淀粉回生作用，回生抑制程度依下列顺序：$SCN^- > PO_4^{3-} > CO_3^{2-} > I^- > NO_3^- > Br^- > Cl^-$；$Ba^{2+} > Sr^{2+} > Ca^{2+} > K^+ > Na^+$。通常用硝酸钙和尿素抑制淀粉的回生。

6. 温度的影响

温度对直链淀粉的回生特征影响显著，3.5mg/ml 直链淀粉水溶液，在5～45℃范围内，随温度提高，回生速率降低，5℃保温 100 天，大多数直链淀粉回生沉淀，45℃时只有较少的小分子级分回生并沉淀。淀粉溶液温度下降速率对其回生作用也有很大影响，缓慢冷却可以使淀粉分子有时间取向排列，故可加重回生程度；而迅速冷却，使淀粉分子来不及取向，可以减少回生程度。

7. 脂类对淀粉回生的影响

脂类包括脂肪酸、乳化剂与部分油脂，可与直链淀粉分子形成螺旋配合体，并产生凝聚，X 射线衍射谱显示 V 型结晶，但对支链淀粉与脂质是如何相互作用的，还没有达成共识。

8. 糖类对淀粉回生的影响

糖类主要指单、双寡糖。单、双寡糖因其分子较小，在淀粉糊化过程中，可随水分渗透并进入淀粉颗粒内部，并与淀粉分子相互作用，果糖能显著地提高淀粉的硬化速率，葡萄糖可轻微提高，蔗糖作用很弱。不同糖对回生影响取决于糖分子与水分子间的相容性，相容性好，糖分子可起到类似水的作用，对分子链有一定的稀释作用，延缓了分子链的迁移率，降低回生速率；相反若糖分子与水分子相容性不好，则会加速回生。

9. 淀粉改性对回生影响

化学方法可在淀粉分子上引进亲水性基团，能够减弱或阻止淀粉的回生。而酸解淀粉与交联淀粉则加强了淀粉分子之间的氢键作用，减弱了淀粉分子之间的亲和力，提高了淀粉糊化温度，加快了淀粉的回生凝沉速率。

第五节 淀粉的化学性质

一、水 解

淀粉与水一起加热即可引起分子裂解。当与无机酸一起加热时，可彻底水解成葡萄糖，水解过程是分几个阶段进行的，同时有各种中间产物相应形成：

淀粉 → 可溶性淀粉 → 糊精 → 麦芽糖 → 葡萄糖

淀粉与淀粉酶在一定条件下也会使淀粉水解。根据淀粉酶的种类（α-淀粉酶、β-淀粉酶、葡萄糖淀粉酶及异淀粉酶）不同，可将淀粉水解成葡萄糖、麦芽糖、三糖、果葡糖、糊精等成分。

在淀粉水解过程中，会有各种不同分子量的糊精产生，它们的特性列于表 2-17。

表 2-17　各种糊精的特性

名　称	与碘反应	比旋光度 $[\alpha]_D^{20}$	沉淀所需乙醇浓度/%
淀粉糊精	蓝色	+190°～+195°	40
显红糊精	红褐色	+194°～+196°	60
消色糊精	不显色	+192°	溶于 70%乙醇，蒸去乙醇即生成球晶体
麦芽糊精	不反应	+181°～+195°	不为乙醇沉淀

资料来源：高嘉安，2001

二、淀粉与试剂的化学反应

淀粉分子中除 α-1,4 糖苷键可被水解外，它还具有醇羟基，分子中葡萄糖残基的 2 位，3 位及 6 位羟基在一定条件下都能发生一系列的化学反应，生成各种淀粉衍生物。

1. 淀粉的氧化作用

淀粉氧化因氧化剂种类及反应条件不同而变得相当复杂，轻度氧化可引起羟基被氧化得到氧化淀粉，或 C_2—C_3 间键的断裂等。

次氯酸和高碘酸氧化反应最具代表性。次氯酸将 C_2 的羟基氧化为酮基，高碘酸则将淀粉转变为二醛淀粉。

2. 淀粉衍生物

淀粉可与一些试剂作用生成衍生物。例如，与乙酸作用生成乙酸淀粉；与环氧乙烷作用生成羟乙基淀粉；与氯乙酸作用生成羧甲基淀粉；与二乙基氨基乙基氯作用生成二乙基氨基乙基淀粉，更多的淀粉衍生物详见“变性淀粉”。

思　考　题

1. 简述直链淀粉与碘的反应。
2. 简述影响淀粉-脂质复合物性质和行为的因素。
3. 简述淀粉颗粒的糊化过程。
4. 影响淀粉糊化的因素。
5. 图示说明淀粉糊化曲线并解释各符号所代表的含义。
6. 简述淀粉的回生机理。
7. 影响淀粉回生作用的因素。

第三章　淀粉的制取工艺

第一节　玉米淀粉的生产

玉米（*Zea mays*），也称玉蜀黍，是一年生禾本科草本植物，是全世界总产量最高的粮食作物。自然界的很多植物中都含有淀粉，如玉米、小麦、水稻、马铃薯、木薯、甘薯、绿豆、豌豆、芸豆、芭蕉芋、香蕉……美国和日本都曾用甘薯、马铃薯作为生产淀粉的原料，但后来都逐步用玉米代替了薯类。这是因为玉米作为淀粉生产原料，不但具有种植广泛、货源充足、价格低廉、淀粉含量高、成本低、收集、储存、加工相对容易的特点，而且副产品利用价值也很高，比薯类更利于开展综合利用。因此，玉米已成为最理想的淀粉生产原料。

一、玉米淀粉生产原料

（一）玉米籽粒的结构

玉米籽粒是由皮层、胚乳、胚芽和根冠构成。淀粉主要含在胚乳中（图 3-1）。

1. 皮层

皮层由果皮、种皮和糊粉层构成。果皮是籽粒光滑而密实的外皮，它的外面是一层薄的蜡状角质膜，下面是由几层中空细长的已死亡细胞压成的坚实组织，再下面是一层海绵状组织，称为管细胞，是吸收水分的天然通道。在管细胞层下面有一层极薄的栓化膜，称为种皮，保护玉米籽粒免受霉菌及有害液体的侵蚀，种皮所含的色素决定了籽粒的颜色。糊粉层在种皮和胚乳中间，即种皮膜下面胚乳的第一层。糊粉层是具有厚韧细胞壁的一层细胞，营养成分较高，蛋白质含量 22.21%，脂肪含量 6.93%。

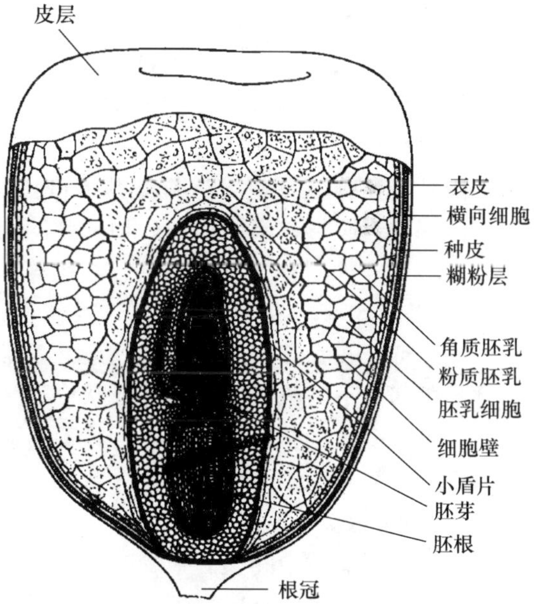

图 3-1　玉米籽粒的结构（曹龙奎和李凤林，2008）

2. 胚乳

胚乳是玉米籽粒的最大组成部分，占整个籽粒的 80.0%～83.5%（以干基计）。胚乳主要由蛋白质基质包埋的淀粉颗粒和细小蛋白质颗粒组成。玉米的胚乳分角质和粉质两类。成熟的胚乳由大量细胞组成，每个细胞都满载着深埋在蛋白质基质中的淀粉颗粒，整个细胞内容物的外面是纤维细胞壁。

从形态学角度看，角质区与粉质区的分界线并不明确，但粉质区的特点是细胞较大，淀粉颗粒既大且圆，蛋白质基质较薄。角质胚乳组织结构紧密，硬度大，透明而有光泽。角质胚乳的这一特性使得玉米制备淀粉时需要充分地浸泡，以保证淀粉的充分回收。角质胚乳的蛋白质含量比粉质区多1.5%～2.0%，胡萝卜素的含量也较高。在糊粉层的下面有一排紧密的细胞，称为次糊粉层或外围密胚乳，其蛋白质含量高达28%，这些小细胞在全部胚乳中的含量大致少于5%，它们含有很少的小淀粉颗粒和较厚的蛋白质基质，这些细胞在加工中不易分散开，一般要采用44μm筛将这些物质作为纤维筛出。

3. 胚芽

胚芽位于玉米籽粒的基部，柔韧而有弹性，不易破碎。胚芽占玉米籽粒干重的10.5%～13.1%，加工时可以完整地分离出来。玉米胚芽中脂肪含量高达35%～40%。

4. 根冠

根冠又称基胚、根帽，位于玉米的底部。根冠占玉米籽粒干重的0.8%～1.1%，是将种子连接在穗轴上的果梗的残余。

（二）玉米籽粒的分类

1. 按颜色分类

根据玉米种皮颜色将玉米分为黄玉米、白玉米、混色玉米三类。黄玉米种皮为黄色，包括略带红色的黄色玉米；白玉米种皮为白色，包括略带淡黄色或粉红色的白色玉米；混色玉米是混入本类以外玉米超过5.0%的玉米。由于黄色玉米的淀粉含量较其他品种高，种植面积大，价格便宜，而玉米黄色素又主要集中在果皮里，加工中可很容易去除，对淀粉质量没有影响，因此，一般淀粉生产均选用黄色玉米作为原料。

2. 按籽粒性状分类

按籽粒性状可将玉米分为硬粒型、马齿型、半马齿型、蜡质型、爆裂型、有稃型、甜粉型、软质型、甜质型等。

1）硬粒型

硬粒型又称燧石型，16世纪传入我国，是我国主要的栽培品种。果穗多呈圆锥形，上宽下窄。籽粒近圆形，坚硬饱满，顶部和四周由致密、半透明的角质淀粉包围，中间充满疏松的粉质淀粉。外种皮有黄色、白色、红色等。

2）马齿型

玉米籽粒长大而扁平，状如马牙。玉米籽粒成熟时，粉质的顶部比两侧角质干燥快，因此顶部的中间向下凹陷，使籽粒的形状像马牙。马齿形玉米果穗多为圆柱形，籽粒的颜色多为黄色、白色，少数为紫色或红色，籽粒不透明。由于该种玉米占有的比例最大，因而成为加工淀粉的主要原料。

3）半马齿型

半马齿型又称中间型。干燥时，该种玉米籽粒顶端凹陷不明显，因此称半马齿型。半马齿型玉米产量高，食用品质好于马齿型，但不及硬粒型，也是我国主要栽培品种。

4）蜡质型

蜡质型又名糯质型，穗小，籽粒中胚乳几乎都是支链淀粉，食用时口感接近糯米，黏柔可口，是我国培育出的玉米杂交品种，但由于产量较低，未被大面积栽培。

5）软质型

软质型又名软粒型，果穗和籽粒与硬粒型相似，胚乳几乎全是直链淀粉，籽粒外皮缺乏光泽，栽培量较少。是直链淀粉的主要来源。

（三）玉米籽粒的化学成分

玉米籽粒的化学组分中，淀粉占 70%～72%，蛋白质占 8%～11%，脂肪占 4%～6%，灰分占 1.2%～1.6%，纤维占 5%～7%，可溶性糖占 4.5%，含水量一般为 12%～16%。

玉米籽粒的化学组成随玉米品种的不同而变化，粉质玉米富含淀粉和脂肪，硬质玉米富含蛋白质。

1. 玉米籽粒中的碳水化合物

玉米籽粒中的碳水化合物主要是淀粉和其他糖类。分为简单碳水化合物和复杂碳水化合物。简单碳水化合物有单糖、双糖、三糖和糖醇等，这些糖类大多具有特殊功能，在食品工业中具有重要的营养价值；复杂碳水化合物又分为构成玉米籽粒机体的结构碳水化合物和储藏碳水化合物，结构碳水化合物主要有纤维素、半纤维素、戊糖，储藏碳水化合物主要为水溶性多糖和淀粉。

淀粉主要含在胚乳中，胚芽中含量极少。胚乳中淀粉的化学成分也不完全是纯净的，其中还含有 0.2%的灰分和 0.9%的五氧化二磷及 0.03%的脂肪酸。

2. 玉米籽粒中的蛋白质

玉米籽粒含 8%～14%的蛋白质，其中 75%在胚乳中，20%在胚芽中。玉米蛋白包括醇溶蛋白、谷蛋白、白蛋白、球蛋白等，醇溶蛋白和谷蛋白分别占 40%左右，白蛋白、球蛋白只有 8%～9%，而球蛋白的 70%又集中于胚芽。因此，从营养学角度考虑，玉米蛋白不是人类理想的蛋白质摄取来源。

3. 玉米籽粒中的脂肪

玉米干物质中含脂肪 4.6%左右，近代研究培育的新品种脂肪的含量可达 7%。玉米籽粒的脂肪主要存在于胚芽中，一般胚芽含油达 35%～40%。其中，液体脂肪酸占 72%，固体脂肪酸占 28%，包括软脂酸、硬脂酸、花生酸、油酸、亚麻二烯酸等。玉米脂肪的皂化价一般为 189～192，碘化价为 111～130。

玉米与其他粮食类淀粉质原料相比，最大特点是含有丰富的脂肪，这些脂肪主要集中在胚芽中，胚芽干物质中含脂肪为 30%～40%，玉米油是一种附加价值很高的玉米加工淀粉工业中的副产品，但玉米淀粉生产中的最关键问题也是如何去除脂肪。

4. 玉米籽粒中的矿物质

玉米籽粒中的矿物质主要分布在皮层和胚芽中，是玉米灰分的主要成分（表 3-1）。大部分在玉米生产淀粉的浸泡工序中溶入浸泡液。

表 3-1　玉米灰分化学组成

灰分组成	含量/%	灰分组成	含量/%
P_2O_5	0.57	SiO_2	0.03
K_2O	0.37	Na_2O	0.01
MnO	0.19	SO_3	0.01
CaO	0.03	含氯化合物	0.02

（四）玉米原料中的杂质

玉米在收割、脱粒过程中，会混入一些玉米的根、茎、须，野生植物的种子，异种粮粒等杂质；在晾晒、烘干过程中，会混入泥土、砂石、小砖瓦碎块、煤渣等杂质；玉米在储藏、运输过程中，因装运容器的影响，更易混入煤渣、金属物、绳头、鼠雀粪便、虫卵、虫蛹、虫尸等杂质。这些杂质分无机杂质和有机杂质两类。无机杂质包括混入玉米中的泥土、砂石、煤渣、砖瓦、玻璃碎块、金属物等；有机杂质包括混杂在玉米中的根、茎、玉米须、野生植物的种子、异种粮粒、鼠雀粪便、虫蛹、虫尸及无食用价值的生芽、病斑、变质玉米粒等。

（五）玉米的工艺品质

1. 粒形与大小

粒形是指玉米籽粒的形状；大小是指玉米籽粒的长度、宽度和厚度。玉米籽粒的形状和大小因品种的差异而不同。一般长8～12mm，宽7～10mm，厚3～7mm。玉米籽粒的大小差别越大，粒度差别也越大，清理和破碎的难度就越大。

2. 相对密度

相对密度是指玉米纯体积的质量与同体积水的质量之比，是评定玉米品质的一项指标。玉米籽粒相对密度的大小取决于籽粒的化学成分和结构紧密程度。发育正常、成熟充分、粒大而饱满的籽粒比发育不良、成熟度差、粒小而不饱满的籽粒的相对密度大。玉米的相对密度为1.15～1.35。

3. 体积质量

体积质量又称容重，是指单位体积内玉米的质量，由籽粒的饱满程度，即成熟程度决定，用千克/立方米表示。体积质量的高低是衡量玉米品质好坏的指标。体积质量高的玉米成熟好、皮层薄、角质率高、破碎效率低。体积质量大小与水分也有一定的关系，水分大的玉米，细胞组织内部含水多，籽粒膨胀，体积质量低于水分小的玉米。玉米的体积质量一般为705～770kg/m^3。

4. 千粒重

千粒重是1000粒玉米的质量，常以克表示，也是衡量玉米品质好坏的一项指标。一般千粒重都是指风干状态的玉米籽粒而言，千粒重大的玉米颗粒大，角质胚乳多、出品率高。玉米的千粒重为150～600g，平均为350g。

5. 破碎难易

玉米籽粒加工过程中，胚乳易碎，胚和皮层不易碎。角质玉米籽粒坚实，强度大，不易被破碎，磨碎后细渣较多。粉质玉米籽粒松散，强度小，易破碎，磨碎后细渣较少。

（六）玉米的质量标准

按国家规定标准（GB 1353—2009），各类玉米容重定等，分为五等，低于三等的为等外玉米。其质量指标见表3-2，工业生产淀粉要求玉米符合表3-3标准。

表3-2　玉米质量指标

等　级	容量/(g/L)	杂质含量/%	水分含量/%	不完善粒含量/%		色泽、气味
				总量	其中：生霉粒	
1	≥720	≤1.0	≤14.0	≤4.0	≤2.0	正常
2	≥685			≤6.0		
3	≥650			≤8.0		
4	≥620			≤10.0		
5	≥590			≤15.0		
等外	＜590			—		

表 3-3　工业生产淀粉要求玉米符合标准（%）

项　目	指　标	项　目	指　标
含水量	12～14	灰分	<1.5
淀粉含量	70 以上	异物	<0.3
蛋白质	8～10	异常谷粒*	<0.1
脂肪	3.5～5	受热损害的谷物	<0.2

* 异常谷粒包括去壳谷粒和破碎谷粒

二、玉米淀粉生产工艺流程

生产玉米淀粉的方法有干法和湿法两种。干法是不用大量的温水浸泡，主要靠磨碎、筛分、风选的方法，分离去除胚芽和纤维得到低脂肪的玉米粉。湿磨法加工（wet milling）是指采用物理的方法将玉米籽粒的各主要成分分离出来获取相应产品的过程。由于干法所得产品中蛋白质和脂肪较多，产品纯度较低，因此，目前生产玉米淀粉多采用湿磨法加工（湿法），这种加工方法可获得 5 种成分：淀粉、胚芽、可溶性蛋白质、皮渣（纤维）、麸质（蛋白质）。其中淀粉的比例最大，因此习惯上称淀粉为主产品，其余产品为副产品。

湿磨加工工艺流程可分为开放式和封闭式（派生部分封闭式）两种，在开放式流程中，玉米浸泡和全部洗涤水都用新水，因此该流程耗水多，干物质损失大，排污量较多。封闭式流程只在最后的淀粉洗涤时用新水，其他用水工序都用工艺水，因此新水用量少，干物质损失小，污染小。

（一）玉米淀粉湿磨加工的目的

玉米淀粉湿磨加工的目的是要从玉米籽粒中尽可能多地提取纯净淀粉及各种副产品。而这些物质又存在于玉米籽粒的各组成部分，如淀粉主要存在于胚乳中，蛋白质主要存在于角质胚乳和胚芽中，脂肪主要存在于胚芽中，纤维主要存在于玉米皮中；其他可溶性物质，如五碳糖、各种矿物质、维生素则存在于玉米籽粒的各个部分。基于此，应首先将玉米籽粒的各组成部分分开，提取出可溶性物质（可溶性蛋白质和无机盐）、脂肪、纤维、蛋白质，最后可获得纯净淀粉。

（二）玉米淀粉湿磨加工的基本原理

玉米淀粉湿磨法加工采用热法流程工艺。热法流程包括物环流、水环流和热环流。物环流是指主物料只从一个口输出，无论经过多少道工序，环流归入一个输出口，该输出口输出的物料是系统主物料浓度最高的；水环流是指新水只从一个口加入，按逆流原理反复利用，同时在利用工艺水（过程水）时还要注意每一分支系统也要按逆流原理保持浓度梯度，最后在浸泡工序变成浸泡水进去制成玉米浆而排出系统；热环流的意义有两层，其一是湿淀粉生产是在热过程下进行的，除玉米浸泡过程在 50℃左右外，整个湿磨分离系统都需在 40～45℃条件下进行，以降低物料黏度，利于分离和提取，其二是热的利用也要遵循逆流原理，充分利用温度梯度，干燥、蒸发系统用后的余热可二次、三次再利用。

（三）玉米淀粉湿磨法加工工艺流程

玉米淀粉湿磨法加工工艺流程如图 3-2 所示。主要工序包括清理除杂、浸泡、破碎、分离胚芽、精磨、筛分皮渣、分离蛋白质、洗涤淀粉中可溶性物质、淀粉的机械脱水及干燥。

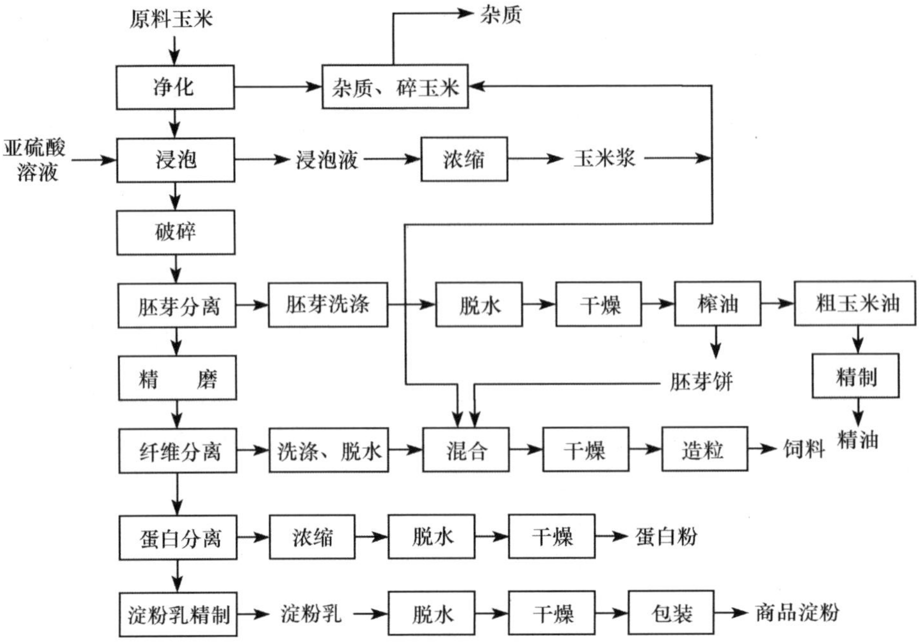

图 3-2 玉米淀粉湿磨法加工工艺流程

三、净化玉米籽粒

（一）净化玉米籽粒的意义

收购的玉米原料中含有各种有机和无机杂质。为了保证产品质量和安全生产，保护机器设备，必须从玉米中清除各种杂质，达到完全净化的目的，以便为浸泡工序提供完全净化的玉米。通常采用干法清理去除这些杂质。

（二）干法清理玉米籽粒

玉米的干法清理，是指在空气介质中利用各种清理设备去除玉米籽粒中杂质工序的总称。

1. 净化方法

1）筛选法

根据玉米和杂质在长度、宽度、厚度等大小与粒形方面的差别，利用筛孔分离大于（或小于）玉米的杂质或把玉米进行分级的一种方法。筛选设备有旋转筛、振动筛，广泛采用的是平面回转振动筛。

2）相对密度分选法

利用玉米与杂质在相对密度方面的差别分离除去杂质，称为去石。去石方法有干法、湿法之分，干法去石采用吸式密度（密度）去石机或重力分级去石机，湿法去石利用砂石捕集旋流器和去石槽。

3）风选

风选主要目的是除尘。利用玉米和杂质在大小、相对密度方面的差别引起的悬浮速率不同进行除杂。按照气流的运动方向，风选形式可分为三种：垂直气流风选、水平气流风选和倾斜气流风选。玉米的风选除尘器常用旋风分离器。

4）*磁选*

玉米中的金属杂质，除极少数铜、铝外，绝大多数是磁性金属物，利用这些杂质的导磁性，通过磁铁或磁选机清除粮食中金属杂质。磁选设备一般是一种内有铁芯线圈的电磁铁（电磁滚筒）装置。

2. 净化工艺流程

干法清理玉米籽粒的工艺流程如图 3-3 所示，玉米干法清理工艺生产示意图如图 3-4 所示。原料玉米从原料贮仓由斗式提升机或链条提升机送到振动筛，第一层筛面选用直径 17～20mm 圆孔，第二层筛面选用直径 12～15mm 圆孔，除去大、中杂质，第三层筛面选用直径 2mm 圆孔除去小杂质，然后入毛玉米仓储存。在玉米浸泡前，经螺旋输送机和斗式提升机将玉米送入旋风分离机，进行风选除尘，清除原料中的轻杂质；然后经密度（密度）去石机除去砂石和用磁选机清除玉米中的金属杂质。净化时分出的碎粒及皮渣等与纤维混合作饲料出售，清理后的净玉米通过螺旋输送机、斗式提升机等送至玉米浸泡罐。

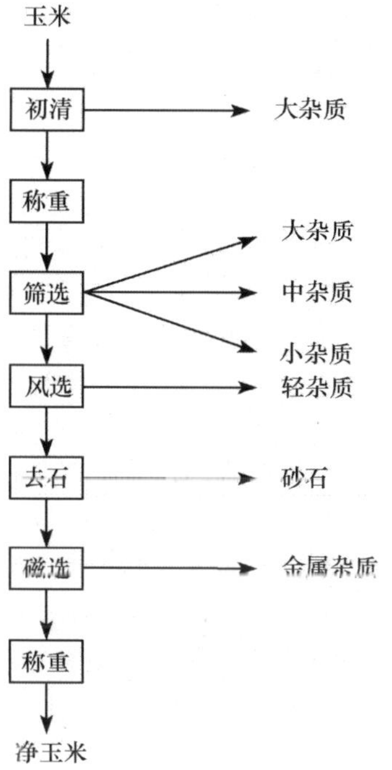

图 3-3　干法清理玉米籽粒工艺流程

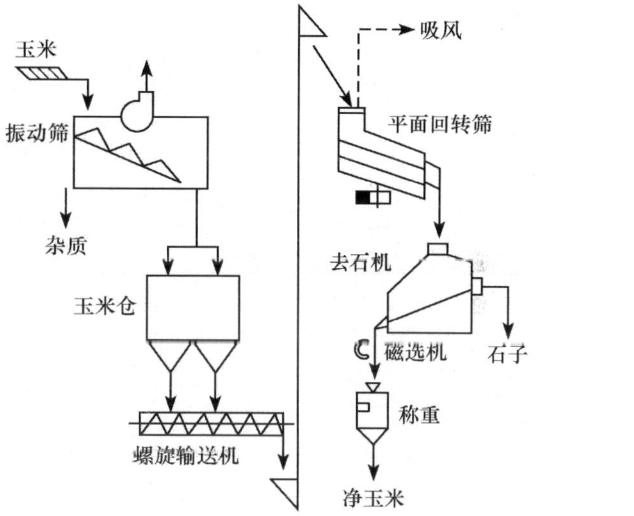

图 3-4　干法清理玉米籽粒工艺生产示意图（曹龙奎和李凤林，2008）

（三）玉米籽粒净化后的工艺参数

净化后玉米籽粒水分含量≤15.0%；砂石杂质含量≤0.5%；谷物杂质含量≤3.0%；霉变粒含量≤1.0%；烘伤粒含量≤1.0%；破碎玉米粒含量≤3.0%。

四、亚硫酸溶液的制备

（一）原　　理

工业上以硫磺为原料生产亚硫酸。硫磺在燃烧炉中燃烧生成二氧化硫气体，被吸收塔中的水吸收而生成亚硫酸溶液。其生产原理如下：

$$S + O_2 \xrightarrow{\text{燃烧}} SO_2$$

$$SO_2 + H_2O \longrightarrow H_2SO_3$$

（二）工艺流程

我国制备亚硫酸一般采用吸收塔生产工艺和水力喷射器生产工艺两种方法。

1. 吸收塔生产工艺

生产亚硫酸的设备由风机、燃烧炉和吸收塔组成，如图 3-5 所示。

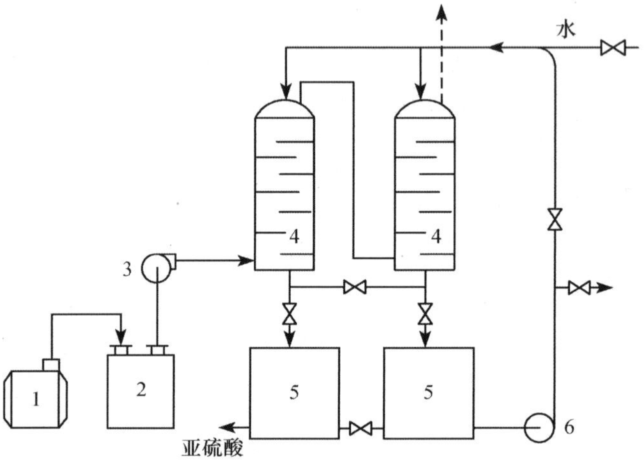

图 3-5 吸收塔制备亚硫酸工艺流程（曹龙奎和李凤林，2008）

1. 硫磺燃烧炉；2. 分离器；3. 风机；4. 吸收塔；5. 亚硫酸贮罐；6. 耐酸泵

制备亚硫酸的关键设备是硫磺燃烧炉，有转筒式硫磺燃烧炉和箱式硫磺燃烧炉两类，大多采用箱式硫磺燃烧炉（图 3-6）。燃烧炉由燃烧室、加料室、沉降室和冷却室组成，硫磺由加料室送入燃烧炉内，炉内的燃烧室由上部预热层和下部燃烧层两部分组成。硫磺在预热层熔融后经控制阀门流至下层燃烧层生成 SO_2。燃烧产生的热量又将预热层的硫磺熔化，SO_2 经沉降净化和冷却降温后进入吸收装置。该炉具有硫磺燃烧充分、易于控制等特点。

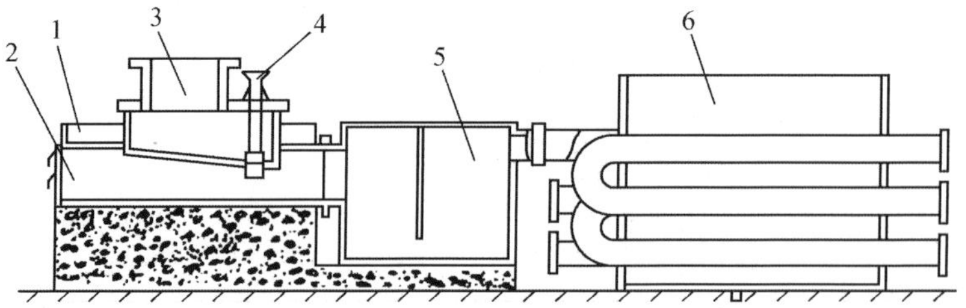

图 3-6 熔融型箱式硫磺燃烧炉（曹龙奎和李凤林，2008）

1. 冷却池；2. 燃烧室；3. 加料室；4. 控制阀门；5. 沉降室；6. 冷却室

燃烧炉中的硫磺燃烧生成 SO_2，经分离器去除气体中的杂质后，由吸收塔顶部的风机将 SO_2 气体吸进吸收塔，SO_2 从底部慢慢上升。打开吸收塔上部的喷头，水从上部落下，SO_2 与水接触并溶解于水中生成 H_2SO_3，流入亚硫酸贮罐，尾气 SO_2 排入大气。

硫磺燃烧过程及二氧化硫的生成量由进入的空气量调节，通过控制燃烧炉风门开度的大小可以调节进入空气量的大小。风门开度过小，空气量不足，硫磺燃烧不完全，会降低浸泡液中亚硫酸的浓度；风门开度过大，硫磺耗用量大，生成 H_2SO_3 浓度过高。要进行适当调节，使生成的 H_2SO_3 浓度符合浸泡玉米工序要求。

实际生产中，为了使二氧化硫得到更充分吸收，SO_2 要依次经过两个吸收塔。由第一个吸收塔得到0.4%～0.5%的亚硫酸，由第二个吸收塔得到0.2%～0.3%的亚硫酸。排出气体中，SO_2 的含量不超过0.3%。从第一个吸收塔得到的酸用于磨碎筛分，从第二个吸收塔得到的酸用于玉米的浸泡。生产能力较小的玉米淀粉厂，可以利用一个吸收塔生产 H_2SO_3。

2. 水力喷射器生产工艺

水力喷射器制备亚硫酸生产工艺流程见图3-7。用泵将贮酸罐内的水送入喷射器，由于喷射水流速率较高，喷射口周围形成负压使喷射器内产生真空，吸进硫磺燃烧产生的 SO_2，同时用水吸收 SO_2，生成 H_2SO_3。反复将贮酸罐中的水循环，可使 H_2SO_3 的浓度不断提高，浓度达到0.2%～0.3%时，用于玉米浸泡和渣皮洗涤。从吸收罐排出的 SO_2 再经吸收塔二次吸收，用于淀粉洗涤。

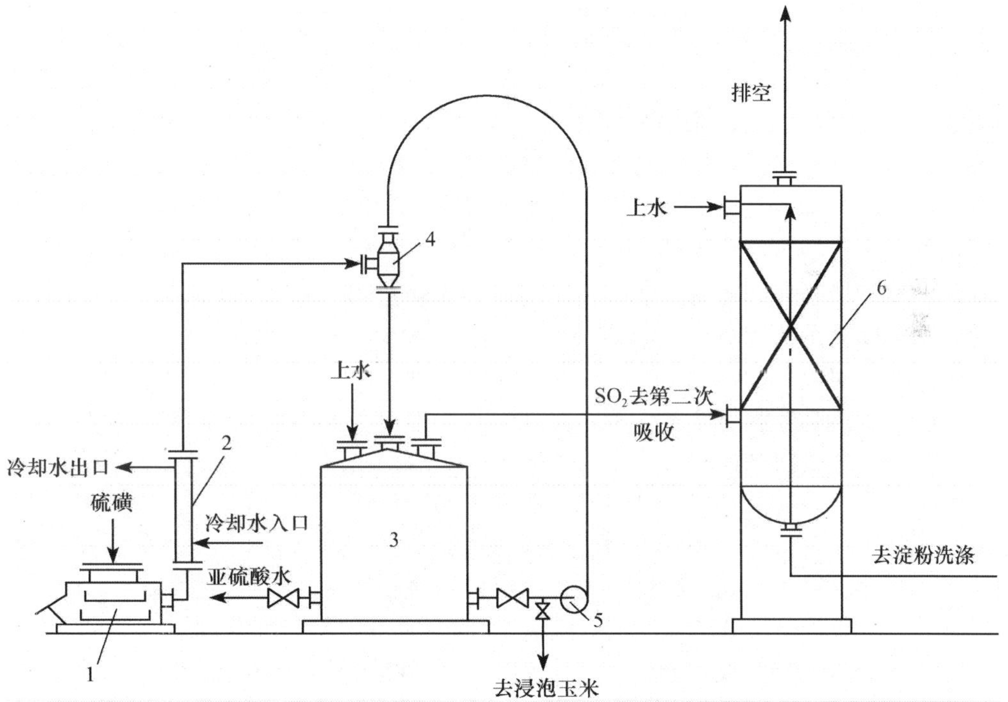

图3-7　水力喷射器制备亚硫酸生产工艺流程（曹龙奎和李凤林，2008）

1. 硫磺燃烧炉；2. 换热器；3. 贮罐；4. 水利喷射泵；5. 泵；6. 吸收塔

（三）生产亚硫酸的工艺参数

燃烧炉产生气体二氧化硫含量8%～12%；进吸收塔温度90～95℃；吸收水温度≤40℃；亚硫酸浓度0.25%～0.35%；尾气二氧化硫浓度≤0.3%。

五、浸泡玉米籽粒

玉米籽粒的浸泡是玉米淀粉生产中的主要工序之一，浸泡效果直接影响以后各道工序及产品的产量和品质。

（一）浸泡的目的和作用机理

1. 浸泡的目的

净化后的玉米籽粒，用亚硫酸溶液浸泡。通过亚硫酸的软化作用，软化玉米颗粒，降低玉米粒的机械强度；分散玉米胚体细胞中的蛋白质网，削弱保持淀粉的联结键；通过浸泡使玉米籽粒膨胀，可较容易地将皮层、胚芽、胚乳分离；可浸提出籽粒中部分可溶性物质，制成玉米浆；能有效地抑制随玉米带来的微生物活动，起到防腐作用。

2. 浸泡的作用机理

（1）玉米胚乳中的淀粉和蛋白质结合很牢固，淀粉颗粒被包裹在蛋白质基质内。只有破坏或削弱淀粉颗粒与蛋白质之间的结合，淀粉才能被释放出来。浸泡是亚硫酸和乳酸共同作用的过程，分为三个阶段。

（2）第一个阶段是乳酸作用阶段。玉米与含有高浓度乳酸和固形物的浸泡水接触，高浓度乳酸稍微降低了 pH，并作用在玉米胚乳细胞壁上形成洞或坑，在浸泡过程中使浸泡液进入籽粒内部。

（3）第二个阶段是 SO_2 扩散阶段。玉米与稍高浓度的 SO_2 和较低浓度的乳酸接触，这一阶段浸泡液中的固形物含量比第一阶段低。理论上第一阶段在玉米胚乳细胞壁上产生的洞或坑能促使该阶段 SO_2 和水更快速地进入玉米籽粒，开始与玉米胚乳内蛋白质基质反应。

（4）第三个阶段是 SO_2 作用阶段。玉米与高浓度的 SO_2 接触，SO_2 扩散进入玉米籽粒，降解蛋白质，高 SO_2 浓度可保证在 SO_2 扩散时有足够的 SO_2 存在于浸泡液中；该阶段浸泡液中的乳酸和固形物含量都比较低，除第一罐和新浸泡液外，该阶段浸泡液的 pH 为 4.5～4.8。

3. 亚硫酸的作用

亚硫酸在一定的浓度和温度条件下，可把玉米中部分不溶性蛋白质转变成可溶性蛋白质。玉米中的白蛋白、球蛋白在浸泡过程中很快溶解，醇溶蛋白以球状体状态埋在谷蛋白的基质之中。谷蛋白是由大约 20 种相对分子质量范围为 11 000～127 000 的不同蛋白质亚单元通过二硫键结合组成的巨大而复杂的蛋白质分子。亚硫酸先通过胚芽，作用于玉米的种皮，使胚芽钝化，并使半渗透性的表皮变成渗透性表皮，以促进可溶性物质向浸泡液中渗透。溶解玉米皮层后，亚硫酸通过分裂蛋白质分子之间的二硫键削弱谷蛋白基质，使蛋白质分子解聚，胚乳的蛋白质失去自己的晶体结构，吸水膨胀变成凝胶体，促进淀粉颗粒从包围着它的蛋白质中释放出来。

4. 乳酸的作用

浸泡初期，浸泡液中 SO_2 的浓度可以阻止各种由玉米原料带进的微生物的生长。但在浸泡中期，SO_2 的浓度降到 0.05%左右，此时浸泡液的温度（45～55℃）和 pH 限制了酵母和其他有害菌体的生长，但利于乳酸菌的生长繁殖，从而引起乳酸发酵。乳酸菌利用玉米籽粒中可溶性碳水化合物发酵而形成乳酸，乳酸降低了介质的 pH，又进一步限制了其他微生物的生长。随着浸泡程度的增加，浸泡液中乳酸的浓度也随之增加。乳酸能促进玉米蛋白质软化和膨胀，还可保持溶液中的镁离子和钙离子，利于减少蒸发设备中不溶性物质的沉积。但过量的乳酸在增加蛋白质溶解度的同时，也会促进蛋白质变性，使淀粉和蛋白质的分离更加困难。乳酸和亚硫酸及玉米籽粒的协同作用，会使玉米淀粉的结构发生一定变化，因此，玉米浸泡应在适宜条件下进行，以防这种变化的发生。从浸泡工序排出的水中，乳酸的含量为1.0%～1.8%。

（二）浸泡方法

玉米浸泡方法包括静止浸泡法和逆流浸泡法两种。

1. 静止浸泡法

静止浸泡法为单罐浸泡，包括单桶静止浸泡法和单桶循环浸泡法。

1）单桶静止浸泡法

单桶静止浸泡法是最简单的浸泡方法。将多个浸泡罐内分别加入亚硫酸水溶液单独进行浸泡，各个浸泡罐之间不发生联系，浸泡罐内加入玉米和0.2%～0.3%的亚硫酸水溶液，经过一定时间使玉米籽粒吸水、软化，可溶性成分溶出。

2）单桶循环浸泡法

由于单桶静止浸泡法效果差，因此，在静止浸泡基础上增加一个循环水泵，把浸泡液从桶底抽出，通过循环水泵打回浸泡桶的上面，同时用蒸汽加热，以改善浸泡液与玉米的接触情况，提高浸泡效果。

静止浸泡法的缺点是随浸泡时间的延长，玉米与浸泡水中可溶性物质的浓度差逐渐缩小，浸泡后期可溶性物质向浸泡水的转移变得很慢，使得在浸泡结束达到平衡时，玉米籽粒中还有一定量的可溶性物质未能溶出，浸泡液中可溶性物质的浓度只能为5%～6%，甚至更低。因此，静止浸泡法只适用于小型淀粉厂，大型淀粉厂中已不应用。

2. 逆流浸泡法

为了促进玉米籽粒中可溶性物质的溶出，提高浸泡效果，大型玉米淀粉厂只采用逆流浸泡法。这种方法又称扩散法，把若干个浸泡桶、泵和管道串联起来，组成一个相互之间浸泡液可以循环的浸泡罐组，进行多桶串联逆流浸泡。浸泡过程中玉米留在浸泡罐内静止，用泵将浸泡液在罐内一边自身循环，一边向前一级罐内输送，始终保持新的亚硫酸溶液与浸泡时间最长（即将结束浸泡）的玉米籽粒接触，而新入罐的玉米籽粒与即将排出的浸泡液接触，以保持玉米和浸泡液中可溶性物质的浓度差，使玉米籽粒中可溶性物质被充分浸提，玉米籽粒中可溶性物质含量降低更多，因而使淀粉洗涤工序的操作变得更加容易。同时，可使排出的浸泡液浓度达7%～9%，减少浓缩浸出液时的蒸汽消耗。

（三）浸泡工艺流程

1. 传统浸泡工艺

浸泡一般采用多罐串联逆流浸泡：一个浸泡罐组由8～12个浸泡罐组成。对浸泡罐组中的每个浸泡罐来说，完整的浸泡过程包括4个步骤：①向浸泡罐投入浸泡液和玉米；②玉米的浸泡；③浸泡液的排放；④浸泡玉米的排放。

装料之前，向罐内加入约为罐容积15%的浸泡液，通过热交换器加热到50℃后投入玉米，投入量达到规定数值后，向罐内加入剩余的浸泡液，这样做的目的是保证玉米装到浸泡罐内能呈现松散状态，不会由于浸泡时玉米膨胀对罐壁施加过大压力。玉米入罐多采用水力输送。水力输送具有较好的卫生环境，可清洗玉米；缺点是损伤玉米并从中洗涤出1%的干物质，其中包括淀粉。为预防管路堵塞，可按 1∶(2.5～3) 的比例加水，以 0.9～1.2m/s 的速率，用宽型开式泵输送玉米。玉米装罐时不能过满，要留出 75～100cm 的空间，浸泡液应高出玉米料位 50cm 以上。玉米浸泡时，通过循环泵使罐内浸泡液能自身循环，并通过热交换器控制罐内温度恒定在所要求的范围内。浸泡过程中要定时检查罐内玉米是否全部被浸泡，因为在浸泡过程中玉米料位会由于玉米的膨胀而升高；而浸泡液液位也会由于玉米吸水而下降，一旦发现浸泡液下降到玉米料位以下，必须向罐内补充浸泡液。浸泡过程中罐内的浸泡液会按逆流原理逐步被可溶性物质含量低的浸泡液所置换。罐内玉米浸泡达 36～42h 后，排放浸泡液，浸泡液蒸发浓缩后成为玉米浆，浸泡后的玉米经除砂后送至破碎及胚芽分离工序。

以上是仅对单个浸泡罐而言所经历的工艺过程，实际浸泡是由多个浸泡罐串联成的浸泡罐组完成的。以 8 个罐串联浸泡时间 42h 为例，逆流浸泡操作过程如图 3-8 所示。

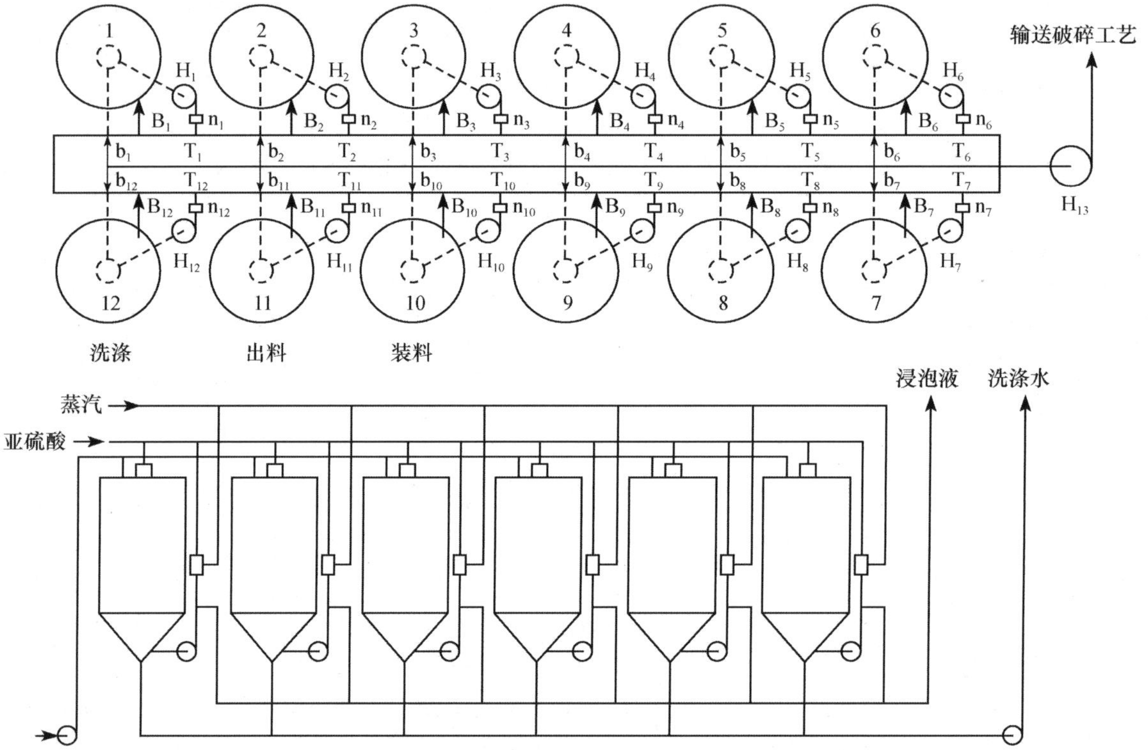

图 3-8　浸泡罐组按逆流浸泡法操作原理（曹龙奎和李凤林，2008）

1～12. 浸泡罐；H_1～H_{13}. 循环泵；n_1～n_{12}. 加热器；b_1～b_{12}. 阀门；T_1～T_{12}. 三通阀；B_1～B_{12}. 阀门

如果是初次开车或长时间停车，浸泡系统已全部空罐时，第 1 个罐投料，加入新浸泡液浸泡玉米，每隔 7h 给下一个罐投料，加入新浸泡液浸泡玉米，重复上述操作直到第 4 个罐为止，第 5 个罐加料后，开始倒罐，将浸泡时间最长、浓度最高的 1 号罐浸泡液倒入第 5 罐，1 号罐则接收新浸泡液。第 6 个罐加料后，将 2 号罐浸泡液倒入 6 号罐，2 号罐接收新浸泡液。当第 7 罐投料时，则按正常倒罐顺序进行，执行逆流浸泡顺序，首先向 7 号罐投料，浸泡液按 7 号←6 号←5 号←4 号←3 号←2 号←1 号逐次倒罐，1 号罐排放浸泡玉米之后，7 号罐将它的浸泡液排出送至蒸发工序浓缩成玉米浆，往 2 号罐加入新浸泡液，8 号罐为空罐等待进料。第 8 个罐进料后，按 8 号←7 号←6 号←5 号←4 号←3 号←2 号逐次倒罐，2 号罐排放浸泡玉米后，8 号罐将浸泡液排出蒸发浓缩成玉米浆，往 3 号罐内加新浸泡液，此时 1 号罐洗涤后待重新进料。以后的逆流浸泡循环依此类推。由此可见，8 个浸泡罐中的连续逆流浸泡操作，是从最后一罐（浸泡时间最长的玉米籽粒）加入亚硫酸浸泡液，从最先一罐（浸泡时间最短的玉米籽粒）输出浸泡液，连续进行倒罐和不间断地做自身循环。在玉米投料时，使用旧浸泡液浸泡新加入玉米籽粒，各浸泡罐中自身循环浸泡量为 77%，向下一罐倒出的浸泡液为 23%。时间最长、浓度最高的浸泡液在倒入新加玉米籽粒的罐后，自身循环 4h 以上被放出。为了使附在玉米籽粒上的浸泡液排得更彻底，对排放玉米的出料罐，当全部浸泡液都已倒入下一罐后，罐内玉米至少要空 1h，再排放玉米。最初的开车，因为没有工艺水，浸泡液是由新水吸收二氧化硫制得，整个工厂全部运转后，湿磨系统产生的工艺水（洗水）代替新水。

2. 新浸泡工艺

1）*高压浸泡法*

高压浸泡技术是近年来发展起来的一项新浸泡技术，采用高压方法加速玉米的吸水速率。传统的亚硫酸浸泡工艺，玉米吸水至少要 12h 才能达到饱和，而使用高压浸泡技术只需浸泡 1～2h，玉米含水就可达 40%～50%。压力达 1. 5MPa 时，胚乳能充分膨胀并具有弹性。当压力为 10. 5MPa 时，浸泡 5min 就可使玉米含水率不低于 35%。该技术国外已有示范工厂采用，而我国尚无工厂采用。

2）*酶法浸泡工艺*

为了缩短浸泡时间，有人尝试用酶代替亚硫酸降解蛋白质网，以释放淀粉，结果无明显的改善。也有人尝试采用纤维素酶降解细胞壁，结果稍有改善。目前此类浸泡方法仍处于研究阶段。

3. 浸泡装置

由于单桶浸泡方法已很少使用，所以实际的玉米浸泡装置是由多个浸泡罐和连接各罐的辅助装置组成的各种连续浸泡罐，每个罐都配有接收和排放系统、液位控制系统、温度控制系统等，如图 3-9 所示。

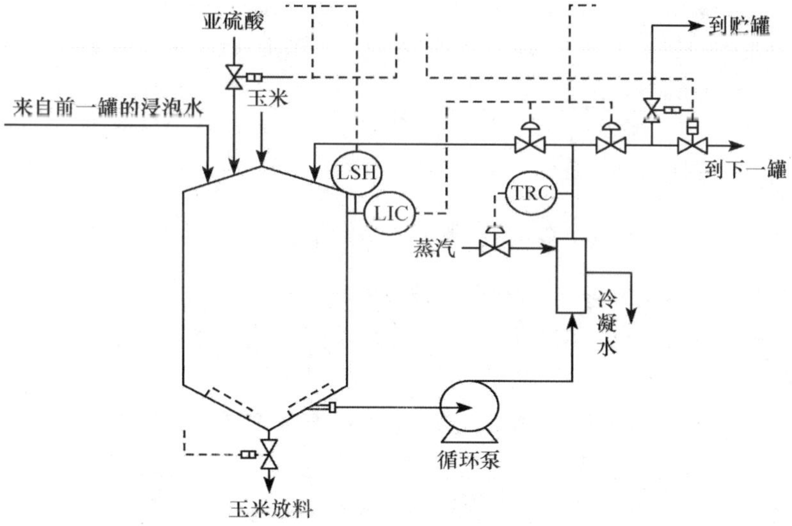

图 3-9　浸泡玉米籽粒示意图（曹龙奎和李凤林，2008）
LSH. 亚硫酸量控制系统；LIC. 液位控制系统；TRC. 温度控制系统

浸泡罐常用钢板焊制，其内部进行防腐处理，外部进行保温处理，与浸泡罐连接的有支撑它的平台设备。浸泡罐上部为圆柱体，下部为圆锥体，罐高与直径之比为 2∶1，罐底锥度不低于45°。锥形罐底有两个孔，底部是卸料孔，侧面是浸泡液、洗涤水和循环浸泡液的排放孔。锥体内部是由不锈钢制成的扇形盘构成的假底，上面有纵向的缝，缝宽为3～5mm，用于液体过滤，过滤后的液体经底部侧面孔排出。有时在锥体部位安装带孔的圆筒代替假底，液体经此圆筒从浸泡罐排出。通常的玉米籽粒浸泡罐体积为1.64～1.74m^3。

（四）浸泡过程中玉米籽粒中化学成分的变化

浸泡过程中玉米籽粒所含化学成分的比例发生变化，表3-4列出了浸泡前后玉米籽粒化学组成的变化情况。从表3-4中可以看出从玉米粒向浸泡液转移的主要化学成分依次是无机盐类（灰分）、可溶性碳水化合物和可溶性蛋白质。玉米中的淀粉、脂肪、纤维素、戊聚糖的数量大致上没有改变，只因有少量可溶性物质浸出后，玉米籽粒的干物质总量略微下降，它们与未浸泡玉米相比，百分比含量稍有增加。

表3-4 浸泡前后玉米籽粒化学组成的变化（%）

化学组成	浸泡前	浸泡后	增减量（占原来含量）
淀粉	69.37	73.86	+6.47
戊聚糖	5.43	5.93	+9.21
纤维素	2.32	2.37	+2.11
脂肪	5.06	5.40	+5.72
蛋白质	10.22	8.74	−14.48
水溶性物质	6.15	3.16	−48.62
灰分	1.40	0.59	−57.86

玉米经浸泡后，有7%～10%的干物质转移到浸泡液中。其中约一半的可溶性浸出物是从胚芽中浸出的，胚芽失去近85%的矿物质和60%左右的蛋白质，被溶解出物质最多的部分也是胚芽，约达其质量的35%。胚芽在浸泡中吸收水分很高，约占其质量的60%，胚乳及其他部分含水量为32%～43%，胚和胚乳容易被分离。理想的浸泡方法就是使玉米的可溶性物质最大限度地转移到浸泡液中，浸泡结束后的玉米籽粒含水40%～46%，含可溶性物质不超过2.5%，用手能挤裂，胚芽完整挤出，其酸度为100kg干物质用0.1mol/L NaOH标准液进行中和，用量不超过70mL。

（五）影响玉米籽粒浸泡效果的因素

玉米浸泡效果的好坏受多种因素影响，只有控制好浸泡的工艺参数，才能保证玉米籽粒中可溶性物质最大限度地被溶出，使淀粉产品有好的品质和合理的收率。

1. 玉米原料

用于浸泡的玉米应是无霉变、无虫蛀、无碎粒和未成熟粒、杂质少的籽粒，水分含量为12%～15%。由于霉变和虫蛀的玉米籽粒外表皮的强度在浸泡时会大大减弱，部分淀粉颗粒和一些可溶性物质，如还原糖会游离到浸泡液中，使浸泡液中的还原糖含量比正常浸泡液高出许多，蒸发浓缩时部分还原糖受热变成焦糖，使玉米浆的颜色加深。而霉变玉米粒的有色物质进入浸泡液，也会使玉米浸泡液颜色加深呈棕色。最终使浓缩后的玉米浆呈黑褐色，且有臭味。

2. 浸泡温度

浸泡温度过低，浸泡效率低，杂菌易生长繁殖；温度增高，可使玉米粒的膨胀速率加快，缩短浸泡时间。但乳酸菌所能承受的最高温度为 54℃，超过 55℃，就会抑制乳酸菌生长。超过 60℃就会引起蛋白质变性，使蛋白质凝固不易与淀粉分开，温度过高也容易使淀粉糊化。而抑制酵母菌生长的最低温度为 48℃。因此，工业生产上一般控制浸泡温度为 48～52℃，难于浸泡的玉米籽粒的浸泡温度为 51～54℃。

3. 浸泡时间

玉米的吸水量和浸泡时间的关系见表 3-5。从表 3-5 中可以看出，浸泡时间的长短与玉米籽粒的吸水膨胀、可溶性物质的浸出量基本呈正比关系。玉米籽粒浸泡 40h 时吸收水分已达最大值。

表 3-5　玉米的吸水量和浸泡时间的关系

浸泡时间/h	含水量/%	浸泡时间/h	含水量/%
8	36.24	40	43.05
16	38.40	48	42.24
24	40.25	56	42.20
32	42.92	72	42.10

浸泡液不是从玉米颗粒的表皮各部分渗透到内部组织，而是从颗粒底部疏松组织进入颗粒，通过果皮底层的多孔性组织慢慢渗透到颗粒内部，所以必须保证充足的浸泡时间。玉米在 50℃浸泡 4h 后，胚芽部分吸收水分达到最高值，8h 后，胚体部分也吸收水分达最高值。此时，玉米颗粒变软，经过粗磨，胚芽和种皮可以分离。但蛋白质网还没有被分散和破坏，淀粉颗粒还不能游离出来。如果继续浸泡，可使蛋白质网分散。浸泡约 24h 后，软胚体的蛋白质网基本分散，约 36h 后，硬胚体的蛋白质网也分散。蛋白质网的分散过程是先膨胀，再转变成细小的球形蛋白质颗粒，最后网状组织被破坏。所以一般来说，要使蛋白质网完全分散，需要 48h 以上的浸泡时间。考虑到蛋白质和其他可溶性物质的浸出情况，一般控制浸泡时间在 50h 左右。

质量正常的玉米籽粒，只需浸泡 50h 左右；未成熟的玉米籽粒或过于干燥的玉米籽粒需要浸泡 55～60h，而高水分含量的玉米浸泡时间为 40～50h。通常玉米浸泡一个周期为 60～70h；装料 1～2h，浸泡 48～50h，排出玉米浸泡液 1h，洗涤 4～6h，卸料 6～7h，装料前准备 0.5～1h。硬质玉米比软质玉米浸泡时间长，储存时间久的玉米比新鲜的玉米难浸泡。原料玉米为混合品种，不易控制浸泡时间。因此，同一浸泡批次最好选用同一品种的原料。

浸泡时间过长，玉米籽粒细胞壁的纤维强度降低，籽粒在破碎过程中会产生大量细纤维渣，给筛分和洗涤带来困难；时间过短，蛋白质网不能被充分破坏，可溶性物质不能被充分浸出，玉米浆质量降低，对淀粉质量也有一定影响。

由于各工厂的浸泡条件不会完全一样，逆流浸泡时间会有 2～5h 的差别，而现代玉米生产技术和先进的加工设备，会使玉米浸泡时间缩短至 36～48h。

4. 亚硫酸的浓度和二氧化硫加入量

亚硫酸的浓度和加入量直接影响玉米浆的质量和收率。表 3-6 是浸泡 24h 亚硫酸浓度与蛋白质提取率的关系。从表 3-6 中可以看出，随着亚硫酸的浓度（二氧化硫加入量）的提高，浸出的蛋白质在增加，但增加到一定浓度时，浸出的蛋白质反而减少。因为过高的亚硫酸浓度尽管能促进蛋白质的分解，但会抑制乳酸菌的繁殖，而影响蛋白质的浸出率。

表 3-6　亚硫酸浓度对蛋白质提取率的影响（浸泡 24h）(%)

二氧化硫含量	抽出总蛋白	二氧化硫含量	抽出总蛋白
0.1	15.49	0.25	13.80
0.15	16.37	0.3	13.42
0.2	15.90	0.4	11.45

生产中的亚硫酸溶液是硫磺燃烧成二氧化硫后溶解于工艺水得到的，它能起到杀菌、软化及促进蛋白质分离的作用。一般浸泡液中亚硫酸的含量为 0.1%～0.2%，生产中考虑到 SO_2 含量影响玉米吸水速率这一因素的影响，一般选择 0.25%～0.35%。

当 0.15%的 SO_2 加入到工艺水中，pH 为 4 左右，有轻微缓冲作用，其后 pH 稳定在 2.5。当浸泡液加入浸泡工序中与浸泡时间最长的玉米接触时，被玉米吸收了一部分的二氧化硫，pH 升高到 3.5。出浆时，由于 SO_2 的减少，浸泡液含有 0.01%～0.03%的 SO_2，但由于发酵产生乳酸的弥补，pH 始终保持在 3.9 左右。另外 pH 与 SO_2 的用量，与工艺水的质量有关，如果工艺水明显呈碱性，工艺水的 pH 会变高，需提高 SO_2 的含量。

5. 浸泡液乳酸含量

玉米籽粒的浸泡过程不仅是物理扩散过程，更是乳酸发酵过程，乳酸菌繁殖的好坏直接关系到浸泡后玉米浆的质量和玉米籽粒的浸泡效果。乳酸菌发育良好，产乳酸多，浸泡液的质量就好。它能使蛋白质溶出率提高，并抑制其他微生物繁殖，防止浸泡液中腐败物产生，一般要求浸泡液中乳酸含量大于 10%。

（六）浸泡玉米籽粒的工艺参数

1. 浸泡条件

二氧化硫含量 0.03%～0.2%；浸泡温度 48～52℃；浸泡时间≥42h；浸泡罐液体超过玉米籽粒表面 50cm。

2. 稀玉米浆

浓度 6%～9%；二氧化硫含量<0.03%；pH 3.9～4.1。

3. 浸泡后玉米籽粒

含水量 43%～46%；二氧化硫含量 0.024%～0.04%；可溶性物质含量≤2.5%；酸度≤70mL（0.1mol/L NaOH 溶液滴定 100g 玉米干物质）。

六、破碎玉米籽粒

（一）浸泡后玉米籽粒的输送和除砂

浸泡后的玉米籽粒，分析其吸水量和蛋白质的浸出情况后，利用工艺水运送到破碎工序。为防止砂石破坏粉碎设备，降低产品中的灰分和斑点、保证产品品质，还要第二次通过除石器将浸泡后玉米籽粒中的砂石和其他较重杂质分离除去。生产中常采用砂石捕集旋流器去石装置去石。

SPx-36 型砂石捕集旋流器（图 3-10）主要用于玉米淀粉厂浸泡后玉米的水力除石，该去石装置处理量大，分离效率高，运行可靠，且占地面积小。主要由分离室和集石室组成。分离室内主要零部件为涡流芯管和耐磨锥体。工作时，玉米与水混合物切向进入分离室的圆柱筒部分形成下旋涡流，通过离心力的作用，将较重的砂石及金属物移向锥体内壁，经锥体出口进入集石室，而液体与较轻的玉米籽粒移向中心形成反向涡流，向上运动经溢流口，由导向管排出，使玉米与较重的砂石或金属物分离。由锥体底部进行直接排放，集石室内充满了水。在集石室下部装有反冲水切向进口，压力与上部压力接近，这样在耐磨锥体出口处顶住玉米而只让较重的物质（砂石、金属物）落下，进入集石室。因此集石室的下部只排放较重的砂石，而不排出玉米籽粒。为了防止机器磨损过快，锥体往往选用耐磨不锈钢或陶瓷材料制成。锥体末端直径有几种不同尺寸可供选用。在集石室最底部装有排石阀，隔一定时间开启阀门可排除砂石。

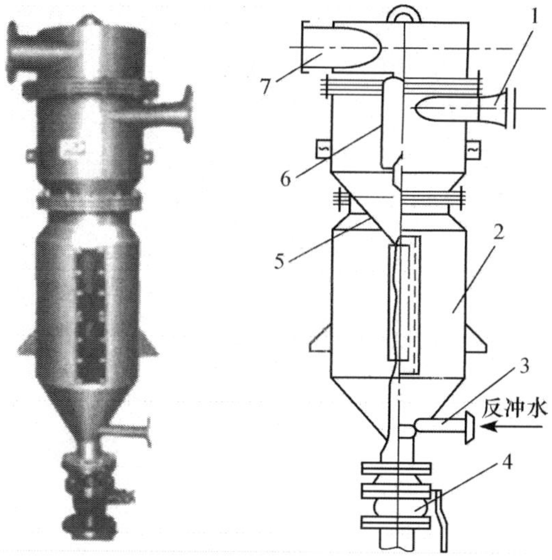

图 3-10　SPx-36 型砂石捕集旋流器外观及结构（曹龙奎和李凤林，2008）

1. 进料口；2. 贮石斗；3. 反冲水口；4. 排石阀；5. 耐磨锥体；6. 溢流口；7. 导向管

浸泡罐内排出浸泡液后，来自输送水罐的输送水流到浸泡罐底部的输送管线，靠液力作用将浸泡后的玉米籽粒输送到浸泡后玉米罐，输送水与玉米籽粒的比例为（4～6）：1。通过斜底罐再经输送泵运送至捕石器。通常物料进入捕石器压力为 0.1～0.2MPa。压力过低，玉米籽粒会被排入集砂斗；压力过高，一些小的砂石和铁屑会带入破碎工序。因此，为保证除砂质量，要定期排放集砂斗中的砂石。浸泡后玉米经捕石器后，送入重力曲筛进行筛分，作为筛上物的玉米籽粒进入浸后玉米罐，为玉米破碎做准备，分离出的输送水回到浸泡系统。

浸泡后玉米籽粒除石工序工艺控制参数如下：捕石器进料压力为 0.12～0.20MPa；捕石器出料压力为 0.04～0.08MPa；冲洗水的压力为 0.5～0.6MPa。

（二）破碎玉米籽粒

1. 破碎的目的

1）*浸泡后玉米籽粒的特点*

浸泡后的玉米籽粒水分达 40%～46%，籽粒内部结构和物理、化学特性都发生变化，胚芽、表皮和胚乳之间联结减弱。浸泡后的胚芽含水量达 60%左右，具有韧性，很容易与玉米籽粒其他部分分开。胚乳含淀粉量高，抗压强度低，浸泡后更易破碎。浸泡好的玉米软化到可以用两手指挤裂，胚芽完整脱出，不黏附胚乳和果皮，为破碎提供良好条件。

2）*破碎玉米籽粒的目的*

破碎玉米籽粒的目的就是把玉米籽粒破碎成碎块，使胚芽与胚乳分开，同时释放出一定淀粉。破碎后要尽可能将胚芽分离出来，因为如果胚芽中的油脂分散到胚乳中，会严重影响淀粉产品的品质；而且从玉米胚芽中制得的胚芽油含有丰富的不饱和脂肪酸，具有较高的营养价值和商品价值。

2. 破碎设备——脱胚磨

玉米淀粉生产中用于粗磨的破碎设备是脱胚磨，由于脱胚磨的主要结构为带凸齿的动盘和定盘，所以脱胚磨又称凸齿磨。脱胚磨主要由齿盘、主轴齿盘间隙调节装置、主轴支撑结构、电机、机座等部件组成。它的主要工作部件是一对相对的齿盘，选用牙齿条缝齿盘，其中一个转动，另一个固定不动，两齿盘呈凹凸形，即动齿盘和静齿盘上同心排列的齿相互交错。齿盘上梯形齿呈同心圆分布，半径较小处齿的间隙大，半径较大处齿的间隙小。物料在重力作用下从进料管自由落入机壳内，经拨料轮迅速进入动、静齿盘之间。由于两齿盘的相对旋转运动和凸齿在盘上内疏外密的特殊布置，物料在两齿盘间除受凸齿的机械作用扰动外，还受自身离心力的作用，在动、静齿缝间隙向外运动。玉米籽粒运动时，最初的齿间距较大，玉米籽粒呈整粒破碎状，利于进料。运动到齿盘外端时，齿间距变小，物料受离心力作用较大，粉碎作用加强。这样玉米籽粒在动、静齿盘及凸齿的剪切、挤压和搓撕作用下被破碎（图 3-11）。

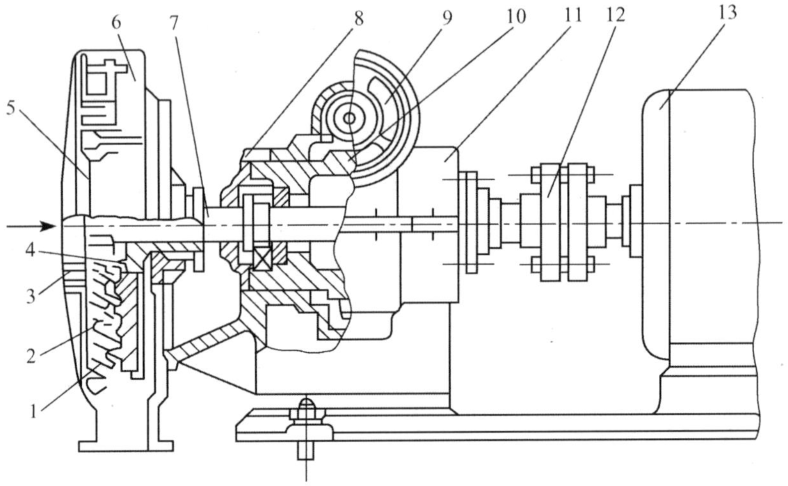

图 3-11　脱胚磨结构示意图（曹龙奎和李凤林，2008）

1. 动齿盘；2. 静齿盘；3. 螺孔；4. 拨料轮；5. 门盖；6. 外壳；7. 主轴；8. 注油孔；9. 调节手轮；10. 轴承座；11. 支撑座；12. 联轴器；13. 电机

3. 影响玉米籽粒破碎效果的因素

破碎效果的好坏关系到后面工序的正常操作和胚芽得率的高低。玉米品种不同或使用一定时间后凸齿磨损时，都要调整齿盘间隙，使胚芽得到最大的分离而破裂率最低。

1）玉米品种

玉米品种与破碎效果有很大关系，粉质玉米、白马牙玉米质软易破碎；硬质玉米、黄玉米质硬难破碎；小粒玉米和扁玉米不易破碎，会从齿盘缝隙中漏出。

2）浸泡效果

浸泡效果的好坏对玉米籽粒的破碎效果有显著影响。浸泡好则玉米籽粒较软，浸泡出的蛋白质多，蛋白质基质分散得好，容易破碎；浸泡不好或浸泡后用冷水清洗输送，会使玉米籽粒收缩回生而变硬，胚芽失去弹性，易被磨碎失去完整性，给胚芽油的提取和后道工序带来困难。

3）进料固液比

进入脱胚磨的物料（玉米籽粒和水）固液比为 1∶（1.5～2.5）。物料中含液体过多时会迅速通过磨，破碎效果不佳，会降低生产效率；液体量不足，物料浓度和黏度增加，会降低物料通过磨的速率，导致胚乳和部分胚芽被过度破碎，影响胚芽分离和得率。

4）脱胚磨工作情况

脱胚磨选型要合理，型号与生产能力要匹配。齿盘安装应平行，否则齿与齿之间的间隙容易发生变化，使玉米籽粒破碎的不够均匀，出现既有细碎胚芽，又有整粒的现象；而且容易损坏齿盘上的齿，降低生产能力，影响破碎效果。

4. 破碎玉米籽粒工艺参数

第一次破碎：齿盘间隙 2.5～3cm；破碎程度 4～6 瓣，整粒率<1%；浓度 7～9°Bé；干物质含量 250～300g/L；游离胚芽≥85%；释放淀粉率 20%～25%；联结胚芽≤2.5%（以过滤稀浆质量计）。

第二次破碎：齿盘间隙 2.2～2.5cm；破碎程度 10～12 瓣，不含整粒玉米；浓度 7.5～9.5°Bé；干物质含量 250～300g/L；游离胚芽≥95%；释放淀粉率 10%～15%；破碎胚芽≤1.5%；联结胚芽≤0.3%（以过滤稀浆质量计）。

七、分离破碎后玉米籽粒中的胚芽

胚芽中含有 35%～40%的脂肪，可以用于制取高营养的玉米胚芽油。胚芽被磨碎会导致淀粉生产工艺过程中的半成品及淀粉产品中的脂肪含量增加；还会引起机器的工作面及筛分设备的筛面吸附油污，浆料磨碎品质下降；筛分设备从纤维中洗涤出淀粉比较困难，降低筛分设备的生产能力，增加纤维中携带的淀粉量；在分离机上分离淀粉-蛋白质悬浮液时，麸质所带的淀粉量也随之增加。因此，要尽可能地从浆料中把胚芽完全分离出去。

（一）分离胚芽

目前分离胚芽的设备主要是胚芽旋液分离器，依靠离心力使颗粒大小、相对密度不同的悬浮颗粒分离。旋液分离器分水力旋液分离器和气体旋液分离器，玉米籽粒后期净化工序中去除轻杂质的设备就是气体旋液分离器，也称旋风分离器。但在淀粉生产中使用更多的是水力旋液分离器，也称旋流分离器。

旋液分离器由带进料喷嘴的圆柱室、壳体（分离室）、溢流（胚芽）出料管、进料管、底物出料管，上部及底部排出喷嘴组成，如图 3-12 所示。破碎的玉米物料进入收集器，在 0.25～0.5MPa 压力下泵入旋液分离器，破碎玉米籽粒中密度较大的颗粒做旋转运动，在离心力作用下抛向锥体内壁，沿内壁移向底部出口喷嘴。密度较小的胚芽和部分玉米皮被集中在设备的中心部位，经顶部出口喷嘴及接收室排出旋液分离器。

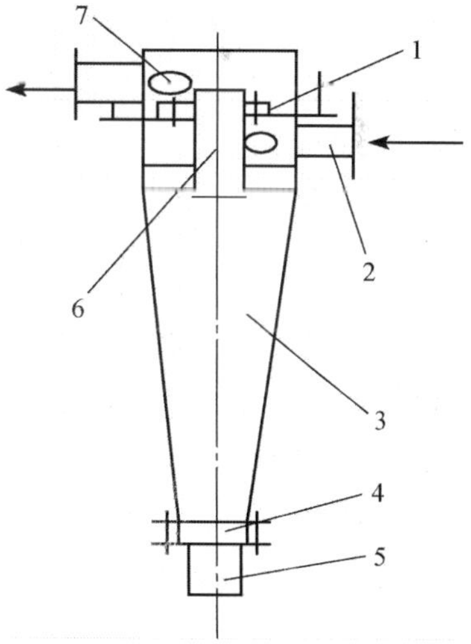

图 3-12　旋液分离器

（曹龙奎和李凤林，2008）

1. 圆柱室；2. 产品进入管；3. 壳体；4. 可换喷嘴；5. 连接管；6. 胚芽排出喷嘴；7. 带连接管的液状物料（胚芽）接收室

旋液分离器与普通的旋转式离心机作用原理不同，离心机是将处理液与离心机的转篮同时转动，而旋液分离器是将处理液高速注入到静止状态的器室中，沿着旋液分离器内室外周的切线方向设有处理液的进入口，处理液一进入旋液分离器就会产生高速的旋转，在旋转流动过程中进行离心分离。经分离，分成含籽粒多的重液和含籽粒少的轻液，重液由下面底部排出，轻液由上面溢流口排出。旋液分离器本身没有动力驱动部分，必须通过泵加压。

为提高小型旋液分离器的生产率，生产上常将多个旋液分离器并联使用，有的多达数百个。胚芽分离旋流器就是由多个旋液分离器组合装配而成的，其外形结构和组装尺寸如图 3-13 所示，其分离效率与进料压力、浆料浓度、黏度有很大关系。实际操作过程中，主要应控制玉米籽粒破碎后浆料的浓度，使其符合工艺要求，同时要保持进料温度、压力、浓度等工艺指标处于稳定状态。

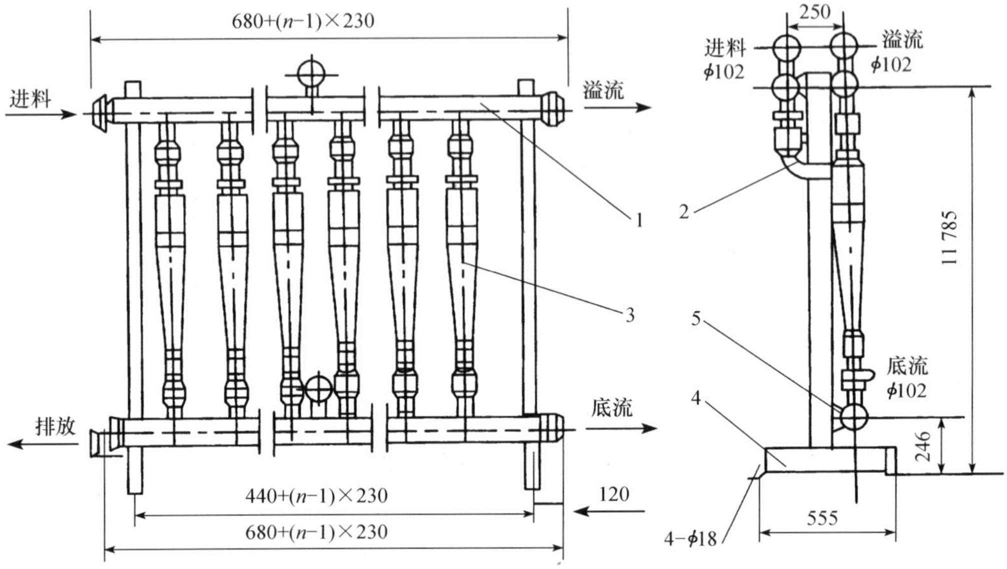

图 3-13　胚芽旋流分离器外形图及组装尺寸（曹龙奎和李凤林，2008）
1. 溢流出料管；2. 进料管；3. 旋流管；4. 支架；5. 底流出料管；*n*. 旋转器个数

（二）筛分和洗涤胚芽

经旋液分离器分离出的胚芽，都带有含一定量的淀粉乳的浆液，应将这部分淀粉乳进行回收，并洗净附着在胚芽表面的淀粉。分离胚芽与淀粉乳主要采用湿筛分法，然后用水洗涤胚芽以洗去游离淀粉，目前常用的是重力曲筛洗涤胚芽。

曲筛又称弧形筛，由壳体、原料接收器、筛下物料接收器、筛上物料接收器及固定用框架组成。是一种筛面在纵向呈弧形的固定筛，筛面由不锈钢楔形条拼制而成，筛孔为长形窄缝（图 3-14）。

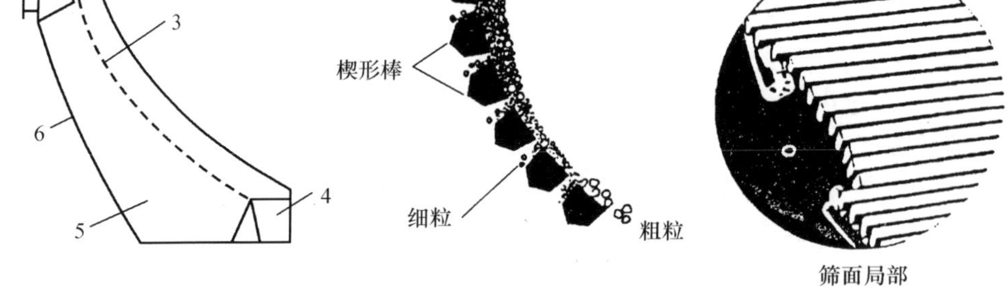

图 3-14　曲筛筛分原理（高嘉安，2001）

曲筛的种类根据筛面对应中心角的度数分 50°、72°、120°、180°、240°及 300°，淀粉生产中主要使用 50°和 120°的曲筛。根据进料方式又可将曲筛分为重力式和压力式两种，筛分和洗涤胚芽常采用 50°重力曲筛（图 3-15）。这种曲筛进料靠物料本身的重力，利用一种抛物线型的进料溢流挡板，使物料呈正切的方向垂直地引向弧形曲筛面的上部，散布于整个筛面。当物料沿曲筛筛面运动时产生离心作用，在正常力的作用下较小的淀粉颗粒穿过筛缝排下而成为淀粉乳，较大的粗杂物被浮在筛面上，在切线力作用下沿筛面滑下，进入卸料口后从筛子卸出，淀粉乳集中在接收器里，然后经管道排出。

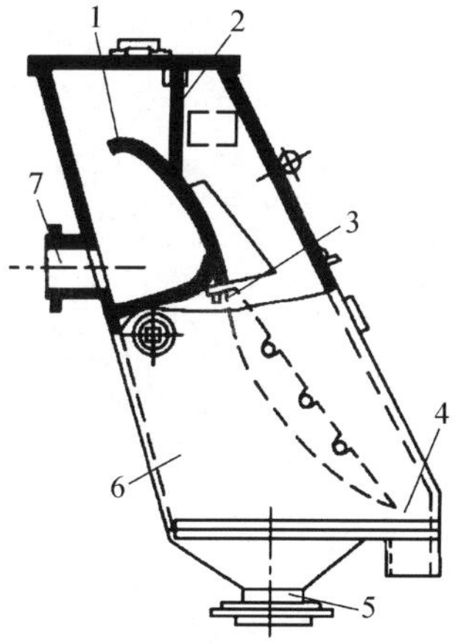

图 3-15　重力曲筛结构示意图（曹龙奎和李凤林，2008）
1. 溢流挡板；2. 压力门；3. 筛面；4. 筛上物出口；5. 筛下物出口；6. 筛框；7. 进料口

生产中，可按工艺要求对重力曲筛进行单台或多台并联、串联使用。并联可增加筛分能力，串联可增加筛分效果。重力曲筛用于玉米脱水筛时，筛缝间隙为 3.0mm；用于胚芽洗涤时，筛缝间隙为 0.7～1.2mm。表 3-7 是常见重力曲筛主要规格及技术参数。

表 3-7　重力曲筛主要规格及技术参数

技术参数	DZQW40	DZQW60	DZQW100	DZQW120
筛面弧度/(°)	50	50	50	50
筛面宽度/mm	400	600	1000	1200
筛面长度/mm	800	800	800	800
筛面面积/m^2	0.32	0.48	0.80	0.96
曲率半径/mm	917	917	917	917
溢流高度/mm	520	520	520	520

现代化淀粉厂多采用道尔-奥立佛倾斜式 DSM 筛作为胚芽洗涤设备，它有一个固定护罩并备有内凹的楔形条梁，准备过筛的悬浮液以切线方向借助重力投入筛盘并以垂直于梁的方向流动，筛的每一根梁由筛面可以切削出一层厚度为缝隙 1/4 宽度的浆液，在淀粉工业中所用不同筛的缝隙宽度为 50μm 至 3mm。

八、破碎玉米籽粒及分离胚芽的工艺流程

（一）工 艺 流 程

为保证破碎效果和提高胚芽得率，通常采用两次破碎两次分离的工艺，即第一次破碎（粗磨）后分离一次胚芽，第二次破碎（细磨）后再分离一次胚芽。控制指标如下：第一次进入破碎机的物料干物含量为 25%～30%；第一次破碎后玉米籽粒的整粒率不大于 1%，游离胚芽率为 85%；第二次破碎后玉米籽粒中不能有整粒，游离胚芽率为 15%，联结胚芽率不大于 0.5%。这种方法破碎的玉米，损坏的胚芽少，不仅可以改善胚芽悬浮物的分离效果，使工艺过程的每一步都保持低的脂肪含量。还可以提高胚芽的收率，降低胚芽的破碎率，改善胚芽品质。工艺流程见图 3-16。

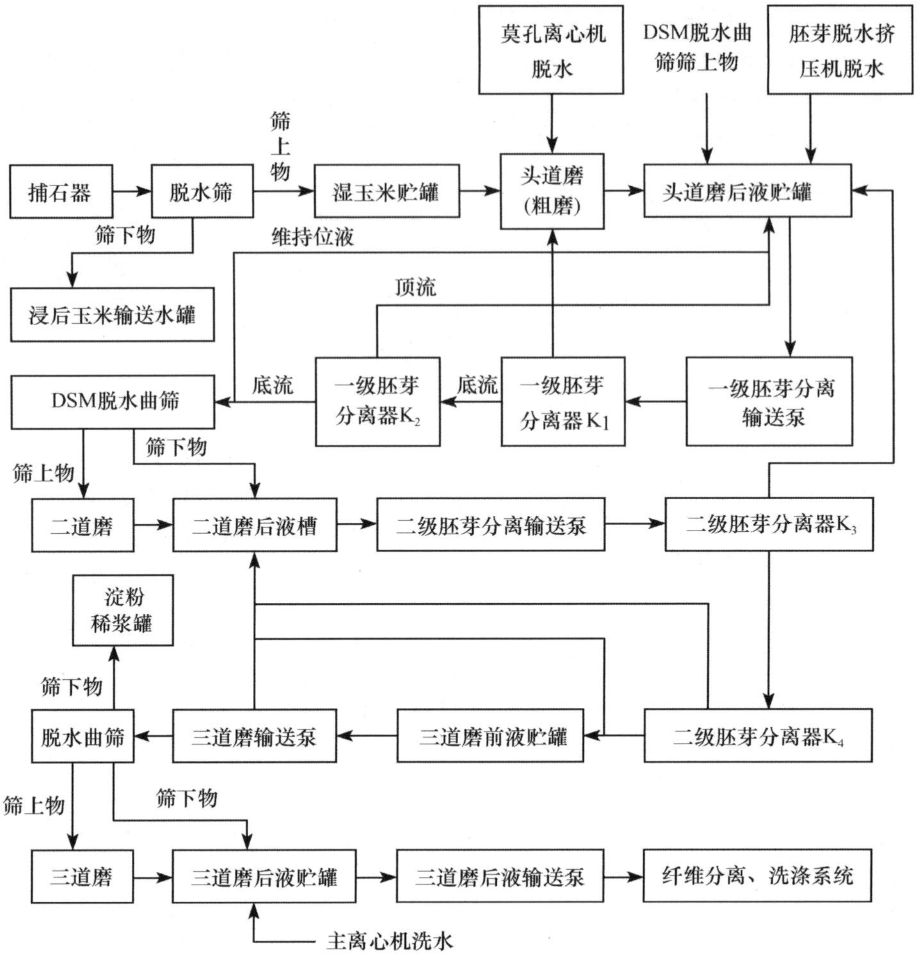

图 3-16　玉米破碎及胚芽分离流程图

给料罐内的浸泡后的玉米进入头道磨（粗磨），粗磨为脱胚磨（凸齿磨），软化的玉米籽粒经粗磨破碎后被破成 5～6 瓣，含整粒玉米量不超过 1.0%，释放出 75%～85%的胚芽和 20%～25%的淀粉。破碎后玉米与工艺水形成悬浮液，流入头道磨贮罐，在罐内被胚芽分离系统的回流、胚芽洗涤系统的洗水混合稀释，稀释后的物料在泵作用下进入初次胚芽分离器。由于胚芽的密度小，浮动在淀粉悬浮液重介质之上，使较轻的胚芽强制通过胚芽分离器的溢流。胚芽分离系统采用了两级分离，以保证胚芽提取的纯度和提取率。进入初次胚芽分离系统的淀粉悬浮液浓度为 11%～13%，压力为 0.5MPa。从初次胚芽分离器得到的浆料浓度约为 8°Bé，流入 DSM 脱水曲筛，在缝隙为 1.0～2.0mm 的弧形筛上过滤，滤去粉浆，筛上物流入二道磨（细磨）。二道磨的作用主要是对头道磨的物料进一步破碎，彻底地释放出与胚乳粒相连接的胚芽。因此，要把物料破碎得更细些，要破碎成 10～12 瓣，经过破碎之后，在原基础上另外游离出 5%～10%的淀粉，浆料中不应含有整粒玉米，联结的胚芽不应超过 0.3%。磨后物料流入第二级磨后贮罐，罐内物料被脱水筛的滤液、胚芽洗涤系统的部分洗水和从第二次胚芽分离系统返回的回流稀释，贮罐中的物料经泵作用进入第二次胚芽分离系统。分离后底流得到的淀粉悬浮液的浓度为 12%～15%，稠度为 280g/L，胚芽含量不超过 0.5%，顶部排出的胚芽及其携带的淀粉乳进入重力筛。

为将胚芽所携带的淀粉减少到最低水平，需要对胚芽进行洗涤。胚芽洗涤要在胚芽洗涤曲筛上进行，洗涤曲筛也是重力曲筛，只是筛缝间隙比脱水曲筛要小一些。筛分和洗涤要进行三次，逆流洗涤，胚芽从第一级给入，在第三级离开洗涤系统，而洗涤水从第三级给入，第一级离开系统，将淀粉洗出并与水一起进入精磨前贮罐，洗涤后的胚芽进入胚芽挤压脱水机脱水（图 3-17）。

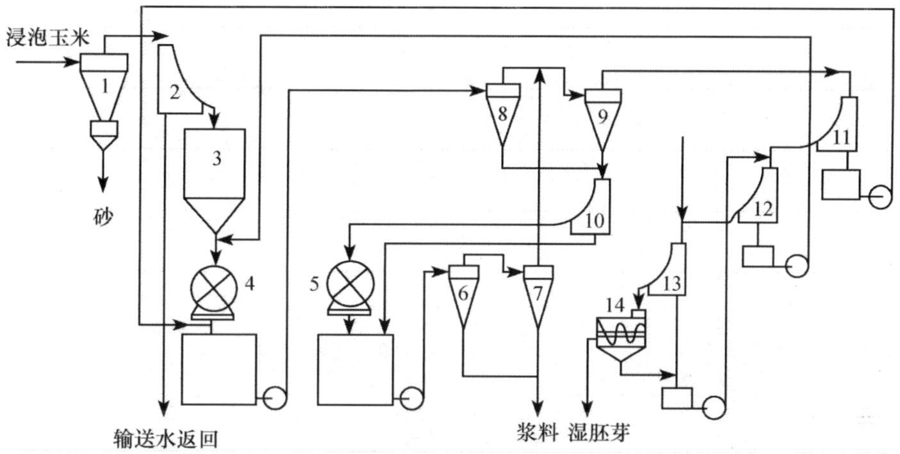

图 3-17　玉米破碎、胚芽分离及洗涤工艺流程（曹龙奎和李凤林，2008）

1. 除砂器；2. 脱水筛；3. 料仓；4，5. 破碎机；6～9. 胚芽旋流器；10～13. 曲筛；14. 挤压脱水机

（二）分离胚芽工艺参数

一级胚芽分离器 K_1 流量 24～40m^3/h；一级胚芽分离器 K_1 进料压力 0.5～0.65MPa；一级胚芽分离器 K_2 进料压力 0.12～0.20MPa；二级胚芽分离器 K_3 流量（40±2)m^3/h；二级胚芽分离器 K_3 进料压力 0.5～0.65MPa；二级胚芽分离器 K_4 进料压力 0.12～0.20MPa；胚芽洗涤水 SO_2 含量 0.025%～0.03%，物料温度 35℃左右，提胚率≥98%；脱胚后浆液浓度 8～10°Bé，胚芽洗涤后游离淀粉含量≤1.0%。

九、精磨与纤维分离

（一）精　　磨

1. 精磨的目的

玉米籽粒经过破碎和分离胚芽之后，物料中含有淀粉粒、麸质、种皮、胚乳碎粒，大部分淀粉仍以颗粒状态包含在胚乳碎粒和皮层中，通过精磨可以把淀粉从与蛋白质、纤维的结合态中游离出来，使淀粉最大限度地释放。

2. 精磨的设备

精磨的主要设备有砂盘磨、锤碎机、冲击磨等。目前常用冲击磨。冲击磨也叫针磨，分立式和卧式两类。冲击磨的主要工作部件是一对上下放置的圆盘。放置在下部的旋转圆盘叫动盘，在动盘的不同圆周上安装有圆柱形的动针；放置在上部的机盖叫静盘，上面有与动针在圆周上相交错位的圆柱形定针。动盘由电机带动高速旋转，物料主要受高速冲击作用而粉碎。冲击磨在全速运转后，物料分左右两侧进入高速旋转的动盘中心，由于物料受到离心力作用，在动、定针间反复受到猛烈冲击而被粉碎，淀粉最大限度地被释放；纤维因有较强的韧性不易破碎，形成大片的渣皮，而不是细糊状的渣皮，利于筛洗游离淀粉。

图 3-18 是一种卧式冲击磨的主要结构示意图，由机体、机磨、转子、定针压盘、联轴器（或液力耦合器）、传动齿轮等组成。动针由中心向边缘分布在同心的圆周上，并且每后面一排的各针柱之间距离逐渐缩小，一般动盘有四排针柱，定盘有三排针柱。电机通过液力耦合器与主机相连，由于液力传动的“软”特性，只有当电机转速达到额定值时，耦合器才开始传递力矩，驱动主轴与转盘。工作中，如果冲击磨超载，液力耦合器能自行卸载，实现对电机的过载保护。精磨时物料的浓度需用稀浆或工艺水加以调节，使含水保持在 75%～79%的范围内。进料的含水量增加到 80%以上时，会使精磨的效果变差。精磨前物料的温度为 33～35℃，精磨后物料的温度为 39～40℃，即精磨情况良好，物料的温度会上升 6℃左右。

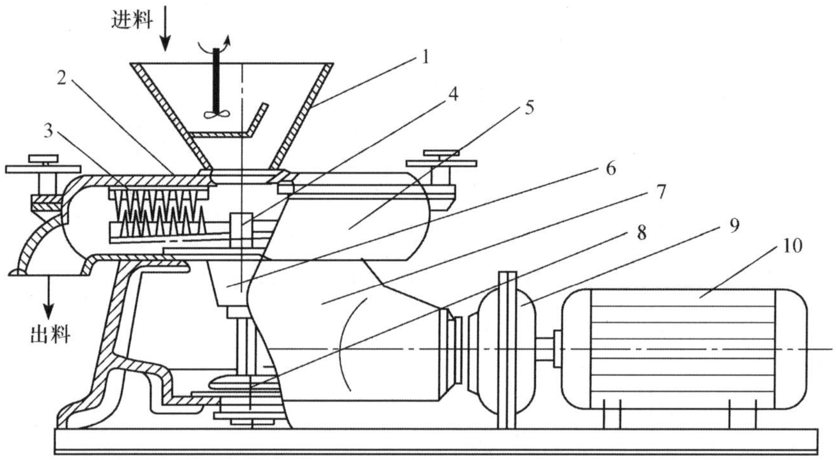

图 3-18　DCML163 型卧式冲击磨结构示意图（曹龙奎和李凤林，2008）

1. 供料器；2. 上盖；3. 定针压盘；4. 转子；5. 机体；6. 上轴承座；7. 机座；8. 底轴承座；9. 液力耦合器；10. 电机

图 3-19 是一种立式冲击磨的主要结构示意图，由机架、驱动装置、主机三大部分组成，驱动装置和主机均装在机架上，机架经地脚螺栓与机器的基础连接。主机包括进料槽、传动组件、动盘组件、静盘、静针、齿盘和出料斗等零部件。进料槽的连接法兰用于安装均匀送料装置，均匀送料装置与进料系统连接，出料斗的连接法兰接下级管道使经机器粉碎后的物料进入下级处理装置。进料槽的两侧各有一个通气活门，调整其开启程度可以保证机器内有足够的空气流通。

单动盘冲击磨（保尔磨）是利用冲击和研磨两种作用进行精磨的设备，主要由机体、机座、转子（含转盘及凸齿）及传动装置等重要部分组成。它的工作原理是物料（经过脱水后）进入供料管中，然后通过静盘进入两个圆盘之间，在离心力的作用下，物料经过套管的缝隙被抛向防护格栅，并经过此格栅送至高速旋转的磨盘的凸齿上进行磨碎，在凸齿的碰撞下，物料经过强力的冲击，得到破碎，并从底部的管子排出。

除上述精磨设备外，国外还采用恩托莱特（Entoleter）式磨，是一种完全用冲击力进行研磨的精磨设备（图 3-20）。它的工作原理是落在水平旋转盘上的物料被大力抛掷到旋转的及静止的圆柱上，淀粉得到迅速而几乎完全的释放，与此同时，纤维受到较小的磨损，从而形成较大的纤维粒度有利于分离。

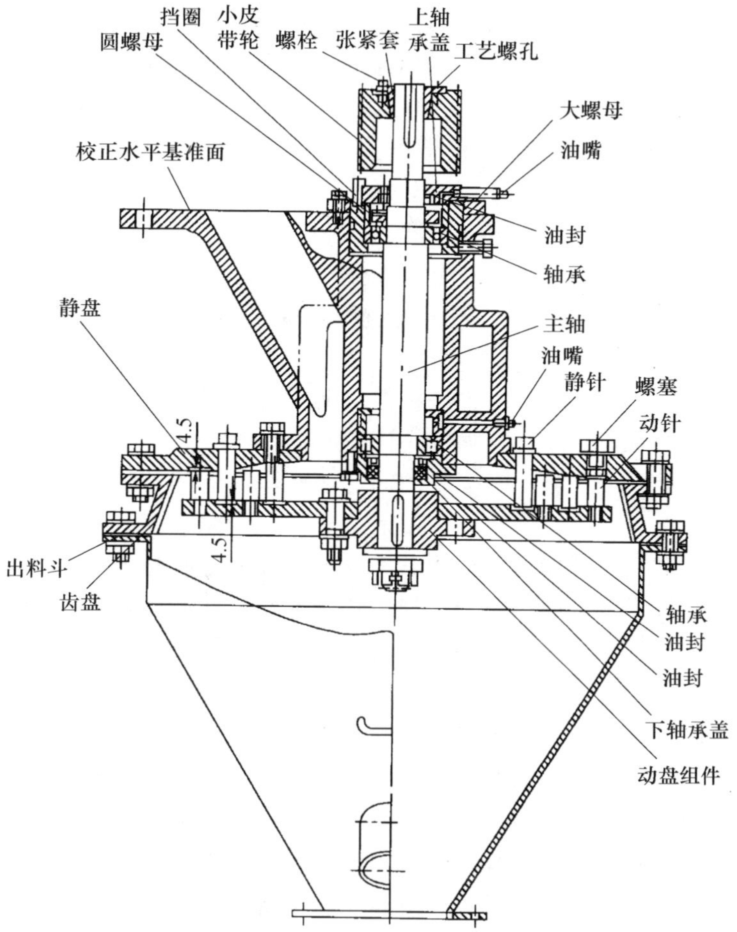

图 3-19　立式冲击磨结构示意图（曹龙奎和李凤林，2008）

3. 影响精磨效果的因素

要想获得好的精磨效果，就必须保证进磨前物料中的游离淀粉被筛净，并要做到均匀进料；物料中铁质会对磨齿造成严重损害，应及时去除。研究表明，浸泡效果对精磨质量有直接影响，所以对浸泡工序必须精心操作，使玉米籽粒中各成分能有效地加以分离。

4. 精磨工艺参数

进入精磨的物料浓度 13～18°Bé；精磨前物料游离淀粉含量≤10%；精磨后物料粗细渣比例≥2.5；精磨后物料中联结淀粉含量≤20%。

（二）分离与洗涤纤维

分离和洗涤纤维的主要目的是将释放出淀粉后的纤维渣经过多次洗涤，使其含有较少的游离淀粉和结合淀粉，并最大限度地回收淀粉。洗涤后的纤维经过挤水、烘干成为干渣皮。

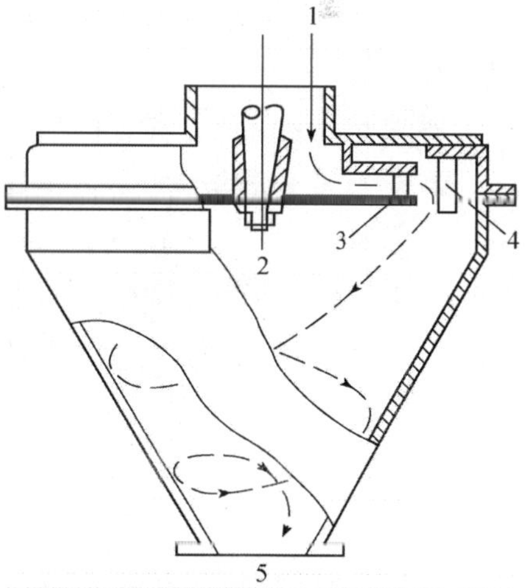

图 3-20　恩托莱特式磨主要结构示意图（曹龙奎和李凤林，2008）

1. 进料口；2. 转子；3. 转子短柱；4. 定子短柱；5. 出料口

1. 分离和洗涤纤维

精磨后的浆料形成悬浮液，其中包含游离淀粉、麸质和纤维素。为了得到纯净的淀粉，将悬浮液中各组成成分完全分离开，就要用筛分设备对浆料进行筛理。因为压力曲筛筛缝不易堵塞，能做出精确的筛分，很少维修，生产效率高，占地面积小，所以通常采用压力曲筛对浆料的纤维皮渣进行分离洗涤。

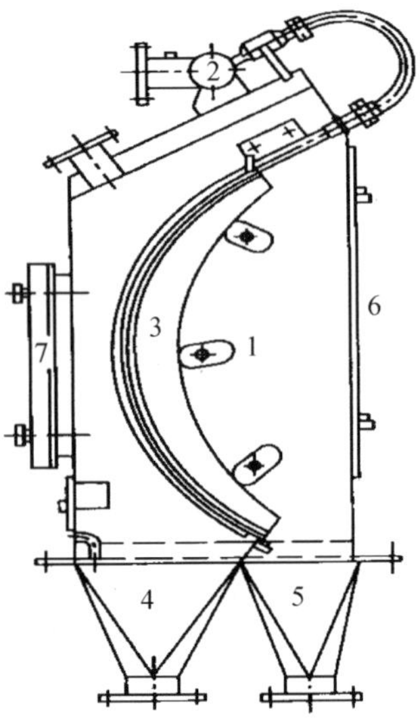

图 3-21 压力曲筛的结构
（曹龙奎和李凤林，2008）
1. 壳体；2. 给料器；3. 筛网；4. 淀粉乳接收器；5. 纤维皮渣接收漏斗；6. 前门；7. 后门

压力曲筛是一种依靠压力对低黏度湿物料进行液体和固形物分离及分级的高效筛分设备，结构与重力曲筛相近，由壳体、给料器、筛网、淀粉乳接收器、纤维皮渣接收漏斗组成（图 3-21）。曲筛是带有 120°弧形的筛面，筛条的横截面为楔形，边角尖锐。运行时，湿物料用高压泵打入进料箱，物料以 0.3～0.4MPa 的压力从喷嘴高速喷出，在 10～20m/s 的速率下从切线方向引向有一定弧度的凹形筛面，高的喷射速率使浆料在筛面上受到重力、离心力及筛条对物料的阻力（切向力）的作用。在多种作用力的作用下，物料与筛缝成直角流过筛面，楔形筛条的锋利刃口对物料产生切割作用，使曲筛既有分离效果，又有破碎作用。在料浆下面，物料撞在筛条的锋利刃上，被切分并通过长形筛孔流入筛箱中，筛上物继续沿筛面下流时被滤去水分，从筛面下端排出。进料中的淀粉及大量水分通过筛缝成为筛下物，而纤维细渣则从筛面的末端流出成为筛上物。淀粉颗粒与棱条接触时，其重心在棱的下面从而落向下方成为筛下物。纤维细渣与棱条接触时，其重心在棱的上面从而留在上方成为筛上物。

由于压力曲筛分级粒度大致为筛孔尺寸的一半，所以排入筛下的颗粒粒度比筛孔尺寸要小得多，从而减少了堵塞的可能性。筛条的刃口将进料抹刮成薄薄的一层而使水和细料均匀分散，从而使物料易于分级，同时整个筛面得到自行清理。曲筛工作时，穿过筛缝的筛下物量在很大程度上决定于如何使浆液同筛面很好地保持接触。曲筛所进行的按颗粒大小的分离取决于楔形筛条之间空隙的大小及物料在曲筛筛面上的流速。筛孔越小，对流速的要求越高。

2. 精磨及分离与洗涤纤维的工艺流程

一般采用 1～2 级精磨，5～7 级逆流洗涤工艺。图 3-22 为 1 级精磨 6 级逆流洗涤工艺流程，该工艺具有淀粉得率高、洗涤效果好的特点。

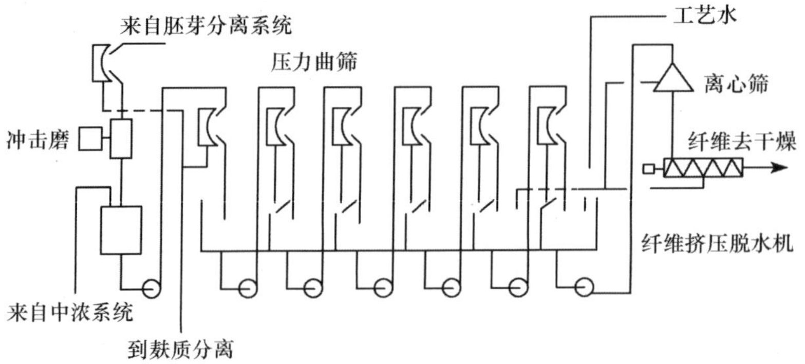

图 3-22 精磨及纤维洗涤流程图（曹龙奎和李凤林，2008）

从脱胚系统送来的物料，主要成分为淀粉、蛋白质和纤维。物料首先通过一道 50μm 筛缝的压力曲筛，将已游离出的淀粉和蛋白质分离出来，筛上物料进入精磨进行细破碎，经过精磨的打击作用将颗粒状的胚乳完全破碎，并将皮层上黏附的胚乳全部打下来，使皮层纤维含淀粉量极少。磨下物料用泵送到筛洗系统。第一道筛采用 50μm 筛缝，分离出稀淀粉乳，以后各道筛采用 75μm 筛缝，对纤维进行洗涤。洗涤水采用工艺水，从最后一道加入，纤维与洗涤水逆流而行，经过洗涤的纤维经螺旋挤压机脱水送往纤维饲料工序。纤维洗涤槽是有助于纤维洗涤的重要设备，在水流的搅动冲击下，更有利于洗净纤维。这种逆流筛选工艺可节约洗涤水，并可最大限度地提取淀粉乳，使纤维、皮渣带走的淀粉减至最低限度。

在分离洗涤纤维的过程中，浆液温度应保持在 45～55℃，SO_2 浓度保持在 0.05%，pH 保持在 4.3～4.5。保持一定浓度的 SO_2 以抑制悬浮液中微生物活动。从第一道曲筛得到的筛下物淀粉乳液应含有 10%～14%的干物质，纤维细渣的含量不应大于 0.1%，从最后一道曲筛排出的筛上物皮渣中，游离淀粉不应超过 4.5%，皮渣中结合淀粉的含量则取决于玉米的浸泡程度和浆料精磨时的磨碎程度。

3. 纤维脱水

纤维经逆流洗涤后，含有较高的水分，在进入脱水系统之前纤维含水量为 95%，经离心机脱水和挤压机脱水后，水分可降至 60%～65%，然后由管束干燥机干燥到水分降至 13%以下，得干纤维（干渣皮）。莫孔离心机是纤维脱水的主要设备，采用该离心机对纤维进行脱水后，纤维含水量不大于 80%。

4. 分离、洗涤纤维的工艺参数

分离纤维的曲筛供料压力 0.25～0.30MPa；滤液浓度 4～7°Bé；进料浓度 13～17°Bé；供料压力 0.15～0.30MPa；洗涤用工艺水温度 45℃；每 100kg 绝干玉米纤维洗涤水用量 210～230L；洗涤后物料中游离淀粉含量 3%（以干物质计）；粗淀粉乳中细渣含量 0.1g/L。

5. 纤维脱水的工艺参数

莫孔离心机脱水后纤维含水量≤80%；挤压脱水机脱水后纤维含水量为 55%～60%；挤压脱水机挤出料总淀粉含量≤18%；挤压脱水机挤出料游离淀粉含量<6%。

十、分离淀粉与蛋白质

分离纤维后的稀淀粉悬浮液（稀浆）中的干物质，除淀粉外还有较多的非淀粉类物质，如蛋白质、脂肪、灰分等，尤其蛋白质（麸质）含量较高，占 6%～10%，必须先将麸质分离才能得到较纯净的淀粉。

（一）除砂和预浓缩

分离纤维后的淀粉乳稀浆要经过除砂后进行预浓缩，再分离麸质。通过二级除砂旋流器（图 3-23）除去淀粉稀浆中砂石、灰尘等比淀粉密度大的杂质，以减轻对主离心机的磨损，降低产品灰分。除砂后的稀浆再经预浓缩离心机浓缩以减少后序工艺中主离心机和麸质浓缩机的进料量。主离心机用于淀粉与麸质的分离，底流为稀淀粉乳，进入精制洗涤工序；溢流为麸质液，送入麸质浓缩机浓缩，并提供工艺水，浓缩后的麸质液进入麸质脱水和干燥工序。

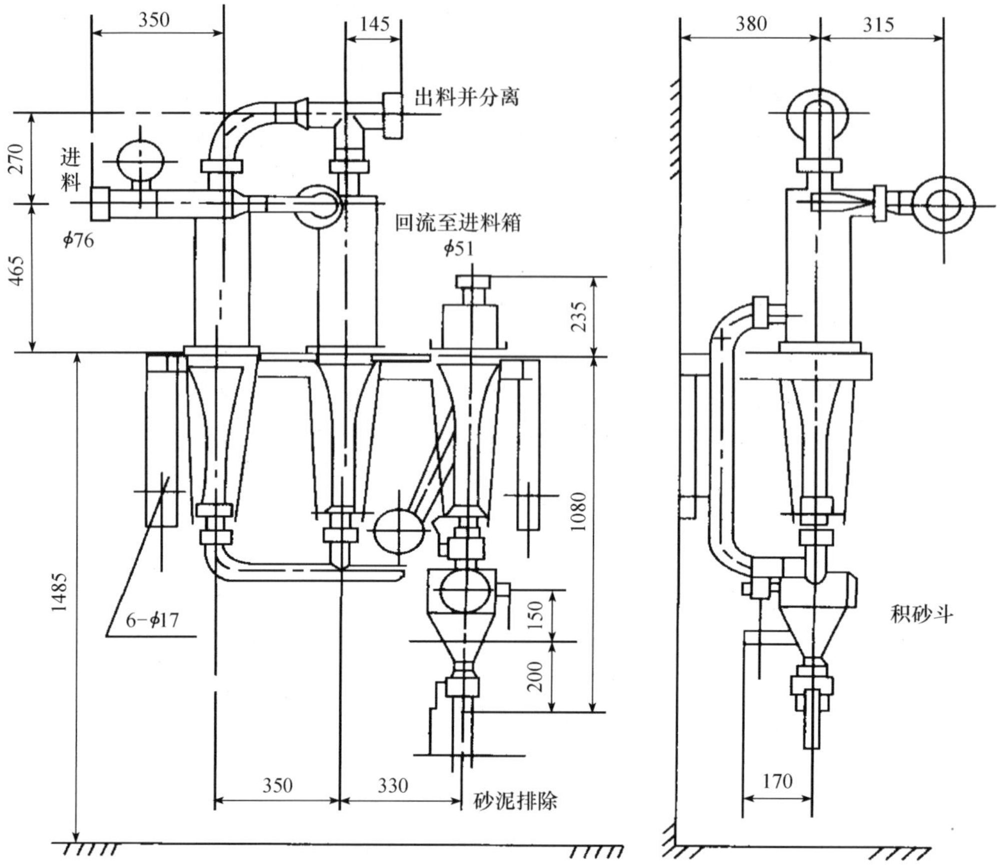

图 3-23　除砂旋流器结构示意图（曹龙奎和李凤林，2008）

（二）分离淀粉与麸质的方法

依据淀粉与麸质在相对密度、粒径等方面的差别，常用离心分离法、浮选分离法或沉降分离法分离淀粉与麸质。

1. 离心分离法

采用离心机分离淀粉和蛋白质。一般采用二级分离，即用两台离心机连续操作，以筛分后的稀浆作为一级进料，所得底流为二级离心机进料，这种二级离心分离法，保持第一台离心机能产生好的溢流，淀粉乳中含有 1%～2%的蛋白质，二级分离是以此为底物，通过控制回流和洗水量，获得更好的分离效果。更有用三四台离心机进行多级分离的。

2. 气流浮选法

气流浮选法的主要设备是气浮槽，它的工作原理是向淀粉悬浮液中通入空气，使悬浮液中形成气泡而向上浮起，气泡吸附蛋白质及其他轻的悬浮粒子，漂浮于液体表面，通过溢流挡板排走，密度大的淀粉粒子沉降于分离室底部，从底部排出，从而达到分离目的。

3. 沉降分离法

沉降分离法也叫流槽分离，依靠重力的作用，由于淀粉与麸质之间存在密度差，导致它们沉淀速率不同得以分离。流槽为狭长的平底槽，长 30～40m，槽宽 40～60cm，槽底坡度 0.3%，槽头至槽尾高度逐渐降低。流槽一般用砖砌成，表面涂层为水泥或环氧树脂，淀粉乳自动地从槽头分散成薄层，流到槽尾，由于淀粉相对密度大，沉降速率比蛋白质快 3 倍，所以先沉淀于槽底，蛋白质悬浮于水中，由槽尾流出。由于这种分离方法分离效率低，占地面积大，易污染，现已基本停止使用。

（三）分离淀粉与麸质的工艺流程

根据分离方法的不同，淀粉与麸质分离的工艺流程有分离机-旋流器分离工艺流程、分离机分离工艺流程和全旋流器分离工艺流程三种。

1. 分离机-旋流器分离工艺流程

该工艺是国内外普遍采用的分离工艺流程（图 3-24），生产工艺比较灵活，可根据产量的要求选用多台分离机并联或大型号分离机和旋流器组合。精磨后的稀淀粉乳进入第一级分离机分离麸质，得到的淀粉乳浓度为 11～13°Bé；再与第二级旋流器的顶流混合，用泵送入第一级旋流器，第一级旋流器的溢流进入中间浓缩机分离出麸质和稀淀粉乳；麸质与第一级分离机分离出的麸质混合后进入麸质处理工序，稀淀粉乳回到第一级分离机前的淀粉罐。第一级旋流器的底流经第三级旋流器的溢流稀释后用泵送入第二级旋流器。底流顺次将稀淀粉乳送入最后一级旋流器，溢流顺次将麸质返回到中间浓缩机。洗涤水从最后一级泵前加入，精制淀粉乳从最后一级底液排出，精制淀粉乳浓度 20～22°Bé。

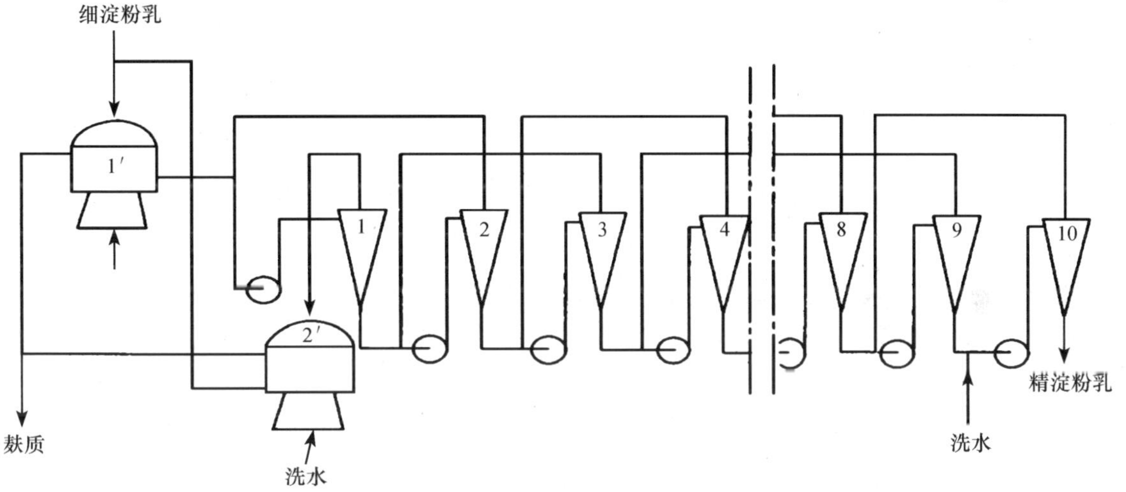

图 3-24　分离机-旋流器分离工艺流程（曹龙奎和李凤林，2008）
1′. 分离机；2′. 中浓机；1～10. 旋流器

2. 全分离机分离工艺流程

我国有很多中型淀粉厂采用分离机分离流程。分离机分离流程中多将 4～5 台分离机串联使用。预处理后的稀淀粉乳，用第二级分离机的溢流稀释，送入第一级分离机分离，在此级分离中用淀粉脱水得到的工艺水（过程水）或第二级分离机的部分溢流作洗涤水，经分离得到的溢流即为麸质水（黄浆），浓稠的底液被第三级分离机的溢流稀释后进入第二级分离机，分离后进入第三级、第四级分离机。新鲜的净水从最后一级和第三级分离机进入，逐级往前返，达到逆流洗涤效果。这种工艺将麸质分离和淀粉洗涤全部由分离机完成，要把第二级分离机的部分溢流返回第一级分离机，实际上降低了分离机的分离能力，对此进行工艺改进，提出稀淀粉乳预浓缩和中间浓缩相结合的全分离机生产工艺流程。它增加一个中间浓缩机（图 3-25），将二级分离机的溢流专门用一台分离机浓缩，浓缩后的底流稀淀粉乳进入一级分离机，顶流的麸质水和一级分离机的顶流麸质水合并进入气浮槽，经浓缩后的麸质再进入麸质浓缩机，而后经螺旋卸料沉降离心机对麸质脱水，而淀粉洗涤部分与原工艺相同。中间浓缩机是将碟片喷嘴分离机拆下洗涤水离心泵（底泵）而成的，在使用过程中失去洗涤水的冲洗作用，起到对进机物料浓缩的作用。

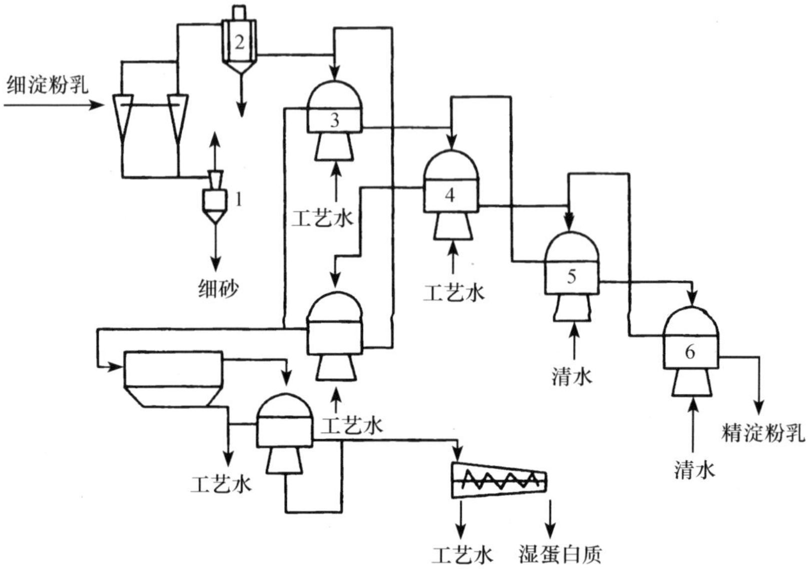

图 3-25　分离机中间浓缩机分离流程（曹龙奎和李凤林，2008）

1. 除砂器；2. 过滤器；3～6. 分离机

3. 全旋流器分离工艺流程

淀粉与蛋白质的分离和淀粉洗涤工序全部在旋流器系统中完成，不使用初级分离机。全旋流器分离洗涤工艺包括两段，前 3 级为初级浓缩，用于回收麸质和可溶物，并对稀淀粉乳进行浓缩，稀淀粉乳浓度可达 11～13°Bé；然后由一个 1～12 级旋流器组对淀粉洗涤，洗涤后的精制淀粉乳浓度可达 19～21°Bé。全旋流器分离工艺，前段初级浓缩使用的泵压力较高，后段洗涤使用的泵压力较低。这种工艺要求淀粉乳中蛋白质含量要低，更适于薯类淀粉生产中蛋白质的分离。

（四）分离淀粉与麸质的工艺参数

1. 预浓缩离心机

进料量 110～140m^3/h；进料中 SO_2 含量 0.024%～0.04%；进料浓度 6～9°Bé；底流浓度 10～14°Bé；顶流干物质≤1.5%。

2. 主离心机

进料量 90～110m^3/h；进料浓度 10～13°Bé；底流浓度 16～19°Bé；洗水量 15～17m^3/h。

十一、淀粉乳的精制

（一）洗涤淀粉

分离去除蛋白质后的淀粉悬浮液中干物质浓度为 33%～35%，淀粉中仍含有少量可溶性蛋白质、大部分无机盐和微量不溶性蛋白质，通过洗涤可以除去水溶性物质，得到高品质淀粉。常用旋液分离器、沉降式离心机和真空过滤机洗涤淀粉乳达到精制淀粉乳的目的。通过洗涤，可使淀粉乳中可溶性物质含量降低至 0.1%以下。

目前，主要采用淀粉洗涤旋流器洗涤淀粉，它是由若干个微型旋流管组成的，每个微型旋流管都是一个具有切向进口的圆锥体，圆锥体的底部和顶部各有一个小出口，淀粉乳以高速的切线方向进入圆锥体上部，沿圆周方向高速旋转，由于离心力的作用，相对密度较大的淀粉颗粒先沉降，被甩向旋流器壁随螺旋流下降到底部出口，通过底流口排出；相对密度较小的蛋白质颗粒和液体在内层绕中心轴线随螺旋流上升到顶部出口，从溢流口排出。

由于微型旋流管处理量小，生产中主要采用由几十到几百个微型旋流管组成的多管旋流器洗涤淀粉。目前我国淀粉厂多采用 9～12 级旋流器构成的旋流器机组对淀粉乳进行逆流洗涤。在每级旋流器中淀粉乳用泵压入中心室，然后同时进入各个旋流管。高速进入圆锥分离室的浆液产生离心力使较重的淀粉从底流口甩出，较轻的麸质从溢流口排出。浓缩了的稀淀粉乳用下一级旋流器排出的溢流稀释，形成整个系统的逆流洗涤。新鲜水只在最后一级加入，溢流逐级向前直至从第一、二级溢流口排出。为了达到物料平衡，各级旋流器使用的旋流管数量有多有少，一般前级多，后级少，后级旋流器中多余的微型旋流管可用盲管堵塞，泵的压力为 0.65MPa，洗涤后淀粉乳中蛋白质含量可降到 0.4%左右，可溶性物质降到 0.1%以下。国产 XLQ 型淀粉洗涤旋流器结构见图 3-26。

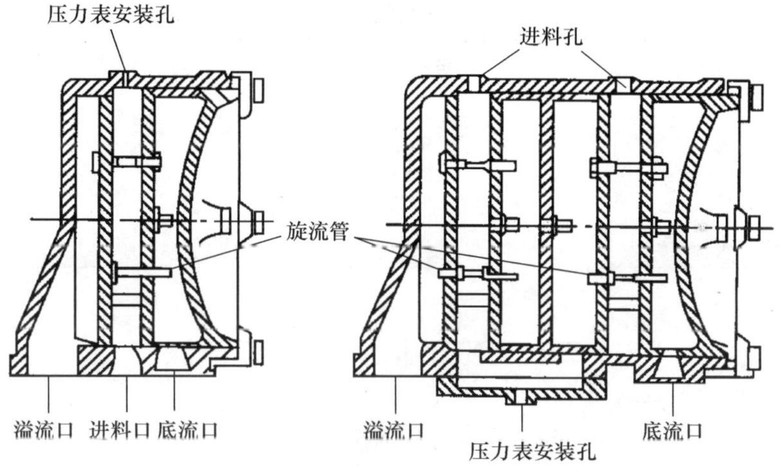

图 3-26　XLQ 型淀粉洗涤旋流器结构示意图（曹龙奎和李凤林，2008）

美国道尔-奥立佛公司首创的蛤壳式旋流分离器外壳像蛤，内面是两块筛板固定着的成百个旋流管装置，筛板将设备分隔为进料、溢流、底流三个室，将各分离管的进料孔都集中于中间的进料室内，各分离管的溢流室口位于左方的溢流室内，各分离管的底流孔位于底流室内，其结构如图 3-27 所示。

（二）淀粉洗涤系统 CW_1～W_{12}旋流分离器工艺控制参数

进料量 57～67m^3/h；洗涤水量 41～43m^3/h；出料量 32～37m^3/h；进料浓度 16～18.5°Bé；

W_1 溢流浓度 3～6°Bé，W_1 进料浓度 10.5～11.5°Bé；

W_2 底流浓度 21.5～22.5°Bé，W_2 溢流浓度 10～11°Bé；

W_1 进料压力 0.7～0.9MPa，W_2 进料压力 0.7～0.9MPa；

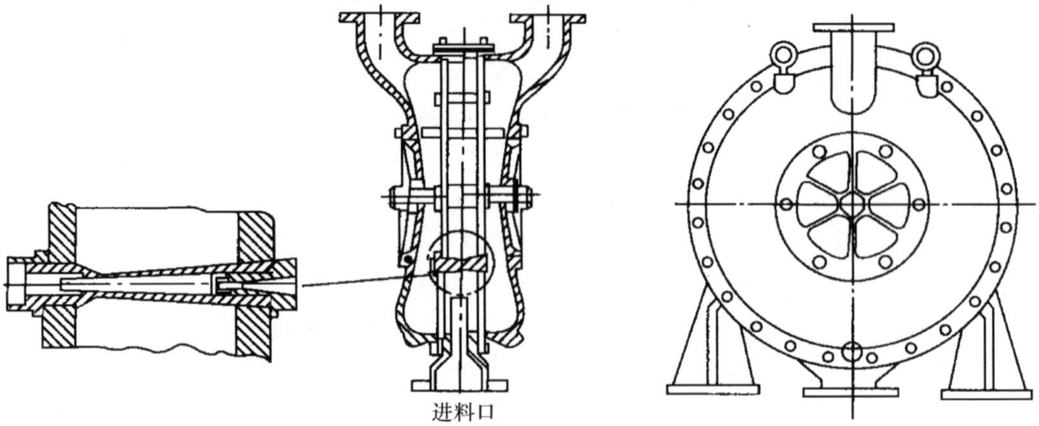

图 3-27 蛤壳式淀粉洗涤旋流分离器结构示意图（曹龙奎和李凤林，2008）

洗涤后淀粉乳蛋白质含量（以干基计）≤0.4%。

（三）淀粉乳工艺指标

淀粉乳工艺指标见表 3-8。

表 3-8 淀粉乳工艺指标

项 目	精制前淀粉乳	精制后淀粉乳
蛋白含量/%（以干基计）	6～8	0.4～0.5
SO_2 含量/%	0.035～0.045	0.001～0.015
可溶性物质/%	2.5～5.0	≤0.25
物料温度/℃	35～40	40～45
物料浓度/°Bé	6～7.5	19～22

十二、淀粉乳脱水与湿淀粉干燥

（一）淀粉乳的机械脱水

精制后的淀粉乳浓度为 21.5～22.5°Bé，呈白色悬浮液状态，含水 60%左右，需要把水分降低到 40%以下，才能进行干燥处理。

1. 基本原理

淀粉乳的机械脱水是利用惯性离心力的作用进行分离。离心机的主要工作部件是快速旋转的转鼓。转鼓安装在竖直或水平轴上，由电机带动。料浆送入转鼓内随转鼓旋转，在惯性离心力作用下实现分离。有孔的鼓内壁面覆以滤布，则液体被甩出而颗粒被截留在鼓内，从而实现分离。由于在惯性离心力场中可以得到较强的推动力，用惯性离心力进行分离密度力作用下的分离速率高且效果好。惯性离心力场强度与重力场强度之比称为分离因素，它是反映离心机分离性能的重要指标。淀粉行业离心机的分离因素一般为 400～3000。

2. 脱水设备

生产中常用卧式刮刀离心机、三足式自动卸料离心机、虹吸离心机，它们虽然结构不同，但基本工作原理相似，大型工厂多采用卧式刮刀离心机。

卧式刮刀离心机是一种卧式刮刀卸料自动间隙操作的过滤式离心脱水设备，属通用机械，其中 WG-800A（图 3-28）是淀粉脱水专用设备。

图 3-28　WG-800A 卧式刮刀离心机
（曹龙奎和李凤林，2008）

卧式刮刀离心机主要结构有机座、电机、转鼓、转动部件、刮刀卸料装置、进料管、洗涤滤网、再生进水管等（图 3-29）。离心机的转鼓是多孔圆筒，圆筒转鼓内表面铺有滤布。将淀粉浆从圆筒口送入高速旋转的带滤网的转鼓筒内，在离心力的作用下，固相淀粉迅速沉积在转鼓上形成滤饼，液相通过滤布、滤网、转鼓小孔甩出后沿机壳下端切线方向的排液口排出。由于是在高速离心作用下进行，料液在转鼓内壁面几乎分布成中空圆柱面。采用多次加料方法（一般 4～6 次），随着淀粉浆的多次不断加入，转鼓内固相淀粉越来越厚，然后由刮刀刮除滤饼并进行卸料，整个工作过程在全速运转下自动按进料→脱水→卸料→进料周期循环操作，24h 对滤网清洗一次。在淀粉乳品质良好及浓度为 36％～37％的情况下，离心机平均工作周期 2～3min，脱水后淀粉含水 38％左右。

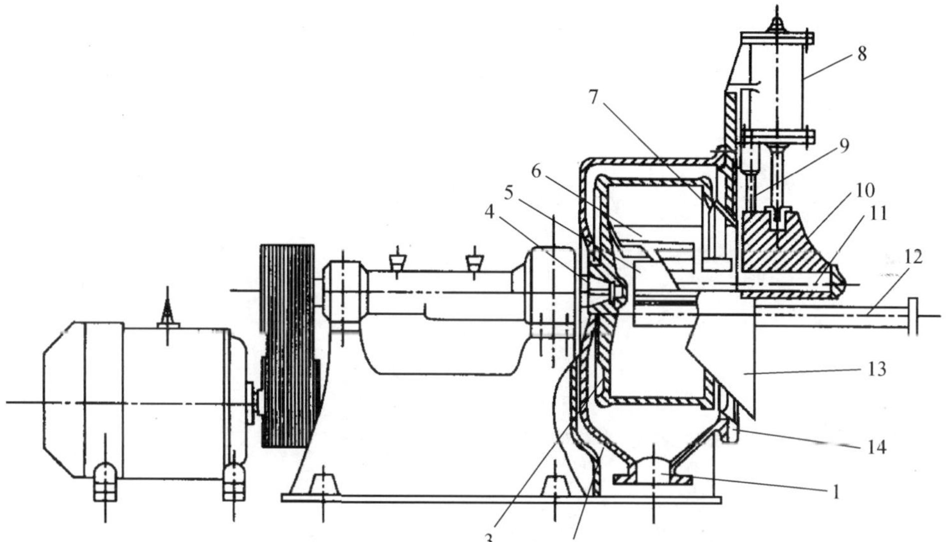

图 3-29　卧式刮刀卸料离心机结构（曹龙奎和李凤林，2008）

1. 滤液出口；2. 外壳；3. 转鼓；4. 主轴；5. 耙齿；6. 刮刀；7. 拦液板；8. 油缸；9. 导向柱；10. 刀架；11. 刀杆；12. 进料管；13. 卸料斗；14. 前盖

3. 卧式刮刀离心机脱水工艺参数

进料浓度 21.5～22.5°Bé；脱水后水分≤38％；溢流浓度 5～8°Bé；滤液浓度 0～2.5°Bé；滤液浓缩机顶流（以干基计）≤0.5％；卸料时间≥80s。

（二）湿淀粉的干燥

脱水后的淀粉含 36％～40％的水分，它们会在淀粉颗粒表面形成一层非常薄的水分子膜，起到保护淀粉颗粒内部水分的作用。机械脱水，水分最低只能达到 34%。因此，必须用干燥方法除去淀粉脱水后的剩余水分，使水分降到 14%以下。由于气流干燥法的干燥速率快，效率高，空气温度便于调节，可以控制物料的温度，产品不致过热而变质。因此，工业生产中普遍应用气流干燥法对淀粉进行干燥。

1. 气流干燥法的基本原理

进行干燥时先将冷空气加热成热空气，热空气与湿淀粉混合后，两者之间进行热交换，淀粉与所含水分被加热，热空气被冷却。淀粉粒表面的水分先获得动能蒸发，淀粉水分开始下降，空气中的含水量增加，随后淀粉颗粒内部的温度逐渐升高，水分也由内部向表面扩散，直至蒸发到空气中。

进入干燥器的空气温度直接影响干燥速率，温度越高，干燥过程进行得越快，但超过一定限度时，会引起淀粉糊化，降低淀粉质量，因此，一般加热后空气温度为 130～150℃，淀粉加热后温度 50～60℃。

2. 气流干燥设备

气流干燥器按干燥段所处的压力状况分为正压干燥器和负压干燥器，按干燥次数分为一级气流干燥和二级气流干燥。干燥系统由空气过滤器、空气加热器、加料斗、螺旋输送器、抛粉器、干燥风管、旋风分离器、风机、闭风机组成。正、负压气流干燥的工艺流程见图 3-30、图 3-31。

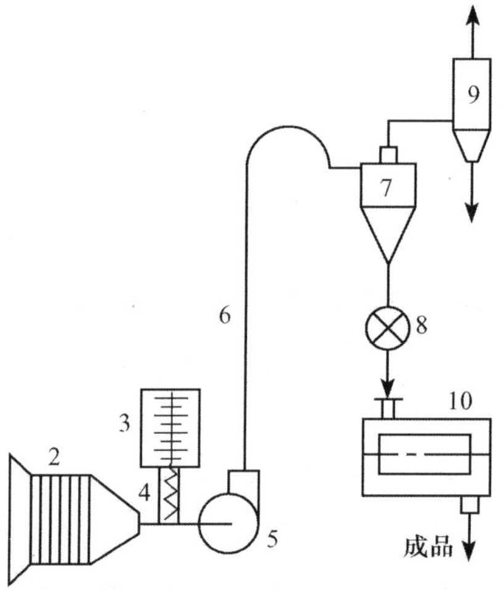

图 3-30　一级正压干燥流程

（曹龙奎和李凤林，2008）

1. 过滤器；2. 加热器；3. 供料器；4. 闭风绞龙；5. 风机；6. 干燥管；卸料器；8. 闭风器；9. 回收塔；10. 成品筛

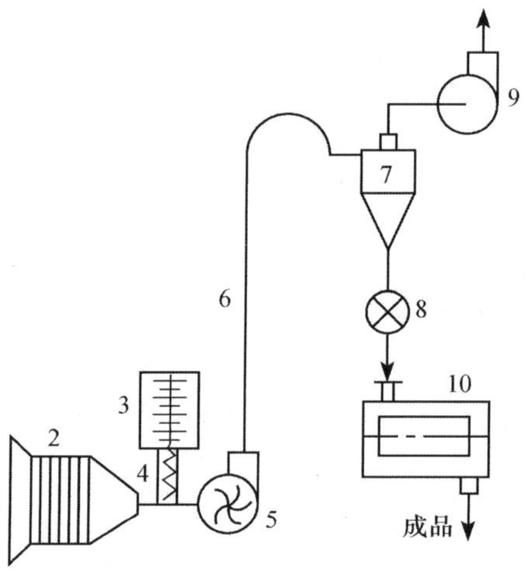

图 3-31　一级负压干燥流程

（曹龙奎和李凤林，2008）

1. 过滤器；2. 加热器；3. 供料器；4. 闭风绞龙；5. 扬升机；6. 脉冲管；7. 卸料器；8. 闭风器；9. 风机；10. 成品筛

从图 3-30、图 3-31 中可以看出，正压干燥的风机位于供料管和干燥管之间，管道系统处于正压之中；负压干燥的加热空气和物料混合后由扬升机送入干燥管内，风机动力作用使整个管道系统处于负压状态。两者差别是正压气流干燥被干燥淀粉要通过高速旋转的风机叶片，对风机叶片损失严重，一般需 6～8 个月更换一次，干燥器接头处也易出现漏风现象，而负压干燥不会出现这种状况。目前多采用一级负压气流干燥，以节省动力和减少尾气中粉尘，改善操作环境。

对脱水后含水量大的湿淀粉采用一级气流干燥达不到成品水分要求的，可用图 3-32 所示的干燥工艺。湿淀粉由进料漏斗落入螺旋输送器，送至干燥管内，与二级旋风分离器排出的尾气（40～45℃）接触，随即开始干燥，物料由原始温度升高到 40℃，水分由 35%～40%降至 30%左右。由于初期淀粉含水量大，水分易蒸发，因而不宜采用太高温度干燥，二级旋风分离器排出尾气正符合这个要求。第一次预热干燥的物料进入鼓风机，与新鲜空气（约 130℃）接触，在热风管内干燥后输送至二级旋风分离器内，借助离心作用与湿热空气分开，干淀粉经闭风器落入贮斗，湿热空气经尾粉捕集器排出，排出的尾气作为湿物料的第一次预热干燥。淀粉经高温新热空气进行二次干燥后，可达到安全水分含量要求。

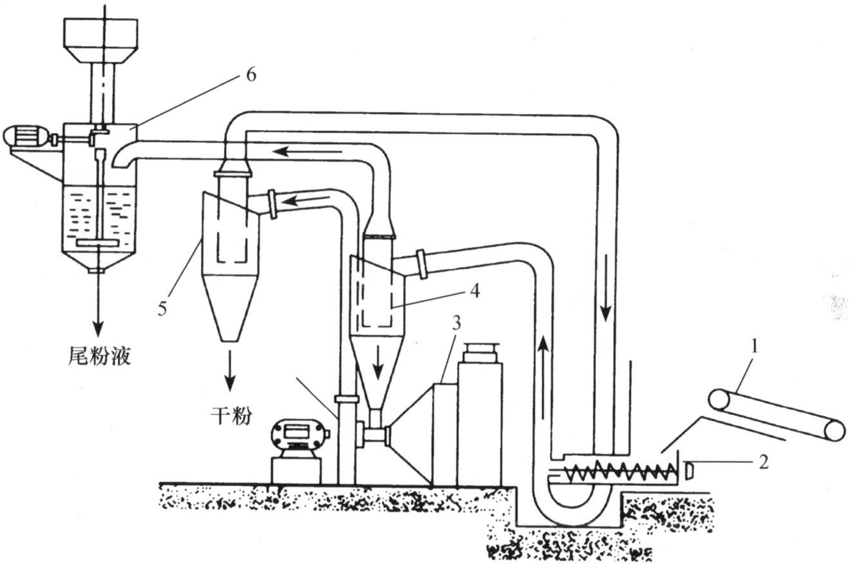

图 3-32　淀粉气流干燥装置（曹龙奎和李凤林，2008）

1. 淀粉输送机；2. 螺旋加料器；3. 空气预热器；4. 旋风分离器；5. 鼓风机；6. 尾粉捕集器

3. 气流干燥机干燥工艺参数

进气温度 130～150℃；加热温度 50～60℃；干淀粉温度＜40℃；蒸汽压力 0.8～1.0MPa；螺旋输送机转速 40～50r/min；干淀粉输送鼓风机风压 20～30kPa。

4. 干燥后淀粉指标

水分 12%～15%；细度（100 目筛上）≤0.5%；pH 5～6.4；SO_2≤40μL/L。

十三、玉米淀粉生产过程中的水环流

水环流是指净水利用一次以后不直接排出系统，而是在系统环流再次或多次利用，最后随成品带出，做到极少排放或不排放。

（一）水环流的意义

湿磨法加工玉米淀粉过程中用水量很大，要高出玉米量的几倍，甚至几十倍。从玉米籽粒的输送到各种主、副产品的制造都离不开水，而加入的水除部分随同产品带走外，都需从系统排出。湿磨法加工玉米淀粉是由干到湿再转干的过程，即“干—湿—干”，玉米籽粒本身为干态，一般含水分14%以内，而成品淀粉的指标也是14%以内，其他副产品除玉米浆外都低于12%，玉米油基本不含水分。这表明生产过程加入多少水，就需利用机械及热力除去多少水，在排放这些水的同时还会带走大量干物质。因此，应尽可能使生产用水得到充分利用。

（二）水环流的原则

水环流遵循以下几个原则：

（1）净水用在最后一次洗涤淀粉，如采用12级旋流器洗涤淀粉，则净水只用来洗涤经11级洗涤后的淀粉，其他各用水点均不用净水；

（2）充分利用过程水，即生产过程排出的水（通称工艺水），主要是从分离麸质工序排出的麸质浓缩上清液；

（3）严格按照逆流原理，保持洗涤水与物料有一定的浓度差，使洗涤水发挥最大作用；

（4）注意利用循环水的热量，根据循环水的水质及温度情况，确定回水部位；

（5）采取有效措施和严格合理的控制指标，保持循环水的品质，过程水中悬浮物含量不能超过0.08%，不能含其他有害物质；

（6）保持必要的循环水贮备装置，不仅能维持正常生产还要保证开停车的需要；

（7）注意生产过程的防腐和清洁卫生，循环水要保持一定的SO_2浓度，一般不得低于0.03%。

（三）水环流流程

湿磨法生产玉米淀粉的水环流流程见图3-33。

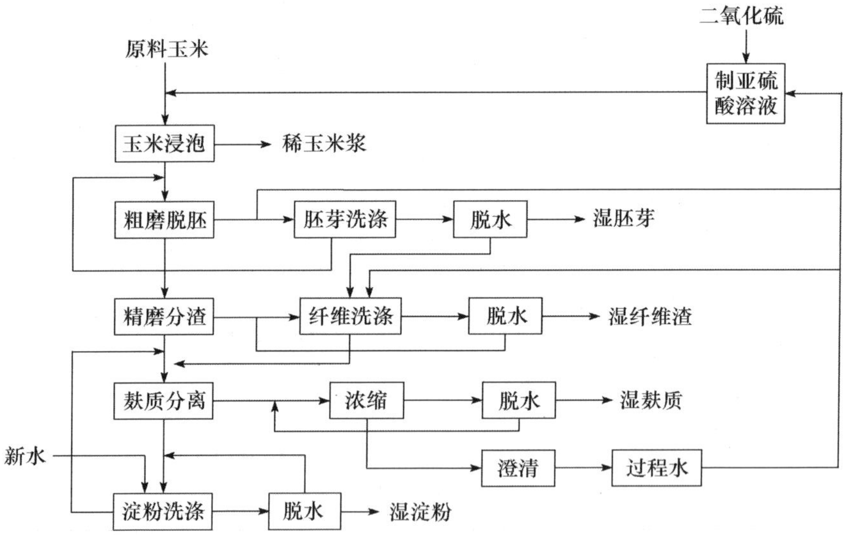

图3-33 湿磨法加工玉米淀粉水环流流程

十四、玉米淀粉生产副产品的综合利用

玉米淀粉生产的副产品具有较高的应用价值，主要有浸泡液、胚芽、纤维、麸质水等，对这些副产物进行深加工可得到玉米浆、玉米胚芽油、食用纤维、麸质粉、玉米黄色素、玉米醇

溶蛋白（玉米朊）等系列产品。玉米淀粉生产的副产品综合利用可归纳如图 3-34 所示。

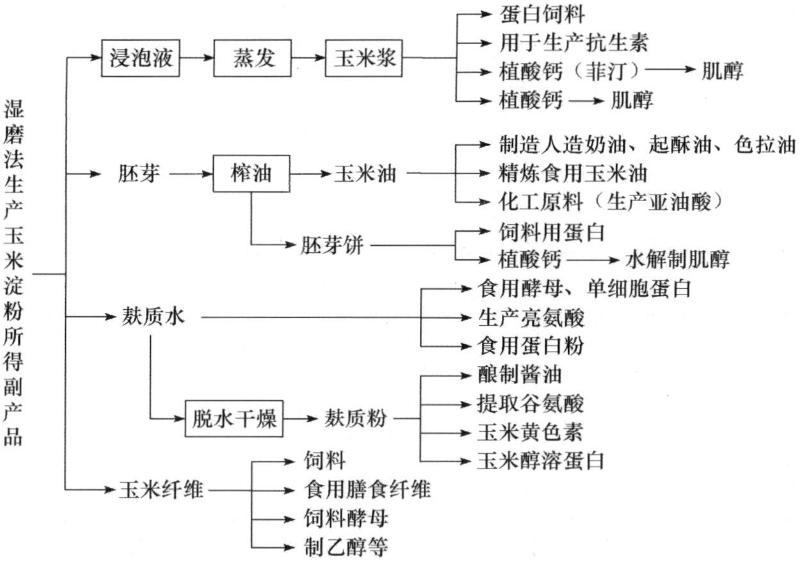

图 3-34　湿磨法生产玉米淀粉所得副产品的综合利用途径

（一）浸泡液的综合利用

玉米籽粒中的可溶性物质，如可溶性糖、可溶性蛋白质、氨基酸、肌醇磷酸、微量元素等在玉米浸泡工序大部分转移到浸泡液中。排出的饱和浸泡液可生产玉米浆，提取植酸及作培养基等。

1. 玉米浆

饱和的浸泡液称稀浸泡液，含干物质 5%～8%，蒸发后约含 50%干物质的棕褐色、黏稠状的浓浸泡液，叫玉米浆。对稀浸泡液进行蒸发浓缩的设备是循环升膜式双效蒸发器或三效蒸发器，对稀浸泡液进行负压蒸发。玉米浆主要是送至纤维干燥系统，与脱水后的纤维混合，制成一种含高蛋白、无机盐、维生素的粉状物，用作饲料添加剂原料。剩余部分可作为成品玉米浆直接装桶或进一步通过喷雾干燥加工成玉米浆粉。玉米浆粉是玉米浆的更新换代产品。玉米浆粉呈褐色至淡黄色，蛋白质含量≥42%，水分含量≤8%，广泛应用于抗生素工业（青霉素、红霉素、庆大霉素、金霉素等）、维生素（维生素 C、维生素 B_2 等）、氨基酸（味精、赖氨酸、苯丙氨酸等）、酶制剂（淀粉酶、糖化酶等）等发酵工业，在生物发酵过程中作水溶性植物蛋白及水溶性维生素等营养元素补充剂。

2. 植酸钙（菲汀）及肌醇

从浸泡液提取植酸钙（菲汀）、植酸，工艺简单，投资少，经济效益高，无环境污染。有条件可进一步加大投资生产肌醇。植酸和肌醇在食品、医药、化工、稀土元素富集等方面都有广泛的用途。

（二）胚芽的综合利用

胚芽可用于榨油和生产饲料或作食品添加剂。玉米淀粉的湿磨加工工艺中，经旋液分离器分离出的胚芽，常用重力曲筛进行筛分和洗涤，洗涤后进行机械脱水，以减少胚芽中的水分，以便减少干燥系统蒸汽耗量。工业上主要用螺旋挤压脱水机对胚芽进行脱水处理，采用管束式干燥机进行干燥。干燥后的胚芽含水3%～8%，通过气力输送机运送到榨油车间进行榨油。

1. 榨油

玉米胚芽营养丰富，主要含有脂肪、蛋白质、淀粉、戊糖、纤维和无机盐等。生产淀粉过程中分离出的胚芽，含油量高达50%左右，是制作玉米油的原料。制得的胚芽油经过精炼加工成为高级食用植物油。

从玉米胚芽中提取玉米油有三种方法：一是压榨法，适合中小型油厂；二是溶剂浸出法，适合大型油厂；三是近年来发展的新方法，水酶法。采用压榨法生产玉米胚芽油，胚芽油的产出率最高只能达到65%。有些大型企业在采用压榨法的基础上同时又采用溶剂浸出法生产玉米胚芽油，这两种工艺技术使玉米胚芽油的产出率可达97%。

玉米油含90%左右的不饱和脂肪酸，主要是油酸和亚油酸，特别是亚油酸占油脂总量的50%左右，是所有植物油中亚油酸含量最高的，富含维生素E和植物固醇（降血脂药物中类固醇的原料来源）。

2. 饲料

胚芽榨油后所得的胚芽饼是一种以蛋白质为主的营养物质，可用作饲料。

3. 食品添加剂

利用溶剂浸出法提取玉米油所得的胚芽粕，经过脱臭处理，成为营养价值很高的食品加工原料，可在糕点、饼干、面包等食品中添加使用。在饼干中添加胚芽饼，能提高饼干松脆度；在面包中添加胚芽饼达20%时，使面包的蛋白质含量大大提高，而外观、膨松度、口感等均和原来无大差异。利用这种胚芽饼，还可提取分离蛋白质并制取高质量的玉米胚蛋白饮料。

（三）纤维的综合利用

1. 纤维脱水与干燥

玉米纤维经逆流洗涤后，含有较高的水分，进入脱水系统之前纤维含水量为95%，经莫孔筛网离心机脱水和卧式螺旋挤压机脱水后，水分降至60%～65%，然后由管束干燥机干燥到水分在13%以下，即为干纤维（干渣皮）。

2. 皮渣的综合利用

玉米皮渣主要是以纤维为主的多糖物质和微量分离时未被提取出来的淀粉。玉米皮渣经挤压脱水，再经加热干燥，成为干皮渣。干皮渣经过粉碎，再按比例与胚芽饼、蛋白粉、玉米浆等其他副产品调配成饲料。若进一步精加工，加入适量豆饼，可制成优质配合饲料。因为玉米皮渣中糖类较多，既有五碳糖，又有六碳糖，饲料酵母对五碳糖、六碳糖等均能代谢，所以利用玉米皮渣水解物培养饲料酵母，可得到高蛋白单细胞酵母。

另外，玉米皮渣在未经生物、化学、物理加工前，难以显示其纤维成分的生理活性。通过分离手段去除玉米皮中的淀粉、蛋白质、脂肪等物质可制成食用纤维，用作高纤维食品的添加剂。日本研究者建议用酶制剂分解玉米皮，使淀粉、脂肪、蛋白质降解而除去，精制玉米纤维半纤维素含量达60%～80%。将这种食物纤维制成饼干，含量在2%时，口感很好。

（四）麸质的综合利用

从淀粉乳中分离出的黄浆水又叫麸质，含蛋白质8%～15%，含淀粉5%～8%，其他干物质2%～4%。黄浆水中的蛋白质属于水不溶性蛋白，主要是醇溶蛋白。干燥后得含水量10%～12%

的蛋白粉，蛋白含量可高达60%～70%。麸质可用于提取醇溶蛋白、玉米黄色素和作饲料。

1. 麸质浓缩

麸质浓缩的方法主要有沉降法浓缩、气浮分离法浓缩、麸质浓缩机浓缩及气浮槽加浓缩机等几种方法。现代大型淀粉企业普遍采用麸质浓缩机浓缩麸质。浓缩原理与淀粉和麸质分离原理相同。但由于麸质相对密度小、颗粒小，经浓缩机浓缩时往往因溢流而带走一部分细小的麸质颗粒，造成溢流（过程水）悬浮物含量过高。如果来料麸质水浓度低就更难浓缩，有的工厂在主分离机（淀粉与麸质分离机）前增加一台淀粉乳预浓缩机，不仅提高了主分离机的生产能力，还提高了进入浓缩机的麸质水浓度，以提高浓缩效果，使干物质为1.5%～3%（质量分数）的来料麸质水，浓缩后干物质含量达9%以上，而浓缩机溢流（过程水）干物质在0.5%以内。

2. 麸质脱水与干燥

麸质水浓缩后需要进一步脱水，使水分降低到70%以下，可采用真空转鼓吸滤机进行脱水。脱水后的麸质落入混料螺旋输送机，与部分回粉混合后进入回粉螺旋输送机。干燥后物料作为主回粉也进入回粉螺旋输送机，然后送入锤式磨粉碎，磨后物料均匀地进入麸质干燥机进行干燥，干燥后麸质水分含量为8%～10%。出料后经返料螺旋输送机运送到振动筛，筛上物作为回料返至回粉螺旋输送机，筛下物中的一部分作为麸质脱水后混合料“回粉”，另一部分由输送风机送到包装工序进行包装，成为玉米蛋白粉成品。

3. 蛋白粉的综合利用

玉米蛋白粉中通常由50%～75%的蛋白质、15%～30%的淀粉、少量的脂类物质、纤维素、玉米黄素和叶黄素组成。其中的蛋白质主要为玉米醇溶蛋白（60%）、谷蛋白（22%）、球蛋白（12%）和白蛋白。醇溶蛋白有独特的溶解性和成膜性，可用于食品的保鲜剂，在医药行业用于药片的包衣剂、湿法制粒的黏合剂和药物缓释剂。谷蛋白可作为食用蛋白，用作植物蛋白补充剂或火腿肠填充剂。其脂质部分含有玉米黄色素、叶黄素和胡萝卜素，是生产天然食用黄色素的优质原料。此外，因为玉米蛋白粉含有较多谷氨酸、亮氨酸和苯丙氨酸等氨基酸，所以它也可以用来制备这些氨基酸及生产味精。

第二节　马铃薯淀粉的生产

马铃薯又名土豆、山药蛋、地蛋、洋芋、荷兰薯、爪哇薯，是粮食、蔬菜兼用作物。马铃薯产量高，营养丰富，对环境的适应性较强，虽然起源于南美洲，但现在已遍布世界各地，热带和亚热带国家甚至在冬季或凉爽季节也可栽培并获得较高产量。世界马铃薯主要生产国有前苏联、中国、波兰和美国。目前种植面积最大的国家是中国，占世界马铃薯种植面积的22%，占亚洲种植面积的58%。

马铃薯在我国的分布极广，其中黑龙江、吉林和辽宁省的中北部、河北、山西北部、内蒙古自治区全区、陕西北部、宁夏回族自治区全区、甘肃、青海东部以及新疆维吾尔自治区等，是我国马铃薯主要产区，约占全国马铃薯面积的50%。黑龙江、甘肃、内蒙古、青海等省、自治区是我国重要的马铃薯种植基地，其中黑龙江省马铃薯年产量达300万t，居全国首位。

马铃薯淀粉具有较低的糊化温度，较好的黏性和质构特性及其他原淀粉无可比拟的透明度。口味相当温和，不具有玉米和小麦淀粉那样典型的谷物味。它的应用仅次于玉米淀粉，属于优质淀粉，拥有一系列独特功能。

一、马铃薯淀粉生产原料

（一）马铃薯块茎结构

马铃薯是块茎类作物，呈球形、椭圆形、长筒形、扁圆形及柱形等，表皮上有若干小芽眼。由周皮、外皮层、内皮层、维管束环、外髓、内髓等组成。按球基体积百分比计算，外皮层约占8.5%，内皮层和维管束环占38.29%，外髓约占37.26%，内髓约占15.95%（图3-35）。马铃薯的最外面一层是周皮，具有高度不透水性和不透气性，具有保护块茎、防止水分散失、减少养分消耗、避免病菌侵入的作用。周皮内是薯肉，薯肉由外向内包括皮层、维管束环和髓部。皮层和髓部由薄壁细胞组成，里面充满淀粉粒，髓部还含有较多的蛋白质和水分。皮层和髓部之间的维管束环是块茎的输导系统，也是含淀粉最多的地方。

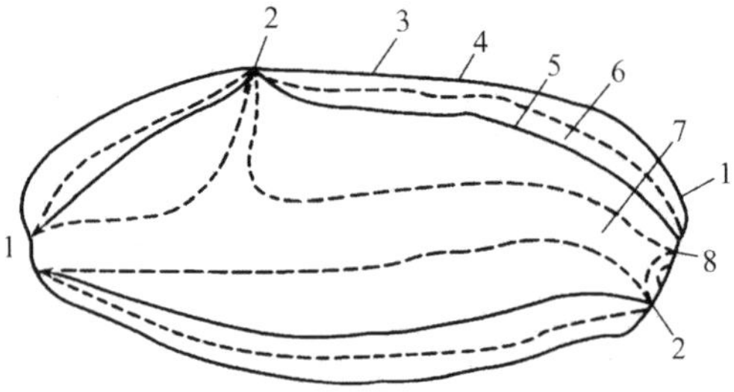

图3-35　马铃薯块茎结构
（曹龙奎和李凤林，2008）
1. 茎端；2. 侧芽；3. 表皮；4. 皮质；5. 脉管环；6. 脉管储存薄壁组织；7. 髓；8. 顶端芽

（二）马铃薯块茎的化学组成成分

1. 碳水化合物

鲜马铃薯水分含量为70%～80%，块茎的干物质含量为20%～30%，而淀粉又占干物质量的80%。淀粉是马铃薯基本的和重要的碳水化合物。早熟马铃薯品种块茎中淀粉比晚熟品种多，干旱条件下生长的马铃薯，块茎中积累的淀粉相对较多。同一品种马铃薯各块茎的淀粉含量也不相同，中等块茎（50～100g）含有的淀粉较多，大块茎（100～150g以上）和小块茎（50g以下）淀粉含量较少。维管束环附近的淀粉含量最多，从维管束环由外向内淀粉含量逐渐减少，皮层比外髓部多，块茎基部比顶部多，顶端的中心淀粉含量极少。

马铃薯淀粉由直链淀粉和支链淀粉组成，支链淀粉占淀粉总量的80%左右。直链淀粉具有高聚合度，其直链淀粉的分子质量比其他种类淀粉高很多。

马铃薯块茎中的其他碳水化合物主要是葡萄糖、果糖、蔗糖、纤维素和果胶物质。纤维素是构成块茎细胞壁的主要物质。其中大部分含在皮层里。在淀粉生产中，纤维素几乎全部随着薯渣从生产过程中排出。马铃薯中的纤维素含量太高会导致产生的薯渣增多，影响淀粉收率。

2. 含氮物

马铃薯块茎中的含氮物包括蛋白氮和非蛋白氮两部分，以蛋白氮为主，占含氮物的40%～70%，主要由盐溶性球蛋白和水溶性蛋白组成，其中球蛋白约占2/3，是完全蛋白质，几乎含有所有必需氨基酸，等电点为pH 4.4，变性温度为60℃。马铃薯的含氮物中，有天冬氨酸、组氨酸、精氨酸、赖氨酸、酪氨酸、谷胱甘肽、亮氨酸、乙酰胆碱等氨基酸。

淀粉含量低的块茎含氮物多，不成熟的块茎含氮物更多。用这样的马铃薯加工淀粉，常常会形成黏液，蛋白质在溶液中形成絮状物，产生大量泡沫，增加废水中淀粉的含量，很难保证淀粉品质，对于这种情况要进行化学处理，以减少淀粉乳的腐败发酵。

3. 脂肪

马铃薯块茎中脂肪为0.04%～0.94%，平均为0.2%，主要是甘油三酸酯、棕榈酸、豆蔻酸及少量的亚油酸和亚麻酸。马铃薯淀粉中脂类化合物含量低，对保证淀粉的品质有很大好处。

4. 有机酸

马铃薯块茎中的有机酸含量为0.09%～0.3%，主要有柠檬酸、草酸、乳酸、苹果酸等，主要是柠檬酸。腐烂的马铃薯酸价升高，并使生产淀粉过程中的杂质很难分离和沉淀除去。

5. 维生素

马铃薯块茎中含有多种维生素，包括维生素A、维生素B_1、维生素B_2、维生素B_5、维生素B_6、维生素PP、维生素C及糖苷（配糖体）物质，主要分布在块茎的外层和顶部。

6. 酶类

马铃薯中含淀粉酶、蛋白酶、氧化酶等，氧化酶有过氧化酶、细胞色素氧化酶、酪氨酸酶、葡萄糖氧化酶、抗坏血酸氧化酶等，主要分布在马铃薯能发芽的部位，并参与生化反应。马铃薯在空气中的褐变就是氧化酶作用的结果，特别是酪氨酸酶，接触空气中的氧能生成有色物质，使薯汁呈红色；有铁离子存在时，酪氨酸可被氧化成黑色颗粒状物质，会影响制作淀粉的色泽。通常防止马铃薯变色的方法是破坏酶类或将其与氧隔绝。生产淀粉时用二氧化硫水清洗可防止这种现象的发生。

7. 茄碱苷

是一种含氮配糖体（糖苷），也叫龙葵素、龙葵苷。有剧毒，由茄碱和三糖组成。未成熟的马铃薯块茎中含量较高，占鲜重的0.56%～1.08%。以外皮含量最多，髓部最少。品种不同，茄碱苷含量也不同，高的每100g鲜薯可达20mg，低的每百克鲜薯只有2～10mg。如果每100g鲜薯中的茄碱苷含量达到20mg，食用后人体就会出现中毒症状。其含量在马铃薯储存期间受到阳光照射和发芽而急剧增加。用含茄碱苷高的马铃薯块茎生产淀粉，会形成稳定的泡沫，妨碍淀粉生产中许多工序的顺利进行，影响淀粉品质和副产品的利用。

8. 灰分

马铃薯淀粉的灰分含量比禾谷类作物淀粉的灰分含量要高1～2倍。马铃薯块茎中的灰分占干物质总量的2.12%～7.48%，平均为4.38%。其中钾最多，约占灰分总量的2/3；磷次之，约占灰分总量的1/10。马铃薯块茎中的其他无机元素有钙、镁、硫、氯、硅、钠及铁等。其中钙和镁的含量比较固定，且互为消长，钙多镁少，或者相反。磷和氯的含量也相似。灰分的主要成分是磷酸钾、磷酸铜、磷酸钙和磷酸镁。磷含量与淀粉黏度有关，含磷越多，黏度越大。马铃薯的灰分呈碱性，对平衡食物的酸碱度具有显著的作用。

马铃薯总灰分70%以上是可溶性物质，这些物质在淀粉生产过程中被洗涤，并与马铃薯汁及废水一起排出。不溶解的灰分残留在薯渣中，少部分残留在淀粉中。

9. 纤维素

马铃薯块茎的纤维素含量为0.2%～3.5%，加工含有大量纤维素的马铃薯时，会产生许多薯渣，给洗涤过程带来困难，同时也增加了淀粉在生产过程中的损失。

二、马铃薯淀粉的生产原理及方法

1. 生产原理

马铃薯淀粉生产的基本原理是在水的参与下，借助淀粉不溶于冷水及其相对密度与其他化学成分的差异，用物理方法进行分离，在一定机械设备中使淀粉、薯渣及可溶性物质相互分开，获得马铃薯淀粉。

主要流程如图 3-36 所示。

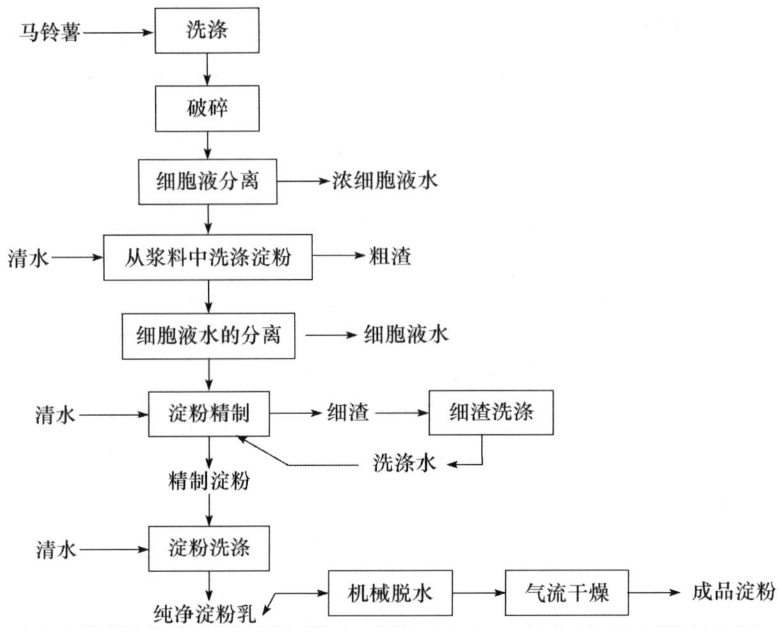

图 3-36　马铃薯淀粉生产工艺流程

2. 离心筛法生产马铃薯淀粉

规模化生产的大型淀粉厂都采用封闭式工艺制取马铃薯淀粉，利用先进的工艺与设备，通过计算机控制系统进行自动化控制，实行循环用水。离心筛法生产工艺是具有代表性的马铃薯淀粉生产工艺（图 3-37）。采用清理筛去除原料中的杂草、石块、泥沙等杂质后，用洗涤机洗

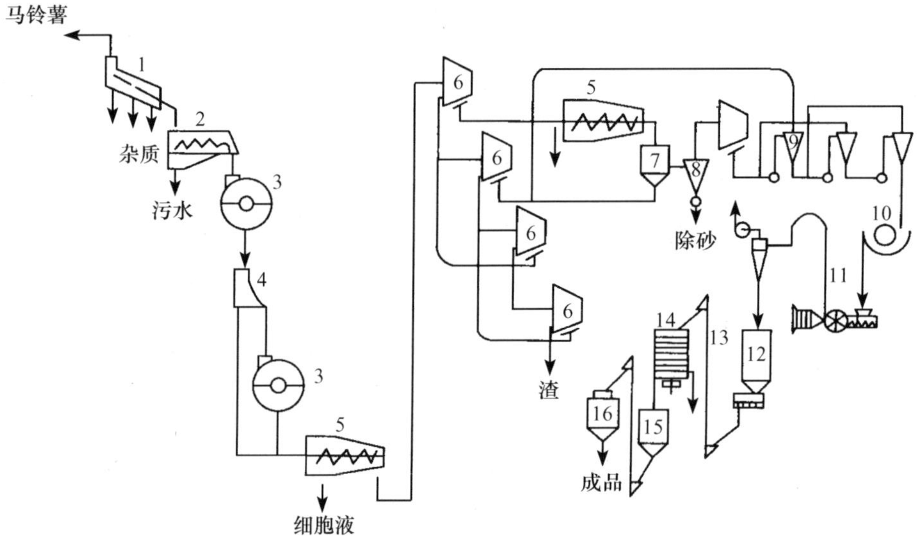

图 3-37　离心筛法生产马铃薯淀粉工艺流程（曹龙奎和李凤林，2008）

1. 清理筛；2. 洗涤机；3. 磨碎机；4. 曲筛；5. 离心机；6. 离心筛；7. 过滤器；8. 除砂器；9. 旋流器；10. 吸滤机；11. 气流干燥；12. 均匀仓；13. 提升机；14. 成品筛；15. 成品仓；16. 自动秤

涤薯块，再用磨碎机破碎薯块，离心机去除细胞液，用离心筛和旋流器去除所得淀粉乳中的纤维和蛋白质，淀粉乳洗涤后用真空吸滤机脱水并经气流干燥得成品淀粉。

3. 曲筛法生产马铃薯淀粉

洗净的薯块在锤片式粉碎机上破碎，得到的浆料在卧式沉降螺旋离心机上分离出细胞液，用泵从贮罐中送入纤维分离洗涤系统，洗涤按逆流原理分 7 个阶段进行。开始两个阶段依次洗涤分离去除细胞液的浆料，所得粗粒经锉磨机磨碎，在曲筛上过滤出粗渣和细渣，再依次在曲筛上按逆流原理进行 4 次洗涤，淀粉乳被进一步过滤，在除砂器里将乳液中残留的微小砂粒除去，送入多级旋液分离器洗涤淀粉，脱水干燥后得成品淀粉（图 3-38）。

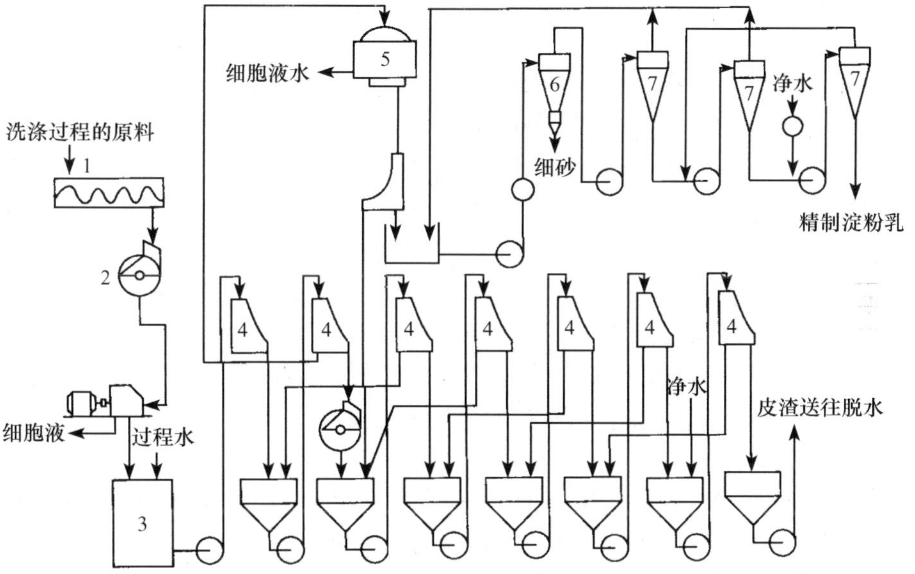

图 3-38　曲筛法生产马铃薯淀粉工艺流程（曹龙奎和李凤林，2008）

1. 锤片式粉碎机；2. 卧式沉降螺旋离心机；3. 贮罐；4. 曲筛；5. 螺旋离心机；6. 脱砂旋流分离器；7. 旋液分离器

这种粗渣和细渣同时在曲筛上分离洗涤的工艺，可以明显降低用于筛分工序的水耗、电耗，简化工艺的调节，提高淀粉得率。

4. 全旋液分离器法生产马铃薯淀粉

经清洗称重后的薯块加入粉碎机磨碎，所得浆料在筛上分离出粗粒进入第二次破碎，再用泵送入旋液分离器机组（13～19 级），经旋液分离后将淀粉与蛋白质、纤维分开。这种工艺不用分离机、离心机或离心筛等设备，只采用旋液器，是最有效及现代化的淀粉洗涤设备，用水量是传统工艺用水量的 5%，淀粉回收率达 99%（图 3-39）。

三、马铃薯淀粉生产工艺

（一）原料预处理

1. 选择原料

应选择淀粉含量高、表面光滑、芽眼不深且数量较少、皮薄、其他干物质成分含量不高的中等块茎。

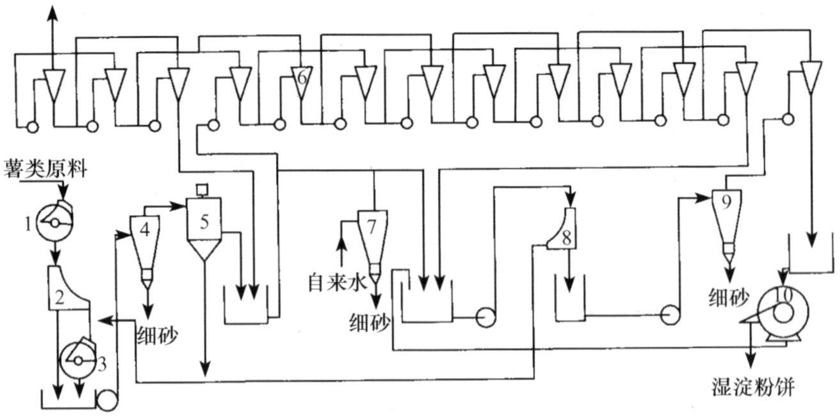

图 3-39　全旋液分离器法生产马铃薯淀粉工艺流程（曹龙奎和李凤林，2008）

1，3. 磨碎机；2，8. 曲筛；4，7，9. 脱砂旋流分离器；5. 旋转过滤器；6. 旋液分离器；10. 脱水离心机

根据马铃薯中淀粉和蛋白质含量和经济价值将其分为蛋白质含量较高的食用型和富含淀粉的工业型两类。国外要求工业用马铃薯的淀粉含量为 22%～24%，新品种甚至高达 28%，国内一般为 12%～20%。

品质好的马铃薯块茎皮薄、光滑、色泽鲜艳、芽眼浅而少、无破损、无冻害、无病虫害。制淀粉时，薯肉最好呈白色或淡黄色，干物质含量以不少于 21%为佳；表皮过厚和芽眼深的块茎会给清洗、去皮等工序带来困难。受过病虫害或冻害的都会引起肉质部分变质和腐烂，用于加工淀粉时，不仅损耗量大，还会影响产品的品质。

2. 除杂和洗涤

除杂是指用捞草机去除杂草，用除石机去除原料中夹带的砂石。洗涤是将附着在马铃薯表皮上的和芽眼里的泥土洗涤下来，它是原料预处理中最重要的工序。洗涤是否彻底影响马铃薯淀粉的白度和灰分含量，从而影响淀粉品质。过去，洗涤马铃薯主要采用鼠笼式清洗机和螺旋式清洗机，目前采用洗涤马铃薯的专用洗涤机完成，按其结构原理的不同，分转桨式和转筒式两种类型。

1）转桨式洗涤机

转桨式洗涤机又叫洗菜机或桨板式洗涤机，是常见的马铃薯洗涤设备。转桨式洗涤机按其结构和规模的不同，分转桨式联合洗涤机（图 3-40）和转桨式单级洗涤机（图 3-41）两种。洗涤马铃薯时，可根据当地土质情况来确定洗涤时间，一般为 8～12min。在土质特别黏重的地区，马铃薯洗涤时间较长，最长可达 15min，为缩短洗涤时间，可采用两台洗涤机串联的方式完成洗涤任务。

2）转筒式洗涤机

转筒式洗涤机的主要工作部件为一长筒形筛状转筒。马铃薯进入转筒后，在转筒内壁上正推螺旋带的带动和转筒内壁的摩擦力作用下，做径向和轴向（向前）翻滚运动，从而达到洗涤目的。转筒式洗涤机按转筒结构的不同，分为筛筒式洗涤机和栅筒式洗涤机两种。

筛筒式洗涤机的转筒由 3～4mm 厚的钢板卷制而成，转筒壁上钻有无数个圆形或长圆形的孔径为 16～18mm 的孔，使转筒壁同时起到筛板的作用。这些孔除了用于筛除马铃薯上残留的泥沙以外，还有通水和增加筒壁摩擦力的作用。栅筒式洗涤机的转筒是把螺纹钢筋或厚壁细钢管焊接在大圆圈上制成的，钢筋或钢管的间距为 16～22mm，工作原理与筛筒式相同，但使用效果好于筛筒式。

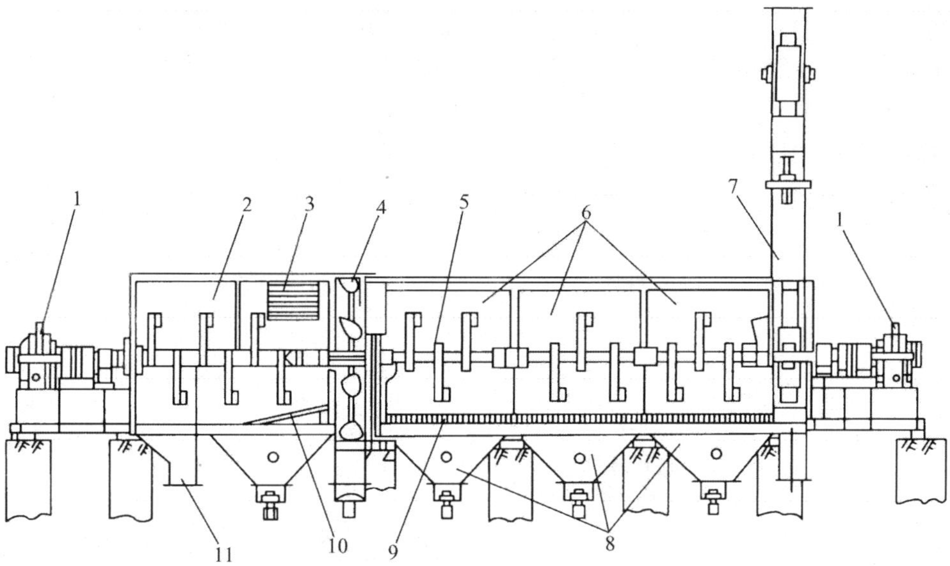

图 3-40　转桨式联合洗涤机结构（曹龙奎和李凤林，2008）

1. 电机；2. 洗涤室；3. 溢水孔；4. 过料轮；5. 搅动轴；6. 洗涤室；7. 斗式提升机；8. 集砂室；9，10. 栅板；11. 集石室

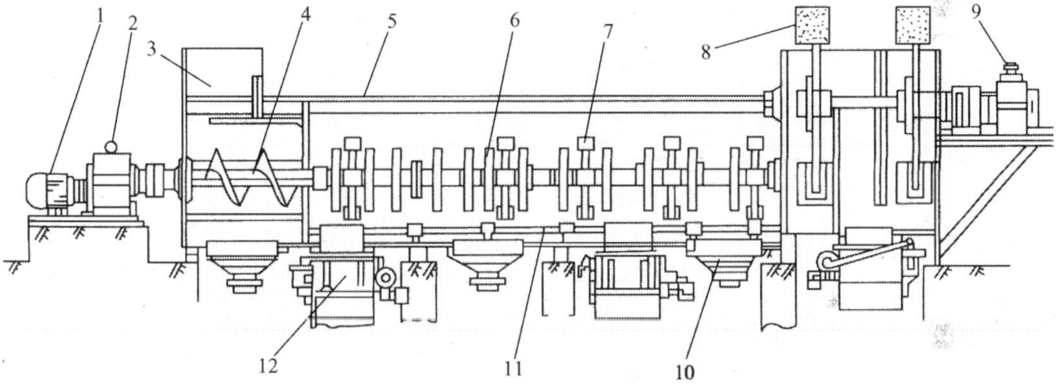

图 3-41　转桨式单级洗涤机结构（曹龙奎和李凤林，2008）

1. 电机；2，9. 减速机；3. 进料口；4. 推料螺旋；5. 外壳；6. 轴；7. 搅动桨；8. 翻料斗；10. 集砂室；11. 栅板；12. 落石槽

实际生产中转桨式洗涤机和转筒式洗涤机可以组合使用。一般先用转桨式洗涤机初洗，然后靠转桨式洗涤机的出料高差（约 1.5m）将马铃薯送入转筒式洗涤机，进一步洗涤。如果洗涤机间有足够的高差，也可以把转筒式洗涤机放在前面，以实现先搓洗、后漂洗的最佳效果。

3. 暂贮匀料

马铃薯经洗涤后，要用提升机械将其运送到匀料贮仓中。所用的提升机械，一般是马铃薯泵、斗式提升机、螺旋提升机和胶带输送机等。

匀料贮仓要有一定的暂贮能力，马铃薯贮量不应小于半小时加工量。一般情况下，要等贮仓内的马铃薯达到 1/2 贮量时，才开始向下一级（破碎工序）供料。匀料贮仓的输出设备是叶片式螺旋输送机。

（二）破碎及细胞液分离

1. 破碎

破碎马铃薯的目的是尽可能使块茎细胞破裂，从中释放出淀粉颗粒。薯块破碎得不充分、过粗，会因细胞壁破坏不完全，使淀粉不能充分游离出来，降低淀粉得率；粉碎过细，会增加粉渣的分离难度。目前常用的破碎设备有锉磨机和粉碎机。

1）锉磨机

锉磨机由外壳、转鼓和机座组成（图 3-42），鼓周围安装很多钢条，每 10mm 有 6～7 个锯齿，锯齿钢条被固定在转鼓上，钢条间距 10mm，锯齿突出量不大于 1.5mm，锉磨机就是通过转鼓上安装的这些钢锯对进入机内的鲜马铃薯进行破碎的。在外壳下部设有钢制筛板，筛孔为长方形，破碎的糊状物穿过筛孔送入下道工序处理，留在筛板上较大的碎块会继续被破碎，并通过筛孔。

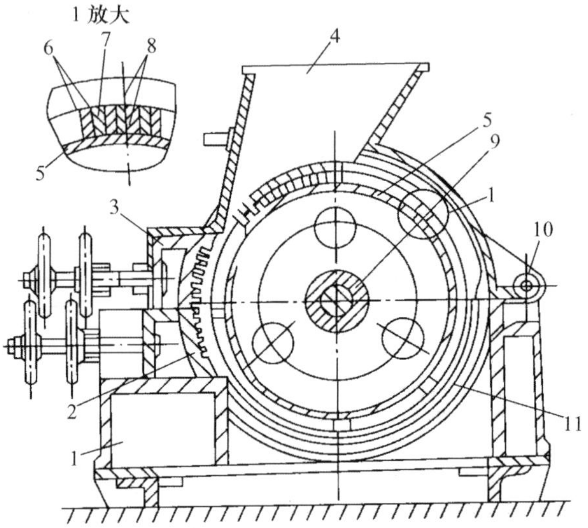

图 3-42 锉磨机结构示意图（曹龙奎和李凤林，2008）

1. 机壳；2，3. 压紧装置；4. 进料斗；5. 转鼓；6. 齿条；7. 楔块；8. 楔；9. 轴；10. 铰链；11. 筛网

锉磨机的工作效率常用游离系数表示。游离系数是指淀粉被游离的比例（%），即

$$游离系数(\%)=\frac{游离淀粉量}{原料所含淀粉量}\times 100$$

游离系数与转鼓转速、齿条锯齿数和筛孔大小等因素有关，转速越高，齿数越多，筛孔越小，则游离系数越大，但动力消耗也会相应提高。高速锉磨机的转速一般为 40～50r/s。加工鲜马铃薯时，淀粉游离系数应为 90%～92%。锉磨机是破碎鲜薯的高效设备，生产效率高，动力消耗低，被粉碎的薯末在显微镜下呈丝状，淀粉得率高，缺点是设备磨损快。近年来国外开始用针磨机粉碎马铃薯块茎，物料被定盘和动盘上高速运动着的针柱反复撞击粉碎，使淀粉游离出来，而纤维却不致过碎。

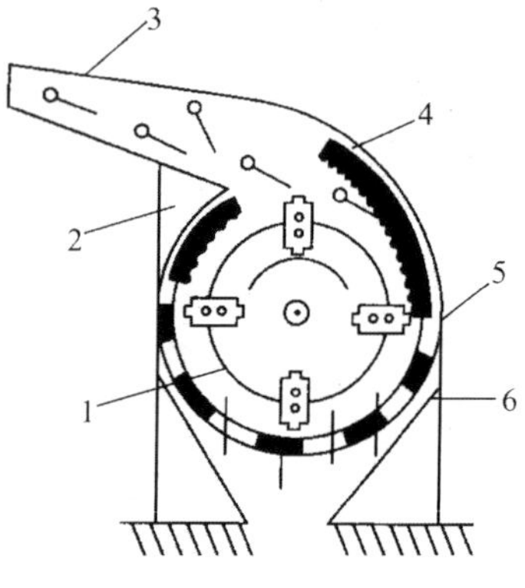

图 3-43 锤片式粉碎机示意图（曹龙奎和李凤林，2008）

1. 进料斗；2. 机体；3. 转盘；4. 锤片；5. 齿板；6. 筛片

2）锤片式粉碎机

锤片式粉碎机是利用高速旋转的锤片击碎物料的机器。这种粉碎机通用性强、调节粉碎程度方便、粉碎质量好、使用维修方便、生产效率高，但动力消耗大，振动和噪声很大。按结构将锤片式粉碎机分为切向进料式和轴向进料式两种类型，常用的是切向进料式（图 3-43）。

锤架板和锤片组成的转子由轴承支撑在机体内，上机体内安有齿板，下机体内安有筛片，齿板和筛片包围着整个转子，构成粉碎室。锤片用销子销在锤片架板周围。锤片之间的销轴上装有垫片，使锤片彼此错开，并沿轴向均匀分布在粉碎室内。工作时，物料从喂料斗进入粉碎室，首先受到高速旋转的锤片打击而飞向齿板，然后与齿板发生撞击又被弹回。于是，物料再次受到锤片打击，并与齿板相撞击，物料颗粒经反复打击和撞击后，就逐渐成为较小的碎粒从筛片的孔中漏出，留在筛面上的较大颗粒再次受到锤片的打击，并在锤片与筛片之间受到摩擦，直到物料从筛孔中漏出为止。

细胞破裂后，释放出的氧化酶在空气中氧的作用下发生氧化后会发硬，使淀粉色泽发暗，因此，在粉碎时或打碎后应立即向打碎浆料中加入亚硫酸抵消氧化酶的作用。

2. 分离细胞液

破碎后的马铃薯浆液中的非水溶性成分主要是淀粉，水溶性成分是细胞液，细胞液是溶于水的蛋白质、氨基酸、微量元素、维生素及其他物质的混合物。天然的细胞液含 4.5%～7.0%的干物质，占马铃薯总干物质含量的 20%左右。

破碎后细胞液中的酶类，尤其是酪氨酸酶接触空气中的氧会生成有色物质，使薯汁呈红色，因而影响淀粉的色泽。蛋白质在浆液中还会形成絮状物，产生大量泡沫，因此，马铃薯破碎后，应立即分离细胞液。立即分离细胞液有两点好处：一是可降低后序泡沫的形成，利于重复使用工艺过程水，提高生产用水的利用率，降低废水的污染程度；二是防止颜色物质的产生，提高淀粉品质。

分离细胞液的设备主要是卧式螺旋卸料沉降离心机（图 3-44）。卧式螺旋卸料沉降离心机简称卧螺，有一个整体机座，上面横装着同心的圆锥形内、外转鼓。内转鼓上装有框架式的单、双线螺旋，螺旋外形与外转鼓内壁形状相似，两者间有 1mm 间隙，借助齿轮箱中的传动装置，使内、外转鼓保持一定的转速差。内、外转鼓由电机通过齿轮带动运转。转鼓小头的支承轴是空心的，进料管由空心轴插入转鼓内。料液通过进料管进入内转鼓后，受到离心力的作用，沿转鼓内壁形成环状，料液中的淀粉等重液分别黏贴在外转鼓的内壁上，水和其他轻液（包括细胞液）分别悬浮于淀粉表层形成环状带。淀粉由螺旋向转鼓小端推移，直至排出机外。分离出淀粉后的清液通过螺旋框架的空间流向转鼓大头，由溢流口排出。分离细胞液后的淀粉浆沉淀物中干物质含量达 32%～34%，细胞液中仍含 0.5～0.6g/L 淀粉。

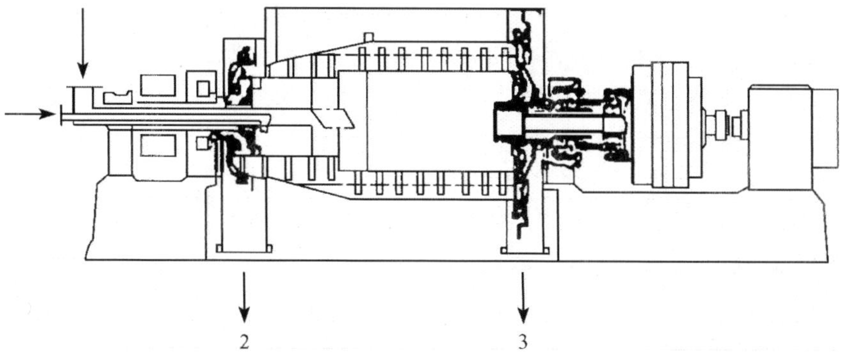

图 3-44　卧式螺旋卸料沉降离心机示意图（曹龙奎和李凤林，2008）

1. 淀粉乳；2. 淀粉；3. 上清液

（三）分离和洗涤纤维

分离细胞液后的淀粉浆中除含有大量的淀粉以外，还含有纤维和蛋白质等，必须分离除去，以提高淀粉品质。通常是先分离纤维，再分离蛋白质。常采用筛分设备分离纤维粉渣。筛分设备包括平面往复筛、六角筛（转动筛）、高频惯性振动筛、离心筛和曲筛等，较大的淀粉加工厂主要使用离心筛和曲筛。筛分工序为筛分粗纤维、细纤维、回收淀粉。

1. 离心筛分离纤维粉渣

锥形离心筛主要由筛体、筛网、外罩、喷浆嘴和喷浆管组成（图 3-45）。转动锥体筛为基础结构，由不锈钢板卷制而成。筛体的面上有许多长形筛孔，筛孔大小视生产需要而定。外罩是包在筛体外面的圆筒形壳体，从筛网甩出的淀粉乳在此腔内集中，由出浆口输出。马铃薯浆液由进料口加速后，均匀撒向筛体底部，在离心力的作用下，物料沿离心筛筛体主轴线向上滑移，淀粉和水通过筛孔甩离筛体，汇集在机壳下部排出；体积较大的含纤维的粉渣，被筛网截住，留存在筛网上，逐渐滑向筛体大端，其间用水喷淋式洗涤，将纤维夹带的淀粉充分洗涤下来。纤维在网面上移动过程中不断脱水，最后由筛体大口滑出，甩离筛体，排出机外，将浆液分成淀粉乳和粉渣两部分。

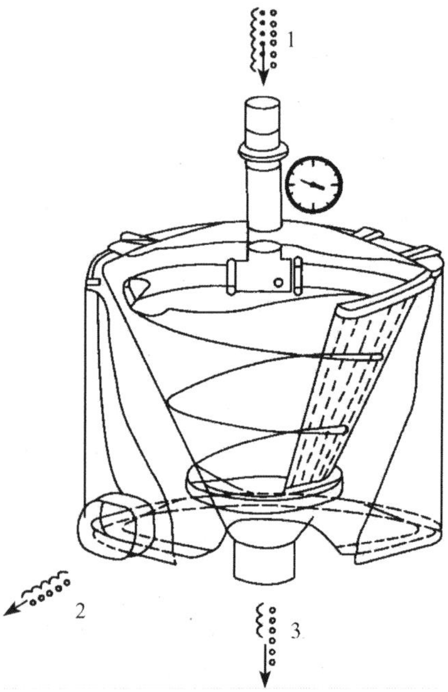

图 3-45 锥形离心筛（立式）
（曹龙奎和李凤林，2008）
1. 原料；2. 淀粉乳；3. 粉渣

按筛体主轴线位置可将离心筛分为立式和卧式两种。按运动方法可分为锥形筛体旋转，喷浆嘴固定；筛体固定，喷浆嘴旋转；两者均固定，物料由喷浆嘴沿圆锥切线方向切入三种。我国多采用卧式筛体旋转，喷浆嘴固定方式的离心筛。

离心筛具有筛分效率高、密封度好、噪音低、占地面积小、更换筛网方便、迅速等优点，但耗电量大，维修工作量大，有时还有振动、物料贴壁、存料等现象发生。实际生产中使用离心筛多是四级连续操作，中间不设贮槽，而是直接连接，粉浆靠自身重力自上而下逐级流下，对留在筛上的物料进行逐级逆流洗涤。破碎的浆料先经粗渣分离筛，孔宽 125～250μm，筛下含细渣的淀粉乳送至细渣分离筛，孔宽 60～80μm，这种粗、细渣分开分离的方法，可以减少粗、细渣上附着的淀粉和改善浆料的过滤速率。纤维分离洗涤的质量取决于原料的数量和品质、冲洗水的数量等因素。浆料过浓，洗涤会不完全，大量的淀粉被薯渣带走；浆料过稀，会增加筛的负荷。因此，用水调节进入筛前的浆料浓度十分重要。一般一级筛进料浓度为 12%～15%，二级筛进料浓度为 6%～7%，三、四级筛进料浓度为 4%～6%。细渣分离时，筛孔粗细对质量也有影响，筛孔过细，细渣中淀粉含量高；筛孔过粗，细渣分离不净，所以离心筛在国内中、小型淀粉厂广泛使用，但在大型厂很少采用。

2. 曲筛分离纤维粉渣

采用七级曲筛法筛分纤维，操作条件如表 3-9 所示。在第一次和第二次浆料洗涤时用 46# 卡普隆网；在第一、第二、第三、第四次薯渣洗涤时用 43# 卡普隆网；第一及第二次浆料经洗涤得到的淀粉乳进入三足式下部卸料自动离心机分离出细胞液水后，用清水稀释，在 64# 卡普隆网曲筛上精制，筛上细渣返回到浆料磨碎后浆料收集器中，再次经过洗涤分离。工艺具体过程已在图 3-36 中示出。

表 3-9　筛分纤维操作条件

过　程		干物质浓度/%	
		进入物料	筛下物料
物料洗涤	第一次	8.0～8.5	9.5～10.5
	第二次	7.0～8.0	9.0～10.0
薯渣分离		6.0～7.0	7.0～8.0
薯渣洗涤	第一次	5.0～5.5	5.5～6.0
	第二次	4.5～5.0	5.0～6.0
	第三次	3.5～4.5	4.5～5.5
	第四次	3.0～4.0	4.0～4.5
薯渣脱水		4.0～5.0	10.0～12.0

（四）洗涤淀粉乳

通过筛分设备筛分出来的淀粉乳悬浮液中，除淀粉外，还含有蛋白质、极细的纤维渣和沙土等杂质。首先通过过滤，除去残留在淀粉乳液中的杂物。用自净式过滤器将固体物质与乳液分离，乳液进入进口压力为 0.15～0.2MPa 的旋流除砂器，将乳液中的微小砂粒除去。再采用离心分离法或旋液分离法将蛋白质分离除去。

1. 离心分离法

离心分离法除利用淀粉与蛋白质相对密度差异进行分离外，还借助分离机高速旋转产生的离心力，使淀粉沉降，与蛋白质等轻杂物分离。由于马铃薯淀粉乳中蛋白质含量远远低于玉米淀粉乳，因而用两台分离机顺序操作的二级分离法分离蛋白即可。以筛分后的淀粉乳为第一级分离机的进料，所得底流（淀粉乳）为第二级分离机的进料。两台分离机的型号是一致的。第一级分离主要是去除蛋白质和杂物，第二级分离主要是浓缩淀粉乳。因此，这种二级分离法的操作原则是保持第一台分离机能产生好的溢流（含蛋白质多，淀粉少）为主，二级分离应产生好的底流为主（含淀粉多，蛋白质少）。通过控制回流和清水的量控制分离效果。进入第一级离心机的淀粉乳浓度为 13%～15%，进入第二级离心机的淀粉乳浓度为 10%～12%。送入精制工序的淀粉乳中的细渣含量按干物质计为 4%～8%，经一级精制段的淀粉乳含渣量不高于 1%，经二级精制的含渣量不高于 0.5%。

2. 旋液分离法

由于马铃薯淀粉原料中蛋白质含量低，马铃薯淀粉颗粒比玉米及小麦淀粉颗粒大，因此，可有效地使用旋液分离器分离淀粉乳中蛋白质和其他杂质。

由于通过旋流器的流量与其直径的平方成正比，因此，处理的物料量大，所需的旋流器直径也大。但旋液器直径越小，分离细颗粒的能力越强。为了提高对细粒子的分离能力，旋流器的直径往往小于 10～15mm，但这样单台设备生产能力就显得太小，实际生产中通常采用多台并联作业。所用旋液分离器的锥顶直径为 15mm、长 100mm，单台设备生产能力为 300L/h。现已发展到 240 台并联，可处理 72 000L/h。这样并联组装的旋液器为一级。为保证使淀粉乳中蛋白质和其他杂质的含量降到规定值以下，生产马铃薯淀粉，至少需七级旋流器串联使用。

图 3-46 是将破碎后的马铃薯浆液输入旋液分离器分离时的旋流器连接方式图。每个分离器可处理 300L/h 破碎乳，实际生产中采用 130 个旋液分流器并联组成一级，19 级串联成整个分离和洗涤系统。清水由最后一级加入，每吨马铃薯约耗水 400L，采用顺次逆流洗涤方式。旋液分离器中的第 1～3 级用作淀粉、蛋白质与薯渣的分离；第 4～8 级用作淀粉乳浓缩；第 9～19级用作洗涤淀粉乳。精制淀粉乳的浓度 22.5°Bé，蛋白质含量可降至 0.5%以下。

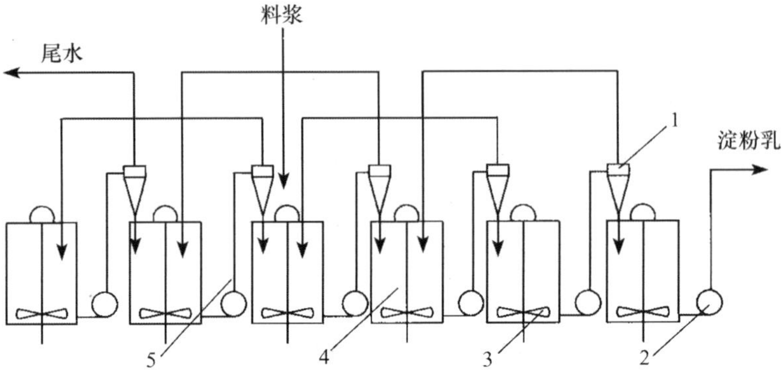

图 3-46 旋流分离机组布置图（曹龙奎和李凤林，2008）
1. 旋流器；2. 输浆泵；3. 搅拌装置；4. 集料缸；5. 管理系统

进料泵的好坏直接关系到旋流器的工作质量，因此，要求进料泵必须有足够的工作压力，一般不应小于 0.45～0.60MPa，进料淀粉乳中不应含有大于 0.8mm 的杂质。由于分离时淀粉乳中的固体颗粒不断旋转趋向器壁，内壁容易磨损，尤其下半锥体段因直径逐渐减小，颗粒与内壁的相对速率加快，磨损更剧烈。因此，旋流器内壁应光滑、耐磨、耐腐蚀。

利用旋液分离器一套系统可以完成薯渣分离、蛋白质分离和淀粉乳洗涤。破碎后的马铃薯浆液无须设置分离细胞液装置，直接泵入旋液分离器，经分离洗涤后分别输出淀粉乳、薯渣和细胞液混合物，从而大大减少了分离设备数量，简化了工艺流程。制得的淀粉乳纯度可达 99.7%～99.9%，蛋白质含量在 0.3%以下，干物质含量为 34%～40%。

（五）淀粉乳的脱水与干燥

除去纤维和蛋白的精制淀粉乳水分含量为 50%～60%，应先进行脱水处理，再进行干燥。同玉米淀粉脱水一样，脱水处理的主要设备是转鼓式真空吸滤机或卧式自动刮刀离心脱水机，脱水后的湿淀粉含水量可降低到 37%～38%。

为便于运输和储存，对湿淀粉必须进一步干燥处理，使水分含量降至安全水分以下。大型淀粉厂普遍使用与玉米淀粉干燥相似的一次加热、二级气流干燥工艺，但干燥马铃薯淀粉的温度一般不能超过 55～58℃，温度超过此范围，会造成淀粉颗粒局部糊化、结块，外形失去光泽，黏度降低等。

四、马铃薯淀粉生产副产品的综合利用

生产马铃薯淀粉的副产品主要是粉渣、细胞液水。这些物质中含干物质量占马铃薯干物质的 40%左右，其中细胞液中含 10%～15%，薯渣中含 15%～20%，废水中含 6%～8%，加工后主要作为饲料使用。

1. 粉渣和细胞液水

1）粉渣

生产每吨马铃薯淀粉可得0.18～0.2t干粉渣。粉渣的主要成分是4.5%水分、54.6%淀粉、5.9%蛋白质、15.6%粗纤维及糖醛酸酐、果胶等。粉渣在利用前需用离心机脱水，再经压榨机脱水到含水量为75%～80%后备用。

2）细胞液水

生产每吨马铃薯淀粉可得0.2～0.3t汁液。马铃薯细胞汁液的组成与生产工艺及用水量有关，一般汁液中干物质为1%～3%的干物质成分为：32.8%蛋白质、6.6%淀粉、6.6%葡萄糖、0.2%纤维、16.4%灰分及37.4%其他成分。

细胞液在利用前需要采用热凝聚法用蒸汽加热，使蛋白质凝结，即先将汁液酸化到pH 5.5或以下，再加热到99℃以上，用板框压滤机压滤，在滚筒干燥机中干燥后备用。

2. 制取饲料

将脱水粉渣和浓细胞液水混合即为营养价值很高的湿饲料，但这种饲料不易储存，极易腐败。将细胞液分离出的热凝结蛋白泥和脱水粉渣混合，再经加热干燥，制成方便储存和运输的干饲料。将细胞液经蒸气加热后与粉渣混合，再用蒸气加热至110～120℃，使蛋白凝结，然后冷却至62～64℃，接入大麦芽糖化2h左右的混合料再加温至70～80℃，经压滤机过滤，干燥滤渣即为干蛋白饲料，滤液经蒸发浓缩变成糖-蛋白水解物，是浓而不透明的暗棕色液体，含葡萄糖、蔗糖、麦芽糖和各种氨基酸，可在发酵工业中用作微生物的培养基。

第三节　甘薯淀粉的生产

甘薯又名红薯、白薯、地瓜、番薯、红苕、山芋、红芋。甘薯原产于美洲的热带地区，15世纪初传入欧洲，16世纪进入亚洲和非洲，在世界上分布很广，主要产区在北纬40°以南。多年来，我国甘薯种植面积和年总产量均居世界首位，其次是印度尼西亚、越南、菲律宾等国家。甘薯在我国分布极广，北至吉林，南到海南岛都有种植，但主要产区在长江和黄河流域。

一、甘薯块根的结构和化学成分

鲜甘薯的结构和组成成分因产地和品种有差异，其形状、大小和组成也相差很大，其块根形状有纺锤形、椭圆形、圆筒形、球形、梨形等。甘薯块根由皮层、内皮层、维管束环、原生木质部、后生木质部组成。表皮一般有白、黄、红、黄褐色等颜色；薯肉一般有白、黄红、黄橙、黄质紫斑、白质紫斑等颜色。从结构上看，它是由表皮层、外部果肉和内部果肉组成的。

鲜甘薯块茎含水量占总重的60%～80%，淀粉含量为15%～20%。甘薯的主要化学成分为：水分含量71.4%、碳水化合物含量25.2%、蛋白质含量2%、粗纤维含量0.4%、脂肪含量0.2%、灰分含量0.8%及各种维生素。碳水化合物以淀粉为主，其他为3%～5%的蔗糖、糊精、葡萄糖、果糖及戊糖。

二、鲜甘薯生产淀粉工艺

生产甘薯淀粉原料可以是鲜甘薯和甘薯干，原料有差异，所采用的工艺也有差别。鲜甘薯由于不便运输，储存困难，必须及时加工，季节性强，一般只能在收获后两三个月内完成淀粉生产，采用的方法也多为作坊式生产。以甘薯干为原料，可采用机械化常年生产，技术也相对比较先进。

（一）工艺流程

鲜甘薯生产淀粉工艺流程，如图 3-47 所示。

鲜薯→输送→清洗→破碎→纤维分离和洗涤→粗淀粉乳净化→蛋白质分离→脱水→干燥→淀粉

图 3-47　鲜甘薯生产淀粉工艺流程图

（二）操作要点

1. 原料的选择

应选择土块、杂质含量少，薯皮光洁完整、无损伤、无虫蚀、无病斑，没有受过冻害、涝害，横切面冒水少，乳汁流出较多，肉质坚实的薯块生产淀粉。要求鲜甘薯淀粉含量高，薯肉白色（或淡黄色），肉质为粉质，可溶性糖、蛋白质、纤维和多酚类物质含量少。

2. 原料的输送及清洗去皮

原料从贮仓或堆场送到清洗工序可由皮带输送机、斗式提升机、刮板输送机、百叶板链式输送机、流水输送槽、装载机、螺旋输送机等机械完成。将鲜薯输送至清洗机喷淋洗涤或输送至带叶桨转动主轴的洗涤槽中搓洗。主要设备有带叶桨的洗涤槽（长 4～12m、宽 1m）、鼠笼式清洗机（长 2～4m、直径 0.6～1m）、滚筒式清洗机（长 5～6m、直径 0.8～1m）。采用洗涤槽与滚筒清洗机配合使用，洗涤效果较好，去皮率达 80%。

3. 破碎

洗涤去皮的甘薯要进行两次破碎，第一次为粗破碎。粗破碎的目的在于破坏鲜薯块根组织，破坏细胞壁，使细胞液中淀粉颗粒游离出来。因鲜薯含水高，组织脆嫩，常用破碎设备是锤式粉碎机。为进一步提高淀粉游离率，对粗破碎后的薯浆进行第二次细破碎。可先提浆再细破碎或粥浆渣直接细破碎。常用设备是锤式粉碎机或冲击磨。粗破碎淀粉游离率可达 80%左右，细破碎后淀粉游离率可达 90%以上。

4. 分离与洗涤纤维

破碎后的浆液是淀粉、蛋白质、纤维等的混合物，必须分离去除纤维渣和蛋白，才能得到纯净淀粉乳。首先对料液进行筛分处理，筛上物为纤维渣，筛下物为粗淀粉乳浆。常用设备有曲筛（重力曲筛、压力曲筛）、平筛（双层振动平筛、单层多排振动平筛）、离心筛（卧式锥形离心筛、立式锥形离心筛、半圆筒筛）等，较好的方法是压力曲筛或平筛提粉。纤维洗涤采用逆流工艺。纤维渣洗涤后游离淀粉含量不超过 5%（以干基计）。

5. 粗淀粉乳的精制

粗淀粉乳中含有蛋白质、可溶性糖、色素、果胶、细渣、泥沙等。因粗淀粉乳浓度低，只有 3～5°Bé，很容易净化处理。一般采用高目数筛去除部分细渣、色素、粗砂等，采用砂石捕集器去除粗砂、铁石，采用除砂旋流器去除细小泥沙。主要设备为离心回转筛、砂石捕集旋流器、除砂旋流器，除砂效率可达 95%以上。

工业上多采用碟片型分离机、卧式螺旋沉降离心机和旋液分离器分离淀粉乳中的蛋白。常采用两级碟片型分离机或一级碟片型分离机与五级旋液分离器配合使用。淀粉乳经分离浓缩后浓度达 17～22°Bé，去杂率达 80%以上，蛋白质含量<0.2%。

6. 脱水干燥

精制淀粉乳是浓度在 30%以上的悬浮液，必须先脱水再烘干。目前多采用卧式刮刀离心机，脱水后湿淀粉含水量为 35%～40%。之后采用一级负压脉冲干燥法进行干燥。干燥后的淀粉含水 14%～16%。

三、甘薯干生产淀粉工艺

（一）工艺流程

甘薯干生产淀粉工艺流程，如图 3-48 所示。

甘薯干→预处理→浸泡→磨碎→筛分→分离→酸、碱处理→清洗→碱处理→清洗→离心脱水→干燥→淀粉

图 3-48　甘薯干生产淀粉工艺流程图

（二）操作要点

1. 原料的预处理

薯干在加工和运输过程中会混入各种杂质，必须进行清理。清理的方法有干法和湿法两种，干法是采用筛选、风选及磁选等设备，湿法是用洗涤机或洗涤槽清除杂质。

2. 浸泡

为提高淀粉得率，要用 0.02mol/L 的饱和石灰水浸泡甘薯干，使浸泡液 pH 为 10～11，浸泡时间约 12h，温度控制在 35～40℃。浸泡后甘薯片的含水量为 60%左右。然后用水淋洗，洗去色素和尘土。采用石灰水处理甘薯片使甘薯片中的纤维膨胀，以便在破碎后容易与淀粉分离，减少淀粉颗粒的破碎率；促进甘薯片中色素溶液渗出，留存在溶液中，可提高淀粉的白度；石灰水可降低果胶类胶体物质的黏性，使薯糊易于筛分，提高筛分效率；保持碱性条件，抑制微生物活性，防止腐败菌繁殖；使淀粉乳在流槽中分离时，提高回收率，减少蛋白质污染。

3. 破碎、筛分及分离

浸泡后的薯片加工过程与鲜薯基本相同，即用锤式粉碎机破碎。破碎得到的甘薯糊进入筛分工序。筛分一般分粗筛和细筛两次处理。粗筛使用平振筛、六角筛、喷射分离机或曲筛，细筛使用平振筛或喷射分离筛。使用平振筛时，甘薯糊进入筛面要求均匀过筛并不断淋水，淀粉随水通过筛孔进入存浆池，而薯渣留存在筛面上从筛尾排出。筛孔大小应根据甘薯糊内的物料粒度和工艺决定。如采用两次破碎工艺，第一次和第二次筛分均采用 80 目筛网，将两次筛分所得淀粉乳合并，再用 120 目筛网，进一步分离细渣，以保证获得较纯净的淀粉乳。在筛分过程中，由于料液中含有果胶等胶体物质容易滞留在筛面上，影响筛的分离效果。因此，应经常清洗筛面，保持筛面畅通。

筛分所得的粗淀粉乳采用流槽沉淀分离法，除去其中的蛋白质等杂质。

4. 漂洗

在漂洗池内对筛分及分离后的淀粉浆进行碱、酸处理和清洗。首先用碱处理，目的是除去淀粉中的碱溶性蛋白质和果胶杂质。碱处理是将 1°Bé 的稀碱溶液缓慢加入淀粉乳中，调整 pH 为 12。同时启动搅拌器，以 60r/min 的转速搅拌 30min，待其充分混合均匀后，停止搅拌。待淀粉完全沉淀后，除去上层废液体，注入清水清洗两次，使淀粉乳接近中性。在碱处理过程

中，还可添加 35°Bé 的次氯酸钠，用量不超过淀粉质量的 0.4%。次氯酸钠是强氧化剂，具有较强的漂白和杀菌特性，可起到漂白和防腐的作用。酸处理的目的主要是溶解淀粉乳中的钙、镁等金属盐类。淀粉乳碱洗过程中往往增加了这类物质，如果不用酸处理，总钙量会超过粗淀粉中的原含量。用无机酸溶解后再用水洗涤除去，便可得到灰分含量低的淀粉。酸处理一般采用工业盐酸。处理时，将盐酸缓慢倒入，充分搅拌，防止局部酸性过强，造成淀粉损失。控制淀粉乳的 pH 为 3 左右，搅拌 30min 后停止搅拌，待淀粉完全沉淀后，排出上层废液，加水清洗，直至淀粉呈微酸性（pH 6 左右）。

5. 脱水与干燥

清洗后得到的湿淀粉含水量达 50%～60%，用离心机脱水，使湿淀粉含水量降到 38%左右，再用气流干燥系统干燥至水分含量为 12%～13%，即得成品淀粉。

第四节　木薯淀粉的生产

木薯又称树薯、树番薯、南洋薯、槐薯、木番薯等，是世界三大薯类（木薯、甘薯、马铃薯）之一，原产南美洲亚马逊河盆地，后传入亚洲、非洲各地。木薯适应性强，产量高，栽培面积广，耐旱性强，除要求气温高外，对地势、土壤、雨量要求都不高，贫瘠土地也可以种植。我国的木薯种植以广东、广西、云南、海南、台湾为主，广西是我国最大的木薯生产基地。木薯一向以高产、稳产著称，主要成分是淀粉。因此，可作为生产淀粉的主要原料。

一、木薯的块根结构和化学组成

木薯的块根呈圆筒形，前端较尖，长度可达 100cm 以上，一棵木薯块根重 30～50kg。块根分表皮、皮层、肉质和薯心四部分，表皮的色泽呈紫红色，白色，灰白色或淡黄色。

木薯的化学组成因品种、生长期、土壤、降雨量而有很大差别。木薯块根干物质的含量差别为 24%～52%，平均含量为 35%，蛋白质含量差别为 1%～6%，平均含量为 3.5%。木薯中支链淀粉占 83%、直链淀粉占 17%。木薯干的平均成分为淀粉占 68%、纤维素占 8%、蛋白质占 3%、水分占 13%、其他占 8%。

二、木薯淀粉的生产

（一）工艺流程

以鲜木薯为原料生产淀粉的工艺与马铃薯淀粉的生产工艺相似。

具体工艺如图 3-49 所示。

原料→清洗去皮→磨碎→筛分→除砂→精制→浓缩→脱水→干燥→淀粉

图 3-49　以鲜木薯为原料生产淀粉的工艺流程图

以木薯干为原料的生产工艺如图 3-50 所示。

干薯片→洗涤→磨碎→浸泡→二次碎解→筛分→除砂→精制→漂白→浓缩→脱水→干燥→淀粉

图 3-50　以木薯干为原料的生产工艺流程图

（二）操作要点

1. 原料选择

从品种上来说，木薯可分为甜种薯和苦种薯。甜种薯适宜作食品原料，苦种薯则因淀粉含量比甜种薯高5%左右而适于制作淀粉。早收获的木薯中淀粉未达到最高含量，同时其中的蛋白质呈黏液状阻碍淀粉的分离；过熟的木薯薯块容易木质化，致使淀粉含量降低。

2. 原料的输送及清洗去皮

使用集薯机、输送机将木薯输送到清洗机，在输送过程中要防止铁块、铁钉、石头、木块等杂物混入。清洗机为滚筒式清洗去皮机，分粗洗区、淋洗区、净洗区三部分。鲜薯由加料口进入清洗机一端，通过电机带动滚筒不停转动，鲜薯不断向前翻动，与滚筒内壁上的螺旋线胶条、轴上旋转桨互相摩擦、碰撞，木薯与木薯间也碰撞。以水为介质，木薯与水比例为1∶4，经喷洒、冲洗、淋洗、挫磨、清洗、去皮后，将木薯块根的泥土、砂石、薯皮等去掉，清洗的杂物从滚筒上的排渣孔排出，经冲洗及部分去皮（去皮率可达80%）的木薯从机器的另一端出来，被送往下一工序。

3. 破碎

破碎是木薯淀粉生产的关键工序。破碎的目的是破坏木薯的组织结构，使薯根细胞破裂，把淀粉从块根中分离出来。常用的破碎设备是锤式粉碎机。该机依靠高速运转，使锤片飞起与锤锷、隔盘、筛板等在机内对连续喂进的木薯进行锤击、锉磨、切割、挤压，木薯细胞被破碎，使淀粉颗粒分离出来。目前，普遍采用二次破碎工艺，第一级筛网采用较大孔眼，孔径8.0mm左右，第二级筛网采用较小的条形孔，孔径1.2～1.4mm。通过二次破碎可使木薯组织的解体更充分、更细小，淀粉颗粒与纤维分离更容易。破碎时，以水为介质，木薯与水比例为1∶1.2，使破碎后的木薯变成稀淀粉原浆。

4. 筛分

通过筛分，将稀淀粉原浆中的淀粉乳与纤维分开。所得淀粉乳经精筛除去细渣，纤维则经过洗涤后回收淀粉，通过筛分，达到分离、提纯淀粉的目的。破碎的薯糊可用离心筛、平摇筛或曲筛分离粉渣。目前主要采用120°压力曲筛及立式离心筛配合使用，以曲筛筛分和洗涤纤维，以立式离心筛精筛除去细渣，普遍采用多次筛分或逆流洗涤工艺。曲筛要求淀粉浆进入压力为0.2～0.3MPa，筛网一般呈120°，弧形立式放置，网间隙为50～100μm，曲筛上端设有3～5个喷嘴，喷嘴直径多为15～24mm。通过筛分、洗涤，薯渣（以干基计）含淀粉在35%以下，其中游离淀粉小于5%；淀粉乳浓度为5～6°Bé，含纤维杂质小于0.05%。

5. 精制

木薯淀粉精制包括：漂白、除砂和分离。

漂白是保证木薯干淀粉产品品质的重要环节，作用是调节淀粉乳pH，以控制微生物活性及发酵；加速淀粉与其他杂质分离；漂去淀粉颗粒的外层胶质使淀粉颗粒洁白。

除砂是根据相对密度分离的原理，将淀粉乳用压力泵抽入旋流除砂器，经旋流，底流除砂，溢流过浆，达到除砂的目的。经过除砂，不仅可以除去细砂等杂质，还可以保护碟片型分离机。

分离作用是从淀粉乳中去除蛋白质、脂肪及细纤维等杂质，从而达到淀粉乳洗涤、精制、浓缩的目的。根据水、淀粉、蛋白质的相对密度不同，可用碟片型分离机进行分离。一般是将两台碟片型分离机串联使用，第一级的主要目的是除去淀粉中黄浆水及其他可溶性杂质，进浆浓度 5～6°Bé，出浆浓度 12～15°Bé；再稀释至 8～10°Bé，为第二级进浆浓度，第二级主要是将淀粉乳浓缩到 20～22°Bé，供后面工序使用。

6. 脱水和干燥

经分离工序得到的淀粉乳仍含有大量水分，必须进行脱水。脱水多采用卧式刮刀卸料离心机进行固、液分离，使脱水后湿淀粉含水率低于 38%。脱水后的湿淀粉被输送到气流干燥机干燥，干燥后产品淀粉含水量小于 15%。

第五节 小麦淀粉的生产

小麦是全世界主要的粮食作物，也是世界上栽培最早的作物之一。我国是小麦的起源中心之一，小麦的分布很广，北起寒温带的黑龙江，南至热带的海南岛，西达干旱的新疆，东至湿润的沿海诸岛；从平原到海拔 4000 多米的西藏高原，到处都有小麦的种植。小麦不仅是主要的粮食作物，也可以用来生产淀粉。国外小麦淀粉生产主要集中在澳大利亚、美国及欧洲的荷兰、法国、英国等。其加工工艺及设备代表着当今世界小麦淀粉工业的发展方向。小麦淀粉的加工方法有两类：一类是以小麦粉为原料进行加工；另一类是以小麦为原料进行加工，而应用于工业生产的为前一类。

一、小麦籽粒的结构

小麦籽粒由皮层、胚和胚乳三部分组成，结构如图 3-51 所示，长约 8mm，重约 35mg。

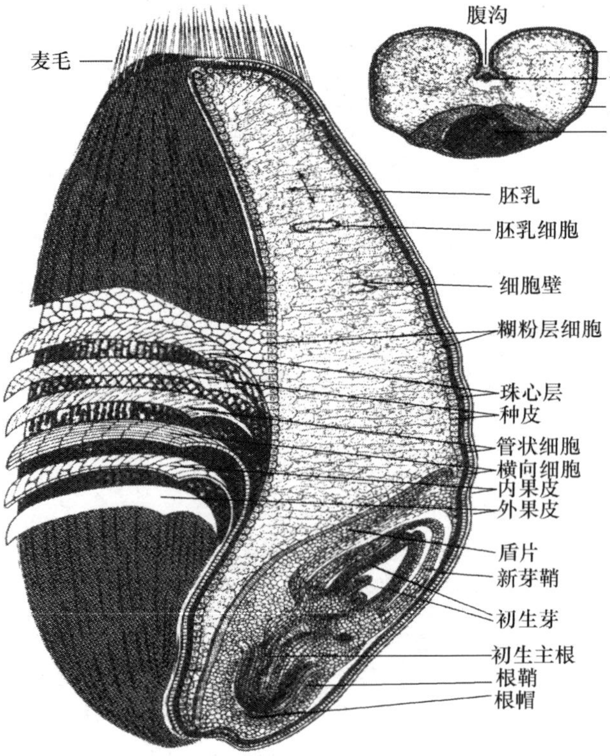

图 3-51 小麦籽粒结构（刘亚伟，2005）

籽粒的大小随品种和在麦穗中的位置而变化。小麦籽粒的顶端生长着茸毛（称麦毛），下端为麦胚，胚的长度为籽粒长度的 1/4～1/3。小麦籽粒在背部（有胚的一面）是圆形，在腹部长度方向有一纵向腹沟（胚的对面），腹沟纵深到籽粒中心，腹沟的两侧部分为两颊，两颊不对称，两颊相接遮蔽腹沟的深度。

最外层的果皮分为外果皮和内果皮，果皮和种皮之间是横向细胞和管状细胞。种皮的外部与管状细胞紧密相连，内部与珠心层黏接紧密，种皮决定麦粒的颜色。珠心层内侧是胚乳的最外层——糊粉层，磨粉加工中糊粉层与珠心层、种皮和果皮一起被分离，称作麸皮。糊粉层内侧是由戊聚糖、半纤维素和β-葡聚糖组成的胚乳细胞壁，细胞壁的厚度随品种和软硬而变化。胚乳细胞内挤满了嵌入蛋白基质的淀粉颗粒。籽粒背面基部是胚，胚一面紧接着胚乳，另一面被皮层覆盖。包围在胚背面外部的有果皮和种皮，无糊粉层。胚占籽粒重的 2.5%～3.5%，其中含有丰富的蛋白质（占 25%）、糖（占 18%）、脂肪（占 6%～11%）、灰分（占 5%），不含淀粉。

二、小麦淀粉和活性面筋粉

生产小麦淀粉的原料有小麦和小麦粉，国内多数以小麦粉为原料生产小麦淀粉，加工后可得小麦淀粉和活性小麦面筋粉（又叫谷朊粉）两种产品。

（一）小 麦 淀 粉

淀粉是小麦籽粒中含量最多的碳水化合物，约占籽粒质量的 65%，其余是 10%～15%蛋白质、13%～15%水分、3%粗纤维、2%油脂和 1%灰分。小麦淀粉主要由直链淀粉和支链淀粉组成，直链淀粉占小麦籽粒胚乳总淀粉的 22%～35%，支链淀粉占 65%～78%。小麦淀粉在水中分散，很少溶解，黏性不大。

小麦淀粉分 A 级淀粉和 B 级淀粉，A 级淀粉是大颗粒淀粉，通常指精制淀粉，尺寸为 5～30μm，占颗粒总数的 65%；B 级淀粉是小颗粒淀粉，尺寸在 5μm 以下，占颗粒总数的 35%，它往往与细小的蛋白质混黏在一起，较难分离。

小麦淀粉糊具有低热黏度、低糊化温度的特性，糊化后黏度的热稳定性较好，经长时间加热和搅拌黏度降低很少，冷却后结成凝胶体的强度很高，被广泛应用于食品、轻工、纺织、制药、造纸等行业。生产的小麦淀粉可进一步转化为高附加值产品，如变性淀粉、糖浆或作为发酵原料生产味精、柠檬酸等。

（二）活性小麦面筋粉

活性小麦面筋粉又称谷朊粉，主要成分是小麦谷蛋白和麦胶蛋白，蛋白质含量为 75%～85%，脂肪含量为 1.0%～1.25%。蛋白质为高分子亲水化合物，当水分子与蛋白质的亲水基团互相作用时会形成水化物——湿面筋，具有很强的吸水性和持水性，复水后具有很强的黏弹延伸性、薄膜成型性、热凝固性、吸脂乳化性，同时面筋粉又具有较高的营养价值，因而得到广泛应用。它是一种天然的面粉品质改良剂，在制作面包时添加 2%～3%面筋粉，能增加面团的筋力，使面包体积增大，气孔均匀，柔软，具有天然口味；在生产面条中添加 0.5%～2%面筋粉，可增强面条韧性，不易断条，减少烧煮损失，滑爽，有咬劲；面筋粉又是制作鱼、肉食品的最佳黏接剂、填充剂。高档水产类饲料中，填加小麦面筋粉，可以增加鱼虾等饲料产品的营养价值，吸水后的悬浮性、黏弹性，可以提高饲料在水中的利用率，减少对水源的污染。

三、小麦淀粉和活性面筋粉的分离

（一）原料选择

生产小麦淀粉的过程，也是获得面筋的过程，因此，选择原料时，要两者兼顾，以获得小麦淀粉和谷朊粉两种产品。选择原料要注意以下几个方面的问题。

（1）用硬质小麦和软质小麦作为制造小麦淀粉的原料各有优缺点。硬质小麦作为原料时，通常小麦粉的蛋白质含量多，面筋收率高。但生产中，当加水捏和形成湿面团时，面筋的网状结构会变得很强固，很难将淀粉全部洗出来，得到淀粉颗粒较小者占比例高，淀粉总收率降低。软质小麦淀粉含量高，淀粉的大颗粒部分比较多，淀粉的收率高，但从湿面团洗出淀粉后，面筋筋力较差，容易散开，因此，两者以一定比例配合使用为好。

（2）应选择灰分少的面粉为原料，一般要求不大于1%，因为只有在灰分低的条件下，才能得到较纯净的小麦淀粉和小麦面筋粉。

（3）麸皮是一种纤维物质，在面粉中占2%左右，小麦粉中的细菌数一般取决于粉中混入的麸皮量，因此，要选择麸皮含量低的面粉做原料，防止细菌污染。

（4）面粉中水溶性碳水化合物和蛋白质会造成废水负荷增高，增加处理废水难度，并影响淀粉和面筋的总得率。

（5）筋率不应低于24%，如果筋率过低，面筋粉的得率会减少，影响经济效益。

（6）在制粉过程中要特别注意减少面粉中损伤淀粉的含量，面粉中损伤淀粉含量过高，湿处理过程中吸水量增多，淀粉和面筋粉的得率会降低。

（二）工艺流程

以小麦粉为原料，湿法生产小麦淀粉、谷朊粉的方法有Martin法、Batter法、Fesea法、Rasio法、旋流法（KSH法）、高压分离法（HD法）等。Martin法是最古老、最常用的加工方法，但由于该工艺难以兼顾谷朊粉的蛋白质含量和品质，已逐渐被旋流法取代。以小麦面粉为原料分离小麦淀粉和面筋粉的主要流程见图3-52。

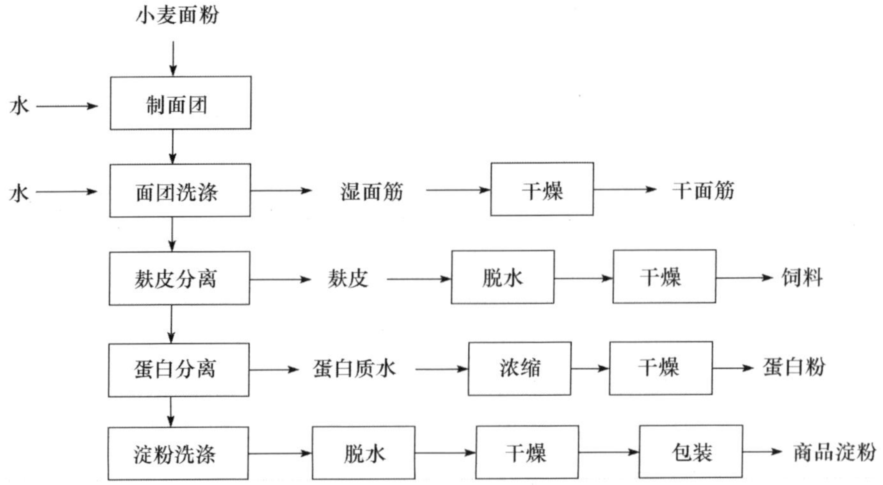

图3-52　制作小麦淀粉和谷朊粉工艺流程

（三）旋流法生产工艺

旋流法生产工艺流程如图 3-53 所示。

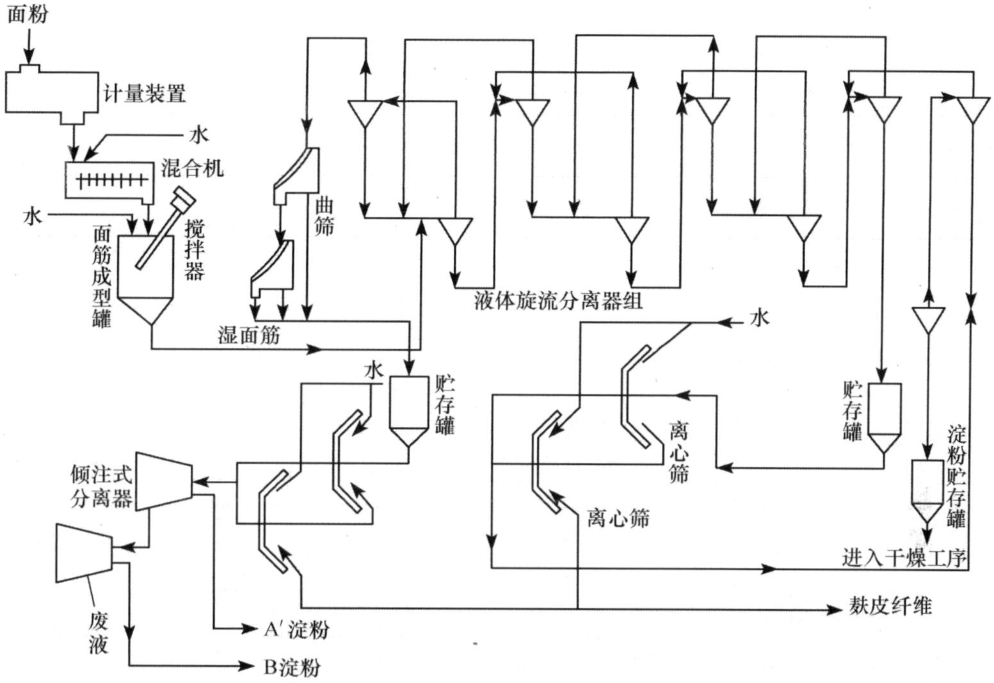

图 3-53　旋流法生产小麦淀粉工艺流程（曹龙奎和李凤林，2008）

1. 面团的制作及面筋的成型

原料面粉计量后与水按比例混合加入混合机，制成浆状面团，泵入面筋成型罐，在成型罐内加水稀释，通过不停搅拌使面团分散成可自由流动的面浆，面筋呈线状或丝状悬浮在面浆中。

2. 面筋和淀粉的分离

面浆通过泵打入多级旋流器组。液体旋流分离器是分离、洗涤、浓缩优质淀粉的专用设备，由九级旋液分离器组成，面浆先泵入旋液分离器的第二级，较轻的面筋和次级淀粉从第一级溢出，较重的 A 级淀粉在第二级至第七级之间经反复分离、洗涤、浓缩后，在第七级析出进入储存罐。粗 A 级淀粉经两道离心筛除去麸皮纤维，得到的稀 A 级淀粉再经第八、第九级旋液分离器，使淀粉进一步浓缩和净化，送至 A 级淀粉储存罐。

3. 面筋、次级淀粉及麸皮的回收

在旋液分离器中，第一级溢出物由面筋、次级淀粉、戊聚糖浆和麸质组成，经过两道筛孔为 350～370μm 的曲筛筛理后，筛上物为面筋，送入干燥机干燥成面筋粉。筛下物液体进入储存罐，再经过两道离心筛处理，筛上物为麸质纤维，与第七级旋液分离器分出的麸质合并经干燥后，用作饲料。筛下物为次级淀粉，经两道倾注式离心机分离，前道分离出来的是较 A 级淀粉稍差的 A′级淀粉，后道分离出来的是 B 级淀粉。

（四）淀粉和湿面筋的干燥

1. 淀粉的干燥

通常采用气流干燥法干燥淀粉（图 3-54），从储存罐出来的 A 级淀粉先经过滤器脱水，脱

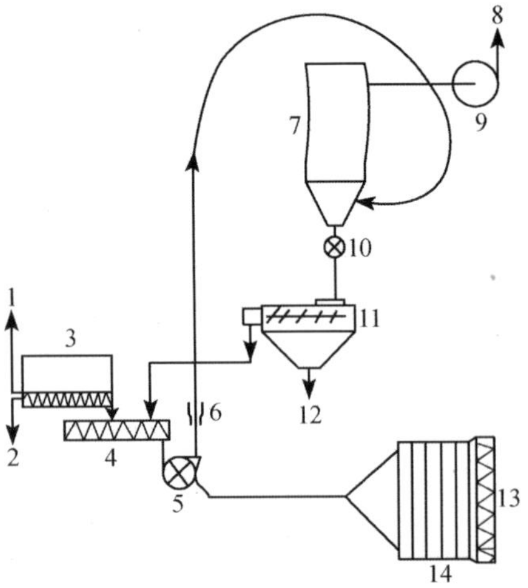

图 3-54　气流干燥淀粉示意图
（曹龙奎和李凤林，2008）
1. A级淀粉液；2. 水；3. 过滤器；4. 螺旋输送机；5. 粉碎器；6. 文丘里管；7. 布袋集尘器；8. 排气口；9. 主风机；10. 闭风器；11. 筛理设备；12. 淀粉出口；13. 空气过滤器；14. 加热器

水后的湿淀粉水分为38%～40%。从过滤器下来的滤液送往水柜可作为洗涤淀粉用水。湿淀粉由螺旋输送机送入粉碎器以打碎粉团，进入干燥管道内干燥后，通过布袋集尘器下的闭风器连续排出，再经圆筛过筛，得到含水量13%～14%的干淀粉。废气穿过布袋集尘器由主风机排到室外，整个干燥过程都是在负压状况下进行的。

由于该气流干燥设备管路长，弯头多，干燥过程中容易堵塞；而且占用空间较大，增加了土建及辅助设备（保温等）成本；喂料前还要求破碎滤饼，因而增加了生产成本。荷兰的高达公司推出GMF气流干燥设备（图3-55）。GMF气流干燥设备采用独特的气体设计，气流经过换热器加热，由鼓风机吹入干燥机，在槽环的导流作用下，改变运行方向，分解成两股作用力。一股作用力推动淀粉沿圆柱形干燥仓外壁作循环运动；另一股作用力将产品推向干燥仓中心，遇到中部锥形结构的阻挡，又翻落回到循环运动的那部分淀粉中去，形成了螺旋运动。旋流运动能使原料充分与气流混合，保证了均匀的热传送和极快速的干燥过程。湿淀粉持续从上方进入仓内，和已在仓内迅速旋转的淀粉汇合，经闪蒸干燥处理，被干燥的、呈微颗粒粉状的淀粉从顶部流到分离系统；粗颗粒从底部的开口处排出。与传统的气流干燥设备相比，GMF气流干燥法在装置内旋转期间，被从不同方向不断加速，保证颗粒周围的最高气流速率，从而获得较好的热交换效果；进口温度高和出口温度低形成较大温差，使产品温度较低，对热敏性的加工原料有利。

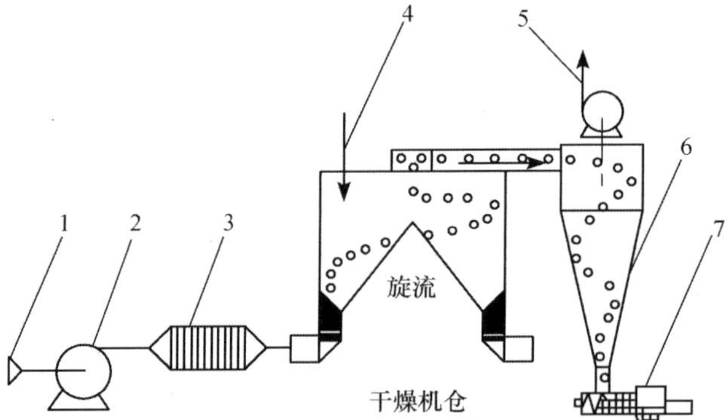

图 3-55　GMF气流干燥淀粉滤饼流程图（曹龙奎和李凤林，2008）
1. 过滤器；2. 鼓风机；3. 热交换器；4. 滤饼进料口；5. 排风扇；6. 旋流器；7. 阀门

2. 面筋的干燥

我国采用环式气流干燥法干燥湿面筋。湿面筋独特的理化性质要求面筋干燥工艺应使高温出现在瞬间闪蒸干燥室，只有高温能量消耗在高水分区，才能使面筋粉具有活性，我们以MHG 50生产线介绍小麦湿面筋的干燥工艺。

MHG 系列环形干燥生产线由喂料系统、干燥系统、空气动力、物料分离、空气净化及产品整理和收集等部分组成（图 3-56）。它利用气流干燥原理，以洁净空气为干燥介质，以饱和蒸汽为热源，将含水约 70%的湿面筋干燥成水分不大于 9%的粉状活性面筋粉。由于干燥过程所需时间只有几秒钟，虽干燥介质温度很高，但湿面筋中的蛋白质变性却极小。

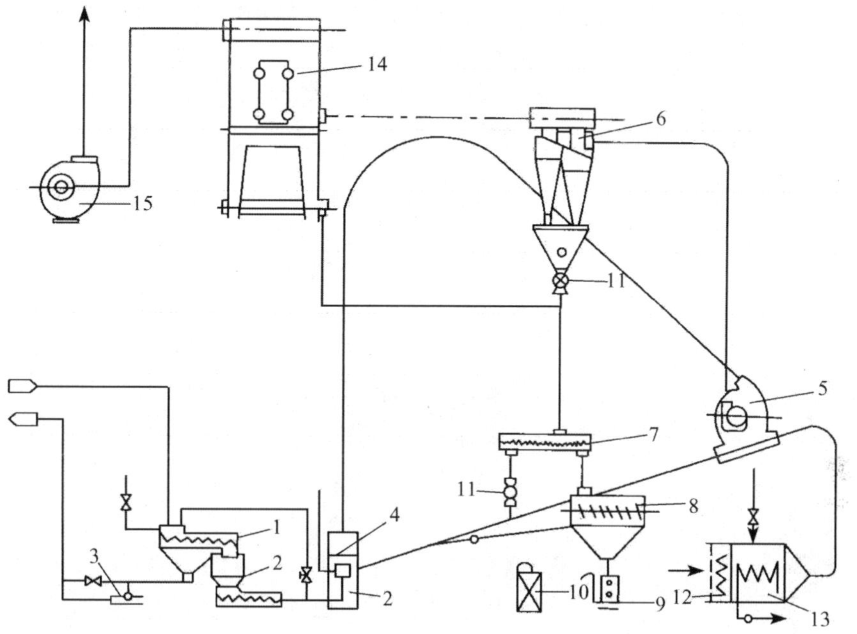

图 3-56　MHG50 小麦面筋粉干燥生产线（曹龙奎和李凤林，2008）

1. 脱水机；2. 喂料泵；3. 滤液回流装置；4. 制粒机；5. 双蜗壳分离器；6. 卸料器；7. 带状混合器；8. 筛理设备；9. 成品打包；10. 磨研装置；11. 闭风器；12. 空气过滤器；13. 空气加热器；14. 脉冲除尘器；15. 主风机

生产线的干燥系统呈环状，环两端分别装有双蜗壳分离器和扬升器，高压风机在生产线尾端，吸入由脉冲除尘器过滤的湿空气，使整个系统呈负压状态。在高压风机作用下，冷空气经过滤后被空气加热器加热，通过双蜗壳分离器进入环状干燥管，与带状混合器加入的循环干物料混合，经扬升器在干燥管道中环行。当系统的温度达到一定值后开始喂入湿面筋，将湿面筋预先投入脱水机，在锥形螺旋挤压下除去大部分游离水后进入喂料泵。喂料泵是一种特殊结构的容积泵，它将面筋运送到制粒机，过量的面筋通过回流管道送回脱水机。

通过无级调速的制粒机将湿面筋制成短圆柱体，使湿面筋的弹性减弱，增加其延伸性与黏附性。由压缩空气吹入扬升器，湿面筋颗粒在扬升器内被回流的干物料包裹，以增加细颗粒的比表面积，提高干燥强度。湿面筋被扬升器高速转动的打板打碎，以极高速率送入干燥管道，与热空气接触即被干燥。当物料通过双蜗壳分离器时进行惯性分离，一部分干燥粒度小的物料进入中心蜗壳排向卸料器，经离心沉降，由下部闭风器送往带状混合器，经过带状混合器充分混合，使物料散热。混合器将部分物料运送到筛理设备后进行成品包装；另一部分物料通过闭风器进入干燥管道，作为循环干物料的补充。没有充分干燥的大面筋颗粒经大蜗壳再回到环形管道内继续干燥。经卸料分离后的废气，进入脉冲布袋除尘器，过滤面筋微粒后，洁净空气经风机排向大气，面筋微粒粉由脉冲除尘器下部的螺旋输送机收集，送回系统干燥。

第六节　稻米淀粉的生产

稻米是东亚、东南亚和南亚地区的主要粮食，这些地区稻米的产量和消费约占世界的90%。全世界稻谷种植面积占谷物种植总面积的1/5。我国是世界上种稻最早的国家，水稻分布很广，南自海南岛，北至黑龙江，东起台湾，西到新疆，都有水稻种植。稻谷含有大量淀粉，还含有脂肪、蛋白质、纤维素和钙、磷等无机物及各种维生素，是人民生活的必需品。稻米除作食粮外，还大量用于酿酒业，用于生产淀粉是有限的，主要用碎米生产稻米淀粉。稻米淀粉颗粒较小，主要应用于化妆用粉、彩印专用纸、照相纸、感光胶片和洗衣业。

一、稻谷籽粒的结构

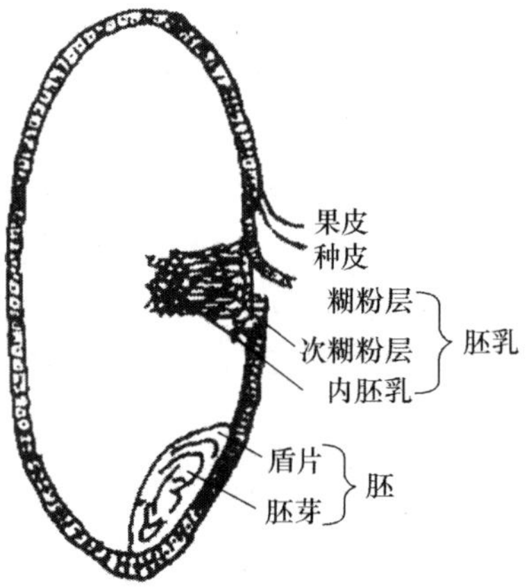

图 3-57　糙米结构示意图
（曹龙奎和李凤林，2008）

稻谷籽粒包括颖（外壳）和颖果（糙米）两部分。外壳包括内颖和外颖，它们互相结合包住糙米（颖果）。糙米由皮层、胚乳和胚组成（图 3-57）。

糙米皮层包括果皮和种皮，果皮是一层几乎不透水的外皮，在糙米蒸煮时阻碍水分的吸收。可经碾磨作为米糠除去，约占糙米质量的1%。种皮是由密实细胞组成的半透明薄膜。胚乳是糙米的主要部分，由充满淀粉颗粒（3～10μm）和球形蛋白体（0.5～4μm）混合物的薄壁细胞组成。基质蛋白质很少，结晶状蛋白体只能在淀粉粒度较小的糊粉层和次糊粉层中观察到。淀粉质体的颗粒直径在次糊粉层中为6μm，在胚乳的中心为39μm以上，平均为23μm。胚位于糙米腹面下端，占糙米质量的1%～2%。

二、稻谷籽粒的化学成分

稻谷籽粒的化学成分主要有水分、蛋白质、脂肪、淀粉、粗纤维、矿物质和维生素等。稻谷含水量的高低对稻谷加工影响很大。水分过高，则籽粒流动性差，筛理困难，且强度较低，出米率低；水分过低，则籽粒发脆，易产生碎米，降低出米率。稻谷的蛋白质含量不多，糙米8%左右，白米7%左右，主要分布在胚和糊粉层中，胚乳中含量较少。稻谷籽粒蛋白质含量越高，籽粒强度越大，耐压性强，加工时产生的碎米越少。稻谷籽粒中含2%左右的脂肪，主要集中在胚和皮层中，碾磨后，主要分布在米糠中。米糠含油量为18%～20%，因此可用于榨油。淀粉是稻谷籽粒中含量最多的成分，占70%左右，主要存在于胚乳中。矿物质大多存在于颖、皮层和胚中，胚乳中很少。稻谷籽粒中含人体不可缺乏的B族维生素，它主要集中在胚和皮层中，以维生素 B_1、维生素 B_2 最多。稻谷中粗纤维含量约为10%，主要集中在稻壳中，其次是皮层，胚乳中仅含0.34%，对人体无营养价值，加工时除去。

三、稻米淀粉生产工艺

（一）传统生产工艺

稻米淀粉的传统生产工艺流程如图 3-58 所示。

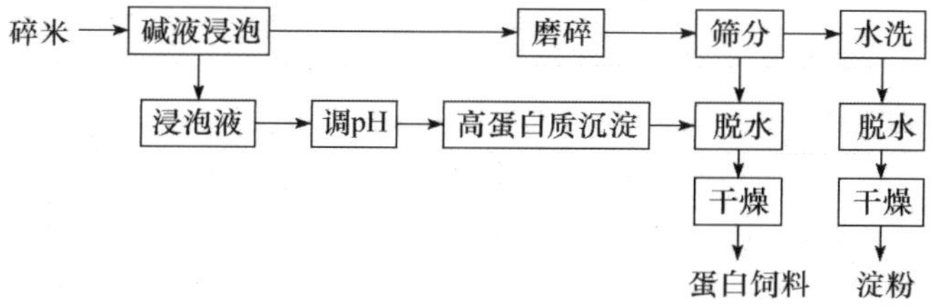

图 3-58　稻米淀粉生产工艺流程

将预先除去杂质的原料碎米，放在 0.2%～0.5%的氢氧化钠溶液中浸泡，在 25～50℃温度下浸泡 24h。可以采用逆流浸泡法进行浸泡。浸泡过程中，每隔 6h 搅拌 1 次，第二次搅拌后，放出浸泡液，加入新的碱液，与前面一样每隔 6h 搅拌 1 次。经 24h 浸泡后，米粒中 70%～97%的蛋白质被溶出，米粒软化，用手即可将其碾碎。

浸泡好的米粒加 1 倍量碱液送入磨碎机中进行水磨。得到的浆料放置 12～24h，使蛋白质与碱液充分作用而被浸出。然后用 150 目筛筛去粗粒，粗粒再次送入磨碎机磨碎。筛分后得到的乳浆为淀粉乳，用 4～5 级碟片型分离机分离洗涤淀粉，清水从最后一级加入，从第一级分离机排出的液状溢流物料返回用作浸泡液。将洗涤干净的浓淀粉乳脱水、干燥得到产品。

浸泡液中碱溶解蛋白质量很高，通过盐酸或硫酸调节浸泡液的 pH 至蛋白质等电点（pH 6.4），将蛋白质沉淀分离出来，与筛分工序产生的蛋白渣混合、脱水、干燥得蛋白饲料。

（二）旋流分离法

稻米淀粉的传统生产法使稻米蛋白被破坏，蛋白质回收率较低。碱对蛋白质的作用可能导致有害人体健康的物质产生，使优质的稻米蛋白变成只能用作饲料的蛋白粉。因此，近年来人们一直在寻求生产稻米淀粉的同时能有效利用稻米蛋白的生产方法。旋流分离法工艺流程见图 3-59。

将清除杂质的碎米和米糠经多级旋风分离器分离出米胚芽，剩余物料送入浸泡罐，用 30～45℃温水浸泡 6～8h，用磨碎机磨碎，用 120 目筛分离出含蛋白质较高的粗粉。分离粗粉后的浆料经高压泵送入旋液分离器，含蛋白质较多的轻颗粒随液体从溢流口排出，经浓缩分离机浓缩后与粗粉合并，再与米胚芽粉碎物料及少量添加剂混合，进入蒸汽滚筒熟化干燥机干燥得到不大于 6 目的片状高蛋白营养米粉。从旋液分离器排出的浓稠底流加入 0.5%碱液浸泡 3～6h，排出浸泡液，用离心机分离水稀释后泵入三级旋液分离器洗涤淀粉，清水从最后一级加入。从第一级排出的溢流与碱液浸出液合并，调节 pH 以沉淀回收其中的蛋白质。将洗涤干净的淀粉乳离心脱水、干燥得稻米淀粉。

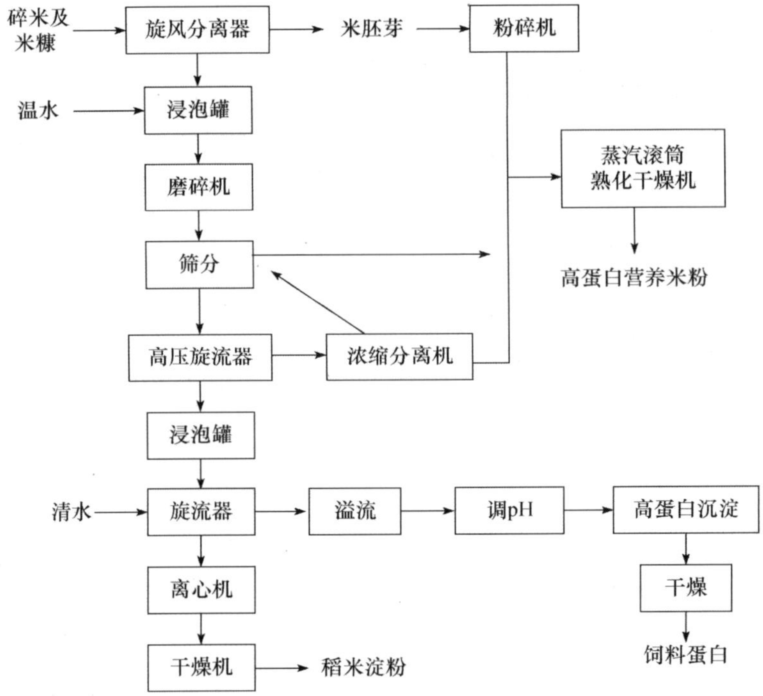

图 3-59　旋流分离法生产稻米淀粉和高蛋白营养米粉工艺流程

第七节　豆类淀粉的生产

豆类是人类三大食用作物（禾谷类、豆类、薯类）之一，在农作物中的地位仅次于禾谷类。豆类淀粉也是淀粉四大来源之一，豆类淀粉中直链淀粉的含量比较高，具有热黏度高、凝胶透明度高、凝胶强度强等优良性能，是制备粉丝、粉皮等的良好原料。

一、食用豆的分类及其主要化学成分

豆类按其籽粒营养成分含量，可分为两大类：第一类为高蛋白（35％～40％）、中淀粉（35％～40％）、高脂肪（15％～20％）类，如羽扇豆，四棱豆等；第二类为高蛋白（20％～30％）、高淀粉（55％～70％）、低脂肪（＜5％）类，如蚕豆、豌豆、绿豆、小豆、豇豆、芸豆、小扁豆、饭豆等。用作淀粉加工的豆类是第二类食用豆，主要是绿豆、豌豆、蚕豆等。

二、豆类淀粉生产工艺

豆类淀粉生产方法主要有酸浆法、离心分离法和旋流分离法三种。酸浆法是生产绿豆淀粉、豌豆淀粉的传统工艺方法。由于该方法采用的酸浆是通过自然发酵得到的，受气候影响很大，而且操作繁琐，经验性强，不适合机械化连续生产，主要适宜于作坊式生产。这里以绿豆淀粉生产为例，主要介绍离心分离法和旋流分离法。

（一）离心分离法

离心分离法工艺流程见图 3-60。

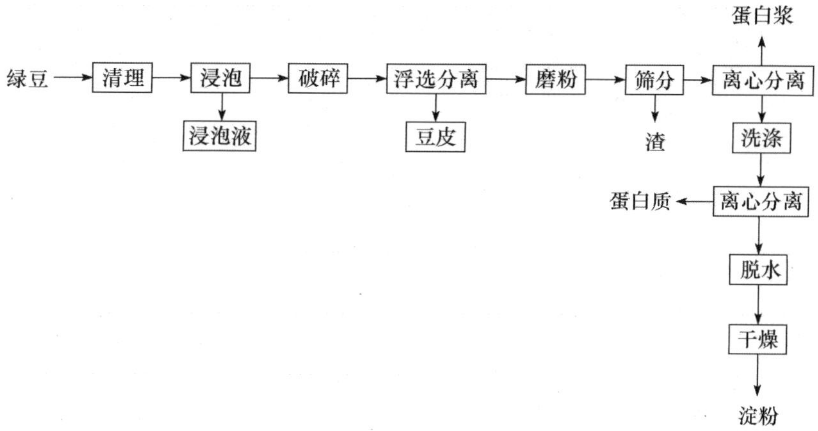

图 3-60　离心分离法制取绿豆淀粉工艺流程

1. 除杂

采用振动筛筛除绿豆中的杂质，通过上层筛（筛网孔径 5mm）除去大颗粒杂质，通过下层筛（筛网孔径 1.5mm）除去小颗粒杂质。再用密度去石机除去并肩石。

2. 浸泡

除杂后的绿豆输入浸泡罐或浸泡池中浸泡。浸泡有两种方法，即温水浸泡法和凉水浸泡法。温水浸泡法是常用方法，用 40%～43%的温水浸泡 10h 左右，泵出浸泡液，然后用后序工段淀粉脱水的分离水继续浸泡 4～6h。取豆观察无生芽、掉皮现象，手捏挤豆皮容易脱落，豆瓣发脆，容易扭断，中间无硬心，即可用于破碎。凉水浸泡法是将绿豆用 4～5 倍自来水浸泡 45h 左右，中间换 3 次水。

3. 破碎及分离豆皮

浸泡好的绿豆，先加入后序工段的蛋白水搅拌清洗，由泵输入砂石捕集器除去砂石后，滤去输送水，按一定比例加入清水送入破碎机破碎成 4～6 瓣，豆皮脱离子叶。破碎物料进入浮选分离槽分离豆皮，豆皮漂浮于分离槽表面，通过溢流口排出，经过筛分分离出豆皮，筛下浆液与粗豆粕浆合并进入下道工序。

4. 磨碎及筛分

采用针磨或金刚砂磨对豆瓣进行进一步磨碎。粗豆粕浆加入 1 倍工艺水（过程水）进入磨中磨制，然后通过筛分（筛网孔径 0.2mm）筛出粗渣，粗渣再加 3 倍量工艺水稀释后进行二次磨制，然后筛分（筛孔径 0.15mm）出豆渣，经工艺水洗涤后用于加工饲料。筛分设备可采用锥形离心筛或曲筛。经两次筛分后所得淀粉乳进入分离工序。

5. 淀粉乳的分离与洗涤

除去皮、渣后的淀粉乳中除淀粉外，还含有蛋白质及可溶性有机物等。可采用碟片型离心机分离除去蛋白质，经第一级离心分离机分离得到的浓淀粉乳用清水稀释洗涤后进入第二级离心分离机分离。

6. 脱水及干燥

经两级离心分离、洗涤所得淀粉乳中除淀粉外，还含有不到 0.7%的蛋白质，可采用刮刀离心机对淀粉乳进行脱水处理，同时可除去其中的蛋白质。脱水后的湿淀粉含水 40%左右，经气流干燥得到水分≤14%的干淀粉，淀粉纯度 99.0%以上。

（二）旋流分离法

旋流分离法的工艺流程如图 3-61 所示。该工艺与离心分离法基本相同，不同之处在于分离豆渣后的粉浆用亚硫酸处理，更利于淀粉与蛋白质的分离。

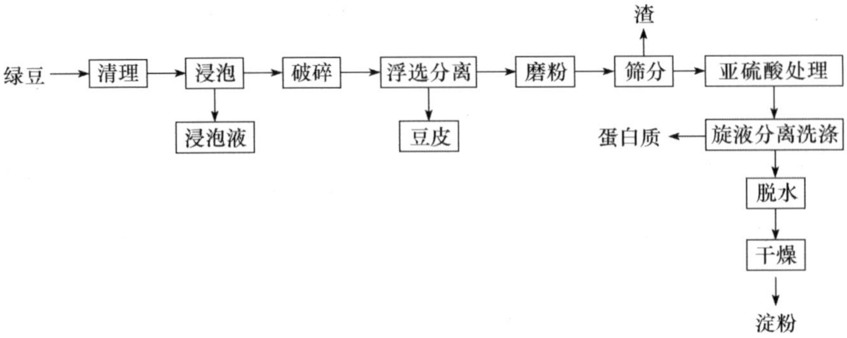

图 3-61　旋流分离法制取绿豆淀粉工艺流程

思　考　题

1. 玉米淀粉湿磨法加工工艺流程。
2. 湿法生产玉米淀粉过程中，浸泡的目的和作用。
3. 湿法生产玉米淀粉过程中，要获得好的破碎和精磨效果要注意哪些因素？
4. 湿法玉米淀粉生产过程中，水环流应遵循哪些原则？
5. 马铃薯淀粉生产工艺流程。
6. 生产马铃薯淀粉过程中，破碎细胞后迅速分离细胞液有哪些好处？
7. 以甘薯干为原料生产甘薯淀粉过程中，漂洗的目的和意义是什么？
8. 以小麦面粉为原料分离小麦淀粉和面筋粉的主要工艺流程。
9. 谷物淀粉厂与薯类淀粉厂之间如何转型？
10. 如何合理利用淀粉厂生产玉米淀粉所得玉米浆、玉米蛋白粉、玉米胚芽等副产品？

第四章　淀粉制糖

第一节　概　　述

淀粉糖是指以各种植物淀粉为原料，通过酸法、酶法、酸酶法等的液化、糖化催化反应历程，将淀粉水解而生产出具有不同甜度和功能性质糖品的总称，是淀粉深加工的主要产品之一。在美国，淀粉糖年产量已达 1000 万 t，占玉米深加工总量的 60%。从 20 世纪 80 年代中期开始，美国淀粉糖消费量已超过蔗糖。我国淀粉糖工业目前仍处于起步阶段，从 90 年代以来，生产所用酶制剂品种的增加及质量的提高，使淀粉糖行业得到快速发展，产量以年均 10%的速率增长，而且品种也日益增加，形成了各种不同甜度及功能的麦芽糊精、葡萄糖、麦芽糖、功能性糖及糖醇等几大系列的淀粉糖产品。

一、淀粉糖的种类

淀粉糖工业上常用葡萄糖值（dextrose equivalent）简称 DE 值（糖化液中还原性糖全部当做葡萄糖计算，占干物质的百分率称葡萄糖值）来表示淀粉水解的程度。液体葡萄糖按转化程度可分为高、中、低 3 大类。工业上产量最大、应用最广的是中等转化糖浆，其 DE 值为 30%～50%，其中 DE 值为 42%左右的又称为标准葡萄糖浆。高转化糖浆 DE 值为 50%～70%，低转化糖浆 DE 值在 30%以下。

按组成成分分类主要的淀粉糖有以下几类。

（一）结晶葡萄糖

用酶法水解淀粉所得的葡萄糖液含葡萄糖为 95%～97%，精制、浓缩、冷却结晶得含水 α 葡萄糖，蒸发结晶则得无水葡萄糖。按产品用途结晶葡萄糖又分为注射用葡萄糖、口服用葡萄糖和工业用葡萄糖等。

（二）全　　糖

酶法水解淀粉所得葡萄糖液经脱色、离子交换并浓缩至 75%以上成为全糖浆，直接喷雾成颗粒状产品，或冷却浓糖浆成块状，切削成粉末产品，称为“全糖”，其主要组成为葡萄糖与少量低聚糖。这类产品纯度虽不及结晶葡萄糖，但适于在一些食品和其他工业中应用。

（三）糖　　浆

控制淀粉的水解反应在一定的程度，其水解液包括葡萄糖、麦芽糖、低聚糖和糊精等，一般浓缩到 80%～83%，放置不会结晶，也能经干燥得脱水糖浆。不同酶法工艺能随意变更这些糖品的组成，使其具有要求的功能性质。

（四）麦芽糖浆

麦芽糖浆是生产历史最为悠久的淀粉糖品。其主要糖分为麦芽糖，其含量为40%～50%。更高麦芽糖含量的产品称为高麦芽糖浆。麦芽糖含量达90%以上的产品称为超高麦芽糖浆。

（五）果葡糖浆

酶法水解淀粉所得葡萄糖液含葡萄糖达95%以上，经异构酶将42%的葡萄糖转变成果糖，得这两种糖的混合糖浆称为果葡糖浆。又经色谱分离技术将这类产品中的果糖和葡萄糖分离得果糖液，果糖含量可达90%以上；再与适量的果糖含量为42%的产品混合，生产出果糖含量55%和90%的两种产品。工业生产的三种果葡糖浆分别称为F-42、F-55和F-90。

（六）结晶果糖

果糖是一种最甜的天然甜味剂，其甜度为蔗糖的1.2倍，低温下可达1.8倍。由高纯度果糖液制得的结晶果糖，在天然糖品中甜度最高。

（七）麦芽糊精

淀粉水解程度低的产品，DE值在20%（葡萄糖值）或以下称为麦芽糊精，一般喷雾干燥成粉末状。因其含葡萄糖和麦芽糖很少，所以微甜或不甜。

二、淀粉糖的性质

淀粉糖产品在许多性质上存在差别，如甜度、黏度、胶黏性、增稠性、吸潮性和保潮性、渗透压力和食品保藏性、颜色稳定性、焦化性、发酵性、还原性、防止蔗糖结晶性、泡沫稳定性等。这些性质与淀粉糖的应用密切相关，不同的用途，需要选择不同种类的淀粉糖品。

（一）甜　度

甜度是糖类的重要性质，影响甜度的因素很多，特别是浓度。浓度增加，甜度增高；不同糖类甜度的增高程度存在差别，葡萄糖溶液甜度随浓度增高的程度大于蔗糖，在较低的浓度，葡萄糖的甜度低于蔗糖，但随浓度的增高差别减小，当含量达到40%以上两者甜度相等。淀粉糖浆的甜度随着转化程度的增高而增高，不同糖类的混合使用具有增效作用。表4-1为各种淀粉糖品的相对甜度。

表4-1　几种淀粉糖的相对甜度

糖品	相对甜度	糖品	相对甜度
蔗糖	100	果葡糖浆（F-90）	140
葡萄糖	70	山梨醇	50
果糖	180	木糖醇	100
麦芽糖	50	甘油	80
糖浆（42DE）	50	麦芽糖醇	90
糖浆（62DE）	60	乳糖	40
果葡糖浆（F-42）	100	半乳糖	60
果葡糖浆（F-55）	110		

甜度虽然是糖品的重要性质，但并不是甜度决定一切，其他性质也需要考虑。在有些情况下，某些性质可能比甜度更重要，所以需要对糖的各种性质充分了解，才能选用适当，取得好的效果。

（二）溶　解　度

各种糖的溶解度不相同，果糖最高，其次是蔗糖、葡萄糖。葡萄糖的溶解度较低，在室温下浓度约为50%，浓度过高则结晶析出。为防止有结晶析出，工业上储存葡萄糖溶液需要控制葡萄糖含量42%（干物质）以下，高转化糖浆的糖分组成保持葡萄糖含量为35%～40%，麦芽糖含量为35%～40%，果葡糖浆（转化率42%）的质量分数一般为71%。

（三）结晶性质

蔗糖易于结晶，晶体体积较大；葡萄糖也容易结晶，但晶体细小；果糖难结晶。淀粉糖浆是葡萄糖、低聚糖和糊精的混合物，不能结晶，并能防止蔗糖结晶。糖的这种结晶性质与其应用有关。例如，在硬糖果制造中，若单独使用蔗糖，熬煮到水分含量至1.5%以下，冷却后，蔗糖结晶，破裂，不能得到坚韧、透明的产品。若添加部分淀粉糖浆可防止蔗糖结晶，防止产品储存过程中返砂，淀粉糖浆中的糊精，还能增加糖果的韧性、强度和黏度，使糖果不易破碎。此外，淀粉糖浆的甜度较低，有冲淡蔗糖甜度的效果，使产品甜味温和。

（四）吸湿性和保湿性

不同种类食品对于糖的吸湿性和保湿性的要求不同。例如，硬糖果需要吸湿性低，避免遇潮湿天气吸收水分导致溶化，所以宜选用蔗糖、低转化或中转化糖浆。转化糖和果葡糖浆含有吸湿性强的果糖，不宜使用。但软糖果则需要保持一定的水分，面包、糕点类食品也需要保持松软，应使用高转化糖浆和果葡糖浆。果糖的吸湿性是各种糖中最高的。

（五）渗透压力

较高浓度的糖液能抑制许多微生物的生长，这是由于糖液的渗透压力使微生物菌体内的水分被吸走，生长受到抑制。不同糖类的渗透压力不同，单糖的渗透压力约为双糖的两倍，葡萄糖和果糖都是单糖，具有较高的渗透压力和食品保藏效果，果葡糖浆的糖分组成为葡萄糖和果糖，渗透压力也较高，淀粉糖浆是多种糖的混合物，渗透压力随转化程度的增加而升高。此外，糖液的渗透压力还与浓度有关，随浓度的升高而增加。

（六）黏　　度

葡萄糖和果糖的黏度较蔗糖低，淀粉糖浆的黏度较高，但随转化度的增高而降低。利用淀粉糖浆的高黏度，可应用于多种食品中，提高产品的稠度和可口性。

（七）化学稳定性

葡萄糖、果糖和淀粉糖浆都具有还原性，在中性和碱性条件下化学稳定性低，受热易分解生成有色物质，也容易与蛋白质类含氮物质起羰氨反应生成有色物质。蔗糖不具有还原性，在中性和弱碱性条件下化学稳定性高，但在pH 9以上受热易分解产生有色物质。食品一般是偏酸性的，淀粉糖在酸性条件下稳定。

(八) 发　酵　性

酵母能发酵葡萄糖、果糖、麦芽糖和蔗糖等，但不能发酵聚合度较高的低聚糖和糊精。有的食品需要发酵，如面包、糕点等；有的食品不需要发酵，如蜜饯、果酱等。淀粉糖浆的发酵糖分为葡萄糖和麦芽糖，且随转化程度而增高。生产面包类发酵食品应用发酵糖分高的高转化糖浆和葡萄糖为好。

(九) 抗 氧 化 性

糖溶液具有抗氧化性，有利于保持水果的风味、颜色和维生素 C，不致因氧化反应而发生变化。这是因为氧气在糖溶液中的溶解量较水溶液低很多的缘故。应用糖溶液可降低维生素 C 的氧化反应 10％～90％，其氧化程度随糖溶液浓度、pH 和其他条件而不同。

第二节　淀粉糖生产的原理

淀粉的糖化有酸糖化和酶糖化两种方式。淀粉在酸或淀粉酶的作用下发生水解反应，其水解最终产物随所用的催化剂种类而异。在酸作用下，淀粉水解的最终产物是葡萄糖，在淀粉酶作用下，随酶的种类不同而产物各异。

一、酸法生产淀粉糖原理

(一) 酸糖化机理

淀粉乳加入稀酸后加热，经糊化、溶解，进而葡萄糖苷链裂解，形成各种聚合度的糖类混合溶液。在稀溶液的情况下，最终将全部变成葡萄糖。在此，酸仅起催化作用。在淀粉的水解过程中，颗粒结晶结构被破坏，α-1,4 糖苷键和 α-1,6 糖苷键被水解生成葡萄糖，α-1,4 糖苷键的水解速率大于 α-1,6 糖苷键。淀粉水解生成的葡萄糖受酸和热的催化作用，又发生复合反应和分解反应。复合反应是葡萄糖分子通过 α-1,6 糖苷键结合生成异麦芽糖、龙胆二糖、潘糖和其他具有 α-1,6 糖苷键的低聚糖类。复合糖可再次经水解转变成葡萄糖，此反应是可逆的。分解反应是葡萄糖分解成 5′-羟甲基糠醛、有机酸和有色物质等。

在糖化过程中，水解、复合和分解三种化学反应同时发生，而水解反应是主要的，复合与分解反应是次要的，且对糖浆生产是不利的，降低了产品的收得率，增加了糖液精制的难度，所以要尽可能降低这两种反应。

(二) 影响酸糖化的因素

1. 酸的种类和浓度

由于各种酸的电离常数不同，虽摩尔数相同，但 H^+ 浓度不同，因而水解能力不同。若以盐酸的水解力为 100，则硫酸为 50.35，草酸为 20.42，亚硫酸为 4.82，乙酸为 6.8，因此淀粉糖工业常用盐酸来水解淀粉。酸水解时，生产上常控制糖化液 pH 为 1.5～2.5，酸的浓度不宜过大，否则会引起不良后果。

2. 淀粉乳浓度

酸催化淀粉水解生成葡萄糖的过程中，要尽可能降低复合和分解反应，有效的方法是通过调节淀粉乳的浓度来控制，生产淀粉糖浆一般淀粉乳浓度控制在22～24°Bé，结晶葡萄糖则为12～14°Bé。淀粉乳浓度越高，水解糖液中葡萄糖浓度越大，葡萄糖的复合分解反应就强烈，生成龙胆二糖（苦味）和其他低聚糖也多，影响制品品质，降低葡萄糖产率；但淀粉乳浓度太低，水解糖液中葡萄糖浓度也过低，设备利用率降低，蒸发浓缩耗能大。

3. 温度、压力、时间

温度、压力、时间的增加均能增进水解作用，但过高温度、压力或过长时间，也会引起不良后果。生产上对淀粉糖浆一般控制在283～303kPa，温度142～145℃，时间8～9min；结晶葡萄糖则采用252～353kPa，温度138～147℃，时间16～35min。

二、酶法生产淀粉糖原理

（一）酶法生产淀粉糖机理

20世纪60年代末期，随着国外酶水解理论研究的新进展，促进了淀粉酶法水解生产淀粉糖工艺技术的重大突破。日本率先实现酶法工业化生产淀粉糖。近10年来，各国逐渐淘汰了传统酸法生产工艺，取而代之的酶法生产工艺推动了淀粉制糖工业的迅速发展。

淀粉，能够在淀粉酶的作用下，逐级水解为葡萄糖。纯淀粉通过完全水解，因有水解增重的关系，每100g淀粉能生成111.11g葡萄糖，如图4-1所示。

$$(C_6H_{10}O_5)n+nH_2O \longrightarrow nC_6H_{12}O_6$$

淀粉	水	葡萄糖
162	18	180
100.00g		111.11g

图4-1 淀粉水解示意图

因此，葡萄糖的理论收率为111.11%。在水解过程中，淀粉是先生成中间产物，如糊精、低聚糖、麦芽糖，最后生成葡萄糖。通过具有水解淀粉各种糖苷键能力的酶制剂，如α-淀粉酶、β-淀粉酶、葡萄糖淀粉酶、脱支酶、葡萄糖异构酶等的综合作用，控制淀粉的水解程度，可以得到具有不同DE值的淀粉不完全水解中间产品。

（二）淀粉糖生产用酶

1. α-淀粉酶

α-淀粉酶属内切型淀粉酶，它作用于淀粉时从淀粉分子内部以随机的方式切断α-1,4糖苷键，但不能水解支链淀粉中的α-1,6糖苷键，也不能水解相邻分支点的α-1,4糖苷键；不能水解麦芽糖，但可水解麦芽三糖及以上的含α-1,4糖苷键的麦芽低聚糖。

α-淀粉酶作用于直链淀粉时，可分为两个阶段，第一个阶段速率较快，能将直链淀粉全部水解为麦芽糖、麦芽三糖及直链麦芽低聚糖；第二阶段速率很慢，如酶量充足，最终将麦芽三糖和麦芽低聚糖水解为麦芽糖和葡萄糖。

来源于芽孢杆菌的α-淀粉酶水解淀粉分子中的α-1,4糖苷键时，最初速率很快，淀粉分子急速减小，淀粉浆黏度迅速下降，工业上称之为“液化”。随后，水解速率变慢，分子继续断裂、变小，产物的还原性也逐渐增高，用碘液检验时，淀粉遇碘变蓝色，糊精随分子由大至小，分别呈紫色、红色和棕色，到糊精分子小到一定程度（聚合度小于6个葡萄糖单位时）就不与碘发生显色反应，因此实际生产中，可用碘液来检验α-淀粉酶水解淀粉的程度。

α-淀粉酶较耐热，但不同来源的α-淀粉酶具有不同的热稳定性和最适反应温度。目前市售酶制剂中，以地衣芽孢杆菌所产 α-淀粉酶耐热性最高，其最适反应温度达 95℃左右，瞬间可达 105～110℃，因此该酶又称耐高温淀粉酶。枯草杆菌所产生的 α-淀粉酶，最适反应温度为 70℃，称为中温淀粉酶。来源于真菌的 α-淀粉酶，最适反应温度仅为 55℃左右，为非耐热性 α-淀粉酶，一般作为糖化酶使用。

一般而言，工业生产用 α-淀粉酶均不耐酸，当 pH 低于 4.5 时，活力基本消失，在 pH 为 5.0～8.0 较稳定，最适 pH 为 5.5～6.5，不同来源的 α-淀粉酶在此范围内略有差异。

不同来源的 α-淀粉酶均含有钙离子，钙与酶分子结合紧密，钙能保持酶分子最适空间构象，使酶具有最高活力和最大稳定性。钙盐对细菌 α-淀粉酶的热稳定性有很大的提高，液化操作时，可在淀粉乳中加少量 Ca^{2+}，对 α-淀粉酶有保护作用，可增强其耐热力至 90℃以上。

2. β-淀粉酶

β-淀粉酶是一种外切型淀粉酶，它作用于淀粉时从非还原性末端依次切开相隔的 β-1,4 糖苷键，顺次将它分解为两个葡萄糖基，同时发生瓦尔登转化作用，最终产物是 β-麦芽糖，所以也称麦芽糖酶。β-淀粉酶能将直链淀粉全部分解，如淀粉分子由偶数个葡萄糖单位组成，最终水解产物全部为麦芽糖；如淀粉分子由奇数个葡萄糖单位组成，则最终水解产物除麦芽糖外，还有少量葡萄糖。但 β-淀粉酶不能水解支链淀粉的 α-1,6 糖苷键，也不能跨过分支点继续水解，故水解支链淀粉是不完全的，残留下 β-极限糊精。β-淀粉酶水解淀粉时，由于从分子末端开始，总有大分子存在，因此黏度下降慢，不能作为糖化酶使用；而 β-淀粉酶水解淀粉水解产物，如麦芽糖、麦芽低聚糖时，水解速率很快，可作为糖化酶使用。

β-淀粉酶和 α-淀粉酶的最适 pH 范围基本相同，一般均为 5.0～6.5，但 β-淀粉酶的稳定性明显低于 α-淀粉酶，70℃以上一般就失活。

3. 糖化酶（葡萄糖淀粉酶）

糖化酶（葡萄糖淀粉酶）对淀粉的水解作用是从淀粉的非还原性末端开始，依次水解 α-1,4糖苷键，顺次切下每个葡萄糖单位，生成葡萄糖。

葡萄糖淀粉酶专一性差，除水解 α-1,4 糖苷键外，还能水解 α-1,6 糖苷键和 α-1,3 糖苷键，但后两种键的水解速率较慢，由于该酶作用于淀粉糊时，糖液黏度下降较慢，还原能力上升很快，所以又称糖化酶，不同微生物来源的糖化酶对淀粉的水解能力有较大差别。

4. 脱支酶

脱支酶是水解支链淀粉、糖原等大分子化合物中 α-1,6 糖苷键的酶，脱支酶可分为直接脱支酶和间接脱支酶两大类，前者可水解未经改性的支链淀粉或糖原中的 α-1,6 糖苷键，后者仅可作用于经酶改性的支链淀粉或糖原，这里仅讨论直接脱支酶。

根据水解底物专一性的不同，直接脱支酶可分为异淀粉酶和普鲁蓝酶两种。异淀粉酶只能水解支链结构中的 α-1,6 糖苷键，不能水解直链结构中的 α-1,6 糖苷键；普鲁蓝酶不仅能水解支链结构中的 α-1,6 糖苷键，也能水解直链结构中的 α-1,6 糖苷键，因此它能水解含 α-1,6 糖苷键的葡萄糖聚合物。脱支酶在淀粉制糖工业上的主要应用是和 β-淀粉酶或葡萄糖淀粉酶协同糖化，提高淀粉转化率，提高麦芽糖或葡萄糖得率。

5. 葡萄糖异构酶

葡萄糖异构酶在早期被归入木糖异构酶（E. C. 5. 3. 1. 5），在 1972 年修订酶的分类时，将其单独给予一个新酶号（E. C. 5. 3. 1. 18）。葡萄糖异构酶能将 D-葡萄糖等醛糖转变为相应的酮糖，因此可用以生产高果糖浆。

生产葡萄糖异构酶的菌种很多，主要包括白色链霉菌、橄榄色链霉菌、嗜热脂肪芽孢杆菌等。金属离子对葡萄糖异构酶影响较大，Mg^{2+}、Fe^{2+}能提高酶的活性，Co^{2+}具有增强酶稳定性的作用。该酶的热稳定性较好，最适作用温度可达 65～80℃，但实际生产中，异构化反应以 60℃左右较适宜。此酶在连续异构化时最适作用 pH 为 8.0～8.5，但在间隙法异构化时，因糖液停留时间较长，反应 pH 以 6.5～7.0 为宜。

第三节 淀粉糖生产工艺

主要淀粉糖品的基本工艺流程如图 4-2 所示。

淀粉→调浆→液化→糖化→脱色→离子交换→真空浓缩

图 4-2 淀粉糖基本工艺路线图

下面对淀粉糖生产过程主要操作单元分别加以介绍。

一、液化

液化是使糊化后的淀粉发生部分水解，暴露出更多可被糖化酶作用的非还原性末端。它是利用液化酶使糊化淀粉水解到糊精和低聚糖程度，使黏度大大降低，流动性增高，所以工业上称为液化。酶液化和酶糖化的工艺称为双酶法或全酶法。液化也可用酸，酸液化和酶糖化的工艺称为酸酶法。液化方法有三种：升温液化法、高温液化法和喷射液化法。

（一）液化机理

液化使用 α-淀粉酶，正如对淀粉糖生产用酶中 α-淀粉酶的介绍一样。α-淀粉酶能水解淀粉和其水解产物分子中的 α-1,4 糖苷键，不能水解支链淀粉的 α-1,6 糖苷键。但它可以越过 α-1,6 糖苷键继续水解 α-1,4 糖苷键，不过 α-1,6 糖苷键的存在，对于水解速率有降低的影响，所以 α-淀粉酶水解支链淀粉的速率较直链淀粉慢。

（二）液化程度

根据生产实践，淀粉在酶液化工序中水解到葡萄糖值 15%～20%合适。水解超过此程度，不利于糖化酶生成络合结构，影响催化效率，糖化液的最终葡萄糖值较低。

利用酸液化，情况与酶液化相似，在液化工序中需要控制水解程度在葡萄糖值为 15%～20%为宜，水解程度高，则会对糖化过程产生影响，使糖化液的葡萄糖值降低；若液化到葡萄糖值 15%以下，液化淀粉的凝沉性强，易于重新结合，对于过滤操作有不利的影响。

二、糖化

在液化工序中，淀粉经 α-淀粉酶水解成糊精和低聚糖的较小分子产物，糖化是利用葡萄糖淀粉酶进一步将这些产物水解成葡萄糖。

现在的双酶法生产葡萄糖工艺，糖化两天葡萄糖值可达到 95%～98%。在糖化的初阶段，速率快，第一天葡萄糖值达到 90%以上，以后的糖化速率变慢。葡萄糖淀粉酶对于 α-1,6 糖苷键的水解速率慢。提高用酶量能加快糖化速率，但考虑到生产成本和复合反应，不能增加过多。降低浓度能提高糖化程度，但考虑到蒸发费用，浓度也不能降低过多，一般采用30%的浓度。

（一）糖化机理

糖化是利用葡萄糖淀粉酶从淀粉的非还原性末端开始水解α-1,4糖苷键，使葡萄糖单位逐个分离出来，从而产生葡萄糖。它也能将淀粉的水解初产物，如糊精、麦芽糖和低聚糖等水解产生β-葡萄糖。它作用于淀粉糊时，反应液的碘色反应消失很慢，糊化液的黏度也下降较慢，但因酶解产物葡萄糖不断积累，淀粉糊的还原能力却上升很快，最后反应几乎将淀粉100%水解为葡萄糖。

不同来源的葡萄糖淀粉酶糖化的适宜温度和pH也存在差别。例如，曲霉糖化酶为55～60℃，pH 3.5～5.0；根霉的糖化酶为50～55℃，pH 4.5～5.5；拟内孢酶为50℃，pH 4.8～5.0。葡萄糖淀粉酶不仅由于酶源不同会造成对淀粉分解率有差异，即使是同一菌株产生的酶中也会出现不同类型的糖化淀粉酶。

（二）糖化操作

糖化操作比较简单，将淀粉液化液调节到适当的温度和pH，加入糖化酶，保持2～3天达到最高的葡萄糖值，即得糖化液。达到最高的葡萄糖值以后，应当停止反应，否则，葡萄糖值趋向降低，这是因为葡萄糖发生复合反应，一部分葡萄糖又重新结合生成异麦芽糖等复合糖类。

糖化罐应具有夹层，用来通冷水或热水调节和保持温度，并具有搅拌器，保持适当的搅拌，避免发生局部温度不均匀现象。

三、精　　制

淀粉糖化液中含有一些杂质，这些杂质对于糖浆的质量和结晶、葡萄糖的产率和质量都有不利的影响，需要对糖化液进行精制，以尽可能地除去这些杂质。糖化液精制的方法，一般采用碱中和、活性炭吸附、脱色和离子交换脱盐。

（一）中　　和

采用酸糖化工艺，需要中和，酶法糖化不用中和。使用盐酸作为催化剂时，用碳酸钠中和；用硫酸作为催化剂时，用碳酸钙中和。中和过程的目的是中和大部分酸，并调节pH到胶体物质的等电点。糖化液中蛋白质类胶体物质在酸性条件下带正电荷，当糖化液被逐渐中和时，胶体物质的正电荷也逐渐消失，当糖化液的pH达到这些胶体物质的等电点（pH＝4.8～5.2）时，电荷全部消失，胶体凝结成絮状物，但并不完全。若在糖化液中加入一些带负电荷的胶性黏土物质为澄清剂，能更好地促进蛋白质类物质的凝结，降低糖化液中蛋白质的含量。

（二）过　　滤

过滤就是除去糖化液中的不溶性杂质，目前普遍使用板框过滤机，同时最好用硅藻土为助滤剂，提高滤液澄清度。一般采用预涂层的办法，以保护滤布的毛细孔不被一些细小的胶体粒子堵塞。

（三）脱 色

糖液中含有的有色物质和一些杂质必须除去，才能得到澄清透明的糖浆产品。工业上一般采用骨炭和活性炭脱色。活性炭又分颗粒和粉末炭两种。骨炭和颗粒炭可以再生重复使用，但因设备复杂，仅在大型工厂使用。一般中小型工厂使用粉末活性炭，重复使用两三次后弃掉，成本高，但设备简单，操作方便。

糖液脱色是在具有防腐材料制成的脱色罐内完成的。罐内设有搅拌器和保温管，罐顶部有排气筒。脱色后的糖液经过滤得到无色透明的液体。

（四）离子交换树脂处理

糖液经活性炭处理后，仍有部分无机盐和有机杂质存在，工业上采用离子交换树脂处理糖液，起到离子交换和吸附的作用。离子交换树脂除去蛋白质、氨基酸、羟甲基糠醛和有色物质等的能力比活性炭强。经离子交换树脂处理的糖液，灰分可降低到原来的1/10，对有色物质去除彻底，因而，产品澄清度好，且久置也不变色，有利于产品的保存。

离子交换树脂分为阳离子交换树脂和阴离子交换树脂两种，目前普遍应用的工艺为阳-阴-阳-阴串联使用。

四、浓 缩

经过净化精制的糖液，浓度比较低，不便于运输和储存，必须将其中大部分水分除去，即采用蒸发使糖液浓缩，达到要求的浓度。

淀粉糖浆为热敏性物料，受热易变色，所以在真空状态下进行蒸发，以降低液体的沸点。一般蒸发温度不宜超过68℃。蒸发操作有间歇式、连续式和循环式3种。采用间歇式蒸发，糖液受热时间长，不利于糖浆的浓缩，但设备简单，最终浓度容易控制，有的小型工厂还在采用。采用连续式蒸发，糖液受热时间短，适应于糖液浓缩，处理量大，设备利用率高，但最终浓度不易控制，在浓缩比很大时难于一次蒸发达到要求。采用循环式蒸发可使一部分浓缩液返回蒸发器，物料受热时间比间歇式短，浓度也较易控制，适合糖液的浓缩。蒸发操作中的主要费用是蒸汽消耗量，为了节约蒸汽，可采用多效蒸发，充分利用二次蒸汽，又可节约大量的冷却用水。

第四节 麦芽糖浆

一、麦芽糖浆概况

麦芽糖（maltose）是由两个葡萄糖单位经由α-1,4糖苷键连接而成的二糖，又称为麦芽二糖，有α型和β型两种。其结构式如图4-3所示。麦芽糖浆是一种麦芽糖含量高、葡萄糖含量低、低热量新型糖制品，它具有甜味适口、温和、营养价值高、清亮透明、耐高温、吸湿性低、保温性好、热稳定性好、抗结晶等显著特点，广泛应用于食品、医药、化妆品等行业中，作为水分调节剂、稳定剂、保持剂和食品填充剂等。

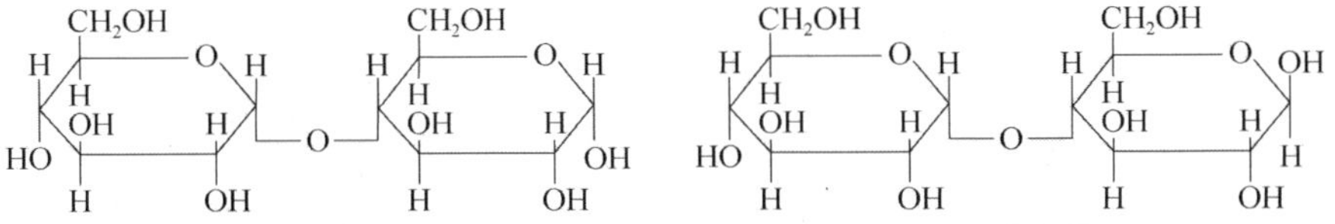

α-麦芽糖　　β-麦芽糖

图 4-3　麦芽糖结构式

传统的制法是用含有淀粉的谷物经大麦发芽生成水解酶糖化制得，所以叫麦芽糖。

二、麦芽糖浆的功能性质

（一）麦芽糖浆的物化性质

麦芽糖浆的耐热性好，适合生产高级透明糖果，具有保水、保香、减少水分活性的效果，对馅类甜食制品具有提味、保色、防霉的效果，以延长食品的保质期。甜度低，可应用于生产口香糖，改善产品的适口性和香味，具有香味稳定、甜味柔和的作用。具有良好的发酵性能，在年糕、米团、啤酒等食品中使用，能保持其柔软度，并延长保存时间。抗结晶性好，用于生产冷饮制品，如冰淇淋等，可以防止制作过程中冰晶形成和麦芽糖结晶析出，提高产品质量。利用其渗透压低的特点，可开发出新的对胃黏膜刺激小、营养价值高的补品。

另外，麦芽糖浆还应用于酶制剂工业和化妆品行业，在酶制剂中加入10%～50%的麦芽糖浆粉，可防止蛋白酶失活，从而延长乳糖酶的保存期。在化妆品工业中，利用高麦芽糖的保水性好、保湿性低，开发出各种洗面乳、保湿霜类化妆品。

（二）麦芽糖浆的生理功能

麦芽糖浆作为补充机体所需的碳源和能源可直接服用，作为碳源与其他营养素适当配比可作为营养剂，又是生产特殊疫苗、抗菌素等重要碳源。麦芽糖浆具有缓冲、补虚、润肺的作用。麦芽糖浆经葡萄糖苷转移酶的转糖基作用，可以生产异麦芽低聚糖浆，这种糖浆对双歧杆菌的生长有促进作用，是一种良好的保健品。麦芽糖浆纯化后，再经过氢化反应制成一种新型的甜味剂——麦芽糖醇，由于其摄入人体后可产生热能，但不参加人体代谢，不能被口腔微生物利用，不会引起龋齿，是糖尿病、动脉硬化、心血管病、高血压患者的理想甜味剂。精制麦芽糖制成麦芽糖注射液，直接注射有很好疗效。

三、麦芽糖浆的生产

麦芽糖浆生产普遍采用固定化液化酶和糖化酶的生产工艺。该工艺生产效率高，自动化程度高，原料利用率高，酶的重复利用降低了成本，简化了操作，而且将酶的最适温度提高了20℃。另外，还采用了活性炭吸附分离、离子交换树脂吸附分离、有机溶剂沉淀、膜分离，以及热分离水化系统等多种技术精制麦芽糖浆。

制备麦芽糖浆的生产工艺流程如图 4-4 所示。

淀粉→液化→糖化→脱色→离子交换→分离提纯→浓缩→高纯麦芽糖浆

图 4-4　麦芽糖浆基本工艺路线图

(一)原　　料

我国传统的麦芽糖制法是用大米为原料经麦芽酶糖化制得的，实际上是谷物中淀粉酶解生成麦芽糖。目前已不用谷物直接生产麦芽糖，而是首先是用谷物生产淀粉，然后再用淀粉生产麦芽糖。含淀粉的农产品很多，但作为规模生产淀粉的原料必须满足以下条件：淀粉含量高、产量大；价格便宜。现在生产淀粉的原料主要有玉米，其次是木薯、马铃薯、甘薯（红薯、白薯）等薯类。大米、小麦虽然含淀粉较高，产量也不少，且居粮食作物之首，但由于是我国主要食用作物，我国有 2/3 的人以大米为主食，小麦是食面地区人们的主要食粮，以直接食用为宜，不宜作为工业原料。

(二)液　　化

目前液化有酸液化和酶液化两种方法。酸液化通常是用盐酸将粉浆调节到 pH 2.0，在 140～150℃加热 5min，闪蒸冷却中和，经此处理后，淀粉得以完全“糊化”和部分水解，从而使料液过滤非常容易。但因酸液化无专一性，可使共存的纤维素、蛋白质等一起水解，以致产生 5-羟基-2-呋喃及无水葡萄糖、色素等副产物，并且易产生大量的灰分而影响产品的质量和增加精制费用。

酶液化方法是将淀粉调浆至 15%左右，调 pH 为 5.5～6.0，加入 0.1%～0.5%淀粉量的 α-淀粉酶，升温至 80～90℃，保温进行液化，随着淀粉分子的降解，黏度迅速下降。通过碘的显色反应，观察淀粉浆由蓝变紫、变红、再转为棕褐色以致无色，证明液化完成。继续升温至 100℃，煮沸数分钟灭酶，测 DE 值达到要求为止。

液化所用的 α-淀粉酶有两种：一种是普通细菌 α-淀粉酶，反应最适宜温度为 70～80℃，为了提高其热稳定性，操作时在淀粉浆中加入 0.2%～0.3% $CaCl_2$；另一种是耐热性 α-淀粉酶，其最适宜反应温度为 90℃，热稳定性好，不必加 Ca^{2+}。在使用喷射液化时，能在 105～110℃下操作，在此温度下液化可以达到充分“糊化”，液化效果也更好。

制造麦芽糖浆所需要的酶为液化淀粉的 α-淀粉酶和用于糖化的 β-淀粉酶以及水解支链淀粉分支的 α-1,6 糖苷键的脱支酶（包括普鲁蓝酶和异淀粉酶），此外还有可从淀粉直接水解生成麦芽糖的麦芽糖生成酶。

(三)糖　　化

为了提高麦芽糖产率，糖化时可使用脱支酶，将支链淀粉切开，然后用 β-淀粉酶糖化，将液化液冷至 60℃，用盐酸调 pH 5.5～6.0，并加入一定量的 β-淀粉酶，在 55℃保温数小时后，再补加 β-淀粉酶，继续保温糖化，直到糖化结束。

(四)脱色、离子交换、浓缩

糖化液用盐酸调 pH=4.8，加入质量约为淀粉质量的 5%的活性炭，升温至 80～85℃，保温 20～30min，趁热压滤。若第一次脱色糖液的色价在 0.4 以下，则即可进行离子交换。否则要补加一定量的活性炭进行第二次脱色，第二次脱色回收的炭可用作下一批次第一次脱色。

脱色糖液送入离子交换柱进行离子交换，以除去脱色后糖液中的蛋白质、氨基酸、色素和灰分。离子交换床可按阳-阴-阳-阴串联，树脂先经处理，糖液自上而下流过树脂，流速每小时为树脂体积的 3～4 倍，当阳离子柱流出液的 pH 上升到 3.5 左右，阴离子柱流出液 pH 下降到 4.5 左右时，树脂交换能力已大大下降，应停止交换，树脂进行再生，此时用温水洗出树脂内残糖，将浓度高的清洗液与离子交换液合并后浓缩成成品。

脱色糖液在真空下浓缩，可采用双效和三效蒸发器，在 80kPa 进行，当浓缩液的固形物达 76%～85% 即为成品，为保持产品在储存中不致变色，可在浓缩过程中加入少量(≤200mg/kg)亚硫酸氢钠或焦亚硫酸钠等。

（五）提高麦芽糖生成量

超高麦芽糖浆的麦芽糖的含量超过 70%，其中发酵性糖的含量达 80%或以上，麦芽糖含量超过 90%者也称为液体麦芽糖。超高麦芽糖浆的用途不同于一般高麦芽糖浆，主要用于制造纯麦芽糖，将其干燥后制造麦芽糖粉，将其氢化后制造麦芽糖醇。生产超高麦芽糖浆必须并用脱支酶，并严格控制液化程度，DE 值应不超过 10%，由于黏度高，因此底物浓度不宜太高，一般控制在 30%以下，尤其是制造麦芽糖含量在 90%以上的超高麦芽糖浆时，液化液的 DE 值应在 10%以下。

1. 同时使用 β-淀粉酶和脱支酶

以固形物浓度 30%，DE 值 8%的淀粉液化液为底物，加入不同量的 β-淀粉酶、支链淀粉酶和异淀粉酶，在 50℃下水解，可明显促进麦芽糖的生成。

2. 同时使用 β-淀粉酶与支链淀粉酶

浓度 35%的木薯淀粉粉浆，按 70mg/kg 加入 $CaCl_2$，按干物质计 0.06%加入耐热性 α-淀粉酶，喷射液化后 DE 值 8.2%，用盐酸调节 pH=5.2，加 β-淀粉酶和支链淀粉酶，60℃水解，麦芽糖生成量由 60%增加到 80%。

四、麦芽糖浆的应用现状

高麦芽糖浆具有许多独特的特点，使得它在食品工业中也有广泛的用途，尤其适用于儿童食品、老年食品及保健食品。高麦芽糖浆用在奶油冰淇淋、棉花糖中可增大体积、改善风味，甜度适口；用在含馅类食品中有保色、保鲜的作用；用在果酱类食品中除具有保鲜作用外还有改善黏度的作用；用在糯米制品，如年糕、汤圆中，可延长保鲜期；用在面包等烘焙食品中，可改善质地，增加麦面光泽，延长保鲜期；用在鱼肉等胶冻食品中，能保鲜、改进质量。

除了食品工业外，α-麦芽糖最重要的用途是作为预配好的非消化道吸收的大输液的能量来源。α-麦芽糖稳定性好，在储存过程中不会发生变化。由于它的渗透压只有葡萄糖的一半，因此在配制相同渗透压的输液时，麦芽糖所能提供的能量是葡萄糖的一倍。由于麦芽糖在体内的吸收不受胰岛素控制，其代谢的速率又远比葡萄糖慢，故以麦芽糖为主要能量补充的输液，对糖尿病患者特别有利。麦芽糖还可以与蛋白质、氨基酸、油脂、无机盐、维生素等混合，用静脉注入或插管鼻喂的方法，给重危患者或身体极度虚弱者补充营养。

高麦芽糖浆在轻工业中应用很广泛，它能为日用品（肥皂、牙膏等）及造纸（铜板纸、抛光纸）的生产提供优质原料。高麦芽糖的低渗透压可代替葡萄糖用于患者的输液，用纯麦芽糖作静脉滴注输液，不易引起血糖升高。因麦芽糖浆能渗入胎儿，故可用于围产期孕妇保胎。在中医学中，高麦芽糖浆用于缓冲、补虚润肺药，主治中虚腹痛、肺燥咳嗽等症，效果明显。

第五节　葡　萄　糖

一、葡萄糖概况

葡萄糖在自然界中分布极广，游离状态的葡萄糖存在于植物果实中，动物中也有存在，葡萄糖是有机体能量的主要来源，是许多糖类化合物的组成部分，是生产多种有机醇和抗生素的原料。结晶葡萄糖主要以玉米淀粉乳为原料，采用双酶法降解转化为葡萄糖后，经过除渣、活性炭脱色、离子交换树脂脱盐等处理后，再经过蒸发浓缩、降温冷却结晶、分离、烘干等工序精制而成的一种结晶状态的葡萄糖。

二、葡萄糖的功能性质

结晶葡萄糖是一种无色、结晶粉末状的葡萄糖，具有还原性和右旋光性；其相对密度为1.544（25℃），熔点为46℃，溶于水，稍溶于乙醇，不溶于乙醚和芳香烃；在水溶液中结晶时，带有分子结晶水，熔点83℃；甜味约为蔗糖的70%。

葡萄糖的用途很广泛，特别是结晶葡萄糖，广泛应用在食品、医药、化学等工业。在食品上用于罐头、面包、糕点、果酱、果冻、低热量啤酒等生产中。医药上用来生产口服葡萄糖、注射葡萄糖液。作为基质可以生产多类抗菌素及维生素，也可转化生产氨基酸。化工上用来生产葡萄糖酸、葡萄糖醇、甘油、山梨酸、柠檬酸、苹果酸等有机酸及其衍生物。

三、葡萄糖的生产

（一）双　酶　法

酶液化和酶糖化工艺称为双酶法。双酶法生产葡萄糖工艺是以作用专一的酶制剂作为催化剂，反应条件温和，复合分解反应较少，因此采用双酶法生产葡萄糖，可以提高转化率及糖液浓度，改善糖液质量，是目前最为理想的制糖方法。

双酶法生产结晶葡萄糖工艺流程如图4-5所示。

淀粉→液化→糖化→除渣过滤→除炭过滤→浓缩→冷却结晶→分离→气流烘干→包装→成品入库

图4-5　结晶葡萄糖基本工艺路线图

首先打入淀粉乳，调pH至5.6～5.8，计算干基，再加入耐高温的α-淀粉酶，搅拌均匀，将调好后的淀粉乳在高温高压喷射器内进行糊化。其目的是打破淀粉分子的结晶结构，初步凝聚蛋白质。喷射后要保压，保证淀粉颗粒完全润胀。降低料液黏度，保证混合温度均匀，然后闪蒸，通过卸压打开淀粉分子的网状结构，以利于酶的进一步作用。瞬间降温至酶的最佳反应温度。为了保证底物分子的大小在一定范围内，要求液化要均匀。为此设计了层流罐，料液从上部切线进料，以防止料液走短路。料液从下部排出，从而保证了料液先进先出，最后液化均匀一致，达到合格的液化液，即碘试合格、合理的DE值、外观透明、无白色沉淀、黏度低、滤速快、蛋白质絮凝好。

液化结束时，迅速将料液 pH 调至 4.2～4.5，同时迅速降温至 60℃，然后加入糖化酶。糖化过程中，水解、复合分解反应是次要的，但对糖浆生产不利，降低了产品的得率，增加了糖液精制的困难，所以要尽可能降低这两种副反应。经过一定糖化周期后，使料液通过 80℃高温喷射，钝化糖化酶，避免副反应的发生。灭酶后的料液要经过预涂式真空转鼓，过滤糖液中的不溶性杂质和蛋白质。以硅藻土为助滤剂，在抽真空的作用下，小分子的糖液经过硅藻土进入脱色罐，而大分子的杂质则被截留。

糖液中的有色物质和一些小分子的杂质必须除去，以获得澄清透明甚至无色的糖浆产品。工业上一般采用骨炭和活性炭脱色。活性炭分为颗粒炭和粉末炭两种，骨炭和颗粒炭可再生重复使用，但因设备复杂，仅在大型工厂使用。一般中小型工厂使用粉末活性炭，重复使用两三次后弃掉，使用粉末活性炭成本较高，但设备简单，操作方便。脱色后的糖液中存在大量的活性炭，用水平过滤机除去活性炭和一些糖渣。糖液虽经中和与活性炭处理，但糖液中的无机盐和有机杂质需进一步除掉。工业上采用离子交换树脂处理糖液，如前对离子交换树脂处理的介绍一样。处理时温度一般不高于 60℃，糖液交换流速控制在 1.5～2 倍树脂体积，又因树脂经一段时间作用后失去效应，需用水充分正洗和反洗，以除去树脂中的杂质，洗至流出的水澄清透明，方可再生。

精制的糖液浓度比较低，不便于运输和储藏，必须将其中大部分水分去掉，即采用浓缩技术，使糖液浓缩至要求的浓度。淀粉糖浆为热敏性物料，受热易变色，所以要在真空状态下进行蒸发，以降低液体的沸点。一般蒸发温度不宜超过 68℃。蒸发操作有间歇式、连续式和循环式三种。

在葡萄糖的正常生产过程中，葡萄糖结晶大致分为 3 个阶段。

(1) 起晶与养晶，冷却结晶均采用晶体起晶法制备晶体，在工厂开工生产或设备放空清洗、检修或更换晶体时，一般均采用投种法，需制备晶种。在正常生产过程中，卧式结晶罐的批量生产采用留种法或另设晶种罐，连续结晶采用返回晶种法。

(2) 晶体成长，在有晶种的糖膏中，葡萄糖液由于温度降低，按结晶曲线控制降温而达到过饱和状态，葡萄糖分子在晶核上析出，使晶体增长。此阶段结晶时间较长，一般在 50h 以上。

(3) 结晶完全，随着温度的不断下降，糖浆不断达到过饱和，使葡萄糖分子在结晶体上析出，应保持结晶及放料过程处于不断的过饱和、饱和、过饱和状态，使晶体生长、结晶完全。要防止长时间处于饱和状态中，以致晶体不能继续生长，被搅拌破碎。

葡萄糖的结晶过程为放热过程，α-葡萄糖从液态变为固态析出，结晶时放出热量为 20.94J/mol。为保持一定的过饱和度，结晶过程需不断降温，此热量可由结晶机的夹套和搅拌蛇管中通入的冷却水带走，以避免糖膏温度升高，降低过饱和度而影响结晶速率。

溶液中的葡萄糖在满足结晶的条件下应析出完全，达到平衡。经取样检查，待收率达到规定值时，可以放料。葡萄糖糖浆经过结晶后，形成含葡萄糖晶粒、母液及其他杂质的混合物。此种物料浓度高，黏性大，渗透性差，葡萄糖结晶颗粒小于 100μm 的含量高，分离困难。因此在工业生产上均采用分离系数高的间歇进料的离心过滤机，分离出母液及杂质，并对晶体进行洗涤，以得到高质量的产品。结晶葡萄糖经分离后，得到的湿糖尚含有自由水分，即表面水分及“结合水”，需对物料进行干燥。干燥过程可分 3 个阶段，即物料预热期、恒速干燥期、降速干燥期。物料预热期、恒速干燥期为表面汽化控制阶段，降速干燥期为内部扩散控制阶段。

结晶葡萄糖在干燥过程中，由于结晶颗粒细，结晶形成扁形或斜方半面晶型，易碎，细粉状形成粘连或结块，在产品中必须除去。干燥后经筛分及磨细设备筛出的粗颗粒有两种处理方式：回溶，经磨机磨碎后返回干燥系统；或直接降档处理。常用的筛分设备有以下几种形式：转筒筛、平筛、圆筛、振动筛。将筛分好的结晶葡萄糖产品按照标准检验合格后，根据质量要求装袋称重，放入检验合格证后封口入库。

分离出母液的处理有两种方法：脱色过滤，一般采用板框过滤机，脱色后回到浓缩工段，再一次进行结晶，提炼出更多的结晶葡萄糖；直接作为赖氨酸、酵母等的原料。

（二）酸　　法

淀粉乳加入稀酸后加热，经糊化、溶解，进而葡萄糖苷键裂解，形成各种聚合度的糖类混合溶液。在稀溶液的情况下，最终将全部变成葡萄糖。在此，酸仅起催化作用。

淀粉酸水解反应的化学式：$(C_6H_{10}O_5)_n + nH_2O \longrightarrow nC_6H_{12}O_6$

淀粉水解过程中，颗粒晶体结构被破坏。α-1,4 糖苷键和 α-1,6 糖苷键被水解生成葡萄糖，而 α-1,4 糖苷键的水解速率大于 α-1,6 糖苷键。淀粉水解生成的葡萄糖受酸和热的催化作用，又发生复合反应和分解反应。复合反应是葡萄糖分子通过 α-1,6 糖苷键结合生成异麦芽糖、龙胆二糖、潘糖和其他具有 α-1,6 糖苷键的低聚糖类。复合糖可再次经水解转变成葡萄糖，此反应是可逆的。

分解反应是葡萄糖分解成 5′-羟甲基糠醛、有机酸和有色物质等。工业上常用的酸糖化方法有两种，一种是间断糖化法，另一种是连续糖化法。间断糖化法操作繁琐，糖化不均匀，葡萄糖的复合、分解反应和糖液的转化程度控制困难，又难以实现生产过程的自动化，许多国家采用连续糖化技术。

连续糖化技术的优点：①糖化均匀，糖化时间短，副反应少；糖化液的纯度高，颜色浅，精制费用低；②连续操作，所产生的二次蒸汽可供加热用，提高了热利用率，降低了能耗；③糖化液浓度高，蒸发费用低；④连续操作，有利于自动控制，工艺管理比较方便，操作人员少；⑤设备规模较小，投资少。

酸法生产结晶葡萄糖与双酶法生产结晶葡萄糖的另一个区别是酸糖化后需要中和，使用盐酸作为催化剂时，用碳酸钠中和；用硫酸作为催化剂时，用碳酸钙中和。调节 pH 到胶体物质的等电点。糖化液中蛋白质类胶体物质在酸性条件下带正电荷，当糖化液被逐渐中和时，胶体物质的正电荷也逐渐消失，当糖化液的 pH 达到这些胶体物质的等电点（pH＝4.8～5.2）时，电荷全部消失，胶体凝结成絮状物，但并不完全。若在糖化液中加入一些带负电荷的胶体物质，能更好地促进蛋白质类物质的凝结，降低糖化液中蛋白质的含量。

四、葡萄糖的应用

（一）制　　药

药用葡萄糖的品质要高于一般食用葡萄糖，应符合药典指标要求，分为注射级和口服级。其中口服级葡萄糖不经消化过程，即可被血液吸收，提供热能。葡萄糖流动性良好，可迅速分散，并有调味作用，适宜作片剂辅料。葡萄糖也可以根据需要按任意量与其他各种剂型的药物混合，作为扩充剂和调味剂。

（二）食　　品

由于葡萄糖具有还原性和抗氧化性，可用于烘烤食品增色和延长货架期，如制面包、饼干、薄脆饼。葡萄糖味甜温和并具有保温性，用于制造各种蛋糕、月饼、甜馅饼、点心，可增加风味。葡萄糖的多功能特性有利于制造各类干粉食品，如糊类食品（黑芝麻糊、花生糊）。葡萄糖具有高渗透性，特别适合于制作各种蜜饯，如杏脯、桃脯、蜜枣；另外，葡萄糖还可用于制作涂抹食品，如果酱、花生酱、西红柿酱。还可用于制作奶制品，如奶酪、奶粉、奶糕等。

（三）饮　　料

葡萄糖可降低冰点，防止蔗糖结晶，溶解时的吸热量比蔗糖高 6.5 倍，口感好，特别适于夏季冰制食品，如冰淇淋、冰糕、冰棍、冰水以及薄荷类食品，各种即食茶、柠檬茶、菊花茶、果茶及其他茶品。葡萄糖可平衡甜度，增加风味，用于浓缩果汁可代替 30%的蔗糖，用于碳酸饮料可代替 10%～20%的蔗糖。葡萄糖为单糖，分子质量和热值都低于蔗糖，葡萄糖加至麦芽和其他制啤酒的原料中可加速发酵，并可获得相同乙醇含量的低热啤酒。苹果酒及其他果酒因每年收获的果实含糖量有差异，可用葡萄糖来调节。

（四）蔬菜、肉食

蔬菜加工中葡萄糖可提高乳酸发酵且渗透压又高，对蔬菜加工很有利，如各种泡菜、酱菜、咸菜。肉食加工时葡萄糖可增加风味和延长货架期，也可用于制作香肠、腊肉、鱼类食品及各种罐头。

（五）工业原料

葡萄糖是可发酵的糖类，容易被微生物所利用，可作为碳源使用。特别是在发酵工业中，葡萄糖的作用几乎不可替代，如用作生产抗生素、维生素、氨基酸、柠檬酸、酶制剂和乙醇等。

此外，由于葡萄糖的多功能性，还可以在印染、制革业中作还原剂。

第六节　果葡糖浆

一、果葡糖浆概况

果葡糖浆（fructose corn syrups）也称高果糖浆或异构糖浆，它是以酶法糖化淀粉所得的糖化液经葡萄糖异构酶的异构作用，将其中的一部分葡萄糖异构成果糖。果葡糖浆按其生产发展和产品组分质量分数（w）的不同划分为三代，第一代果葡糖浆称为葡果糖浆，简称 42 糖，其糖分组成中 w（果糖）为 42%（以干基计），w（葡萄糖）为 50%，w（低聚糖）为 5%，其质量分数为 71%，甜度约等于蔗糖；第二代果葡糖浆称为果葡糖浆，简称 55 糖，其糖分组成为 w（果糖）为 55%，w（葡萄糖）为 40%，w（低聚糖）为 5%，其质量分数为 77%，甜度约为蔗糖的 1.1 倍；第三代果葡糖浆称为高果糖浆，简称 90 糖，其糖分组成为 w（果糖）为

90%，w（葡萄糖）为 7%，w（低聚糖）为 3%，其质量分数为 80%，甜度为蔗糖的 1.4 倍。

二、果葡糖浆的功能性质

（一）果葡糖浆的物化性质

1. 甜味

果葡糖浆的最大优点在于含相当数量（42%～90%）的果糖，因而在甜味特性上与其他甜味剂共同使用，具有优越的协同增效作用，可改善食品与饮料的口感，减少苦味和怪味。果葡糖浆与蔗糖结合使用，可使其甜度增加 20%～30%，而且甜味丰满、风味更好。果葡糖浆与甜蜜素、糖精等也有增效作用。果糖与糖精以同等甜度比例混合时，甜味增效最为明显，而且可以掩饰糖精带来的苦味。含 3.5%果糖及 0.0136%糖精的饮料与含 10% 蔗糖的饮料甜味特性等效。果葡糖浆的主要成分和性质接近于天然果汁，具有水果清香。味感方面，味觉甜度比蔗糖浓，且有清凉感，因为水果汁中的糖分主要也是果糖和葡萄糖。例如，葡萄汁的浓度为 19.13%，干物质中 96.86%为糖，糖分组成中果糖为 40.98%，葡萄糖为 35.86%，另有蔗糖和麦芽糖。

2. 冷甜特性

果糖的甜度与温度有很大关系，40℃以下时温度越低，果糖甜度越高，最高可达蔗糖的 1.73 倍；冷甜的原因是果糖具有两种分子构型：α 型和 β 型。α 型果糖的甜度是 β 型果糖的 3 倍，低温时部分 β 型果糖转化为 α 型果糖，而使甜度增加。由于这一特性，果葡糖浆适用于清凉饮料和其他冷饮食品，如碳酸饮料、果汁饮料、运动饮料、冰棒、冰淇淋等。

3. 溶解度

果糖溶解度为糖类中最高，当温度为 20℃、30℃、40℃、50℃时，果糖溶解度分别为蔗糖的 1.88 倍、2.0 倍、2.3 倍、3.1 倍。葡萄糖溶解度比蔗糖低，果糖、葡萄糖溶解度随温度上升的速率比蔗糖快。果酱、蜜饯类食品是利用糖的保存性质，需要糖具有较高的溶解度，糖浓度在 70%以上时才能抑制酵母、霉菌生长，单独使用蔗糖达不到这种要求，而果葡糖浆能达到。果糖含量 42%的果葡糖浆浓度则可达 77%。

4. 抗结晶性

果糖较蔗糖难于结晶，应用在某些食品上可以表现出抗结晶性。

5. 保湿性

果糖为无定形单糖，很容易从空气中吸收水分，带有半分子和一分子的结晶水，吸湿性大，具有良好的保水性和耐干燥能力，这一特性可使糕点保持新鲜松软，从而延长了产品货架期。

6. 渗透压

物质的浓度差造成渗透压力，糖的渗透压力与物质的分子大小有关，即与分子质量有关，分子质量小的物质渗透压大于分子质量大的物质。果葡糖浆的主要成分是单糖，分子质量小，其渗透压高于双糖（如蔗糖），用于蜜饯、果脯生产时可以缩短糖渍时间。高渗透压还可抑制微生物生长，从而具有防腐保鲜作用，所以果葡糖浆用于食品保藏，比蔗糖更为有利。

7. 发酵性

果葡糖浆用于酵母发酵的食品加工方面优于蔗糖。酵母菌能利用葡萄糖、果糖、蔗糖和麦芽糖发酵，但葡萄糖和果糖属于单糖，能被酵母直接利用，发酵速率快，在面包和利用酵母的糕点生产中，产气多，食品疏松。

8. 抗龋齿性

果糖不是口腔微生物的合适底物，口腔中的细菌对果糖的发酵性差，利于保护牙齿珐琅质，不易造成龋齿。

9. 化学稳定性

果糖和葡萄糖具有还原性，可使某些物质的分子还原，化学稳定性较蔗糖差，果糖比葡萄糖更易受热分解，易发生美拉德反应。美拉德反应产生的有色物质具有特殊风味；在生产面包烘干食品时，可获得美观的焦黄色表层和焦糖风味。蔗糖在酸性条件下会发生水解反应，转化成果糖和葡萄糖，工业上称为转化糖。碳酸饮料的酸度为 pH 2.5～5.0，加入的蔗糖在 20℃储存条件下，2～3 个月会全部转化。葡萄糖和果糖均有一个最稳定的 pH，葡萄糖在 pH 3.0 时最稳定，果糖在 pH 3.3 时最稳定。所以果葡糖浆在碳酸饮料、酸性水果罐头中有一个稳定的环境。

10. 代谢特性

糖类物质（包括大量食进的淀粉）被人体吸收的形式是葡萄糖。蔗糖为双糖，食用后需经转化成果糖和葡萄糖方被吸收。我们食用果葡糖浆，其中的果糖、葡萄糖可直接被吸收，对病、弱、孕、婴很有利。

（二）果葡糖浆的加工性能

甜度高，果糖的甜度为蔗糖的 1.5 倍，并且具有两种分子构型：α 型和 β 型，α 型果糖的甜度是 β 型果糖的 3 倍，低温时部分 β 型果糖转化为 α 型果糖，而使甜度增加。根据这一特性，果葡糖浆最适合于清凉饮料和冷饮食品的生产。

风味好，果葡糖浆的主要成分和性质接近于天然果汁和蜂蜜，具有蜂蜜和水果清香。味感方面，味觉甜度比蔗糖浓，且有清凉感，用于果汁饮料生产时，可以突出原果香味。此外，果葡糖浆和蔗糖混合使用可使甜味丰满，风味更好。

保湿性好，果糖为无定形单糖，吸湿性大，具有良好的保水性和耐干燥能力，这一特性可使面点保持新鲜松软，从而延长了产品货架期。

渗透压大，果葡糖浆的主要成分是单糖，其渗透压高于双糖（如蔗糖），用于蜜饯、果脯生产时可以缩短糖渍时间。高渗透压还可以抑制微生物生长，从而具有防腐保鲜作用。

热量低，果糖的甜度高，发热量低，适于怕热及肥胖的人食用。

营养丰富，单糖可直接进入血液为人体吸收，因而较快参与新陈代谢。在生产以加快恢复肌体功能、消除疲劳为特点的食品中已成为难以取代的糖源。

虽然有以上诸多优点，但 42 糖在低温贮运时会出现结晶，不利于使用。建议储运温度：42 糖在 21～32℃（普通型），41～46℃（高浓度）；55 糖为 24～30℃（普通型），18～30℃（高浓度）。

三、果葡糖浆的生产

果葡糖浆以葡萄糖浆为直接原料，葡萄糖浆由淀粉水解得到。淀粉在较高温度下，由 α-淀粉酶使其液化水解，调至合适的 pH 和温度，控制 DE 值在 10%～20%时，在 β-淀粉酶作用下生成葡萄糖浆。淀粉质原料，如玉米、大米、甘薯和马铃薯等均可用于高果糖浆的生产，葡萄糖在暗色产色链霉菌、白色链霉菌、乳酸杆菌等微生物产生的一种葡萄糖异构酶作用下可转化为果糖（左旋）。美国采用基因重组方法将葡萄糖异构酶的基因转入糖化酶中，可以大大地方便生产，从而促进果葡糖浆工业的发展。

制备果葡糖浆的生产工艺流程如图 4-6 所示。

淀粉乳→喷射液化→α-淀粉酶液化→葡萄糖淀粉酶液化→脱色
→过滤→离子交换→真空浓缩→异构化→脱色
→离子交换→净化→浓缩→产品

图 4-6 果葡糖浆基本工艺路线图

（一）淀粉的液化

淀粉液化的目的是要降低淀粉糊化液黏度，制备供糖化酶作用的良好底物，淀粉液化酶为α-淀粉酶。α-淀粉酶可以从淀粉分子内部任意水解 α-1,4 糖苷键，使黏度下降，碘反应迅速消失；它不能水解支链淀粉的 α-1,6 糖苷键，水解终产物为麦芽糖，低聚糖，含 α-1,6 糖苷键的糊精。由于 α-淀粉酶操作对糖化液的 DE 值及过滤难易有极大的影响，液化 DE 值太低则黏度高而不易操作，且容易老化而对糖化不利，DE 值应为 15%～20%。此时碘反应呈浅紫红色，谷物淀粉（如玉米淀粉）往往生成聚合度 30～40 的不溶性团粒，使糖的收率降低，因此常采用高温液化，使不溶性粒子分解，而一般 α-淀粉酶确定最适温度仅为 70℃，在 80℃以上时很不稳定，为了提高淀粉酶耐热性，常向淀粉乳中添加 Ca^{2+} 和 Na^{+}。

关于淀粉液化的新技术中，有研究者直接运用直热式薄膜热交换原理，在喷嘴上开多环蒸汽孔的特殊结构，制成体积小、效率高的连续淀粉液化喷射器，用于酶法制糖，液化均匀，糖化液 DE 值高达 97%以上，纯度高，颜色浅。还有使用酸酶法制葡萄糖浆，原料淀粉先经 α-淀粉酶液化，再过滤，萃取糊精液，糊精液则由强酸性阳离子交换树脂交换吸附除去其中的无机盐和含氮胶体，同时使糊精获得氢离子而呈酸性，继续升温至 130℃，经酸法糖化到规定 DE 值。

（二）糖　　化

将糖化液泵入装有中速搅拌器的保温罐中，加工业盐酸或硫酸调 pH 至 4.0，加入糖化酶，反应温度为 60～62℃，时间为 48h，DE 值达 95%以上即为糖化终点，常压煮沸灭酶。此工艺不但比传统酸法生产或单纯酶法工艺降低了成本，而且对淀粉原料的要求低。

（三）脱色过滤

糖化液颜色较深，必须用活性炭脱色，活性炭量为糖化液干物质量的 1%～1.5%，在 80～85℃，pH 4.5～5.0 条件下维持 30min 左右，用板框压滤机过滤，糖化液透光率要求在 95%以上（560nm）。

（四）离子交换

离子交换的目的是除去离子型金属杂质（如 Cu^{2+}、Fe^{2+}）以及某些呈色离子，交换系统按阳→阴→阳→阴进行，交换时阳树脂（739）pH 由 2 上升到 4 为交换终点；阴树脂（701）pH 由 7 降到 4 为交换终点。同时，由于固定化异构酶的活性可以被 Co^{2+}、Mn^{2+}、Mg^{2+} 等激活，而受 Cu^{2+}、Fe^{2+} 等抑制，因此应保证糖浆中 Co^{2+}、Mg^{2+} 的浓度，并可以添加适量 $MgSO_4 \cdot 7H_2O$。

传统工艺处理离子交换转型再生的方法，阳离子为 Na^+ 型，阴离子为 Cl^- 型。当糖浆进行离子交换时，通过树脂柱交换后，不能有效地去除糖浆中 Cl^-，而采用一种新的离子交换树脂换型的方法将得到阳离子为 H^+ 型，阴离子为 OH^- 型，处理糖浆可使 Cl^- 浓度明显降低。

（五）真空浓缩

离子交换后的糖浆在真空度 0.08MPa 下浓缩，温度 60℃左右，最终要求质量分数达到 40%～42%。

（六）异构酶的选择与制备

葡萄糖异构酶多数通过微生物深层发酵获得。我国曾研究应用的产葡萄糖异构酶菌种有：玫瑰红链霉菌 336，嗜热放线菌 M1033，玫瑰暗黄链霉菌 Kc-575，米苏里游动放线菌 Ac-81-2，米苏里游动放线菌 No.16。这些菌种所产的异构酶有胞外的，也有胞内的，而工业上所用的萄糖异构酶实际上都是木糖异构酶，是由节杆菌、链霉菌、凝结芽孢杆菌、游动放线菌以及黄杆菌所产生的，大多数是胞内酶。除节杆菌、游动放线菌外几乎都需木糖的诱导，还需要 Co^{2+}、Mg^{2+} 的稳定与活化，最适温度为 70～80℃，最适 pH 为 7～8，是热稳定性很好的酶。

（七）酶的固定化

酶的固定化是通过化学方法或物理方法，使水溶性酶与固态的水不溶性支持物（载体）相结合或被载体包埋，使之转变成不溶于水或不自由的状态，但仍保留酶的活力。这一过程即为酶的固定化。所得产物称为固定化酶。由此固定化酶又有固相酶和水不溶性酶之称。在某种情况下，酶本身仍是可溶的，只不过被固定在一个小的空间内不能自由流动。

（八）异构化

葡萄糖和果糖同是单糖，两者互为同分异构体。葡萄糖为醛己糖，果糖为酮己糖。葡萄糖异构酶的立体专一性能作用于 α-D-吡喃葡萄糖，使 α-D-吡喃葡萄糖的椅式结构上的 C_1—O 键和 C_2—H 键打开，并且 C_1 和 C_2 羟基以顺式掩蔽起来，形成酶-葡萄糖复合物，然后分出酶，使形成果糖。葡萄糖与果糖的异构化关系如图 4-7 所示。葡萄糖的异构化在装有固定化异构酶的柱或反应器中进行，糖液从塔底（或塔顶）流入，异构化酶由顶部（或底部）流出，流入糖化液质量分数为 40%～42%，用 NaOH 溶液调节 pH 至 8.4，62℃，每公斤糖化液加 $MgSO_4$ 0.05g。1kg 固定化酶生产能力转化底物葡萄糖为 2000～4000kg。

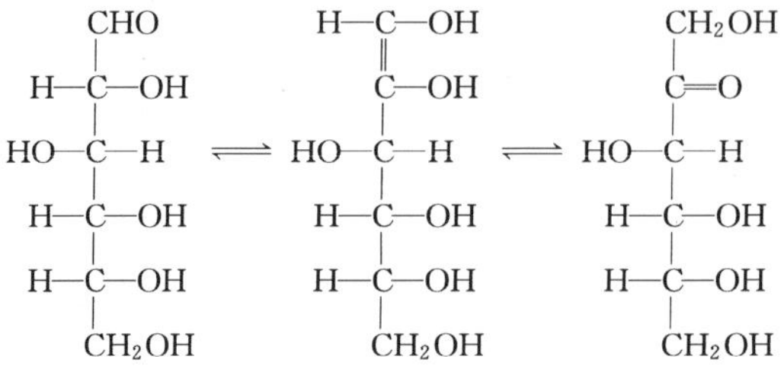

D-葡萄糖　　烯二醇1,2　　D-果糖

图 4-7　葡萄糖与果糖的异构化

四、果葡糖浆的应用现状

由于果葡糖浆的甜度与蔗糖相当，又有其特性，故其应用领域较蔗糖广泛，不但在食品工业、保健食品上广为应用，在医药工业、家庭调味品、日用化工等方面也均有应用。

（一）饮料中的应用

1. 用于不含乙醇的饮料

在碳酸饮料、果汁饮料、茶饮料、运动饮料、乳饮料中，应用果葡糖浆的产品口感爽口，风味好；且温和无异味，透明度好，无混浊。由于果葡糖浆用离子交换树脂制得，灰分含量低，沉淀物和絮状物都极少，稳定性好，不像蔗糖在低 pH 时发生转化。在配方上可以用干基计 1∶1 代替蔗糖。

2. 用于含乙醇的饮料

此类包括使用果葡糖浆加工的果酒，如葡萄酒、苹果酒、果露酒、黄酒；其他配制，如啤酒、香槟酒等，经过预处理可避免产品出现沉淀，透明度好，使用高糖度配制时（20°以上）蜂蜜风味显著。果葡糖浆溶解度高，易于溶化，使用方便，对要求有还原糖的产品，可简化生产工序。因为使用蔗糖生产时，需加酸先将蔗糖转化为果糖和葡萄糖。

（二）冷食品中的应用

果糖在低温时甜度增加，果葡糖浆适宜用于冷食品。用果葡糖浆生产的冰淇淋有清香味道。但在冰棒生产时，不能全用果葡糖浆，而应与蔗糖混合使用，否则冷冻速率慢，且冷冻情况不好。用于其他清凉饮料，低温下饮用，风味尤佳。

（三）面包中的应用

把果葡糖浆用于面包生产中，果糖表现出良好的发酵性、焦化性及保湿性。

面包是利用酵母发酵的食品，酵母利用果糖和葡萄糖发酵最快，其次才是麦芽糖、蔗糖。果葡糖浆代替蔗糖，发酵反应快，产生大量气体，缩短面包发酵时间。由于产气多，面包松软，咀嚼柔软，略有湿润感，和使用蔗糖一样，面包有好的强度和结构。

由于烘干时果糖和葡萄糖发生美拉德反应，面包易于着色，表层产生一层焦黄色，美观且风味好。由于果糖保湿性好，所以面包在储存中可以较长时间保持新鲜和松软，此为蔗糖面包所不能及的。

（四）软糕点及夹心糕点中的应用

由于果糖的保温性好，所以果葡糖浆用于蛋糕生产效果很好，果糖蛋糕存放 30 天后仍然松软而蔗糖蛋糕在数天后即干硬，再长一些时间，表层破碎，而且在储存中果糖蛋糕重量减轻情况比蔗糖蛋糕少。用于夹心食品，风味好，无异味，饼心温度低于 100℃，所以不致产生焦苦味。

（五）糖果中的应用

果糖的吸湿性好，易发生焦化反应产生有色物质，所以果葡糖浆不宜用于糖果生产，尤其不宜用于清亮、表面干硬的硬糖果生产，因为会使硬糖果颜色深，存放一段时间，表面吸潮造成发黏。高粱饴类淀粉软糖、琼脂软糖等，成品要求还原糖含量高，水分含量也较高，过去生产中采用蔗糖需添加有机酸将其部分转化成果糖和葡萄糖，所以用果葡糖浆生产软糖比较理想，减少加酸转化，产品质量也理想。但代替砂糖的比例不可过大，否则会使成品中还原糖过高而超过产品质量标准。在糖果生产中，必须使用大量的液体葡萄糖（DE 值 42%），生产中有一个熬煮过程，变色（产生有色物质）时的温度称作熬煮温度，甲级葡萄糖为 155℃，乙级葡萄糖为 135℃。果葡糖浆的熬煮温度大致相当于乙级葡萄糖，所以用来生产高级软糖是有问题的，可用于生产一般软糖。

（六）在水果罐头中的应用

果葡糖浆比蔗糖有较高的渗透压力，能防止果汁逆出水果外，利于保持水果风味。果糖透过细胞壁较快地达到均衡，提高了加工过程的稳定性，而且不受 pH（酸碱度）的影响。果糖还有亲和作用，也能防止挥发性物质损失，有利于保持水果风味。

此外，因为渗透压高，果葡糖浆用于蜜饯、果酱，防腐性好，利于保存；因为果糖和葡萄糖可以直接被吸收，所以用来加工药用糖浆更利于患者。

第七节　麦芽糊精

一、麦芽糊精概况

目前，我国各地生产的麦芽糊精系列产品，主要是以玉米、大米等为原料，酶法工艺生产的。1970 年 Veberbacher 对麦芽糊精做出如下定义：以淀粉为原料，经控制水解 DE 值在 20%以下的产品称为麦芽糊精，以区别淀粉经热解反应生成的糊精产品。

麦芽糊精作为淀粉的一种轻度水解产物，其葡萄糖值小于 20%，与生淀粉相比，麦芽糊精的水溶解性大大增加。低 DE 值麦芽糊精作为食品添加剂是最流行的脂肪代用品，它可以以干粉的形式或凝胶的形式替代脂肪。麦芽糊精干样替代脂肪，提供的能量是 4kcal/g，而当它水合后，冷却，形成热可逆胶，其能量只有 1kcal/g。

麦芽糊精的 DE 值越大，其吸湿性、水溶性、流动性、渗透压、甜度、食品中的褐变程度将相应增加。相反，DE 值越小，麦芽糊精越具有类似淀粉的性质，如增稠性、黏结性、成膜性，并且在接近－6℃的饱和溶液中呈玻璃态。由于相同 DE 值的麦芽糊精里面包含着分子量不同的成分，因此在应用上，表现出不同的性质。DE 值作为一个参数明显不能够反映上述性质。但是，可以利用 DE 值去计算葡萄糖聚合度 DP 值，DP＝111.1/DE。

二、麦芽糊精的功能性质

（一）麦芽糊精的物化性质

1. 稳定性

麦芽糊精一般通过喷雾干燥使其成为干样，从而有利于保藏，提高货架期。在一些应用上，溶解的麦芽糊精要求长期保藏而不出现任何沉淀。研究 DP 值与溶液中麦芽糊精稳定性的关系发现，主要包含DP值11以上低聚糖的麦芽糊精，在溶液中，会产生沉淀。直链糊精DP值至少8或9以上才会发生沉淀。直链糊精聚合度超过7，相对于小分子糖，它们只能够有限度的溶解。

2. 吸湿性

吸湿性是指从环境中吸收水分的能力。在相对湿度90%，30℃条件下，DP值大于9和DP值小于3的低聚糖吸湿性能最差。相同值的淀粉水解物由于它是由聚合度不同的糖类组成，所以表现出不同的吸湿性能。

3. 黏性

麦芽糊精的黏度不仅与其溶液浓度有关，而且还依赖于DE值。在稀释的溶液里，麦芽糊精分子质量大小分布对麦芽糊精的黏度无影响。稀释的麦芽糊精黏度与DE值之间是一条直线关系。

4. 浑浊度

淀粉中直链淀粉的含量和淀粉的分解液化方式都影响麦芽糊精溶液的浑浊度。直链淀粉含量高，会表现出老化的趋势，从而促使溶液浑浊。酸制麦芽糊精都比酶制的浑浊，是因为用酸分解淀粉不均匀，麦芽糊精中含有大量大分子。但是，不同DE值的麦芽糊精表现出较高差异的浑浊度，因此浑浊度和DE值无任何直接关系。

5. 凝胶特性

DE值小于20%的淀粉分解产物，其水溶液中含有足够多的长链聚合物而抑制溶解，促进凝胶。研究者认为低DE值（DE<5%）麦芽糊精能形成柔软的、可伸展的、热可逆的凝胶，并且入口即溶，使产品具有类似脂肪的口感，这是麦芽糊精适用于脂肪替代品的关键的物理特性。麦芽糊精重现类脂肪口感大概是当它形成凝胶的时候，三围网状结构将一定量的水吸收在里面。在溶胶阶段，麦芽糊精与水结合并且膨润，长的螺旋结构被一些短的、无序区干扰。高浓度的双螺旋分子聚集，接着形成结晶域。因此，麦芽糊精中有一大部分平均长度足够长的构成热不可逆胶。溶解的直链淀粉和足够多的支链淀粉中的直链和分支耦合形成凝胶。

（二）麦芽糊精的加工性能

麦芽糊精广泛应用在糖果、麦乳精、果茶、奶粉、冰淇淋、饮料、罐头及其他食品中，它是各类食品的填充料和增稠剂。在麦乳精、咖啡饮料、奶粉、奶茶等方面应用麦芽糊精突出天然风味，提高了溶解性能，增强了稠度，改善了口感，降低了甜度。以麦乳精为辅料而制得的各种花色软质冰淇淋，营养丰富，易于人体吸收，不含胆固醇，风味纯正。在各种食品中应用适当麦芽糊精，可以增加品种，预防龋齿、肥胖症、高血压、糖尿病等。

改变体系的黏度，有较好的乳化作用和增稠效果。当DE值为3%～5%时，可产生脂肪的质构和口感，常用作沙拉、冰淇淋、香肠等的脂肪替代品。抑制褐变反应。当食品体系中有大量还原糖和蛋白质存在时，高温容易引起褐变。由于麦芽糊精DE值较低，所以褐变反应的程度较小，可作为一种惰性壁材用于敏感性化学物质，如香精香料、药物等的微胶囊化。

结合/黏合作用好，为各种甜味剂、香味剂、填充剂和色素的优良载体。麦芽糊精在防止包埋香精氧化方面差异很大，一般随着DE值的增加而降低。由于其成膜性能较差，在喷雾干燥过程中麦芽糊精并不能有效地保留挥发性成分，通常与蛋白质联合使用作为壁材。较低DE值的麦芽糊精具有较强的成膜或涂抹性能，可促进产品成型，改善产品外观，同时还有一定的隔绝氧气的作用，可用于水果涂膜保鲜。

降低冰点，在冷冻甜点和某些糖果中，冰点降低具有重要的意义。在冰淇淋制品中加入麦芽糊精替代部分蔗糖，可以在不改变体系可溶性固型物含量的情况下，改变产品的冰点抑制冰晶生长。

降低体系甜度，在糖果中加入麦芽糊精可以降低甜味预防牙病、高血压和糖尿病等。防结块、增加产品分散性能和溶解性能等，用于制备固体酒、速溶饮品，可保持产品风味、改善产品外观以及增进溶解性能。易于被人体吸收，可用作运动员、患者和婴幼儿配方食品。

麦芽糊精产品其外观是呈白色的，非结晶状物质，流动性好，无异味；溶解性能好，有适当的黏性；耐热性强，不褐变；吸湿性小，不结团；即使在浓厚状态下使用，也不会掩盖其他原料风味和香味；有很好的载体作用，是各种甜味剂、香味剂、填充剂等的优良载体；有很好的乳化作用和增稠作用；有促进产品成型和良好的抑制产品组织结构作用；成膜性能好，既能防止产品变形，又能改善产品外观；极易被人体消化吸收，特别适宜作患者和婴幼儿食品的基础原料；对食品饮料的泡沫有良好的稳定效果；有良好的耐酸和耐盐性能；有抑制具有结晶性糖的晶体析出的作用；有显著的“抗砂”、“抗烊”作用和功能。

使用麦芽糊精时应注意的是麦芽糊精的 pH，一般各种饮料用的麦芽糊精 pH 为 4.0～5.5，各种食品、奶粉用的麦芽糊精的 pH 为 5.5～6.5。目前，食品行业糊精用量比较大，特别是近年来乳品行业糊精用量越来越多。各类食品是否都适合添加麦芽糊精，添加量是多少，这应依产品自身特点而定。

三、麦芽糊精的生产

麦芽糊精系列产品均以淀粉为原料，经酶法工艺控制水解转化而成。淀粉是由许多葡萄糖分子聚合而成的碳水化合物，它的分子结构中大部分是以 α-1,4 糖苷键连接，少量是以 α-1,6 糖苷键连接。利用耐高温 α-淀粉酶对淀粉的催化水解具有高度的专一性，即只能按照一定的方式水解一定种类和一定部位的葡萄糖苷键的特别性能，仅水解淀粉，不分解蛋白质、纤维素等，所以麦芽糊精是以玉米、大米等为原料，经酶法控制水解液化、脱色、过滤、离子交换、真空浓缩及喷雾干燥而成，后半部分生产，如真空浓缩、喷雾干燥同现在乳粉厂生产乳粉工艺是一致的。麦芽糊精的生产是将 50%～60%的糖液，在 60℃左右浓缩，经高压泵（压力在 13～17MPa）喷雾，在干燥塔内与 140～150℃热空气接触，干燥后水分含量在 6%以下的粉状产品，其密度在 0.5g/cm^3 以下，遇水易分散溶解。

国内外采用二步法工艺生产麦芽糊精较多，能使原淀粉充分水解，提高产品得率（一般为 75%～90%），产品质量好。

制备麦芽糊精的生产工艺流程如图 4-8 所示。

淀粉→调浆→喷射液化→热处理→加酶转化→过滤→脱色→离子交换→蒸发浓缩→喷雾干燥→固体粉末成品

图 4-8　麦芽糊精基本工艺路线图

（1）调浆。淀粉浆浓度一般为 30%～40%，但要根据不同淀粉品种选定。一般说，洋芋淀粉比玉米淀粉容易糊化、液化，浓度可以高些。将淀粉浆过 100 目筛后，加酸调 pH，加液化酶 10U/g（二步法分两次加入）并加入适量氯化钙，以提高淀粉酶的热稳定性。

（2）喷射液化。为关键工序。因为麦芽糊精是淀粉的低转化产品，黏度高。如果不把淀粉中的蛋白质类杂质凝结，就会给后面的过滤、精制工序带来困难，造成得率低，质量差。因此，先要将喷射液化器预热到所需要的温度，再喷入淀粉浆，使之充分糊化和预液化。经过预液化的淀粉浆送入保温罐中保温。采用一步法时，当浆DE值达到20%时，用盐酸调节pH到4.0～4.5，以终止液化酶反应。

采用二步法时，在保温罐中约保温1h，DE值达2%～5%，即可进入下道工序。

（1）热处理。将液化淀粉浆迅速升温至140℃并保持数分钟，使蛋白质类杂质凝结，再加温到液化所需温度。

（2）二次加酶转化。在经热处理的淀粉浆中再加入α-淀粉酶，进行酶转化并定时取样测定DE值，可以分别得到DE值10%～15%、15%～20%、20%～25%不同规格的转化液。

（3）过滤。采用硅藻土预涂层真空过滤机过滤，以除去转化液中的沉淀物，如蛋白质、纤维、脂肪等，得到滤清液。

（4）脱色过滤。在滤清液中加入1.5%～2%的活性炭作为脱色剂，用叶滤机过滤，即得到除去色素等杂质的清液。

（5）离子树脂交换精制。采用阳树脂-阴树脂-阳树脂-阴树脂床串联，使清液以适合的流速流过树脂床，得到pH为4.5～5.0的精制液，即得浓度为40%的液体麦芽糊精产品。有的还采用循环升膜式连续蒸发器进一步进行蒸发浓缩，得到浓度72%的液体产品。

（6）喷雾干燥。若要制取粉状固体产品，则要用喷雾干燥机进行干燥，使其含水量小于8%。

四、麦芽糊精的应用现状

（一）油脂替代品

麦芽糊精在混料中几乎不产生渗透压，除了填充作用以外，它的结构还能保持水分。麦芽糊精对具有右旋糖形成的“牛乳味”略有遮掩，麦芽糊精凝胶无味，口感润滑，具有氢化油的质地，麦芽糊精可在冷冻甜食中添加，用于取代乳脂肪。它所形成的质地和所带来的风味均可与高乳冰淇淋相比，而热量减少了45%。

（二）糖果中的应用

由于麦芽糊精改变了原淀粉的水溶性，在一定条件下与水生成凝胶组织，故可用于糖果生产。麦芽糊精可增加糖果的韧性，防止返砂和烊化，改善结构，麦芽糊精可降低糖果甜度，减少牙病，降低粘牙现象，改善风味，预防潮，延长保质期。麦芽糊精还可增加糖果的白度，这是由于麦芽糊精水解程度低，单、双糖含量少，熬糖过程中不参与美拉德反应和焦糖化作用。

（三）用于食品的干燥助剂

麦芽糊精流动性好，无异味，溶解性能好，有适当的黏度，耐热性强，吸湿小，不结团，即使在浓厚状态下使用，也不会掩盖其他原料的风味和香味，有很好的载体作用，用于粉状产品，可防止产品结块，增强产品的溶解性，改善产品组织结构，起到助干剂的作用。

（四）果汁类饮料和汤羹汁类食品中的应用

椰奶汁、花生杏仁露和各种乳酸饮品中添加麦芽糊精，乳化能力增强，果汁等原有营养风味不变，易被人体吸收，黏稠度提高，产品纯正，稳定性好，不易沉淀。用于运动饮料，麦芽糊精在人体内的新陈代谢作用中，热能的供给消耗以保持平衡，肠胃消化吸收的负荷小。麦芽糊精使其胶黏性和增稠性增强，使产品细腻，口味浓郁，可防潮结块，使产品易储藏。

（五）在糕点类食品中的应用

麦芽糊精可使蛋糕饼干造型饱满，表面光滑，色泽清亮，外观效果好，产品香脆可口，甜味适中，入口不粘牙，不留渣，次品少，货架期延长。麦芽糊精经过处理会转化成与脂肪相似的热可塑凝胶，在制造某些蛋糕时，可取代脂肪，降低蛋糕的脂肪含量，麦芽糊精对于装饰用的蛋白甜饼还具有稳定作用。

此外，以麦芽糊精为主要原料来制成水果保鲜剂，喷洒在水果上，在水果表面可形成一层半透膜，可选择性地控制氧、二氧化碳和水蒸气的渗透，延缓其采后生理活动，另外也限制了昆虫和微生物的入侵而不影响水果的卫生安全和化学成分的变化，延长水果的成熟期。

第八节　异麦芽低聚糖

一、低聚糖及异麦芽低聚糖概况

低聚糖（oligo saccharides）是由 2～10 个单糖或其衍生物聚合而成的一种寡聚体化合物，已知的低聚糖通常是由己糖通过糖苷键连接形成的直链或支链低度聚合物。根据单糖组分的差异可将低聚糖分为两类，由一种单糖结合而成的低聚糖称为均低聚糖（homooligo saccharide），由两种或两种以上单糖结合而成的低聚糖称为杂低聚糖（heterooligo saccharide）。若根据低聚糖的生物学功能来划分则为功能性低聚糖和普通低聚糖两大类，蔗糖、乳糖、麦芽糖等属于普通低聚糖，仅作为供能物质，无促双歧杆菌生长等特殊生理作用，而功能性低聚糖则是一类人体难以消化的糖类，所以又被称为非吸收性寡糖（non-digestable oligo saccharide），这类低聚糖具有一般糖类的口感，但甜度和能量只有蔗糖的 20％～70％，它们通常具有多重生理调节机能，有的具有防龋作用，如帕拉金糖、偶联糖，有的具有抑制肠道腐败细菌梭状荚膜菌生长的作用，如麦芽三糖、四糖等，有的不仅具有抗龋作用，还能作为双歧因子选择性地被肠道有益菌利用却不被人体消化吸收，如低聚果糖、低聚半乳糖、低聚异麦芽糖、低聚木糖、低聚葡甘聚糖等，是一类重要的双歧杆菌促生长因子（bifidusfactor）。

异麦芽低聚糖（iso maltooligo saccharide）是公认的有效的双歧杆菌的生长促进因子。双歧杆菌有整肠作用，清除人体垃圾，分解致癌物质，降低血液中胆固醇水平，预防高血压。合成维生素和氨基酸，防止便秘、下痢，抑制许多病原菌和腐败菌生长，增强人体免疫功能。所以，异麦芽低聚糖是保健食品的基料。它甜味柔和、黏度低、保湿性好、水分活度低，易保存，在酸性条件下对热稳定性好，对龋齿有明显抑制作用，是儿童糖果、食品、饮料理想原料，在国外已经广泛地应用于保健品工业和其他食品工业。

二、异麦芽低聚糖的功能性质

（一）异麦芽低聚糖的物化性质

1. 甜度

异麦芽低聚糖的甜度约为蔗糖的 50％，各种低聚麦芽糖甜度随葡萄糖聚合度增加而降低，甜味柔和醇美。将其与蔗糖混合使用可改善产品的风味，是低甜性食品原料。并且可防止蔗糖结晶析出。

2. 对酸、热的稳定性

异麦芽低聚糖对酸、热的稳定性很强。异麦芽低聚糖即使在pH 3.0、120℃的条件下加热也不分解，因此，可将其添加在烘烤食品或酸性食品中。

3. 保湿性

异麦芽低聚糖具有高保湿性，一般在相对湿度50%以上时，麦芽三糖的保湿性最高，它能使食品保持湿润，并可防止面包、点心、糖果糕点等淀粉类食品老化，延长食品的货架期。

4. 水分活性低，具有抑菌作用

水分活性$A_W=P/P_{H_2O}$，其中P表示水溶液蒸汽压；P_{H_2O}表示纯水蒸汽压，水分活性在食品保藏中是重要指标。异麦芽低聚糖的水分活度为0.75，比蔗糖（0.85）、高麦芽糖浆（0.85）、葡萄糖浆（0.77）都低，而一般的细菌、酵母、霉菌在$A_W<0.8$的环境中均不能生长。这意味着异麦芽低聚糖具有较佳的防腐效果。

（二）异麦芽低聚糖的生理功能

1. 难发酵性

酵母易发酵葡萄糖和麦芽糖，不能发酵麦芽四糖以上异低聚麦芽糖。所以异麦芽低聚糖很难被酵母及乳酸菌利用，因而添加到发酵食品中不会被破坏，仍然可发挥作用。

2. 降低心血管疾病发生率的作用

人体摄取大部分异麦芽低聚糖后，总胆固醇、甘油三脂、游离脂肪酸、血糖、血压均降低，而摄取相同量蔗糖则均有所上升，因此，异麦芽低聚糖可减少心血管疾病的发生。

3. 抗龋齿性

蔗糖之所以会引起龋齿是因为其在口腔链球菌的作用下生成黏着性多糖——葡聚糖的缘故。该葡聚糖会附着在齿面形成齿垢，并产生酸腐蚀牙齿表面的釉质。而异麦芽低聚糖则不为链球菌作用，且与蔗糖混用能强烈抑制由蔗糖生成葡聚糖。所以异麦芽低聚糖具有抗龋齿的效果。

4. 难消化性

新型低聚糖异麦芽寡糖构型为α-1,6糖苷键，不受人体唾液中的酶以及小肠中消化酶所水解，因此是难消化性糖。此外，正常人摄取该低聚糖后，其血糖值以及血中胰岛素均未上升，可防治肥胖症和作为糖尿病患者的保健甜味剂。

5. 促进双歧杆菌增殖作用

异麦芽低聚糖是良好的双歧杆菌增殖因子，每天服用15～20g的异麦芽低聚糖，能促进肠内双歧杆菌大量繁殖。双歧杆菌是栖息在人体肠道内的一种有益菌，抑制腐败细菌的发育以及肠内有害的细菌繁殖，改善肠内菌落，减少有毒或有害的腐败物质生成。促进肠道蠕动，防止便秘，改善人体对食物养分的吸收和利用。有利合成B族维生素和有效分解致癌物，提高人体的免疫力，预防癌症及其他疾病。

三、异麦芽低聚糖的生产

以淀粉为原料，经酶解、转苷生产异麦芽低聚糖，其糖分组成及含量与工艺条件控制密切相关，不同工艺条件产品的糖分组成和含量、产品性能、吸湿性、成粉性差异较大。

制备异麦芽低聚糖的生产工艺流程如图 4-9 所示。

精制淀粉→调浆→喷射液化→糖化→转苷→灭酶→压滤→初浓缩→脱色→压滤→离子交换→喷射干燥→成品包装

图 4-9 异麦芽低聚糖基本工艺路线图

调浆控制淀粉乳浓度为 30%～35%。浓度过低，后续浓缩过程能耗大，增加了产品成本；浓度太高，淀粉液化不完全，影响到糖化转苷的顺利进行，导致产品中糊精含量偏高（大于10%）。液化使用耐高温 α-淀粉酶时，底物 pH 控制在 6.2～6.4，酶用量 0.5～0.6L/t 原料，温度 91～95℃保持 40～60min，当底物 DE 值达到 12%～17%，碘反应合格即停止液化。糖化转苷使用 α-葡萄糖苷酶和 β-淀粉酶（或真菌 α-淀粉酶）协同作用，控制 pH 4.8～5.0，56℃维持8～10h，机械搅拌，使物料均匀。

糖化转苷是酶法制取异麦芽低聚糖的关键。在反应温度及 pH 一定的情况下，糖化酶与转苷酶的用量、反应时间的长短十分重要，它们直接影响到产品的质量，即糖化酶用量不合适，产物中的葡萄糖或麦芽糖含量会偏高。此外，反应时间的长短亦影响到产品中的糖成分。通过反复试验可取得和相应时间对应的最佳酶用量。糖化酶的选择应用真菌 α-淀粉酶糖化，最终产生葡萄糖较多，四糖以上糖份比例偏高；应用 β-淀粉酶糖化，优点是在糖化液中组成比较理想。

转化产物的糖成分转化前期，产物中潘糖含量较高；随着反应时间的延长，异麦芽糖的含量增加较快，而潘糖含量的增加相对较慢。反应后期，葡萄糖含量增加较快。因此，采用 HPLC 法跟踪监测，对选择合适的反应终止时间十分必要。

理化指标：外观无色黏稠液体；水分 26%；干物质 74%；pH 4～6；灰分＜0.5；色泽＜0.1；分支低聚糖＞50%。

异麦芽糖浆的组成：制得的异麦芽低聚糖含葡萄糖 42%，麦芽糖 4.2%，异麦芽糖 22%，麦芽三糖 2%，异麦芽三糖 8%，其他分枝低聚糖（含潘糖）21%等，与日本异麦芽糖浆 500 相类似。

四、异麦芽低聚糖的应用

异麦芽低聚糖口感爽、热稳定性好、不易变色，对人体肠道内的双歧杆菌有良好的增殖作用，并抑制腐败菌的增长。和蔗糖比较性质近似，但甜度低、难发酵，黏度高于蔗糖，低于麦芽糖，持水性优于麦芽糖。在食品工业可用于酱油、乙醇饮料、饮料、冷食、乳制品、焙烤食品及果酱、蜂蜜加工品中作甜味料使用。作为双歧杆菌增殖食品有糖果、冰淇淋、饮料、健康食品；作为防龋食品有硬糖、巧克力、饮料、儿童食品、婴儿食品。

平均葡萄糖聚合度为 5 的低聚麦芽糖，用作肾脏病患者能源相当有效。麦芽三糖（G3）、四糖（G4）、异麦芽低聚糖的功能性低聚糖，系淀粉经生物酶水解技术制成，具有低甜度、低热值、低渗性和易为人体吸收等特点。其中 G4～7 具有抗菌活性，特别是 G3 和 G4 能明显抑制肠内分泌毒素的产气荚膜梭菌的作用。异麦芽低聚糖能使人体的双歧杆菌增殖，从而降低血清胆固醇、甘油三脂、游离脂肪酸的含量，清理体内环境，消除心血管疾患的病因。麦芽五糖是最近使用的临床诊断用试剂，用于血清中 α-淀粉酶活性的测定，以诊断胰腺炎之外的各种脏器病变，应用价值较大。

第九节　麦芽糖醇

一、麦芽糖醇概况

麦芽糖醇（maltitol）化学名为1,4-O-α-D-吡喃葡萄糖基-D-葡萄糖醇，分子式为$C_{12}H_{24}O_{11}$，相对分子质量为344，麦芽糖醇是由麦芽糖经高压氢化制得的，较早作为低热量甜味剂应用的糖醇之一。麦芽糖醇的甜度相当于蔗糖的80%，热值相当于蔗糖的10%，每克麦芽糖醇可提供2.1kcal热量，是一种低热量的功能性添加剂。麦芽糖醇作为一种填充型甜味剂，不但黏度和沸点适中，易溶于水和乙醇等溶剂，并且还具有很多优良的生理功效，如非致龋齿性、促进钙吸收、稳定性强等，因此非常适合于加工各种食品。此外，麦芽糖醇还有吸湿平稳，不易结晶，难被微生物发酵等特点。麦芽糖醇因其优良的生理功能特性，可广泛应用于食品、化工、保健品及化妆品行业，具有广阔的市场前景。

二、麦芽糖醇的功能性质

（一）麦芽糖醇的物化性质

1. 溶解性

麦芽糖醇易溶于水，难溶于甲醇、乙醇，不溶于三氯甲烷、乙醚等有机溶剂。麦芽糖醇产品在水中的溶解度，20℃比蔗糖稍低，但是在30℃以上时较蔗糖高。在水中液体麦芽糖醇产品的溶解度要高于结晶麦芽糖醇。

2. 稳定性

纯净的麦芽糖醇为无色透明的晶体，熔点为135～140℃，对热、酸都非常稳定，70%水溶液在150℃以上处理几乎不变化，170℃处理1h只有部分分解，200℃以上才分解变色并且麦芽糖醇在pH为3～7条件下，于100℃加热也没有变化，在pH 2以下才会有6%分解。另外，由于麦芽糖醇结构中无游离羧基，所以在食品加工时即使与氨基酸或蛋白质一起加热也不会引起美拉德反应。

3. 甜度

液体麦芽糖醇的甜度约为蔗糖的60%，结晶体麦芽糖醇具有与蔗糖几乎相同的甜度，为蔗糖的80%～90%，且甜味温和，清口无余味，口感好。

4. 溶解热

糖醇类产品比蔗糖有更大的溶解热，所以利用其结晶品加工的固体食品，如糖果，进入口腔溶解时都有明显的清凉感。但是麦芽糖醇在20℃时在水中的溶解热为−23J/kg，吸热量在所有糖醇中是最小的，而且不残存后味，因此食用时没有其他糖醇那样的清凉感，与蔗糖非常相似。

5. 吸湿性

麦芽糖醇具有显著的吸湿性，且吸湿性呈稳定状态，即吸湿平稳，利用这种吸湿性麦芽糖醇不但可以作为各种食物的保湿剂，还可以防止蔗糖的结晶析出。

（二）麦芽糖醇的生理功能

1. 抗龋齿

麦芽糖醇具有非致龋齿性。龋齿最先开始于牙垢，牙垢是口腔内细菌将摄入的糖质合成为不溶性葡聚糖形成的，牙垢中细菌产生的酸对牙表面层的珐琅质发生腐蚀作用后，经过长时间积累，即形成龋齿。通过研究麦芽糖醇、蔗糖、山梨糖醇和木糖醇在口腔中的产酸特性，发现麦芽糖醇产生的酸不会导致牙斑的 pH 降至临界值 5.7 以下，低于 pH 5.7 以下，通常认为易致牙齿龋变，在 14 天内口腔牙菌仍不能代谢麦芽糖醇和木糖醇。故而麦芽糖醇是极难形成龋齿的非腐蚀性糖质，FDA 已经批准用麦芽糖醇生产的无糖食品可使用“不产生蛀牙”的标志。

2. 促进钙吸收

麦芽糖醇有促进肠道对钙吸收的作用，以及增加骨量及提升骨强度性能的作用。麦芽糖醇在大肠内被微生物分解为短链脂肪酸乳酸、丁酸等，使肠内 pH 下降，显酸性，这可促进钙离子吸收，有利于青少年发育成长和老年人预防骨质疏松症。因此，麦芽糖醇对儿童和老年人因钙摄入却吸收不足而引起的骨病，有明显的预防和治疗作用。

3. 不升高血糖、不刺激胰岛素分泌

葡萄糖或蔗糖在摄入人体后，会很快被人体吸收，造成血糖浓度迅速升高，从而刺激胰岛素分泌。摄入麦芽糖醇后，由于麦芽糖醇在人体内的水解速率很慢，所释放出的葡萄糖不足以引起血糖水平的波动，对胰岛素的分泌没什么刺激作用，从而减少了胰岛素的分泌。因此，麦芽糖醇可以作为供糖尿病患者食用的代用甜味剂。

4. 抑制体内脂肪过多积聚

脂肪细胞的脂蛋白质分解酶活性可通过分泌胰岛素得到提高，从而促进脂肪细胞在体内的积聚。如果同时摄入高脂肪和砂糖，由于刺激了胰岛素的分泌，脂蛋白分解酶活性提高，就很容易增加体内脂肪积聚。若用麦芽糖醇替代砂糖制造如冰淇淋、蛋糕、巧克力之类的高脂肪食品，由于不会刺激胰岛素分泌，所以可以减少体内脂肪的过度积聚。

5. 难消化性

麦芽糖醇是几乎完全不能为唾液、胃液、小肠黏膜酶等分解的难消化性低热量糖质，人体对麦芽糖醇的吸收率较低，除肠内细菌可利用一部分外，其余均不经消化而排出体外。摄入体内的麦芽糖醇中，约 10％在小肠分解吸收后作为能源利用，余下的 90％在大肠内在细菌的作用下分解为短链脂肪酸，其余部分在大肠吸收后作为能源利用，因而将麦芽糖醇在小肠内的吸收量加上大肠内短链脂肪酸的吸收量，可以计算出麦芽糖醇的热量值约为 2kcal/g。

6. 脂肪替代品

糖醇是蛋糕和奶油有效的乳化剂和发泡剂。目前油水型乳化人造奶油就是利用糖醇的乳化稳定性，以保持其高质量。此外，糖醇乳化发泡的稳定特性还可用来生产光滑、有质感的食品，麦芽糖醇就可用此法生产油性结构的食品。麦芽糖醇可用作脂肪替代品，生产的低热量食品，其风味与脂肪一样。高热量脂肪由低热量麦芽糖醇所代替，保持了与高热脂肪食品相同的风味和组织。

三、麦芽糖醇的生产

麦芽糖醇的生产主要以高压加氢法为主，是以高纯度的麦芽糖浆为原料，加入催化剂，在高温高压条件下将麦芽糖转化为麦芽糖醇。

由麦芽糖制备麦芽糖醇反应机理方程：

$$C_{12}H_{22}O_{11} + H_2 \longrightarrow C_{12}H_{24}O_{11}$$

制备麦芽糖醇的生产工艺流程如图 4-10 所示。

原料→调 pH→加氢反应→过滤脱色→提纯→浓缩→结晶

图 4-10　麦芽糖醇基本工艺路线图

为了使反应顺利进行，料液的浓度应适宜。调 pH 的主要目的是为了保护镍催化剂。加氢反应为了便于处理，反应压力一般 8MPa，反应温度为 120～130℃。

氢化液处理的目的是一方面除去氢化液中夹带的催化剂，另一方面脱除氢化液的微黄色。然后采用离子交换法脱除镍离子。

由于氢化后的溶液中含有少量的山梨糖醇和多糖醇，而它们的存在会严重影响麦芽糖醇的结晶速率，所以必须对氢化液进行提纯，以便除去山梨糖醇和多糖醇。目前工业上常采用色层分离法提纯。

由于色层法提纯后的提纯液浓度低，不能达到市场要求的浓度，所以浓缩也是麦芽糖醇商品化的重要环节。目前，工业主要采用真空蒸发方法除去麦芽糖醇浆中的大部分水分。

四、麦芽糖醇的应用

目前，日本、美国和法国等国家都对麦芽糖醇进行了研究和生产，已有许多国家批准将麦芽糖醇应用到食品中。麦芽糖醇产品有液体状和结晶状两类产品，国内销售一般以液体糖浆类产品为主。美国和欧洲主要应用含量为 70%的高级麦芽糖醇浆，含量 50%的低级麦芽糖醇浆大都在亚洲销售，但近年固体麦芽糖醇的用量正在迅速增加。日本液体状麦芽糖醇的部分市场被还原性饴糖占领，但结晶和粉末产品因使用在胶姆糖的胶基和用作颗粒形胶姆糖外涂剂，另外在饮料中用量较大，发展前景仍较乐观。

麦芽糖醇工业化生产起步较晚，还远远不能满足市场需求，但发展的趋势已形成。从麦芽糖醇的消费结构来看，绝大多数用于功能性食品。例如，用做糖尿病患者、肥胖患者的食品原料，如用麦芽糖醇生产无糖月饼、无糖奶粉、无糖饼干等。以麦芽糖醇为基料的无糖食品不仅是糖尿病、肥胖症、高血压及心血管病患者的医疗食品，也是健康人，尤其是儿童的理想保健食品。

第十节　挤压技术在淀粉制糖中的应用

一、挤压酶法生产淀粉糖原理

挤压酶法生产淀粉糖，是指将植物淀粉原料经挤压机械预处理，使淀粉发生糊化、降解后，再对其进行酶法液化和糖化等工序生产淀粉糖的方法。淀粉经挤压膨化后，其表观密度下降，具有一定的膨化度，分子间氢键断裂，由有序的晶体变成无序的非晶状态，产生糊化和降解，其理化特性更利于酶的作用，从而可缩短液化、糖化时间，提高原料利用率和糖液出品率，并节约能耗、提高经济效益。

淀粉质原料在挤压机内的加工过程分为输送区、过渡区和模头区 3 个区（图 4-11）。挤压生产的实际过程是连续渐变的，每段和每段之间并不是突然变化，段与段之间没有明显的界限，物料在挤压机内的加工都要经过这些步骤。

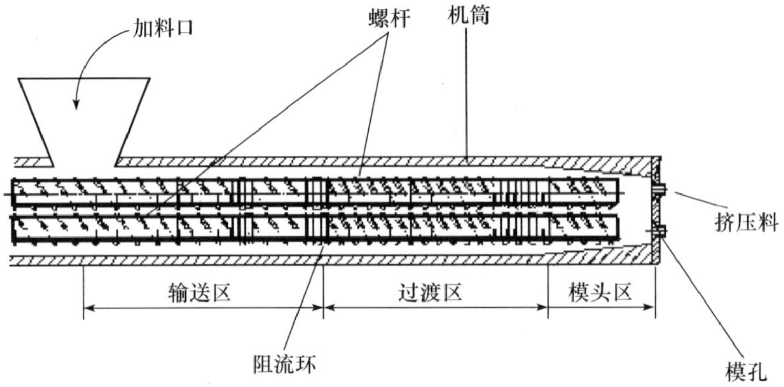

图 4-11 挤压机结构简图

输送区主要完成淀粉的输送和混合，并且随着物料的前移，由于腔体内螺旋槽容积减小逐渐对其产生破碎及轻微的压缩作用。在这个区域里淀粉是以相对自由的颗粒状流动的，这种颗粒状的物料汇集在螺旋之间的螺槽内，并被类似螺旋输送机的原理和作用向前输送着，基本未发生任何质构上的变化；在过渡区，螺旋向前推动物料时，由于螺旋槽容积的进一步缩小，再加上最前面模头的阻碍作用，物料受到的压力逐渐升高，螺旋对淀粉产生剪切和混炼作用。另外，由于摩擦热及外热的导入物料的温度也急剧上升，在这些因素的作用下固体粉粒状的物料开始变成液态状，但仍有固体粉粒状物料夹杂在熔体中，因此这一区域的淀粉是处于一种固液混合态，或者说是一种由固态向熔态的过渡状态；模头区是整个螺杆上螺距容积最小的部分，由于摩擦和剪切作用的加剧，在这一区域机械能转化成热能最多，再加上外热的导入，这段压力和温度急剧上升，并在螺杆和模头的间隙处达到最大值，因此这个区域里的淀粉处于一种基本完全的熔融状态。从模孔挤出的物料由于暴露在空气中，导致能量骤释，水分闪蒸，最终完成挤压糊化。物料在挤压机输送区只是被推向前进，基本未发生任何质构上的变化；在过渡区由于获得较高的能量，物料处于一种固融混合态，黏度加大；整个腔体中由于物料在模头区获得的能量最高，与过渡区的固融混合态物料相比，这一区域几乎完全熔融的淀粉黏度下降。

二、挤压预处理淀粉的理化变化

（一）物理变化

主要是指淀粉质原料挤压后水溶性指数、膨化度和挤压过程中的质构变化。

1. 水溶性指数和膨化度

水溶性指数是指一定量的挤出物样品溶于一定温度的水中并保持一定的时间，经离心机分离、其上层清液中含有的样品量占原样品总量的百分率。一般情况下淀粉的糊化度高，挤压过程中的降解率高，其水溶性指数也大。

国内外的一些研究者在对支链淀粉和直链淀粉进行挤压研究时发现，淀粉中支链淀粉和直链淀粉的比例对挤出物的质构特性影响较大，它们在挤压过程中各自表现出不同的特征。

Mercier 和 Teilket 利用双螺杆挤压机研究了不同直链淀粉含量下淀粉的挤压，结果如表 4-2 和表 4-3 所示。实验结果表明，直链淀粉的含量高，产品的膨化度小，水溶性指数低；温度高，挤出物的膨化度高，水溶性指数也高。

表 4-2　不同直链淀粉含量下挤出物的膨化度

指　标	挤压温度/℃	直链淀粉含量（干基）/%				
		1	15	30	46	61
膨化度	130	100	40	23	13	12
	180	100	81	78	66	17
	225	100	68	61	52	83

表 4-3　不同直链淀粉含量下挤出物的水溶性指数

指　标	挤压温度/℃	直链淀粉含量（干基）/%				
		1	15	30	46	61
水溶性指数	130	100	30	22	17	2
	180	100	60	50	27	2
	225	100	78	52	33	13

支链淀粉能促进膨化，使产品变轻变脆；直链淀粉含量高时，产品的质地较硬，挤出物光亮，表面和组织结构均有弹性，挤出过程所需动力小，膨化度、溶解度较小，吸水速率较慢，产品浸于水或牛奶中保持其形状而不马上变成糊状的相对时间较长，这对提高某些谷物早餐食品的质量是有好处的。制作膨化小吃食品时，为了达到良好的口感和一定的硬度，直链淀粉含量一般需在 20%以上，但是若含量太高超过 50%时制品的结构便过度密实，膨化欠佳，硬度较大。有资料表明，直链淀粉和支链淀粉各占 50%时，膨化效果最好。

2. 淀粉质原料挤压过程中的质构变化

以玉米淀粉为例，玉米淀粉经挤压加工后，从宏观上观测，在挤出机机头，体积在直径方向和轴向膨大，挤出产品有许多微孔形成，这是挤压机模头处物料内部水分的闪蒸引起的发泡现象的宏观体现，随着膨化机体腔体内原料由高温高压状态向常温常压下的骤释，原料内部水分的迅速蒸发，对于食品形成微孔结构起到了十分重要的作用，由玉米淀粉和挤压玉米淀粉的电镜扫描照片的比较可知（图 4-12），原料玉米淀粉子粒结构紧密，胚乳呈椭球颗粒，颗粒之间存在着大量的空气间隙。经过挤压膨化后，玉米淀粉的颗粒微观结构转变成薄壁片状。

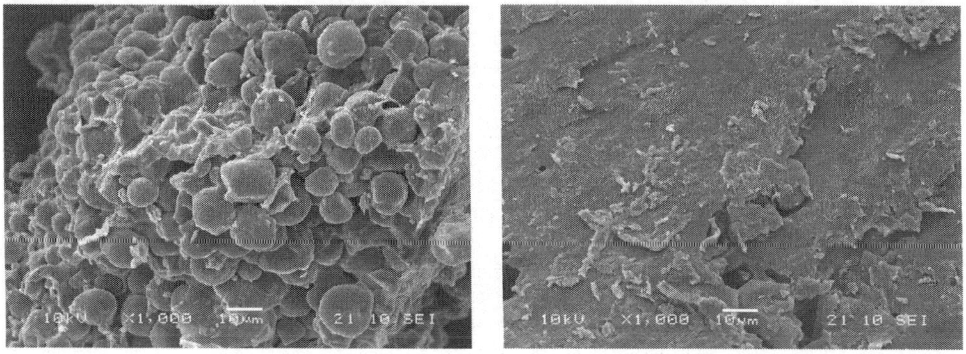

（a）　　　（b）

图 4-12　玉米淀粉挤压前后扫描电镜对照

（a）玉米淀粉扫描电镜图；（b）挤压玉米淀粉扫描电镜图

膨化的淀粉薄壁表面凹凸不平，表面分散着由残留蛋白质形成的纤维细丝，说明淀粉颗粒的有序结构已基本破坏，改性的淀粉形成微孔，微孔薄壁结构使蛋白质分散均匀，其质构产生了明显的变化。

（二）化学变化

1. 淀粉结构的变化

淀粉有直链淀粉和支链淀粉之分，经过膨化后，其淀粉结构发生变化，表现在支链淀粉和直链淀粉的比例发生了变化，其总淀粉含量降低（淀粉糊精化），同时其支链淀粉含量也降低，而直链淀粉含量却增加。这是因为，当淀粉处于高温高压的密闭环境中，淀粉处于融化状态，局部分子链被强大的压力切断，断裂的位置通常发生在分支点、链的中心部位以及碳原子之间的链上，这就导致支链淀粉的一部分侧链被“切割”下来，使较短的直链淀粉比例增加。

2. 淀粉的糊化

在玉米淀粉的挤压加工中，淀粉发生的最一般的化学变化是淀粉的 α 化，也就是淀粉分子的氢键断裂，淀粉原有的结构发生变化，同时使玉米粉由“生”变“熟”。淀粉经挤压后能获得较高的 α 化度，而这种 α 化度不同于一般蒸煮的 α 化，在挤压过程中，由于接受了大量的外部热量和受到强烈的剪切，水分子的热运动加剧，使淀粉变软，淀粉链间的氢键断裂，链发生移动，并且在机头挤出过程中，淀粉的 α 化往往伴随着水分的迅速气化蒸发，这也有利于提高淀粉的 α 化的稳定性，使淀粉类物料在挤出后产生微孔结构，同时发生降解。淀粉颗粒吸水受热，当吸收一定能量后，分子由两个平行排列的直链部分间脆弱的氢键处开始分离，使其组织间的无定型部分增多，淀粉颗粒膨胀，粒子沿切向膨胀逐渐增大到原有体积的许多倍，其分子的网状结构大大变弱，进而形成淀粉糊。随着物料受热程度的增加，温度的升高，颗粒进一步膨胀，直链淀粉向颗粒外扩散；随着时间的延长，淀粉分子间的氢键断裂，破坏了淀粉的原有结构，颗粒破碎，淀粉由原来的紧凑有序结构，变成松散无序结构，即淀粉发生了糊化。尤其是挤压机内部的淀粉在受到强剪切、混炼与加热作用后，糊化转化率十分迅速。

淀粉属于高分子食品原料，纯淀粉在挤压机内从外观上看，先是由未胶化的白色逐渐变为凝胶化的无色半透明体。这是由于在挤压机内，淀粉在升压、升温和剪切的共同作用下，高分子的结构键断裂而使其变成了低分子的产物，降解使淀粉分子间的氢键断裂因而发生了糊化。原料中的淀粉在经过挤压膨化后，含量有所减少，而糊精和还原糖则有较大的增加。糊化后的淀粉其口感、营养、存储及冲调速食性能均有显著提高。原因是经过糊化后的淀粉由胶束状淀粉链构成的 β 淀粉在加热加压破坏时就变成 α 化淀粉，α 淀粉较容易消化，因为淀粉一经 α 化，其直链淀粉和支链淀粉的各分子间就出现间隙，消化酶易于进入。

表 4-4 以玉米粉和黍米粉为例给出其淀粉及相关指标在挤压膨化后的变化。

表 4-4　谷物粉挤压膨化后淀粉及有关参数的变化

参　数	玉米		黍米	
	对照	挤压膨化	对照	挤压膨化
淀粉（干基）/%	83.92	70.95	76.55	68.84
糊精（干基）/%	0.02	9.45	0.72	4.65
还原糖（干基）/%	1.32	6.22	1.24	4.64
还原能力（干基）/%	1.40	6.58	1.43	6.06
表观密度/(g/cm^3)	0.2274	0.1669	0.6057	0.2131
α 化度（干基）/%	13.58	81.55	12.84	73.97

淀粉质原料的挤压蒸煮加工是一个可控的高温短时的热处理过程，物料在挤压机腔体内的停留时间分布、喂入水分含量、机械能的转变和外加热能的输入、温度及压力的分布均会对最终的挤压蒸煮效果产生影响。在常压下通过传统方式蒸煮淀粉要想使淀粉糊化，物料水分含量不应低于35%～40%；在压力为1～25MPa时进行的挤压加工中，所需的水分含量可以降低到大约10%，也就是说可以在没有任何外加水分的情况下使谷物粉和谷粒中的淀粉糊化，这是挤压蒸煮技术的显著特点之一。

一般情况下，当淀粉在水中加热糊化时，依靠大量吸收水分而膨胀，使淀粉胶束成平行排列，淀粉粒破裂而糊化，所以当物体脱水干缩和降温时，淀粉又回复到糊化前状态，出现"返生"现象。对于膨化淀粉，因物料水分含量并不很高（20%～35%），故其并不是依靠大量吸水膨胀，而是依靠挤压机内的高温高压使其分子运动加剧，水分子强烈渗透，发生位移重排，然后在挤压机模孔上产生瞬间卸压气化爆裂，使淀粉粒破裂，淀粉分子缔合氢键被破坏，淀粉发生不可逆润胀而糊化，并且膨化与脱水（干燥）几乎是同一瞬间完成，故其不存在失水、干缩、返生问题。水分含量低于30%的物料，糊化之后的淀粉在挤出模具时，水的汽化是其发生膨化的最主要原因，当水分汽化和挤出物冷却时体系温度很快降低到玻璃态转变温度之下，产品保持膨化状态。已经证实，水分含量较低的物料挤压糊化后的整个体系（淀粉-水体系）冷却时处于玻璃态。对于高水分含量的淀粉-水体系挤压加工后冷却时体积则收缩。这是由于高水分含量的体系中玻璃态转变温度降低，或者低相对分子质量物质（麦芽糖）的含量增加。当挤出物在挤压机出口处冷却时，它们的温度仍在玻璃态转变温度之上，导致体系收缩或塌陷。

挤压过程中淀粉的糊化是一个在低水分状态下糊化的过程，挤压过程中淀粉糊化度的大小与挤压过程中几乎所有的参数都有关：挤压温度、物料水分含量、螺杆转速、挤压机结构（螺杆、筒体的形状）、剪切力、淀粉在挤压机内的滞留时间、模头出口形状等，都对淀粉的糊化度有影响。国内外学者、研究人员采用不同的实验方法和仪器对淀粉在挤压过程中的糊化程度做了观察和探索。例如，Cai和Diosady以小麦淀粉为原料，采用"急停挤压"方法将挤压机机筒迅速全部拆卸，沿螺杆分段测定不同挤压条件下淀粉的变化，结果显示淀粉在挤压过程中由固态经过渡态到熔融态，其中过渡态很短，淀粉的糊化主要发生在熔融态。国内也有研究人员用可视双螺杆挤压机进行观察，发现淀粉的凝胶化半透明体区域很长，与前者观察到的现象相似。

Chiang和Johnson利用螺杆直径为1.91cm、长径比为25∶1的Brabender挤压机对小麦粉进行了实验，以便研究水分含量、挤压温度和螺杆转速对淀粉糊化度的影响。所用小麦粉中的蛋白质含量为10.5%，灰分为0.45%，水分含量为13.5%，其余成分为碳水化合物。研究结果表明温度在80℃以前，随温度的升高，糊化度上升的较慢；在80℃以后，随温度的升高，淀粉的糊化度急剧上升。总体而言，水分对糊化度影响不太大，在80℃以前，水分含量的变化基本上不对淀粉的糊化度产生影响；在95℃以上，随水分含量的提高，淀粉的糊化度在水分含量为21%～24%时有明显变化。但在此含量以外，水分含量对糊化度的影响同样比较小。螺杆转速对淀粉的糊化度影响也不显著。随螺杆转速的增大，糊化度略有降低，其原因是由于螺杆转速增大后物料在挤压机筒内的停留时间减少，受到剪切作用的时间降低。

3. 淀粉胶凝和液化

研究认为最低湿度为40%，即水活性$A_W\approx1$是淀粉胶凝、酶水解的充分条件。Wootton和Baumunaarachchi利用DSC研究发现淀粉胶凝最有效的温度是30℃，并计算出挤压蒸煮过程在20%湿度及特定压力和温度下，水活性能达到1，由此解释了谷物在低水分条件下，通过挤压蒸煮可获得较高膨化度的原因。

淀粉挤压胶凝化的同时，如加入可溶性酶和固定化酶可发生糖化作用，采用固定化床获得的 DE 值可高达 98%。在挤压温度 120～200℃，一定的水分含量和其他挤压参数固定不变的条件下谷物挤压物的吸水指数随温度的升高而达到最大值，同时，热面团的黏度不断减小并且水溶指数不断增加。

在挤压蒸煮过程中，加入耐高温 α-淀粉酶后原始淀粉产生液化现象，含量下降；同时，腔体内高的能量会使淀粉酶产生变性而部分失活。因此，挤压蒸煮加工的最佳条件必需使淀粉充分胶凝，同时使酶尽可能少的失活。Buffa 和 Holliger 根据这一特性，将挤压蒸煮技术用于谷类断奶食品的生产中。所选用的工艺条件：膨化物的湿度为 30%～50%，温度为 65～115℃，滞留时间为 1～3min。并且实验表明提高物料湿度仍可以挤压蒸煮。在温度为 55～90℃，相对湿度为 97%时，挤压蒸煮后酶的水解作用仍可持续 40～90min，产物中 25%淀粉变成糊精，15%淀粉变成小分子糖。

4. 淀粉的降解和还原能力的提高

挤压加工是一个力化学过程，淀粉在挤压、剪切、混炼等机械力的作用下，会发生一系列的化学变化。在螺杆强的剪切力作用下，内部应力集中于大分子的个别链段上，产生临界应力，使淀粉大分子的化学键断裂，形成了某些自由基团之类的活性粒子。这些活性粒子依据结构组成、温度、水分等的不同，进行不同方向的转化，产生新的结构，最终通过机头，进入大气环境，形成稳定的产物。淀粉在挤压过程中，最明显的化学变化是力降解，即淀粉分子通过氢键的断裂，大分子降解，平均分子质量减小。淀粉的 α 化程度和淀粉的降解程度相一致，挤压剪应力和热在淀粉的降解和膨化中起主导作用，尤其是剪切起的作用更加明显。螺杆的剪切强度大，挤出物直径的膨化比大，降解程度高，糊化度高。这种高的降解程度和糊化度，减少了液化和糖化工序的时间，节约了能耗，从而为将挤压膨化技术应用于淀粉糖的生产奠定了理论基础。

挤压膨化破坏了淀粉颗粒，在宏观上使产品疏松，体积增大；在微观上使淀粉呈片状，发生降解，糊精和还原糖增加；在化学性质上，产物的还原能力增强，由于膨化后组织较疏松，与碘作用时接触面积较大，空间位阻变小，导致碘蓝值升高，即便在低温条件下制品的水溶性、吸水性也较强，更易被生物酶水解。

三、淀粉糖挤压酶法工艺

以玉米淀粉为原料，对其进行挤压预处理后，酶法生产高 DE 值（DE＞90%）淀粉糖浆的工艺路线如图 4-13 所示。

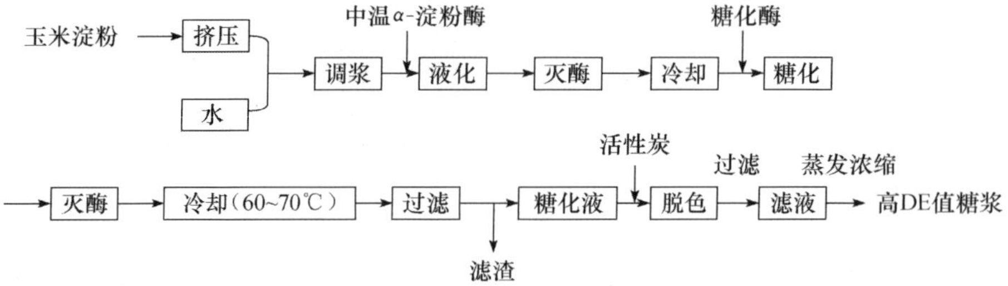

图 4-13　挤压玉米淀粉酶法生产高 DE 值淀粉糖浆工艺路线图

将玉米淀粉与水按 1∶3（*M/V*）比例室温调浆，按根据中温 α-淀粉酶活力（10U/g 原料）确定加酶量，于中温酶最适温度（70℃左右）在反应釜中液化 20～30min，DE 值达到 15～20 后，90～100℃灭酶约 10min，冷却至 60℃，完成液化。再根据糖化酶活力（100U/g 原料）确定糖化加酶量，于糖化酶最适温度（60℃左右）糖化 36～39h，当 DE 超过 90 后，90～100℃灭酶约 10min，冷却至 60～70℃，转鼓真空或板框压滤机过滤。糖化液的脱色条件为：在pH 4.3，脱色温度 75℃下，活性炭添加量 0.98%（*W/W*）。与现有双酶法喷射液化工艺相比，挤压法生产淀粉糖浆具有工艺路线短，液化、糖化时间少，糖液滤速好，出品率和 DE 值高的特点。

思 考 题

1. 简述常见淀粉糖的种类、性质及特点。
2. 简述淀粉糖生产工艺中糖化的机理。
3. 影响酸法糖化工艺效果的因素有哪些?
4. 简述酶法生产淀粉糖的液化机理及工艺控制要点。
5. 简述麦芽糖的生产工艺流程。
6. 简述结晶葡萄糖的生产工艺流程。
7. 果葡糖浆在食品工业中都有哪些应用?
8. 超高麦芽糖常见生产方法有哪些?
9. 简述麦芽糊精的生产工艺流程。
10. 简述低聚糖的功能特性。
11. 简述挤压技术在淀粉制糖中的应用。

第五章 变性淀粉

第一节 概　　论

变性淀粉是淀粉工业发展的必然需求，其宗旨在于改善淀粉的性能，从而不断扩大原淀粉的应用范围，即利用物理、化学或酶法处理，在淀粉分子上引入新的官能团或改变淀粉分子大小和淀粉颗粒性质，从而改变淀粉的天然特性（如糊化温度、热黏度及热稳定性、冻融稳定性、凝胶力、成膜性、透明度等），使其更适合于一定的应用要求。

一、淀粉变性的目的

未变性淀粉本身具有许多缺点，限制其广泛应用。例如，冷水中不膨胀、无黏性；淀粉糊受热达糊化温度后黏度急剧增加，无法控制；糊化淀粉在长时间蒸煮、剪切或低 pH 条件下易发生降解，黏度不稳定；不同植物、不同地域、不同年份生产的淀粉黏度不同；淀粉糊凝胶质构不稳定，淀粉糊乳化性差。为克服以上一系列缺点需要对原淀粉进行变性处理。淀粉变性的目的可归纳为以下几点。

（1）采用变性淀粉，可以使其在高温、高剪切力和低 pH 条件下保持较高的黏度稳定性，从而保持其增稠能力。许多食品均需在较高温度下加工或杀菌，原淀粉分子在高温下易解聚成小分子，黏度下降，使其失去增稠能力；同样，食品加工中的机械搅拌和泵的输送，均会产生剪切力，而且某些食品由于存在有机酸（如酸性饮料），使体系偏酸性，高剪切力和酸性环境均能使原淀粉分子降解，失去增稠、稳定食品的能力，因此必须通过淀粉的变性处理，提高其耐热、耐酸和抗剪切能力。在淀粉用于罐头、糖果、果酱类、饮料类以及调味料等食品增稠中尤为重要。例如，高温杀菌（罐头杀菌）环境使原淀粉分子易分解成小分子，黏度下降，失去其增稠能力，因此高温技术要求淀粉高温黏度稳定性好；糖果食品要求淀粉糊即使在机械剪切（搅拌、泵输送等）、高低温处理和强酸强碱的作用下必须保持稳定的黏度、流动性、保水性或成膜性。

（2）通过变性处理，可以使淀粉在室温或低温保藏过程中不易回生，从而避免食品凝沉或胶凝，形成水质分离。食品中的淀粉分子在保藏过程中会通过氢键发生分子间重排而缩合，尤其在冷藏过程中这一过程更为剧烈，结果导致分子脱水收缩，固体食品质构硬化，甚至发生析水现象，流体食品出现上下分层、混浊，产品劣化。通过变性处理后（如酯化和醚化淀粉），在淀粉分子上引入亲水性基团，则可以提高淀粉分子亲水能力，阻碍淀粉分子间以氢键形式缩合，脱水收缩，从而提高食品在室温或低温保藏过程中的稳定性。例如，冷冻食品要求糊化后的淀粉冻融稳定性要好。

（3）通过变性处理可以提高淀粉糊的透明度，改善食品的外观，提高其光泽度。原淀粉的亲水性不强，当用它制作食品时，则往往因其不能很好地结合水分子，而使整个食品体系透光率低，食品发白，无光泽。当淀粉变性处理后，接上亲水性基团，则使淀粉分子周围吸附有大量水分子，形成质构均匀的溶胶，使得食品具有很好的透明度或诱人的光泽。例如，豆沙馅用淀粉需具有豆沙的天然光泽；果冻食品要求淀粉糊透明性好、成膜性好。

（4）通过变性处理改善乳化性能。原淀粉分子是没有什么乳化性的，不能用它来形成稳定的水、油混合体系。如果在淀粉分子上接上亲水、亲油双重性质的官能团，如辛烯基琥珀酸根，则使它既具有亲水性，又具有亲油性，从而达到乳化稳定水、油混合体系的目的。

（5）通过变性处理可提高淀粉浓度，降低淀粉黏度，还可提高淀粉形成凝胶的能力，如制作牛皮糖的酸处理淀粉。

（6）通过变性处理提高淀粉溶解度或改善其在冷水中的吸水膨胀能力，改善淀粉在食品中的加工性能，如制作方便食品用的糊精和预糊化淀粉。

（7）通过变性处理改善淀粉的成膜性。例如，通过分支酶切断支链淀粉分子中的 α-1,6 糖苷键，增加直链分子的比例，经此过程处理后的淀粉形成的膜具有很好的强度和隔氧性，适合用于食品的包装膜。

二、淀粉变性的内容

淀粉变性的内容主要取决于应用的需要。罐头食品的高温杀菌能降低淀粉糊的黏度，而经化学交联后淀粉糊具有很高的抗热性，在高温下仍然保持着稳定的黏稠性；冷冻食品要求淀粉糊具有低温稳定性，但是原淀粉在低温冷冻条件下分子间通过氢键结成晶体，溶解度降低，这样就破坏了冷冻食品原有的胶体状态，使其不能保持原来的组织状态，而用磷酸盐处理所得到的变性淀粉，凝沉性很弱，冷冻时稳定性强，适用在各种冷冻食品中。

淀粉变性的内容包括：

（1）破坏淀粉分子的部分或者全部结构、松动颗粒组织、降低分子质量；

（2）引入化学改性基团，使淀粉具有阴、阳或两性离子的特性，从而降低糊化温度，增加糊的透明度，减缓凝胶的形成以及改善冻融稳定性与保水性；

（3）通过交联技术提高糊化温度，在剧烈蒸煮或在高剪切和低 pH 的条件下，提高淀粉糊黏度的稳定性，改善冻融和保水性，降低淀粉糊的透明度；

（4）氧化或酸催化水解，淀粉链的断裂会引起淀粉黏度的降低；

（5）通过物理或化学诱发，与其他单体进行接枝共聚，明显加大淀粉的吸水性；

（6）遗传育种或分离方法，改变直链与支链淀粉的含量比例；

（7）分子结构。

三、淀粉变性的可能性与反应部位

淀粉分子容易变性，这主要是由其结构特征决定的。淀粉分子中具有许多醇羟基，它们反应活性高，能与许多化学试剂起反应，这样就有可能引进多种基团生成酯或醚，或与具有多元官能基的化合物起反应得交联淀粉，或与人工合成的高分子单体经接枝共聚反应得共聚物。淀粉易在外界因素（物理、化学、酶）的作用下发生结构断裂，最后生成降解物，而导致性质的改变。由于采用的物理因素、化学试剂或者酶的不同，使用剂量的数量差异，工艺条件和途径的区别，取代度和聚合度的高低，可制成的变性淀粉品种繁多，以适应不同用途的需要。

淀粉可以看做葡萄糖单元通过 α-1,4 和 α-1,6 键连接起来的聚合物。淀粉活性部位体现在羟基和糖苷键（C—O—C）上面，这两部分分别是发生置换反应（—OH）和断链（C—O—C）反应的区域。淀粉分子中存在着三个醇类功能基，最活泼的功能基在第 6 碳位上，两个次要的功能基在第 2、第 3 碳位上。

四、变性淀粉的产品分类

变性淀粉的分类方法有多种，如按原料来源分类、按生产方法分类、按产品用途分类等，这里介绍一下按生产方法分类，见图 5-1。

- 原淀粉
  - 物理变性淀粉 —— 预糊化淀粉（α-淀粉）
  - 化学变性淀粉
    - 分解淀粉
      - 氧化淀粉
        - 次氯酸氧化淀粉
        - 过氧化氢氧化淀粉
        - 高碘酸氧化淀粉
      - 酸变性淀粉
    - 淀粉酯
      - 无机酸酯淀粉
        - 磷酸酯淀粉
        - 硫酸酯淀粉
        - 硝酸酯淀粉
      - 有机酸酯淀粉
        - 甲酸酯淀粉
        - 乙酸酯淀粉
        - 丙酸酯淀粉
        - 硬脂酸酯淀粉
    - 淀粉醚
      - 羟甲基淀粉醚
      - 羟烷基淀粉醚
      - 阳离子淀粉醚
      - 阴离子淀粉醚
      - 交联淀粉醚
    - 接枝共聚淀粉
  - 酶法变性淀粉 —— 麦芽糊精
  - 复合变性淀粉

图 5-1　变性淀粉的分类

1. 物理变性

包括预糊化（α 化）淀粉、γ 射线、超高频辐射处理淀粉、机械研磨处理淀粉、湿热处理淀粉等。

2. 化学变性

用各种化学试剂处理得到的变性淀粉。其中有两大类：一类是使淀粉分子质量下降，如酸解淀粉、氧化淀粉、焙烤糊精等；另一类是使淀粉分子质量增加，如交联淀粉、酯化淀粉、醚化淀粉、接枝淀粉等。

3. 酶法变性（生物改性）

各种酶处理淀粉，如 α-、β-、γ-环状糊精、麦芽糊精、直链淀粉等。

4. 复合变性

采用两种以上处理方法得到的变性淀粉，如氧化交联淀粉、交联酯化淀粉等。采用复合变性得到的变性淀粉具有两种变性淀粉的优点。

此外，变性淀粉还可按生产工艺路线进行分类，有干法（如磷酸酯淀粉、酸解淀粉、阳离子淀粉、羧甲基淀粉等）、湿法、有机溶剂法（如羧基淀粉制备常采用乙醇作溶剂）、挤压法和滚筒干燥法（如天然淀粉或变性淀粉为原料生产预糊化淀粉）等。

五、变性程度的衡量

预糊化（α 化）淀粉评价指标为糊化度；酶法糊精评价指标为 DE，DE 越高，酶解程度越高；酸解淀粉用黏度或相对分子质量来评价水解程度，水解程度越高，其黏度越低，相对分子质量越小；氧化淀粉用羧基含量、羰基含量或双醛含量来评价其氧化程度，羧基含量、羰基含量或双醛含量越高，氧化程度越高；接枝淀粉用接枝比率（%）来评价接枝程度；交联淀粉则用溶胀度或沉降体积来表示交联程度，溶胀度或沉降体积越小，表示交联程度越高；其他变性淀粉用取代度（DS）或摩尔取代度（MS）来表示，DS 或 MS 值越大，表示变性程度越高。

DS 表示分子中葡萄糖残基中羟基被取代基团取代的平均数。例如，取代度为 0.02 表示每 50 个葡萄糖单位有一个羟基被取代。淀粉中大多数 D-吡喃葡萄糖基上有 3 个可被取代的羟基，所以 DS 的最大值为 3，其计算公式如下：

$$\mathrm{DS}=\frac{162W}{100M-(M-1)W}$$

式中：W——取代基质量分数，%；

M——取代基相对分子质量。

当取代基进一步与试剂反应产生聚合取代物时，MS 就用来表示平均每个脱水葡萄糖基结合的试剂分子数，这样 MS 便可大于 3，即 MS≥DS。

通常高取代度淀粉取代度大于 2.0，低取代度淀粉取代度小于 0.2。工业上使用的多为低取代度产品，很低程度的取代，就可以改善如黏度、稳定性、溶解度、膨胀性和凝沉性等性质。较高取代度的淀粉衍生物具有取代基的性质。

六、变性淀粉的生产方法

选择变性淀粉的生产方法应该依据生产品种及生产规模、装备水平等因素综合考虑。多品种、大规模生产应当以湿法为主，单一品种、大规模生产应以干法为主，投资不大的小规模装置则十分灵活。生产品种和品种的多少是选择生产方法的先决条件。

（一）湿法生产变性淀粉

湿法也称为浆法，是将淀粉分散在水或其他液体介质中，配成一定浓度的悬浮液，在中等温度条件下与化学试剂进行氧化、酸化、酯化、醚化、交联等改性反应，生成变性淀粉。如果采用的分散介质不是水，而是有机溶剂或含水的混合溶剂时，为了区别于水又称为溶剂法，其实质与湿法相同。有机溶剂价格昂贵，多数危险，不易回收，所以只有生产高取代度、高附加值产品时才采用，大多数变性淀粉都采用湿法。

其工艺过程如下。

(1) 淀粉的变性。淀粉浆用泵通过热交换器送入反应器，反应时用冷水或热水通过热交换器冷却或加热淀粉乳至所需温度，调节好 pH，根据产品要求加入一定量的化学试剂反应，反应时间根据所需变性淀粉的黏度、取代度和交联度而定，1～24h 不等，检查反应结果，达到要求后立即停止反应，浆液送入料桶。

(2) 淀粉的精制。浆液由放料桶用泵送到水洗工段，通过多级旋流或分离机串联对淀粉乳进行逆流清洗，淀粉乳经水洗后，过筛送入精浆桶内进入下道工序。

(3) 淀粉的脱水干燥。精浆桶淀粉乳进入一个水平转轴的脱水机或三足式离心机内脱水，脱水后湿淀粉经气流干燥器干燥，筛分和包装后即为成品。

(二) 干法生产变性淀粉

干法是指淀粉在含少量水（通常在 20%左右）或有机溶剂的情况下与化学试剂发生反应生成变性淀粉的一种方法。干法是在“干”的状态下完成变性反应，并非没有水的参与，含水 20%以下的淀粉，几乎看不出有水分存在。

其工艺过程如下。

(1) 淀粉和化学品的准备。将淀粉输送到计量桶中计量，化学试剂预先按一定比例在带有搅拌装置的桶中溶解，并被引射至高速混合器中，化学试剂被逐步地分散在淀粉中。

(2) 淀粉的变性。将淀粉输送至反应器中（可以是真空状态）。

(3) 产品冷却、增湿、混合和包装。

反应系统中含水量很少，所以干法生产中最大的困难是淀粉与化学试剂的均匀混合，工业上除采用专门的混合设备外，还采用湿状态下混合，干状态下反应，两步完成变性淀粉的生产。干法生产的变性淀粉的类别较少，其中应用最普遍的是白糊精、黄糊精及酸降解变性淀粉。

第二节　预糊化淀粉

一、预糊化淀粉的生产原理

原淀粉具有微结晶结构，冷水中不溶解膨胀，对淀粉酶不敏感，该状态的淀粉称为β-淀粉。

将β-淀粉在一定量水存在下加热，使之糊化，规律排列的胶束结构被破坏，分子间氢键断开，水分子进入其间，这时淀粉在偏光显微镜下观察会失去双折射现象，结晶结构消失，并易受酶作用，该结构称为 α 结构。

完全糊化的淀粉在高温下迅速干燥，蒸发掉淀粉颗粒中使氢键断开的水分子，得到氢键断开的、多孔状的、无明显结晶现象的淀粉颗粒，即为预糊化淀粉。

预糊化淀粉具有多孔的、氢键断裂的结构，能重新快速地溶于冷水而形成高黏度、高膨胀性的淀粉糊，可应用于许多行业。

二、预糊化淀粉的生产工艺

预糊化淀粉的生产方法有：热滚筒法、挤压膨化法、喷雾干燥法和微波法等。

1. 滚筒法

将淀粉与去离子水混合搅拌，调浆浓度 20%～40%，最高可达 44%，保持温度 30～40℃。淀粉乳可先经化学或酶法变性，或添加其他物料，如盐、碱性物（糊化助剂）、表面活性剂以防止黏滚，改进产品的复水性。滚筒内通蒸汽加热至 150～170℃，用泵将淀粉浆送入滚筒表面，形成一层薄膜立即糊化并快速脱水干燥（水分约 5%）。已干燥好的薄膜经刮刀取下落入粗破碎装置，再输送至微破碎机后即得产品。工艺的主要控制参数为：浆液浓度、进料量、转速和温度，欲得到理想产品，需对以上参数进行调整。

滚筒法具有生产连续、操作简便、能耗低、质量稳定、适应范围广等特点，但此加工方法使得淀粉粒会突然膨胀到原来体积的数百倍，同时具有强烈的剪切作用，使淀粉颗粒破裂，产品有很大的缺陷，包括窄的峰值黏度范围，非完整性颗粒，不能承受使用过程中的剪切力及酸和碱的影响，弹性、流动性和稳定性较差等，该方法使淀粉糊液只有 80%左右糊化。

2. 挤压法

将淀粉调成含水量约为 20%的乳液，将此乳液加入挤压机腔内，经螺旋挤压摩擦产生 120～160℃的温度而糊化，然后通过孔径为 1mm 至几毫米的小孔高压挤出，由于压力急速降低淀粉糊立即膨胀，使水分蒸发而干燥，最后碾磨筛分即得产品。此工艺具有设备投资少、动力消耗小的特点，但生产的预糊化淀粉由于受高强度剪切力作用，黏度低，几乎没有弹性。

3. 喷雾法

淀粉乳预先蒸煮（糊化）为热糊液，用高温气流将浓度为 5%～8%（10%以下）的糊液喷入干燥塔内雾化干燥。

喷雾法的特点是无需单独的粉碎过程，即得到呈空心球状的颗粒成品。淀粉乳经糊化后，黏度剧增，使喷雾过程复杂和困难，另外，所使用的淀粉乳浓度低，干燥时需除去的水分多，排气的温度高，造成能耗大、生产成本高，而采用高温喷雾工艺能将淀粉乳浓度提高到 10%～40%。由于一直保持在高温高压条件下（压力 135×10^5Pa，温度 210～220℃）淀粉糊化溶解完全，黏度低，易于喷雾，所得产品水分含量为 11%，溶解度为 87%。而普通喷雾干燥工艺所得产品的溶解度只有 30%以下。

4. 微波法

利用微波使淀粉液糊化、干燥，然后经粉碎的成品，消除了剪切力的影响。

5. 脉冲喷气法

一种生产预糊化淀粉的新兴方法，工作部件的核心是一个频率为 250 次/s 的脉喷气式燃气机。该机产生 137℃的喷气，将喂入的水分为 35%的淀粉在几毫米之内雾化、糊化和干燥，成品通过一个扩散器后，用成品收集器收集。通过改变喷气管的尺寸形状、喂入量、喂料口的位置等，通过喷气量调整淀粉的温度、含水量、停留时间等，来保证最终产品的质量，该方法具有热效率高、适应性广（含固量 30%～35%）、产品黏度稳定等特点。

三、预糊化淀粉性质及应用

（一）性　　质

预糊化淀粉经磨细、过筛后呈细颗粒状，因工艺不同，颗粒形状存在差别。将样品悬于甘油中，用显微镜（放大 100～200 倍）观察，滚筒干燥法的产品为透明薄片状，喷雾干燥法产品为空心球状。

预糊化淀粉的复水性受粒度的影响。粒度小的产品溶于水生成的淀粉糊具有较高冷黏度、较低热黏度，表面光泽好，但复水太快、易凝块，中间颗粒不易与水接触，分散困难。粒度大的产品溶于冷水速率较慢，无凝块，生成的淀粉糊冷黏度较低，热黏度较高。

预糊化淀粉溶于冷水成糊，其性质与加热原淀粉而得的糊比较，增稠性和凝胶性有所降低。

（二）应　　用

1. 在烘焙食品中的应用

预糊化淀粉可应用于薄脆饼干、米果等产品的生产中，因其制品要求淀粉具有一定的膨胀性，而预糊化淀粉在该方面优于普通淀粉。预糊化淀粉制成的混合料坯因这部分淀粉已经吸水，当烘烤时，大量的水从淀粉颗粒中跑出，从而造成膨胀。相反，如使用普通淀粉，当面坯烘烤时才开始吸水，便不易达到松脆的目的，因此，使用预糊化淀粉效果更佳。

蛋糕粉中加入预糊化淀粉，制蛋糕时加水易混成面团，包含水分和空气多，制品体积较大。

2. 在微波食品中的应用

与传统的焙烤方法相比，微波焙烤方法加工时间短，会影响到淀粉的充分糊化。而加入预糊化淀粉可以使蛋糊中的淀粉在较短的时间内发生糊化，改善面糊的黏度并提高蛋糕制品的水分含量。另外，预糊化淀粉溶于水后黏度增加，包裹更多的气泡，增大蛋糕的体积，结构更加松软。同时还有研究表明，预糊化淀粉结合水的能力比较强，使蛋糊系统中的小麦淀粉结合的水量减少，从而减少面团的表面坍陷并增大蛋糕体积。

3. 在方便食品中的应用

预糊化淀粉广泛应用于各种方便食品中，使用时可省去蒸煮操作，起到增稠、改进口感的作用。例如，用预糊化淀粉配制的布丁粉，用冷牛奶搅匀即可食用。

4. 在固体饮料中的应用

固体饮料和汤料要求冲调后即能形成均匀状态，并能稳定半小时以上，所形成的饮料或汤具有黏稠性、爽口感。据此，可以使用预糊化淀粉、麦芽糊精或酯化淀粉等。

第三节　氧 化 淀 粉

一、次氯酸钠氧化淀粉

经次氯酸钠处理的淀粉为氧化淀粉。淀粉经碱性次氯酸钠处理后，白度提高，黏度和糊化温度降低，稳定性、透明度、成膜性得到改善，黏着力增强。

所用的氧化剂可分为以下三类：酸性氧化剂，如硝酸、铬酸、高锰酸盐、过氧化氢、卤化物、卤氧酸（次氯酸、氯酸、高碘酸）、过氧化物（过硼酸钠、过硫酸铵、过氧乙酸、过氧脂肪酸）和臭氧等；碱性氧化剂，如碱性次卤酸盐、碱性亚氯酸盐、碱性高锰酸盐、碱性过氧化物、碱性过硫酸盐等；中性氧化剂，过氧化物、溴、碘等。

常用、效果好的氧化剂主要是次氯酸钠、双氧水和高锰酸钾。工业生产中最常用的是碱性次氯酸盐。

（一）氧 化 机 理

C_1 碳原子的半缩醛羟基最易被氧化成羧基的，其次是 C_6 的伯醇羟基，它会被氧化成醛基，最后成羧基。C_2、C_3 和 C_4 碳原子被氧化成羰基，最后成羧基。C_2 和 C_3 碳原子的两个仲醇羟基是乙二醇结构，被氧化成羰基、羧基，C_2 和 C_3 间键开裂。C_1 和 C_4 碳原子羟基分别存在淀粉分子的还原性末端和非还原性末端，量很少，氧化反应改变淀粉性质的影响小，随氧化反应进行，发生分子降解，末端基团量会增多，C_2、C_3 和 C_6 碳原子羟基量多，主要是这些羟基的氧化反应改变了淀粉原有的性质。

次氯酸钠在不同 pH 下以不同形式存在，在碱性条件下主要解离成 ClO^-；在接近中性的条件下基本不解离，ClO^- 量少；酸性条件下，主要是未解离的 HClO。淀粉在不同 pH 条件下，结构也发生变化；碱性条件下，淀粉生成淀粉钠（St—O—Na），酸性条件下发生质子化（H^+）和（或）水解。淀粉的这种结构变化也影响着其氧化反应。

酸性条件下，次氯酸盐很快转变成氯，氯与淀粉的羟基起反应生成次氯酸酯和氯化氢，酯进一步分解生成酮和氯化氢。酸性越高，氧化反应速率越慢。

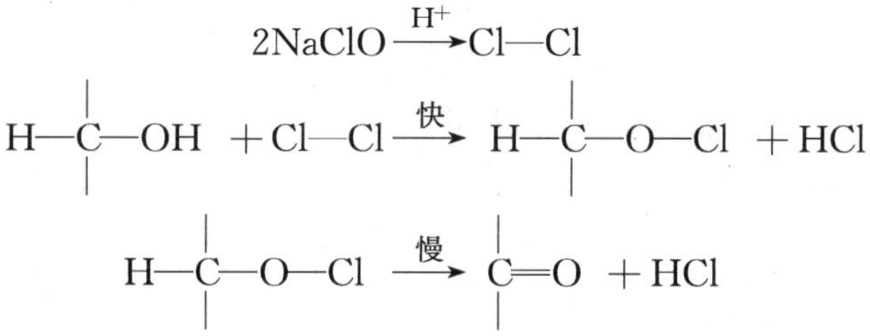

碱性条件下，淀粉生成带有负电荷的淀粉钠，数量随 pH 的增高而增加；次氯酸主要离解成 ClO^-，也带有负电荷，相互间的排斥作用影响氧化反应，因此，pH 提高会限制氧化速率。但在弱碱性条件下，淀粉是以中性形式存在，反应速率较快。

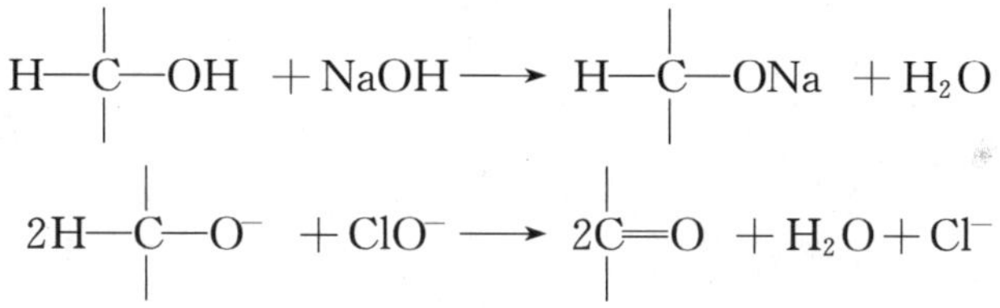

中性条件下，未离解的 HOCl 作用于中性淀粉生成淀粉次氯酸酯和水，酯再分解成酮和氯化氢。

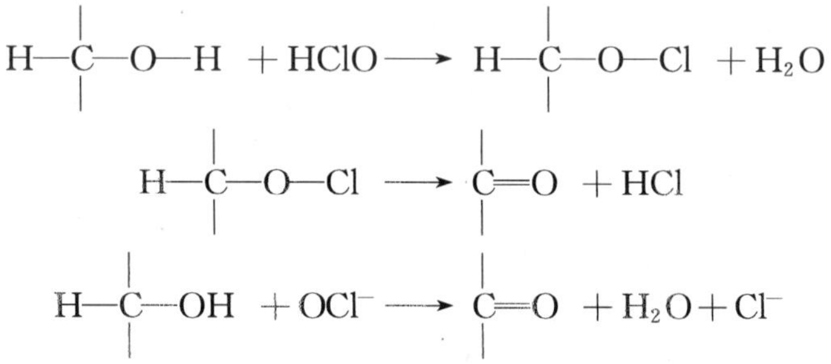

次氯酸钠氧化淀粉的反应速率在 pH 7 最高，在较低和较高 pH 都低。温度增高促进反应速率增快。

通过氧化反应生成羰基和羧基，生成量和相对比例因反应条件而定。在较低 pH 下有利于醛基生成，在接近中性时有利于羧基生成，在高 pH 下有利于羧基生成。羧基能降低直链淀粉的凝沉性，工业生产是在弱到中等碱性条件下氧化，促进羧基生成。

（二）生 产 工 艺

次氯酸钠氧化淀粉的生产采用湿法工艺，其工艺流程如图 5-2 所示。

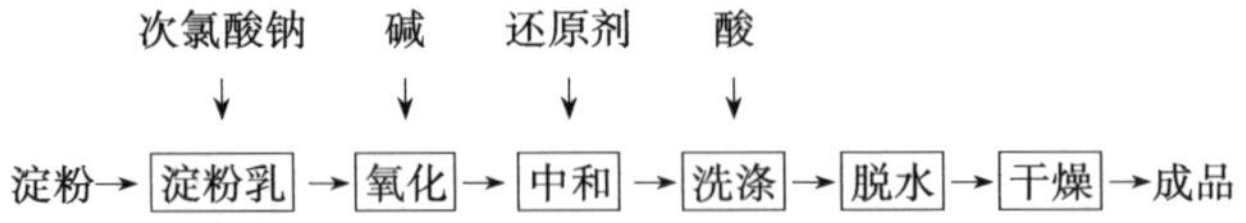

图 5-2　次氯酸钠氧化淀粉的工艺流程

浓度为 35%～40%的精制淀粉乳送入反应罐，搅拌条件（60r/min）下用稀碱液（2%氢氧化钠）调 pH 为 8～10，加入适量的次氯酸钠进行氧化反应。反应过程中，由于羧基的生成使 pH 下降，通过添加稀碱溶液中和所产生的酸性物质来稳定 pH。氧化反应放热，引起温度上升，应当控制加次氯酸钠的速率，并备有冷却装置，反应温度控制为 30～50℃。次氯酸钠用量随要求的氧化程度而定，氧化程度高，用量高，以有效氯占绝干淀粉百分数表示（3%～6%）。当氧化反应达到要求程度时，将 pH 中和到 6～6.5，羧基约 90%与钠结合，少量为游离状态。用 20%亚硫酸氢钠溶液还原剩余的次氯酸钠，经洗涤除去可溶性副产品、盐以及降解产品，离心脱水，于 65℃以下干燥到水分含量为 10%～12%，筛分包装得成品。氧化淀粉对热的作用敏感，干燥温度过高会引起颜色发黄，这是由于含有醛基的原因。

淀粉在氧化过程中的影响因素具体如下。

（1）pH 的影响　低 pH 时，易形成醛基；中性和高 pH 时，易形成羧基。由于羧基在稳定直链淀粉分子及使其具有最小的老化程度上起重要作用，通常氧化反应是在中性到中等碱性的条件下进行，以生成较大量的羧基。

（2）氧化剂消失速率　pH 为 7.5～10，反应速率随 pH 的增加而降低；pH 为 10～11，则相反。除此之外，淀粉乳浓度越高，氧化剂消失速率越快；若颗粒结构已被破坏，氧化剂消失速率亦会增加；温度越高，氧化剂消失速率越快。

（3）反应温度　氧化反应放热引起温度上升，应注意次氯酸钠的加入速率。碱性条件下温度升高很容易引起淀粉的溶胀，使产品难于过滤，因此反应罐必须有降温装置。

（4）反应时间　反应时间对淀粉的黏度有很大的影响。淀粉品种的变化、次氯酸钠的加入速率、pH、温度等都会影响反应的速率，所以，反应的时间会产生小范围的变化，反应终点的确定常采用黏度测定的方法。

（三）性　　质

（1）氧化淀粉颗粒类似于原淀粉，仍保持着偏光十字及碘染色特征。氧化淀粉色泽较原淀粉颗粒白。颗粒中径向裂纹数随氧化程度的增加而增加。当在水中加热时，颗粒会沿着这些裂纹裂成碎片，取代了原淀粉颗粒的膨胀现象。

（2）氧化过程中，羧基及羰基的生成量、糖苷键切断量等取决于处理程度。随着次氯酸盐量的增加，羧基或羰基含量增加。

（3）氧化淀粉可降低淀粉黏度，从而使它在较高的浓度下，在热水中成糊。

（4）氧化淀粉在热水中成糊时，黏度增加的方式随处理条件而变化。中性条件下，由次氯酸盐氧化作用得到的淀粉，糊化时有高的黏度峰值；但在较高碱性条件下氧化得到的淀粉有较低的黏度峰值。氧化淀粉糊具有更好的清晰度及稳定性，主要是因为氧化过程中羧基进入到淀粉分子中对直链淀粉的老化倾向起到了空间位阻作用。

（5）用次氯酸盐氧化淀粉能形成强韧、清晰、连续的薄膜，薄膜更均匀，收缩及燥裂的可能性更小，也更易溶于水。

（四）应　　用

1. 食品工业

轻度氧化淀粉可用于炸鸡、鱼类食品的敷面料中，对食品有良好的黏合力并可得到酥脆的表层。

2. 造纸工业

由于其具有成膜性好、不凝胶等优点，经过施胶后，改善了纸张表面强度，增加了其表面光滑度，为书写和印刷提供优良的表面性能，所以80%以上的次氯酸盐氧化淀粉用于造纸工业。

3. 建筑材料业

氧化淀粉可以用作糊墙纸、绝热材料、墙板材料的黏合剂，并作为瓦楞纸箱工业的黏合剂。

4. 纺织工业

由于氧化淀粉可以在较低的温度下以高浓度使用，大量渗入到棉纱中，提供良好的耐磨性，常作棉、合成纤维、混纺纤维的上浆剂。

二、双醛淀粉

（一）氧化机理

双醛淀粉是用高碘酸作氧化剂与淀粉作用生成的一种特殊的氧化淀粉。高碘酸是一种特殊的氧化剂，具有高度的专一性，它只氧化相邻的羟基生成醛基，即将淀粉分子中葡萄糖单位上的 C_2 及 C_3 上的羟基氧化成醛基，并拆开 C_2—C_3 键形成二醛淀粉。其反应式如图5-3所示。

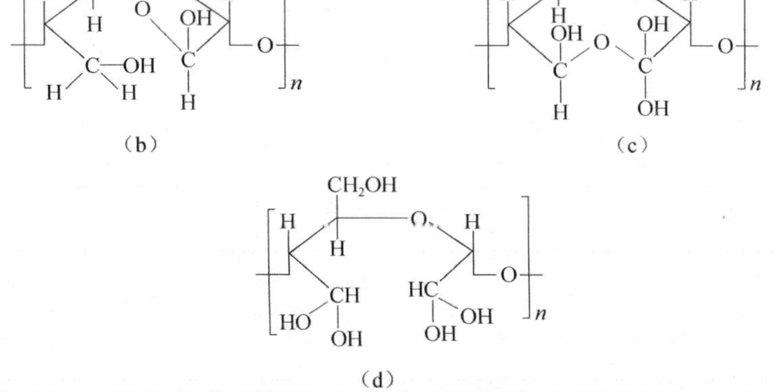

图5-3 双醛淀粉氧化机理

（二）生产工艺

高碘酸价格贵，氧化淀粉后被还原成碘酸，电解氧化可重新形成高碘酸，以重复使用。现多采用两步工艺，即淀粉的氧化和碘酸的氧化分别进行。其生产工艺流程如图 5-4 所示。

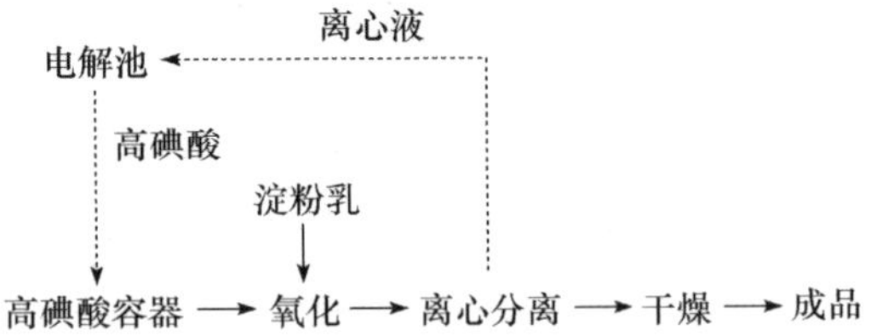

图 5-4　双醛淀粉生产工艺流程

具体生产工艺条件为：高碘酸和淀粉的摩尔比为 1.0～1.2，反应温度 35℃左右，pH 1.0～1.5，反应时间 2～4h，可得到醛基含量大于 90%，得率为 98%的双醛淀粉。高碘酸氧化淀粉的反应速率很快，反应最初 1h 达到约 90%。因为高碘酸渗入淀粉颗粒结构内部较难，氧化程度达到 95%～100%需要较长反应时间。氧化程度 90%以上符合工业应用。

（三）性　质

双醛淀粉为多聚醛化合物，虽仍保持淀粉颗粒的原形状，但在物理和化学性质方面差别大，无偏光十字，遇碘不着色。醛基很少以游离状态存在，反应活性与醛基化合物相同，易与亚硫酸氢盐基起加成反应，与多糖分子中羟基、氨基起交联反应等。

（四）应　用

双醛淀粉主要应用于造纸工业，提高卫生纸、面巾纸和其他纸张湿强度；在纺织业方面它还能交联棉纤维，可作为上浆剂或织物整理，能更好地提高纱强度、抗磨性；双醛淀粉能与皮革中蛋白质骨胶原的氨基和亚氨基起交联反应，为良好鞣革剂；除此之外，双醛淀粉能与明胶起交联反应不溶解，在照相胶片生产中可用作明胶硬化剂；与亚硫酸氢盐的加成物能作为树脂乳液的增稠剂等。

第四节　酯化淀粉

淀粉分子中具有许多醇羟基，羟基与酸发生酯化反应生成酯类衍生物。酯类衍生物分无机酸酯和有机酸酯两类。有机酸酯主要包括淀粉乙酸酯、黄原酸酯。无机酸酯主要包括淀粉磷酸酯、硫酸酯和硝酸酯等。

一、淀粉乙酸酯

乙酸酯淀粉又称乙酰化淀粉或乙酸淀粉。在工业上使用的都是低取代度的产品（取代度在 0.2 以下），应用于食品、造纸、纺织和其他工业。高取代度的淀粉乙酸酯（取代度 2～3）性质与醋酸纤维素相似，可溶于有机溶剂，具有热塑性和成膜性。

（一）基本原理

淀粉分子中的葡萄糖单位的 C_2、C_3 和 C_6 上具有羟基，在碱性条件下，能被多种乙酰基取代，生成低取代度乙酸酯淀粉。所用的酯化剂有乙酸、乙酸酐、乙酸乙烯、氯化乙烯、醋酐-乙酸混合液等，乙酸酐居多。

1. 与乙酸酐反应

工业生产低取代度产品是用淀粉乳在碱性条件下进行，应用乙酸酐试剂的反应表示如下：

$$淀粉—OH+(CH_3CO_2)_2O+NaOH \longrightarrow 淀粉—OCOCH_3+CH_3COONa+H_2O$$

在反应过程中，乙酸酐和生成的淀粉乙酸酯在碱的作用下发生水解反应如下：

$$(CH_3CO)_2O+H_2O \xrightarrow{NaOH} 2CH_3COONa$$

$$淀粉—OCOCH_3+H_2O \xrightarrow{NaOH} 淀粉—OH+CH_3COONa$$

在生产实践中应避免这种副反应的发生

2. 与乙酸乙烯反应

通过碱性催化酯基转移反应，乙酸乙烯能作用于淀粉，易于生成淀粉乙酸酯衍生物，为工业常用方法。在反应中，除生成淀粉乙酸酯外，还会生成乙烯醇（$CH_2=CHOH$），立即重排成乙醛。

$$淀粉—OH+CH_2=CHO\overset{\overset{O}{\|}}{C}—CH_3 \xrightarrow{Na_2CO_3} 淀粉—OCOCH_3+CH_3CHO$$

在反应过程中，乙酸乙烯和生成的淀粉乙酸酯都受到碱性催化作用发生水解反应，这是不利的副反应，应尽量抑制其反应发生。

$$CH_2=CHO\overset{\overset{O}{\|}}{C}CH_3+H_2O \xrightarrow{NaOH} CH_3COONa+CH$$

（二）生产工艺

1. 用乙酸酐制备乙酸酯淀粉

将淀粉用水调成40%淀粉乳，不停搅拌，滴入3%氢氧化钠溶液调到pH 8.0。使用过高浓度的氢氧化钠溶液会引起淀粉颗粒局部糊化，使以后过滤困难，应当避免。缓慢加入需要的乙酸酐。反应一定时间后，用0.5mol/L HCl溶液调节使pH为4.5，过滤后，加水洗涤，然后干燥，即得乙酸酯淀粉。乙酸酐的用量取决于要求的取代度。

制备低取代度产品时，可降低乙酸酐用量；但制备较高取代度产品时，不宜再增加乙酸酐用量，因为还需要增加碱液用量调整pH，使体积增大，乙酸酐浓度会降低，从而降低反应效率。为避免这种缺点，可先过滤除去水分，再将滤饼混入蒸馏水中，加入乙酸酐进行乙酰化。此操作重复多次。制备取代度高的淀粉，也可将淀粉在60%的吡啶溶液中在115℃下回流1h，使淀粉在没有糊化的情况下活化，加入乙酸酐，可以获得三乙酸酐产品。若制备更高取代度产品，最好先糊化淀粉，再乙酰化。糊化淀粉较颗粒淀粉易被乙酰化，试剂的反应效率也较高。乙酸酐的添加速率应控制适当，过慢则生成的淀粉乙酸酯又会水解，过快则乙酰化反应不易均匀进行，也降低反应效率。

2. 用乙酸乙烯制备乙酸酯淀粉

乙酸乙烯能作用于淀粉，易于生成淀粉乙酸酯衍生物，是工业生产中常用的方法。乙酸乙烯相对分子质量为86，其50%能起乙酰化反应，高于乙酸酐的42%。

水分含量10%，在24℃反应1h，反应效率2%；水分含量15%，反应效率43%；水分含量65%，反应效率增高到73%。水分含量是以占干基淀粉百分率表示。

碱金属氢氧化物、季铵氢化物、氢氧化铵和脂肪铵可作催化剂，但最好用碳酸钠作缓冲剂，反应 pH 控制在 9～10，反应效率可达 65%～70%。混合 10g 玉米淀粉（水分含量 12%）于 150mL 水中，水中含 0.057mol 碳酸钠。在 38℃温度时加入乙酸乙烯 10g，搅拌反应 1h。用稀硫酸调整 pH 6～7，过滤、水洗、干燥。在反应过程中 pH 由 10 降到 8.6，产品含乙酰基 3.6%，反应效率 65%～70%。

（三）性　　质

1. 低取代度淀粉乙酸酯的性质

低取代度淀粉乙酸酯颗粒形状与原淀粉无差别。淀粉乙酸酯在淀粉中引入少量的乙酰基后，阻止或减少了直链分子氢键的缔合，工业上生产的淀粉乙酸酯取代度小于 0.2（5%乙酰基），使其形成稳定性非常好的胶体溶液，因此使淀粉乙酸酯的许多性质优于原淀粉，如糊化温度低、糊稳定性增加，凝沉性减弱。乙酰化反应增加了淀粉颗粒的溶胀和分散性，提高了胶液的透明度，显著改善了成膜性能，形成的薄膜柔软、光亮、耐磨。

2. 高取代度淀粉乙酸酯的性质

淀粉乙酸酯的水溶性随取代度增加而提高，当达到一定值时，它会完全溶于冷水。取代度为 2～3 的淀粉乙酸酯的熔点随直链淀粉含量的增加而降低，溶解度随乙酰基含量增加而降低。15%乙酰基含量的产品可溶于 50～100℃水中，而乙酰基含量大于 40%时，则不溶于水、乙醚、脂肪醇等，而能溶于丙酮、乙二醚、苯等溶剂中。高取代度淀粉乙酸酯的成膜性能大大降低，强度脆弱，甚至干燥后成为脆片。

（四）应　　用

DS 0.02～0.05 的乙酸酯淀粉，因为在淀粉链间增加了乙酰基，使淀粉糊液稳定性好、不易老化；糊化温度比原淀粉低。溶液呈电中性，即使冷却也不形成凝胶，有抗凝沉性能，浆糊及薄膜的透明度均提高。因此，被广泛用作食品的增稠剂、保型剂。

1. 在面条中的应用

变性淀粉的亲水性比小麦淀粉大，易吸水膨胀，能与面筋蛋白、小麦淀粉相互结合形成均匀致密的网络结构，从而改善制品的品质等。将变性淀粉应用于鲜面中时，当加入面粉量 1%的酯化糯玉米淀粉或羟丙基玉米淀粉，可降低淀粉的回生程度，使放置储藏后的湿面仍具有较柔软的口感，面条的品质都得到改善。但加入量过大时会对面团产生不利的影响。

淀粉乙酸酯常进行复合变性，交联淀粉乙酸酯常用于油炸方便面中。研究显示面粉中马铃薯交联淀粉乙酸酯或木薯交联淀粉乙酸酯用量为 10%～15%。使用高黏度的交联淀粉乙酸酯可以提高成品面条强度和产品复水性，使其耐泡而不糊汤；生产中可降低断条率，提高成品率；另外还可以降低油炸方便面油耗 2%～4%。

2. 在酸奶中的应用

酸奶是以牛奶或奶粉分散在水中，加乳酸菌发酵而成的。所用变性淀粉应能够增加酸奶的黏稠性，改善其质地和口感，防止内容物脱水收缩和乳清的分离，并具有抵抗酸性环境和杀菌时温度的影响能力。

3. 在馅、调味料中的应用

传统工艺制得的豆沙馅放置时间长后，易回生，口感变粗而不细腻。若在炒沙过程中加入 15%左右乙酸酯化（或交联复合变性）淀粉，一方面利用这种淀粉的亲水性和保水性能好的特点，使成品豆沙馅吸水能力大大增加，从而提高了出品率，炒沙时间大大缩短，成品放置一段时间后，不回生，口感仍细腻如初；另一方面，由于乙酸酯化（或交联复合变性）淀粉具有一定的乳化性，使储藏一段时间后的豆沙馅不会出现析油现象。

调味料包括辣椒酱、番茄酱、草莓酱等，这一类酱需要使用增稠剂。使用交联酯化淀粉后，成本比原来使用胶类下降；同时，酱体稳定，长时间存放不分层，酱的外观有光泽、口感细腻。

4. 在肉制品中的应用

在午餐肉和火腿肠中，原大多使用玉米淀粉。由于玉米淀粉的回生，使储藏后的肉制品质地松散而不柔软，严重的则变得口感粗糙。用交联酯化淀粉部分或全部替代玉米淀粉，可以改善肉制品的吸水量，增加其黏结性，同时，可以利用这类淀粉的回生程度下降的特性，而使储藏后的肉制品仍具有细腻的口感。在肉制品开始加热时，淀粉不易糊化或糊化慢，热传递快，可缩短加热时间，降低生产成本。肉制品中变性淀粉用量为3%～8%。

5. 在其他食品中的应用

经交联的乙酸酯淀粉对于高温、强剪切力和低pH影响具有更高黏度稳定性，低温储存和冻融稳定性也高，常用作罐头和容器包装的婴儿食品、水果馅和奶乳馅的填充料，使产品能在温度变化的条件下长期存放于货架上；在冷冻水果馅、菜肉馅、肉汁馅中使用有利于低温保存；在烘焙食品中（馅饼、烘饼和馅糕）使用，可使其具有较大的抗“渗水”能力。

二、淀粉磷酸酯

（一）基本原理

淀粉和磷酸酯化试剂反应生成淀粉磷酸酯是淀粉中的葡萄糖残基中的羟基与磷酸根发生酯化形成的，是磷酸的酯化衍生物，有单酯型和交联型两种。通常将单酯称为淀粉磷酸单酯或简称为磷酸淀粉，而将多酯称为淀粉磷酸双酯或交联淀粉。

磷酸酯淀粉是采用正磷酸盐（NaH_2PO_4/Na_2HPO_4）、焦磷酸盐（$Na_3HP_2O_7$）、偏磷酸盐（$Na_4P_2O_7$）、三聚磷酸钠（$Na_5P_3O_{10}$）、三氯氧磷（$POCl_3$）或有机含磷试剂等与淀粉混合，在一定条件下反应，经洗涤干燥而制得。

1. 淀粉与正磷酸盐反应

用磷酸氢二钠和磷酸二氢钠混合盐为酯化剂，与淀粉在155℃加热反应可生成淀粉磷酸酯。

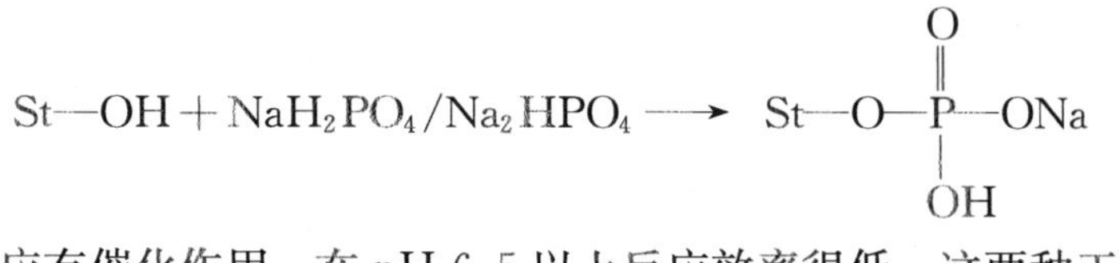

氢离子对此反应有催化作用，在pH 6.5以上反应效率很低。这两种正磷酸盐受热都脱水分解成焦磷酸盐，如酸性较强的磷酸二氢钠比例较高，则磷酸氢二钠的脱水速率加快。

$$2Na_2HPO_4 \longrightarrow Na_4P_2O_7 + H_2O$$

$$2NaH_2PO_4 \longrightarrow NaH_2P_2O_7 + H_2O$$

上式表明正磷酸盐的酯化是通过焦磷酸盐为中间体的反应。

磷酸氢二钠和磷酸二氢钠混合盐能方便地制得DS为0.2以上的淀粉磷酸单酯，但淀粉也发生部分水解，产品具有很宽的流度范围，随反应的pH、温度及反应时间的不同而异。

2. 淀粉与焦磷酸盐的反应

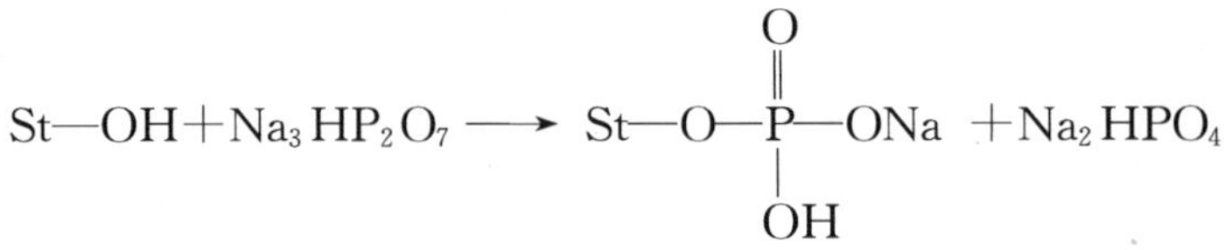

3. 淀粉与三聚磷酸盐（STP）反应

在低水分条件下受热，淀粉分子中的羟基与三聚磷酸钠发生水解聚合反应。

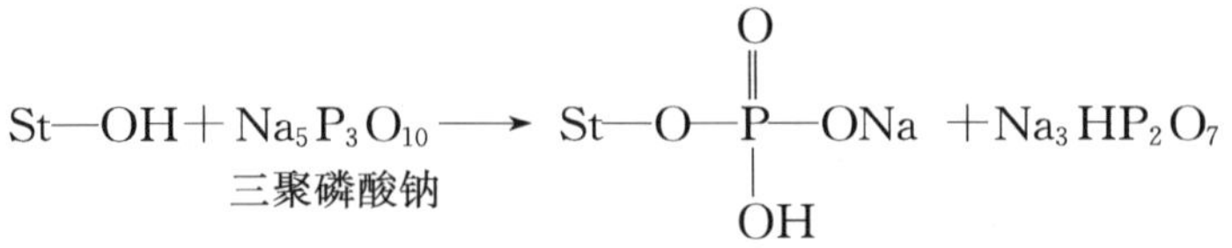

湿淀粉滤饼中混有的三聚磷酸钠在低温干燥中生成 $Na_5P_3O_{10}\cdot 6H_2O$，再在110～120℃受热，易发生下列分解反应：

$$Na_5P_3O_{10}\cdot 6H_2O \longrightarrow Na_5P_3O_{10} + 6H_2O$$

$$Na_5P_3O_{10}\cdot 6H_2O \longrightarrow Na_4P_2O_7 + NaH_2PO_4 + 5H_2O$$

$$2Na_5P_3O_{10} + H_2O \longrightarrow Na_4P_2O_7 + 2Na_3HP_2O_7$$

生成的焦磷酸钠与淀粉起反应得淀粉磷酸单酯。这种方法生产的淀粉酯基本不发生降解，取代度较低（DS0.02）。

淀粉与三聚磷酸盐的反应温度（100～120℃）比淀粉与正磷酸盐的反应温度（140～160℃）低一些。反应期间，STP与淀粉混合物的pH从8.5～9.0下降到小于7.0，副产品焦磷酸盐（也可通过STP水解得到）也可以与淀粉起酯化反应。

（二）生 产 工 艺

淀粉磷酸单酯应用最广泛，制备方法有湿法、干法和半干法。以湿法生产为主，优点是化学试剂与淀粉能够充分混匀，产品质量稳定，生产易控制。但产品的收率低、生产用水量大、污水需净化，成本高。半干法工艺是指淀粉和磷酸盐的混合在液相中进行，但反应在固相中进行的一种方法。干法生产变性淀粉是淀粉在含少量水的情况下，将化学试剂与催化剂的混合溶液喷到干淀粉上，充分混合后，在一定温度下反应1～3h。与湿法比较，干法生产变性淀粉具有工艺简单、反应效率高、能耗低、环境污染小等优点。湿法和干法工艺流程见图5-5和图5-6。

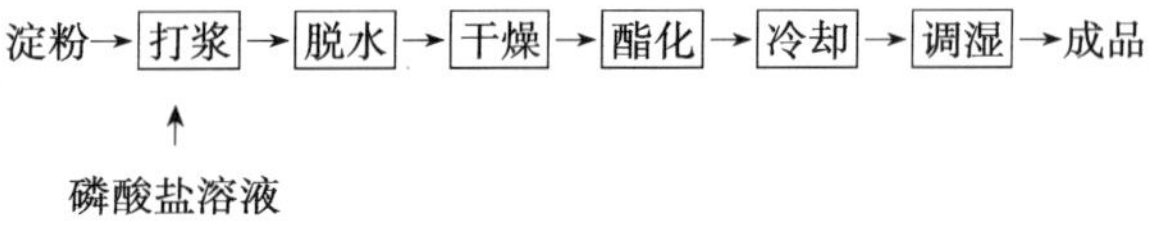

图5-5　湿法生产淀粉磷酸酯工艺流程

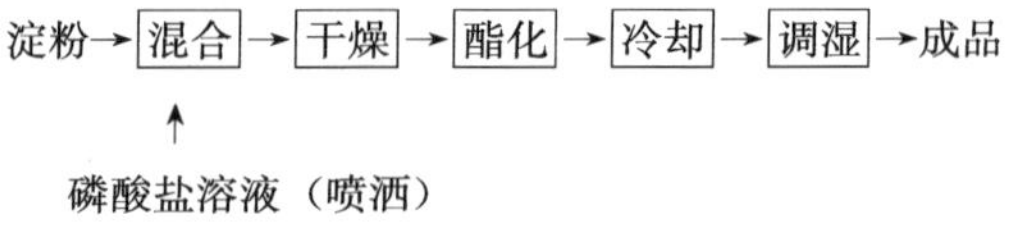

图5-6　干法生产淀粉磷酸酯工艺流程

干法和湿法基本都包括三个阶段：预处理、酯化反应和后处理。

湿法工艺为把淀粉分散在磷酸盐溶液中，将混合物搅拌10～30min，在搅拌下将pH调至5.0～6.5，水分含量约40%，过滤，滤饼采用气流干燥或在40～45℃下干燥到含水10%以下，然后加热酯化。酯化分两个阶段，开始阶段淀粉在较低温度下干燥除去多余水分，即滤饼干燥。后面阶段是在高温下加热反应即磷酸酯化，在120～170℃的温度条件下加热0.5～6h。

这两个阶段在连续带式干燥机中完成。在这两个阶段的加热过程中，在淀粉和磷酸盐混合物水分含量减少到 20％之前，温度不应超过淀粉的糊化温度，即 60～70℃。这样可防止凝胶化和其他副反应的发生。

将一定配比的磷酸酯化试剂（正磷酸盐/三聚磷酸钠/磷酸与焦磷酸钠）与尿素溶解并用盐酸或氢氧化钠调节 pH 为 4～7，再将溶液均匀喷入干淀粉中，边喷边搅拌，静置 24h 左右之后在烘箱中将水分降至 10％左右，碾磨后将带有磷酸盐的淀粉放入电热鼓风干燥箱中，在 120～160℃的条件下加热反应 1～3h，从而生成不同取代度的磷酸酯淀粉。

影响淀粉磷酸酯质量的主要因素有 pH、反应温度、磷酸盐用量、催化剂等。

pH 不但影响酯化剂在水中的溶解度，而且影响酯化的方式。pH 低时有利于磷酸盐的溶解，但 pH 太低会加剧淀粉的水解。

不同磷酸盐酯化效果差异明显，二氢盐的反应效果和取代度明显高于一氢盐。磷酸盐用量越大，反应效率和取代度越高，但黏度特性反而下降。

不同的磷酸盐要达到相同的酯化效果所需要的温度和时间不同。温度越高、反应时间越长，反应效率和取代度越大，但温度太高会导致淀粉降解，反应时间不宜太长。

磷酸酯化反应中常加入适量尿素起催化作用，能提高反应效率，缩短反应时间，降低反应温度，提高产品白度和淀粉糊的透明度、黏度。

除无机磷酸盐酯化剂外，还可用有机含磷试剂作酯化剂。在生产低取代度非交联的淀粉磷酸酯及高取代度淀粉磷酸酯时，有机磷酯化剂优于无机磷酯化剂。有机含磷酯化剂主要有水杨基磷酸酯、*N*-苯酰磷酸铵、*N*-磷酰基-*N*-甲基咪唑盐等。

（三）性质和应用

淀粉磷酸酯仍为颗粒状，其水溶性质因酯化程度和生产方法而不同。取代度约 0.07，颗粒遇冷水膨胀，大多数离子型淀粉衍生物均是如此。与其他高分子电解质性质相似，糊黏度受 pH 影响，遇到钙、镁、铝、钛离子发生沉淀。

淀粉磷酸酯与原淀粉比较，糊的黏度、透明度和稳定性都较高。酯化程度越低的淀粉磷酸酯淀粉糊性质改变的越多。

淀粉磷酸酯能与具有阳电荷的亚甲基蓝显色，颜色深浅表示离子的强度大小，利用显微镜观察样品颜色分布的均匀程度能了解酯化反应发生的均匀程度。

（四）应　　用

淀粉磷酸酯为良好的食品乳化剂、增稠剂和稳定剂，在食品加工中已得到广泛的应用。

糊的冷冻和冻融稳定性都高，在低温长期储存或重复冷冻、融化，食品组织结构保持不变，也无水分析出，特别适用于冷冻食品。

淀粉磷酸酯能溶于冷水，制成薄膜，透明，柔软，具有水溶性。

医药方面，与明胶和甘油制成薄膜或与甘油和山梨醇制成薄膜，具有黏合性，适用于外科治疗，敷于伤口或烧伤皮肤表面能减少感染、促进组织生长、治愈快。

造纸工业用淀粉磷酸酯作为纸浆施胶剂，能提高白土或碳酸钙保留率，增强纸张强度。

纺织工业将淀粉磷酸酯应用于上浆、印染和织物整理，效果比原淀粉好，用量少。

淀粉磷酸酯还是良好的沉降剂，适用于工厂废水处理和浮游选矿等。

三、其他淀粉酯

（一）淀粉黄原酸酯

1. 基本原理

二硫化碳（CS_2）可认为是黄原酸的酸酐，在碱性（常用氢氧化钠或氢氧化钾）条件下易与淀粉分子中的羟基起酯化反应得淀粉黄原酸酯。反应方程式如下：

$$St—OH + CS_2 + NaOH \longrightarrow St—OCSS^- Na^+ + H_2O$$

淀粉黄原酸钠的稳定性差，溶液在储存过程中发生氧化、水解等反应，从而引起含硫量降低。经喷雾干燥使其含水在2%以下，稳定性大大提高。

在空气中的氧化或其他氧化剂存在的条件下，淀粉黄原酸钠氧化反应生成交联淀粉黄原酸双酯，大大提高了它的稳定性。

$$2St—OCSS^- Na^+ + 2H^+ \xrightarrow{\text{氧化剂}} St—O—CSS—SSC—O—St + H_2O$$

常用的氧化剂有过氧化氢、次氯酸钠、亚硝酸钠或碘，其中以过氧化氢为最好。因为其原料易得且产物为水。

在淀粉黄原酸酯化反应中，淀粉中的葡萄糖残基的 C_6 伯醇羟基被取代的活性最高，其次是 C_2 仲醇羟基，最低是 C_3 仲醇羟基。

反应中添加硫酸镁可增加产品的稳定性，体系容易过滤或离心机脱水。提高了气流干燥速率，并且易于除去水中重金属，沉降速率快。所得产品为黄原酸钠盐（$St—OCSS^- Na^+$）和镁盐（$St—OCSS^-$）$_2Mg^{2+}$ 的混合物。

2. 生产工艺

淀粉黄原酸酯的制作方法很多，最简单的是将氢氧化钠溶液、淀粉和二硫化碳按计量比例混合，加入连续螺旋挤压机中，在高剪切下混合反应，大约2min后排出黏稠物，干燥即得成品。反应温度、碱浓度、反应时间影响淀粉黄原酸酯化反应的反应效率及产物的取代度。

生产工艺具体如下：

将淀粉、CS_2 和 NaOH 按计量比例混合（淀粉、NaOH 和 CS_2 的摩尔比为 1∶1∶1 至 1∶1/4∶1/6），加入连续螺旋挤压机中，高压剪切混合反应 2min。连续卸出黏稠糊状物，干燥即得成品。产品的取代度 0.07～0.47，含量 53%～61%（质量分数）。

3. 性质

淀粉黄原酸酯溶液是深黄色带有浓重硫味的黏滞溶液。水溶性的淀粉黄原酸酯不易从水溶液中分离，加乙醇后能沉淀出来。在空气中淀粉黄原酸酯能被氧化转化成多种含硫单体，因此淀粉黄原酸酯溶液不稳定。淀粉黄原酸酯和重金属离子能发生离子交换，如和锌离子通过交联反应生成络合结构。淀粉黄原酸酯具有还原性，可以和铜离子发生氧化还原反应，形成络合结构。

4. 应用

较低取代度（0.05～0.3）不溶性淀粉黄原酸钠镁盐能与许多重金属离子生成络合结构，用于处理工业废水排除重金属效果好；它还可用作造纸添加剂，能提高纸的湿强度和干强度；其交联反应能包埋除草农药，降低其挥发性，储存稳定，延长有效期。

（二）淀粉烯基琥珀酸酯

1. 基本原理

在碱性条件下，淀粉与烯基琥珀酸酐反应生成淀粉烯基琥珀酸酯，反应式如下：

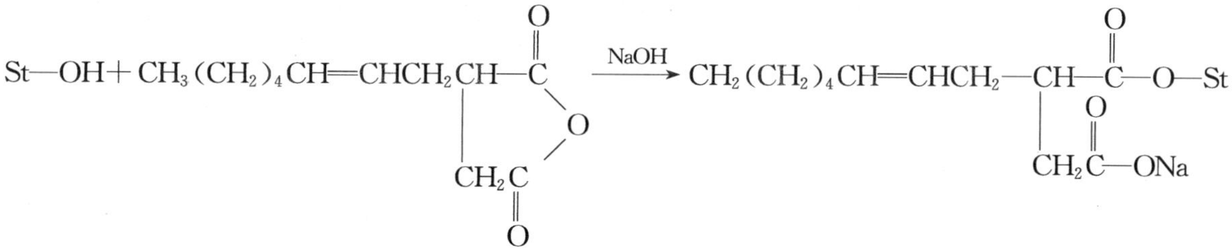

辛烯基琥珀酸酯分子结构如图 5-7 所示。

2. 生产工艺

制备淀粉烯基琥珀酸酯的方法有三种：湿法、有机溶剂法和干法。

（1）湿法　一定的温度条件下，用氢氧化钠或碳酸钠溶液调淀粉乳至 pH 8～10，向淀粉乳中加入烯基琥珀酸酐（可先用有机溶剂稀释，如乙醇、异丙醇等），反应体系在反应过程调至微碱性，反应一段时间后调至 pH 6～7，过滤，水洗，干燥得到成品。

（2）干法　淀粉和一定量的碱混合，再喷水至淀粉含水15%～30%，喷入用有机溶剂事先稀释的烯基琥珀酸酐，混匀后加热反应。另一方法是先将淀粉悬浮于 0.7%～1%的氢氧化钠溶液中，过滤；待淀粉干至所需水分，喷入烯基琥珀酸酐，混匀后加热。

（3）有机溶剂法　把淀粉悬浮于惰性有机溶剂介质（或有机溶剂的水溶液，如苯、丙酮）中，再加入烯基琥珀酸酐进行反应，同时加入吡啶等碱性有机溶剂或无机碱溶液维持反应的 pH，反应一段时间后中和、洗涤、干燥得到成品。

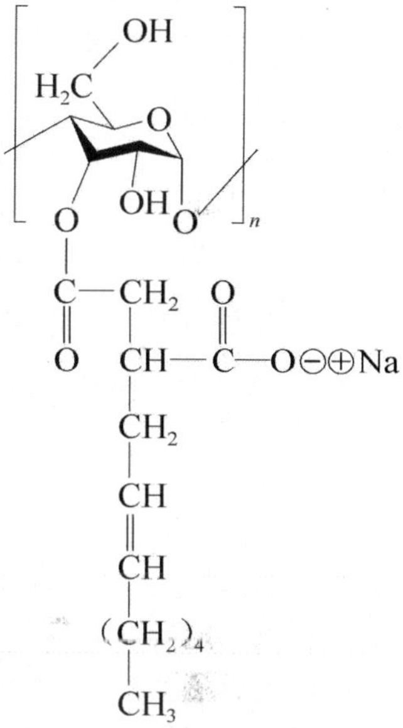

图 5-7　辛烯基琥珀酸酯的结构图（刘亚伟，2008）

3. 性质与应用

淀粉与烯基琥珀酸酐的衍生作用能使淀粉液黏度升高，胶凝温度下降，稳定性提高。这种衍生作用还可改善淀粉的组织结构。例如，玉米淀粉蒸煮后冷却时会老化，搅拌又会使凝块分解，而烯基琥珀酸能使其稳定，蒸煮物犹如橡胶。

变性后淀粉分子中包含有疏水基团及亲水基团，淀粉分子被吸引到乳液中水及油滴的界面，在油滴周围形成了一层连续的且不容易破裂的液膜。使分散相的聚结及分离较困难。这类淀粉酯虽然能稳定水包油型乳浊液，但它不是乳化剂，在许多方面和表面活性剂不同，使用前需经蒸煮才能溶解在水中，或借助于预糊化作用使它们直接分散在水中。

淀粉烯基琥珀酸酯在食品行业中主要用作饮料乳浊液、食用香精、浑浊剂，如调味品、奶油、香料等食品。

在制药行业主要是用来代替无机流动添加剂，用作药片粉末的润滑剂。

第五节　醚化淀粉

淀粉经醚化作用后，分子上引入了较大的基团，从而使淀粉糊的黏度提高、冻融稳定得到改善，同时由于醚键的稳定性较好，使得醚化淀粉在工业中的应用范围很广。醚化淀粉包括羟烷基淀粉、阳离子淀粉等，而羟烷基淀粉又包括羟乙基淀粉、羟丙基淀粉等。

一、羧甲基淀粉

（一）基本原理

羧甲基淀粉也称CMS，是把淀粉分散在有机溶剂和水的混合液中，在碱性条件下使之在没有糊化之前，或者在搅拌成高浓度的糊液时，与一氯乙酸反应而得。利用淀粉分子葡萄糖残基上 C_6、C_2 和 C_3 原子上的羟基所具有的醚化反应能力，使淀粉与氯乙酸在氢氧化钠的碱性条件下发生双分子亲核取代反应（SN_2），将羧甲基阴离子引入淀粉分子。其反应式为：

$$St—OH + NaOH \longrightarrow St—O^- \ Na^+ + H_2O$$

$$St—ONa + ClCH_2COOH \longrightarrow St—O—CH_2COONa + NaCl + H_2O$$

羧甲基化反应主要发生在 C_2 和 C_3 碳原子上，随着反应的进行，取代度的提高，反应逐步发生在 C_6 原子上。除主反应外，一氯乙酸还可与NaOH发生如下副反应：

$$ClCH_2COOH + NaOH \longrightarrow HOCH_2COONa + NaCl$$

（二）工艺条件

制备低取代度（$DS \leqslant 0.1$）的产品在含水介质中反应，而制备高取代度的产品在非水介质中反应或采用干法制备。

1. 含水介质中反应

在含水介质中制备CMS时，淀粉乳浓度、氢氧化钠浓度、一氯乙酸加入量、反应温度及反应时间均会影响反应效率和取代度。

（1）淀粉乳浓度。随淀粉乳浓度增加，由于淀粉分子与一氯乙酸分子间碰撞概率增加，反应效率和取代度均增加，有利于醚化反应的进行。

（2）氢氧化钠和一氯乙酸浓度。一氯乙酸为结晶固体，熔点63℃，溶于水、乙醇和苯。理论上讲，1mol一氯乙酸与1mol淀粉进行羧甲基化反应时，需2mol的NaOH，1mol NaOH用以中和一氯乙酸生成一氯乙酸钠，1mol NaOH用以中和一氯乙酸钠和淀粉反应所生成的酸。实际上反应所需的NaOH大于2mol。

$$ClCH_2COOH + NaOH \longrightarrow ClCH_2COONa + H_2O$$

$$ClCH_2COONa + StOH \longrightarrow StOCH_2COONa + HCl$$

$$HCl + NaOH \longrightarrow NaCl + H_2O$$

固定一氯乙酸添加量，随着NaOH浓度的增加，反应效率和取代度随之增加；当NaOH浓度达4mol/L时，反应效率和取代度达到最高值。之后，随NaOH浓度增加，取代度和反应效率下降。这是由于在NaOH浓度较高时，副反应生成的羟乙酸速率加快，导致取代度和反应效率下降。

固定 NaOH 加入量，随一氯乙酸加入量的增加，在淀粉分子的周围有较多的酸分子，因而取代度增加。另外，由于一氯乙酸增加后，也增加了其水解形成羟乙酸钠的概率，因此反应效率下降。

同时增加一氯乙酸和 NaOH 浓度，取代度提高，但反应效率下降。

（3）反应温度与反应时间。反应时间的延长，会导致淀粉充分膨胀，促进反应剂的扩散和吸收，使淀粉与反应剂之间有较好的接触，因而取代度和反应效率随之增加。提高反应温度可以加快醚化反应的速率，即获得相同取代度的产品，高温反应时间较短。

2. 在非水介质中反应

与含水介质相似，碱和氯乙酸的浓度、反应时间、反应温度因素对产品的取代度均有影响，除此之外，还与反应介质和溶剂与水的比例等因素有关。

（1）反应介质。应用能与水混溶的有机溶剂为介质，在少量水分存在的条件下进行醚化，能提高取代度和反应效率，产品仍保持颗粒状态。

常用的有机溶剂有甲醇、乙醇、丙酮和异丙醇等。不同反应介质，在反应条件相同时制得的 CMS，如表 5-1 所示。

表 5-1　不同反应介质对取代度的影响

反应介质	异丙醇	乙　醇	丙　酮	甲　醇	水
取代度	0.5897	0.4756	0.3793	0.2294	0.1755

（2）溶剂与水的比例。一氯乙酸和 NaOH 都是水溶性的，要与淀粉反应必须有水的存在。反应体系中淀粉颗粒溶胀程度大，反应基团与试剂接触时会增加有效分子碰撞概率，有利于反应发生。但溶胀到一定程度又降低了大分子线团的机械强度，结果大分子线团断裂的数量增多，降低了相对分子质量，黏度与取代度都降低。

当乙醇中含水率为 13%～14%时，可获得高取代度的产物。在高于 95%的乙醇中，羧甲基化难以发生。

（3）分子质量与黏度的关系（表 5-2）。

表 5-2　数均分子质量与黏度的关系

项　目	1	2	3	4	5	6	7
数均分子质量 M_n（$\times10^5$）	1.50	1.54	1.54	1.55	1.56	1.58	1.58
DS	0.31	0.48	1.04	0.68	0.69	0.41	0.89
黏度/(MPa·s)	1.34	2.97	3.83	3.40	8.10	2.90	6.08

当淀粉分子质量相近时，羧甲基淀粉的黏度随取代度的增加而增加。

3. 干法反应

干法反应是淀粉在少量水（或有机介质）的状态下，与一氯乙酸反应。反应无污染，效率高于 90%。反应时间短，设备简单，成本低。但反应较不均匀，副产物均不能去除。

与湿法反应（含水或非水介质）相类似，一氯乙酸和 NaOH 的用量、反应温度、反应时间及加水量都影响产品的取代度和性能。

干法制备 CMS 有下面几种工艺：

（1）两步碱化法，即淀粉与部分碱混合，碱化后再加入剩余的碱和一氯乙酸，升温反应。

（2）一步加碱法，即全部的碱一次性与淀粉混合碱化，再加入一氯乙酸反应。

(3) 干淀粉与固体 NaOH、一氯乙酸干混，在高温下或在流化床中反应一定的时间。

(4) 干淀粉与一氯乙酸、NaOH 溶液在 33℃混合 10min，制片，于 90℃加热 70min。

在干淀粉中加入碱液会引起淀粉的碱化结团，如用醇-水溶液溶解碱，可以避免上述现象的出现。由于用醇-水溶液会增加成本，因此可先在干淀粉中加入碱，经碾碎后再加少量醇-水，这一工艺比较经济合理。

（三）性　　质

羧甲基淀粉为阴离子型高分子电解质，白色或淡黄色粉末，无色，无臭，具有吸湿性，必须储存在密闭的容器内。不溶于乙醇、乙醚、丙酮等有机溶剂，与重金属离子、钙离子能生成白色浑浊至沉淀，从而丧失功能。

工业品羧甲基淀粉取代度在 0.9 以下，以 0.3 左右居多。取代度 0.1 以上的产品，能溶于冷水，得到澄清透明的黏稠溶液，与原淀粉相比，黏度高、稳定性好，适用作增稠剂和稳定剂。随取代度的增加，糊化温度下降，在水中溶解度也随之增加。

羧甲基淀粉具有较高黏度，黏度随取代度的提高而增加，但两者并不存在一定的比例关系。黏度受很多因素的影响，与盐类的含量有关，盐类除去越彻底，黏度越高；与温度有关，随温度升高，黏度值下降；与 pH 有关，一般情况下受 pH 影响小，但在强酸下能转变成游离酸型，使溶解度降低，甚至析出沉淀。

羧甲基淀粉有优良的吸水性能，溶于水充分膨胀，其体积为原来的 200～300 倍。羧甲基淀粉还具有良好的保水性、渗透性和乳化性。

（四）应　　用

羧甲基淀粉的许多性质发生了变化，具有亲水性强、易糊化、在取代度不小于 0.1 时遇冷水能溶胀、糊的黏度稳定、透明度高、凝沉性弱、冻融稳定性好等优点。适用于食品加工中作为增稠剂、稳定剂和保水剂等，能改进产品的性能，提高产品的质量，还能部分代替价格较高的食用胶、海藻胶、琼脂等。

羧甲基淀粉可用于冰淇淋中，也可用于果汁、奶或乳饮料中以保持产品的均匀稳定，防止蛋白质凝集，从而提高质量并能长期稳定储存。而且它可作为保鲜剂喷洒到肉制品、蔬菜、水果等的表面形成一层极薄的膜，可以长期保持食品的鲜嫩。

羧甲基淀粉在医药工业中作崩解剂，还具有抑制肿瘤的作用，此外，在纺织工业、造纸工业、石油化工、污水处理等领域中也有广泛应用。

二、羟烷基淀粉

（一）羟乙基淀粉

1. 基本原理

淀粉与环氧乙烷或氯乙醇在碱性条件下发生亲核取代反应而制得，其反应式分别为：

$$\mathrm{St{-}OH + OH^- \longrightarrow St{-}O^- + H_2O}$$

$$\mathrm{St{-}O^- + \overset{\;\;O}{\overbrace{CH_2{-}CH_2}} \longrightarrow St{-}O{-}CH_2CH_2O^-}$$

$$St—O—CH_2CH_2O^- + H_2O \longrightarrow St—O—CH_2CH_2OH + OH^-$$

$$St—O^- + ClCH_2CH_2OH \longrightarrow St—O—CH_2CH_2OH + Cl^-$$

在羟乙基化反应中，环氧乙烷能与脱水葡萄糖单位中的C_2、C_3、C_6上的三个羟基中的任何一个起反应，还能与已取代的羟乙基起反应生成多氧乙基侧链，反应式如下：

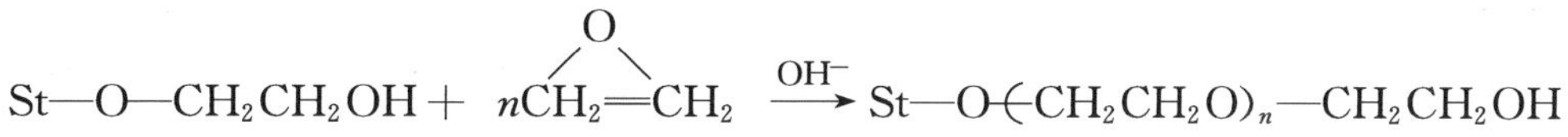

由于这种原因，不用DS表示反应程度，而用摩尔取代度（MS）表示，即每个脱水葡萄糖单位与环氧乙烷反应的分子数。工业上生产的羟乙基淀粉主要是低取代度产品，MS在0.2以下，多聚侧链生成量很少，MS基本与DS相当。有机溶剂或干法生产的为较高取代度产品，由于多聚侧链的生成，MS可能高过DS很多。另外，淀粉与环氧乙烷或氯乙醇反应的同时还有下列副反应发生。

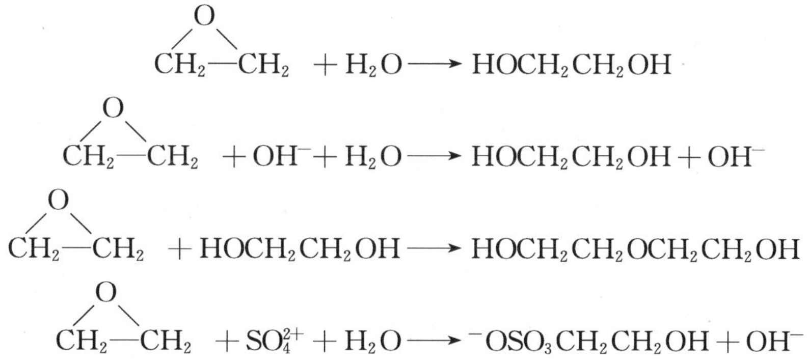

淀粉与氯乙醇的副反应为：

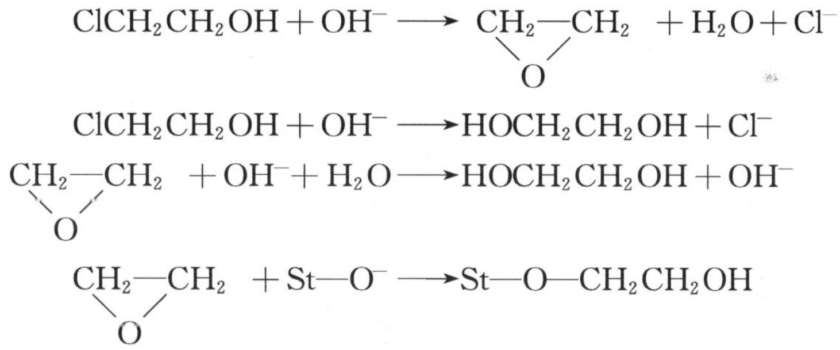

2. 生产方法

羟乙基淀粉的制备方法分为：湿法、干法和有机溶剂法。工业上生产低取代度产品（MS 0.1以下）是用湿法，其优点是能在较高质量分数（35%～45%）进行，控制反应容易，产品仍保持颗粒状，易于过滤、水洗和干燥。制备较高取代度产品，不宜用湿法工艺，用有机溶剂或干法工艺。

（1）湿法。工业上生产的羟乙基淀粉主要为MS0.05～0.1低取代度产品，羟乙基含量1.3%～2.6%。淀粉乳（质量分数35%～45%）加入氢氧化钠，其用量为干淀粉的1%～2%。为避免局部过碱可能引起淀粉颗粒糊化，还须加硫酸钠或氯化钠，才能加较多的氢氧化钠碱以提高反应效率。硫酸钠或氯化钠可先加入淀粉乳，再加入碱，也可与碱同时加入。先配制成含30%氢氧化钠和26%氯化钠盐的混合溶液，加入淀粉乳中，有利于混合均匀。环氧乙烷的沸点低（10.7℃），易于挥发，与空气混合又可能引起爆炸，所以用密闭反应器，以避免损失和危险。环氧乙烷用管引入淀粉乳中，可促进溶解，加入环氧乙烷之前先通氮气于淀粉乳，排除空气，防止在反应器顶部形成爆炸性混合气体，有利于保障安全。反应在低于糊化温度（25～50℃）条件下进行，温度过高可能引起淀粉颗粒膨胀，反应完成后过滤困难，温度过低则反应速率慢，时间太长。反应完成后，中和、过滤、水洗、干燥。

（2）有机溶剂法。制备较高取代度羟乙基淀粉能在醇液中进行。醇分子虽然也有羟基，但因为淀粉吸收碱，羟基反应活性高，环氧乙烷优先与淀粉发生醚化反应。一种实验室制备MS0.5羟乙基淀粉方法，于密闭反应器中搅拌，混合玉米淀粉（含水分10%）100g，氢氧化钠3g，水7.7g，异丙醇100g，环氧乙烷15g，44℃反应24h。用乙酸中和，真空抽滤，用80%乙醇洗涤到不含乙酸钠和其他有机副产物为止。分散滤饼，室温干燥。环氧乙烷的反应效率80%～90%。提高环氧乙烷的用量比例，能得到取代度更高的产品。因为取代度增高，产品在低脂肪醇中的溶解度也增高，并且具有热塑性和水溶性，应当用较高脂肪醇或在混合有机溶液中制备。

（3）干法。用环氧乙烷气体压力下作用于含有少量碱性催化剂的干淀粉是常用制备较高取代度羟乙基淀粉的方法，称为干法工艺。工业干淀粉含有10%～13%水分，催化剂易于渗透到颗粒内部。催化剂用氢氧化钠与氯化钠，也能单独使用氯化钠，起到“潜在”碱催化剂作用。氯化钠与环氧乙烷和水分发生反应生成氯乙醇和氢氧化钠，后者起碱性催化作用。反应完成后用有机溶剂清洗，产品仍保持颗粒状，甚至取代度高到冷水能溶解程度也是如此。也能用叔胺或季铵碱作为催化剂。叔胺与环氧乙烷起反应生成季铵碱，具有强催化作用。

3. 性质和应用

低取代度（MS0.05～0.1）羟乙基淀粉的颗粒形状与原淀粉相同。

羟乙基的存在提高亲水性，糊化淀粉分子间氢键的结合，较低的能量使淀粉颗粒膨胀、糊化，生成胶体糊，随取代度的增高，糊化温度降低越大。

由于羟乙基的存在，羟乙基淀粉水溶液中淀粉分子链间再经氢键重新结合的趋向被抑制，黏度稳定，透明度高，胶黏力强，凝沉性弱，冻融稳定和储存稳定性高。例如，较高取代度羟乙基淀粉，在MS 0.5或0.5以上，具有冷水溶解性，黏度稳定，对于pH、剪切力、盐和酶影响的抵抗力强。随取代度的增高，冻融稳定性增高，生物分解性降低。

4. 应用

造纸工业广泛应用羟乙基淀粉为施胶剂和涂料胶黏剂。纺织工业广泛将羟乙基淀粉用于经纱上浆，浆膜的强度高，柔软，纱的耐磨性高，织布断头少，效率高。较高取代度羟乙基淀粉在医药界用作代血浆和冷冻保存血液的血细胞保护剂。

（二）羟丙基淀粉

1. 基本原理

环氧丙烷与淀粉的碱性催化反应机理是双分子亲核取代反应，属SN_2型。羟丙基淀粉的醚化机制和羟乙基淀粉类似，是环氧丙烷在碱性条件下和淀粉反应制得的。由于环氧丙烷环张力大，易开环反应，其活性大于环氧乙烷。取代反应也主要发生在淀粉分子中脱水葡萄糖基的C_2原子的仲羟基上，C_3和C_6原子上羟基的反应程度较小。反应方程式如下：

$$\text{淀粉}-OH + NaOH \longrightarrow \text{淀粉}-O-Na + H_2O$$

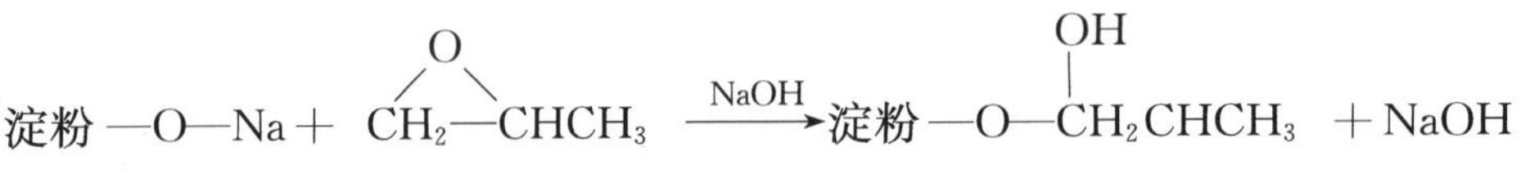

除上述主要反应外还有副反应发生，已取代的羟丙基淀粉和环氧丙烷反应可生成多氧丙基侧链，反应方程式如下：

$$\text{淀粉}-O-CH_2\overset{\overset{\displaystyle OH}{|}}{C}HCH_3 + nCH_2\overset{O}{\diagup\diagdown}CHCH_3 \xrightarrow{OH^-} \text{淀粉}-O\!\left(CH_2\overset{\overset{\displaystyle OH}{|}}{C}H-O\right)_n\!CH_2\overset{\overset{\displaystyle CH_3}{|}}{C}H-OH$$

2. 生产工艺

反应可采用湿法和干法。湿法反应时间长，取代度低，干法反应效率高，时间短，可制取高取代度的羟丙基淀粉。干法反应需在高压的条件下进行，工业上普遍采用淀粉乳湿法生产。

（1）湿法。在水相介质中反应温度在40～50℃，温度低于40℃时，反应过程十分缓慢；高于52℃时，淀粉颗粒有可能膨胀或糊化。将18～21°Be淀粉乳（或浓度35%～45%）打入到密闭的反应容器中，硫酸钠或氯化钠用作膨胀抑制剂，为干淀粉质量的5%～15%。常用的催化剂是氢氧化钠，催化剂在含水介质中反应用量为干淀粉质量的0.5%～1%。环氧丙烷的用量是干淀粉质量的6%～10%。

（2）有机溶剂法。在有机溶剂中反应，可在高温下及较短时间内制得较高取代度的产品。反应结束后，经离心、洗涤除去副产品。常用的有机溶剂有：甲醇、乙醇、异丙醇、苯等。在装有回流冷凝器的反应器中，加入15.7份水、6份NaOH和150份异丙醇及100份淀粉、100份环氧丙烷，加热至45℃，回流开始时，加入0.3份H_2O_2，在随后的7h内温度逐渐升至75℃，在此温度下回流停止，表示反应完全，用冰醋酸中和。

（3）干法。干法反应是淀粉颗粒直接与环氧丙烷的气固反应。干法反应水分含量是干淀粉质量的7%～10%。干法反应也可用碱、磷酸钠、硫酸钠、柠檬酸钠等盐来作催化剂。

淀粉在盐溶液中浸泡、过滤、干燥后，盐的含量是干淀粉质量的1%～2%。常用的方法是将氢氧化钠磨成粉末（大小为0.02～0.04mm），再与淀粉混合均匀，将混合物置于密闭的容器内，通入环氧丙烷，在0.3MPa压力和85℃下反应数小时，反应结束后调pII，用醇溶液洗出副产物，得到成品。

3. 性质

羟丙基具有亲水性，能减弱淀粉颗粒结构的内部氢键强度，使其易于膨胀和糊化，取代度增高，糊化温度降低，最后能在冷水中膨胀。MS由0.4增加到1.0，在冷水中分散好，更高取代度产品的醇溶解度增高，能溶于甲醇或乙醇。

羟丙基淀粉糊化温度低，所得糊透明度高、流动性高、凝沉性弱、稳定性高。冷却时黏度虽然也有所增高，但重新加热后，仍能恢复原来的热黏度和透明度。

糊的成膜性好，膜透明、柔韧、平滑，耐折性都好。

糊的冻融稳定性高，在低温存放或冷冻再融化，重复多次，仍能保持原来的胶体结构，无水分析出，这是因为羟丙基的亲水性能保持糊中水分的缘故。

羟丙基为非离子型，受电解质的影响小，能在较宽酸碱pH条件下使用。取代醚键的稳定性高，在水解、氧化、交联等化学反应过程中取代基不会脱落，这种性质有利于复合变性加工。

4. 应用

羟丙基淀粉主要适于在许多食品中作为增稠剂，特别是用于冷冻食品和方便食品中，增强其耐热、耐酸和抗剪切能力。

羟丙基淀粉也是一种很好的悬浮剂，应用在浓缩橙汁中，流动性好，放置也不会出现分层或沉淀。

对电解质和 pH 具有较高的稳定性，适合应用于含盐量高和酸性食品，如柠檬布丁、酱料、巧克力布丁等作增稠剂。

由于其有较好的相容性，还能与其他增稠剂共用，如与卡拉胶共用于乳制品中。

复合变性羟丙基淀粉，如用三氯氧磷、环氧氯丙烷、偏磷酸钠的交联复合变性产品，在常温下受热黏度低，在高温下受热黏度高，并且稳定，特别适于罐头类食品中作为增稠剂和胶黏剂。

羟丙基醚化再经乙酰化的复合变性产品为口香糖的良好基料，其产品弹性和口嚼性都好。

羟丙基淀粉在非食品工业应用，主要是利用其良好成膜性，如用于纺织和造纸工业上浆和施胶；用于洗涤剂中防止污物沉淀；用于石油钻泥中防止失水；并用作建筑材料的胶黏剂、涂料、化妆品或有机液体的凝胶剂。

第六节　交 联 淀 粉

淀粉中含有多个羟基，这些羟基具有醇羟基的化学反应性能，可以与许多化合物反应，当某些化合物含有两个或两个以上能与羟基反应的基团时，就有可能在同一个分子或不同分子上的羟基之间形成交联。淀粉与具有两个或多个官能团的化学试剂起反应，形成二醚键或二酯键，使不同淀粉分子羟基间联结在一起，呈多维空间网状结构的反应，称为交联反应，所得的衍生物称为交联淀粉，参加此反应得多元官能团称为交联剂。

由于交联反应是以颗粒状的淀粉进行处理的，引入淀粉的化学交联键的量和对于淀粉的重量或颗粒中葡萄糖残基的数量来讲是十分小的。每 100～3000 个脱水葡萄糖基含一个交联化学键。

一、基 本 原 理

淀粉通过醚化或酯化反应交联的化学反应分别表示如下：甲醛和环氧氯丙烷的反应为醚化，三偏磷酸钠和三氯氧磷为酯化。

1. 基本反应原理

$$\text{淀粉—OH}+\text{HO—淀粉}\xrightarrow{\text{交联剂 X}}\text{淀粉—O—X—O—淀粉}$$

2. 甲醛作为交联剂的反应

$$2\,\text{淀粉—OH}+CH_2{=}O\longrightarrow\text{淀粉—O—}CH_2\text{—O—淀粉}+H_2O$$

3. 环氧氯丙烷作为交联剂的反应

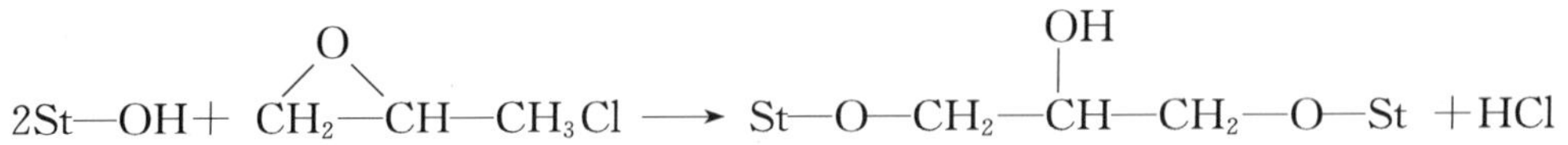

4. 三氯氧磷作为交联剂的反应

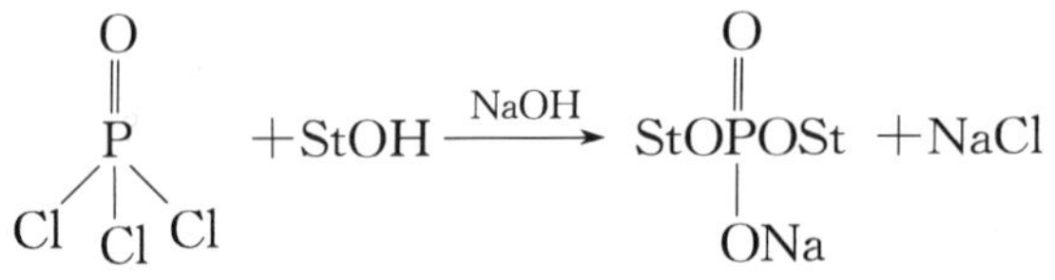

5. 混合酸酐作为交联剂的反应

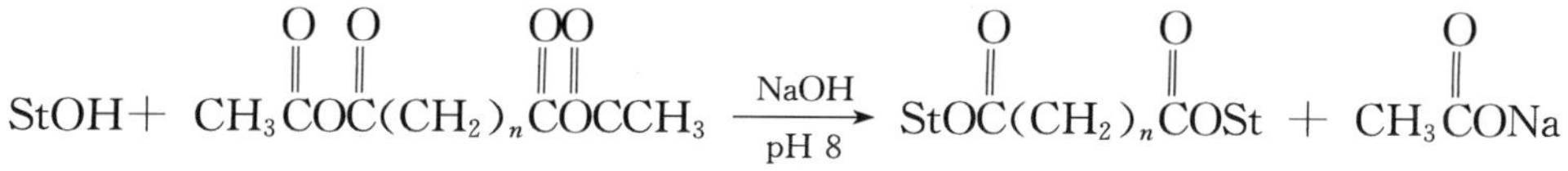

6. 三偏磷酸钠作为交联剂的反应

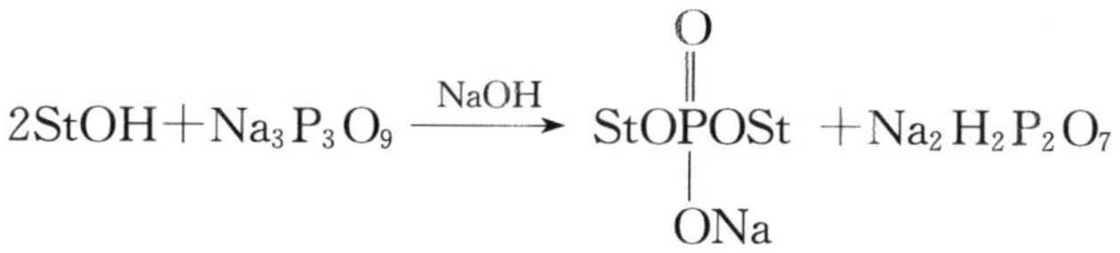

应用不同交联剂，反应速率存在很大差别。三氯氧磷和己二酸与乙酸混合酐的反应速率很快，未与淀粉起反应的部分试剂很快被水解。三偏磷酸钠的反应速率较慢，环氧氯丙烷更慢。在较高碱性和较高温度起反应，环氧氯丙烷反应速率加快。

二、生 产 工 艺

制取交联淀粉的反应条件很大程度上取决于使用的双官能团或多官能团试剂。大多数反应是在淀粉悬浮液中进行的，采用湿法生产工艺；反应温度从室温到50℃左右。反应在中性到适当的碱性条件下进行，通常为了促进反应可用一些碱，但碱性过大，会使淀粉糊化或膨胀。完成交联反应后，应中和淀粉悬浮液，进行过滤、洗涤和干燥，以得到交联淀粉。

常用的多功能交联剂有三氯氧磷、三偏磷酸钠、环氧氯丙烷等。

1. 使用甲醛为交联剂的工艺

加甲醛或多聚甲醛于淀粉乳中，甲醛用量为淀粉绝干质量的0.09%～0.14%，用酸调pH到1.6～2.0，加热到40℃左右，反应3～6h后，用碳酸钠中和到pH为6.5，加氢氧化铵或亚硫酸氢钠与剩余的甲醛起反应，再经过滤、水洗、干燥。

2. 使用环氧氯丙烷为交联剂的工艺

100g淀粉（绝干）与150mL碱性硫酸钠溶液（每100mL碱性硫酸钠溶液中含有0.66g氢氧化钠和16.66g无水硫酸钠）搅拌下混合成悬浮液。硫酸钠的作用是抑制淀粉颗粒的膨胀。溶解需要量（20～900mg）的环氧氯丙烷于50mL碱性硫酸钠溶液中，在3～5min内滴入淀粉乳中，在25℃保持搅拌反应18h，用稀酸中和、过滤、洗涤、干燥得成品。

环氧氯丙烷交联淀粉的反应效率在较高淀粉浓度、NaOH与淀粉的摩尔比为0.5～1.0时最高，温度上升，反应速率快，但在低温下反应均匀，气化环氧氯丙烷的反应效率高。淀粉颗粒仍保持有偏光十字，表明结晶结构没发生变化，交联反应发生在非结晶区。

3. 使用三偏磷酸钠为交联剂的工艺

淀粉180g（水分含量10%），加入到325mL三偏磷酸钠水溶液中（含三偏磷酸钠3.3g），用碳酸钠调pH为10.2，将淀粉乳加热到50℃反应80min。样品中和到pH为6.7，过滤、水洗、干燥，测定黏度。结果表明，随反应进行，黏度逐渐增高，当反应进行到50min时达到最高值，以后逐渐降低，糊变“短”，透明度降低。反应进行到24h，得到高度交联的产品。此时沸水加热也不糊化，无黏度。反应50min的产品含磷0.03%，适合用作纸制品用胶黏剂。

酯化交联反应受pH影响很大。把180g淀粉（含水分10%）混入325mL水中，其中溶有1g三偏磷酸钠；在50℃加热，结果表明，pH降低对酯化反应有很强的抑制作用。pH为11

时，反应 5min 黏度达到最高值；当 pH 为 10 时需要 80min；在 pH 为 9 时，需要 180min；而 pH 为 8 时，需要 24h。若酯化到高交联度程度时，在 pH 为 11 时需要反应时间 2h；在 pH 为 10 时需 3h；在 pH 为 9 时需要 48h；而在 pH 为 8 时，即使反应很长时间也达不到相同的交联程度。

4. 用三氯氧磷为交联剂的工艺

配制淀粉乳浓度 30%～40%，用氢氧化钠溶液调 pH 到 11，加入氯化钠。在持续搅拌的条件下，加热使反应体系温度达到平衡后，加入定量的三氯氧磷，三氯氧磷用量为淀粉的 0.015%～0.030%，反应一定时间。反应结束后，用 2%的盐酸溶液调节淀粉乳的 pH 在 6.5 左右，过滤、洗涤、干燥后即得成品。在室温条件下保持搅拌反应 2h。调 pH 到 5，过滤、水洗、干燥，得产品。

5. 己二酸和乙酸为交联剂

淀粉 100 份混于 145 份水中，加入 45 份己二酸和乙酸酐（1 份己二酸和 30 份乙酸酐）溶液进行反应，可得己二酸交联淀粉。产品的冷冻和冻融稳定性很高，可用于食品行业。

三、基本特性

1. 颗粒

交联后，在室温下用显微镜检测水中或甘油中的淀粉，发现淀粉颗粒的外形没有改变。只有当颗粒受热或被化学物糊化时，才显出交联作用对颗粒的影响。

2. 糊化特性

交联淀粉特性的改变取决于交联程度。原淀粉在热水中加热时，氢键将被削弱，如果黏度上升到顶峰，则表示已溶胀颗粒达到了最大的水合作用；若继续加热时维持颗粒在一起的氢键遭到破坏，使已溶胀的颗粒崩溃、分裂且黏度下降。交联淀粉颗粒随氢键变弱而溶胀，但是颗粒破裂后，化学键的交联可提供充分的颗粒完整性，使已溶胀的颗粒保持完整，并使黏度损失降低到最小甚至没有。若交联程度是中等，就有足够的交联键阻止颗粒溶胀。所以实际黏度是降低的。在高交联度时，则交联几乎完全阻止颗粒在沸水中膨胀。所以实际黏度也是降低的。在高交联度时，交联键几乎阻止淀粉颗粒在沸水中溶胀。

3. 糊特性

交联作用对淀粉糊特性具有极大的影响。在水中加热时，颗粒开始溶胀，形成一种油膏状质构。然而，由于颗粒崩碎释放出支链淀粉，质构变得黏稠而富有弹性。通过利用在水中加热时不断裂的化学键来增强颗粒，淀粉颗粒足以抵抗破碎，并使淀粉糊形成一种具有极好食品增稠作用的油膏状流变学特性。

4. 抗剪切性

在支链淀粉的线链段和直链淀粉之间，由氢链相互连接的微晶区对淀粉颗粒的完整性起着重要作用。加热淀粉悬浮液时，由于连接微晶区的氢链削弱，水分子进入微晶区，颗粒膨胀，最终分裂破碎，使黏度下降。此外，这种溶胶体对酸及机械剪切应力十分敏感，能使它显著变稀。交联反应主要强化了颗粒中的氢键，交联化学键作用像分子间的桥梁，交联淀粉在水中加热时，氢键可能被削弱或破坏，但是这种化学键使颗粒保持着程度不同的完整性。烧煮过的交联淀粉的分散液表明其抗剪切性大于原淀粉，原淀粉的溶胀颗粒对剪切是敏感的，经受剪切时，它们迅速破裂，黏度降低。这种对剪切的敏感性可通过交联作用得到克服。

5. 薄膜性质

用沸水加热原淀粉的分散液所制得的薄膜，随着加热时间的延长，薄膜的抗张强度不断地下降。在溶液加热初期，以分子状分散的直链淀粉是淀粉薄膜具有优良抗张强度的主要原因。但在继续加热时，颗粒破裂成碎片，释放出支链淀粉，它削弱了薄膜的抗张强度。而交联淀粉的薄膜没有原淀粉那种抗张强度下降的情况。显然，交联作用提供了一种有价值的手段，可提供最大的薄膜强度，它不仅可以有效地用于改善原淀粉的薄膜强度，也可用来改善转化淀粉的薄膜强度。

四、应　　用

1. 在果冻中的应用

果冻要求具有很好的透明性，同时，要求其组分经加热溶化再冷却后，能形成很好的凝胶。采用羟丙基交联淀粉取代25%卡拉胶制作果冻，能很好地满足这一要求。

2. 在微波食品中的应用

由于淀粉老化和水分的迁移，使得微波焙烤食品的质构硬并且口感粗。在配方中加入3%～5%（占面粉质量）的交联糯玉米淀粉可以使这些问题得到有效的改善。交联糯玉米淀粉与其他玉米淀粉或小麦淀粉相比，具有较低的淀粉糊化温度（55℃左右）以及较好的抗老化能力。它的较低的糊化温度使之在微波加热过程中也能充分溶胀，从而起到改善制品品质的作用。

3. 在冷冻面团中的作用

例如，交联糯玉米淀粉抗老化性能较强，使得面团在冷冻储藏的过程中不易失去水分，因此能赋予冻面团较好的抗冻融稳定性。

4. 在肉制品中的应用

在肉制品中添加一定量的交联淀粉可以起到黏合、填充、增强持水性等作用，使肉制品的品质有所改善，如组织形态、弹性等。有研究报道在午餐肉中添加12%的交联木薯淀粉，对午餐肉的色泽、弹性、组织形态、口感、储存稳定性等有很好的效果。

第七节　接枝共聚淀粉

淀粉用化学或物理的方法进行引发，可以和丙烯腈、丙烯酸、甲基丙烯酸甲酯、丁二烯、苯乙烯等或其他人工合成高分子单体起接枝共聚反应。淀粉分子链连接上这些高分子单体的支链后，生成接枝共聚物，可用下图简单示意。

—AGU—(AGU)$_n$—AGU—
　　　|　　　　　　　|
—M—M—M　　　　M—M—M—

结构中AGU为淀粉链的脱水葡萄糖基，相对分子质量为162；M表示接枝共聚反应中所使用的单体的重复单元。

一、基本原理

在接枝共聚反应中，单体一部分集合接枝到淀粉分子链上，另一部分自行聚合，没有接枝到淀粉分子上，后者称为均聚物。

在接枝反应中接枝效率越高越好。若是接枝效率低，则产物主要是淀粉和均聚物的混合物。共聚物含有接枝高分子的质量百分率称为接枝百分率；接枝量占单体聚合总量的百分率称为接枝效率；接枝聚合物占加入单体总量的百分率称为接枝转化率；淀粉接枝共聚物中接枝链之间的平均葡萄糖单位数目称为接枝频率；淀粉接枝共聚物中聚合物每个侧链平均长度称为接枝共聚物侧链平均聚合度。

接枝共聚的方法，根据其原理分为三类：自由基引发接枝共聚法、离子相互作用法和缩合加成法。而应用较多的为自由基引发接枝共聚法，其包括物理引发（包括光引发和辐射引发）或化学引发（包括过氧化氢氧化还原体系、臭氧-氧混合物、有机过氧化物、硝酸铈铵等）方法，使淀粉分子上产生活性高的自由基，自由基引发接枝共聚。目前广泛应用的引发形式有铈离子的氧化作用、Fentons 试剂（一种过氧化氢体系）和辐射法三种。

（一）铈离子氧化作用

反应过程如下：首先硝酸铈铵溶于硝酸中（四价的铈离子），Ce^{3+} 氧化淀粉生成络合结构的中间体淀粉-Ce^{4+}，葡萄糖单位 C_2、C_3 的键氧化断开，一个氢原子被氧化，生成淀粉自由基，Ce^{4+} 被还原成 Ce^{3+}，淀粉自由基与单体接枝共聚，形成接枝链。

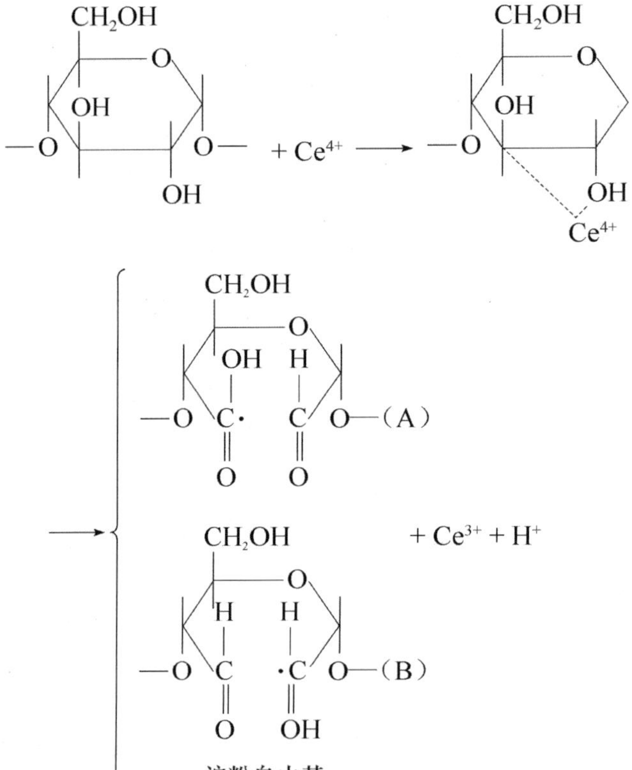

淀粉自由基

淀粉自由基＋单体——→接枝共聚物

接枝的单体可以是丙烯腈、丙烯酸、甲基丙烯酸甲酯、苯乙烯等。

（二）Fentons 试剂

它是一种含有过氧化氢和亚铁离子的溶液，是一个氧化还原系统。亚铁盐（如硫酸亚铁铵）首先与过氧化氢发生反应，产生氢氧游离基（—OH），这个游离基从淀粉分子链上夺取一个氢原子，生成淀粉游离基和水淀粉自由基与单体接枝共聚物的反应如下所示：

$$Fe^{2+} + HO—OH \longrightarrow [Fe^{3+}OH]^{2+} + HO\cdot$$

$$St—OH + HO\cdot \longrightarrow St—O\cdot + H_2O$$

$$St—O\cdot + M \longrightarrow \text{接枝共聚物}$$

常用的单体有硫酸亚铁铵、硫脲、抗坏血酸、甲烯酸甲酯、丙烯腈、乙烯乙酸酯等。

采用该方法过量的引发剂易于消除而不带废渣。比铈离子氧化方法生产成本低，但接枝率低，均聚物多，而且过氧化氢储藏久了易失效。

（三）辐 射 法

辐射法是用放射元素（钴-60）γ-射线照射，淀粉先被照射引发，产生自由基，然后加入高分子单体的水溶液，在20～30℃起反应。为了防止空气中氧气的不利影响，淀粉的照射在氮气中进行，在无氧存在的情况下，淀粉自由基的稳定性较高。

$$St—OH \xrightarrow{\text{辐射}} St—O\cdot + H$$

$$St—O\cdot + M \longrightarrow \text{接枝共聚物}$$

用辐射法淀粉也可能先形成过氧化物，然后再分解成自由基进行接枝共聚。

$$St—OH \xrightarrow{\text{辐射}} StOOH$$

在空气或水中：

$$StOOH \longrightarrow StO\cdot + HO\cdot$$

$$StO\cdot + M \longrightarrow \text{接枝共聚物}$$

$$HO\cdot + M \longrightarrow \text{均聚物}$$

如有还原剂（如“Fe^{2+}”），则均聚物大量减少。所用的单体有丙烯酰胺、丙烯酸甲酯、甲基丙烯酸甲酯-苯乙烯混合物等。此外，甘油（丙二醇）、乙烯乙二醇、环已醇等能加速接枝反应，其中乙烯乙二醇效果最显著。

在淀粉接枝反应中，采用哪种类型主要是根据共聚作用所选择的单体化合物来决定。接枝物的性质取决于接枝的高分子链的平均相对分子质量、接枝效率、接枝频率和单体的原有性质。

二、生 产 工 艺

（一）淀粉丙烯腈类接枝共聚物

工艺流程为：1330mL水和94g玉米淀粉加入反应器中，搅拌，加热至60℃糊化30min，冷却至20℃，依次加入丙烯腈97g、硝酸铈铵溶液75mL，混合物在20～50℃温度下反应1h，然后用5mol/L HCl溶液中和至pH为6～7。过滤，洗净，在65℃下真空干燥，产物吸水率114g/g。

（二）淀粉丙烯酸接枝共聚物

淀粉丙烯酸接枝共聚物的生产工艺与淀粉丙烯腈接枝共聚物不同，它不需皂化水解，这样可以简化生产工艺。工艺过程为：玉米淀粉85份和水800份加入反应器中，加热至80℃，搅拌1h，使淀粉凝胶化后，冷却至30℃，加入丙烯酸120份，在40℃下搅拌聚合3h，反应液为有弹性的白色固体。在该白色固体中，加入30%的氢氧化钠水溶液120份，在30℃下放置一夜，中和后，在60℃下减压干燥、粉碎后得白色粉末状物质。

三、性　质

淀粉接枝共聚物，由于引入了其他异种高分子的特性，因而具有天然和人工合成这两类高分子的性质。

（一）吸　水　性

接枝淀粉的形状对其吸水率的影响大于组成的影响，如表面积越大，吸水率越高，将它制成多孔或鳞片状等粗颗粒来增加其表面积，会增大吸水率。高吸水树脂是高分子类的电解质，通常是接枝共聚物的皂化产品，易受水中盐含量和pH变化的影响，而改变其吸水能力。通常盐的浓度增加，吸水能力降低。pH的影响亦非常显著，吸水能力达到树脂自重250倍以上者，pH都应在6～8范围内，否则，吸收能力便会下降。溶液中其他成分对高吸水性树脂的吸水性也有影响，如丙烯腈与玉米淀粉接枝共聚物，经皂化能吸收自重2600倍的纯水。淀粉与丙烯酸共聚得到的吸水树脂，加入0.9%生理盐水，只能吸收自重50倍质量；而加入0.1mol/L苛性钠溶液则为60倍；加入0.05mol/L硫却只有8倍。另外高吸水性树脂对有机溶剂（如甲醇、二甲基甲胺等）没有吸收能力。

（二）保　水　性

高吸水性树脂的吸水作用，不同于物理吸水作用，它一旦吸水，就溶胀成凝胶，即使加压，水也有一定的保留。在1×10^5Pa压力下，由淀粉和丙烯酸接枝共聚物反应得到的高吸水性树脂还可以保持约90%的水；就是在4×10^5Pa的压力下，仍能保持60%的水量。

（三）耐　热　性

高吸水性树脂的耐热性较差，只要在140℃温度时处理2h，其吸水能力就下降。但是，在100℃以下其性能是稳定的。

（四）可　逆　性

吸水剂添加于塑料中制成柔软的薄膜，这种薄膜浸于水中吸水膨胀，面积增大约30倍，外观如胶冻片，并具有一定的强度。若调pH到3左右，又收缩到原来的体积；再调回到7以上，则又膨胀。因此高吸水性树脂吸水后，不分解，通过调节温度、干燥程度等，可以多次反复使用。

（五）吸氨能力

高吸水性树脂的分子中含有羧基阴离子，为保持其中性，需中和70%羧基，剩下的30%仍以羧基形式存在，这样才能使其成为高吸水性树脂，并且可以吸收氨而变成铵盐结构，因此它具有除臭的效果，这一优越性质使其非常适于在纸尿布和卫生巾上使用。

四、应　用

（一）蔬菜保鲜

水果和蔬菜收获后会保持其生理活动，如呼吸和蒸发，会降低它们的鲜度和质量。因为新鲜蔬菜的水分蒸发快，由此引起鲜度降低。用高吸水性树脂制成的水分调节纸已开始在国外市场试用，可使新鲜蔬菜和水果保持一定的鲜度。

这种水分调节纸包装材料是在疏水的塑料薄膜和吸水纸之间涂上一层高吸水性树脂压制而成的，这种层压纸能保持水分，并用于包装大纸箱里的蔬菜和水果。用于小洋葱、洋白菜和香菜等蔬菜，效果也很好。

（二）其 他 用 途

接枝共聚淀粉可用于餐巾、纸尿布、医疗上的床垫、绷带等中；作为树苗移植用的保水剂、土壤保水剂、混合物的脱水材料、地下工程用的化学助剂等。

第八节　糊　　精

一、糊精的分类

淀粉受酸、酶、加热或其他作用引起降解所产生的多种中间产物的混合物称为糊精，工业上生产的糊精有麦芽糊精、环状糊精和热解糊精三大类。淀粉经过酸解、酶解、酸酶结合水解，葡萄糖值在 20 以下的产物为麦芽糊精；淀粉经用嗜碱芽孢杆菌发酵发生葡萄糖基转移反应得环状分子称环状糊精；利用干热法使淀粉降解所得产物称为热解糊精，有白糊精、黄糊精和英国胶（不列颠胶）三种。白糊精和黄糊精是加酸于淀粉中加热而得的，前者温度较低，颜色白；后者温度较高，颜色黄。英国胶是不加酸的情况下，加热到更高温度而得，颜色为棕色。一般讲糊精就是指热解糊精，也是本节介绍的主要内容。

由于工艺过程、焙烧温度和时间以及应用要求的不同，制得的糊精产品在水溶性、黏合力和颜色上都有一定差别，三种热解糊精的生产条件和物理性质见表 5-3。还有些产品是专门为某种用途而特殊生产的，如化学分析用的试剂糊精和印染工业用的胶料等。

表 5-3　生产糊精的条件

生产条件及产品特性	白糊精	黄糊精	英国胶
反应温度/℃	110～130	135～160	150～180
反应时间/h	3～7	8～14	10～24
催化剂用量	高	中	低
溶解度	从低到高	低	从低到高
黏度	从低到高	低	从低到高
颜色	白色至乳白色	米黄色至深棕色	浅棕色至深棕色

二、基 本 原 理

在糊精的干法转化过程中，淀粉发生的化学反应是很复杂的，至今尚未完全搞清楚，但其主要反应可能包含水解反应、苷键转移反应、再聚反应。每种反应发生的相对程度随所生产的糊精转化条件而异。

1. 水解反应

在干燥和转化的初阶段，酸可催化断裂淀粉中的 α-1,4 糖苷键，也可能水解 α-1,6 糖苷键，淀粉的相对分子质量不断降低。反映为淀粉的水分散液黏度不断降低，也反映为苷键水解形成的还原性端基量增加。在生产低转化度的白糊精过程中，低 pH 及水分促使了水解反应。

2. 苷键转移反应

在这类反应中，α-1,4 糖苷键水解，与邻近分子的游离羟基结合形成分支结构。

3. 再聚合反应

葡萄糖在酸存在下，在高温时能发生聚合反应。例如，在黄糊精化的过程中，会出现明显的葡萄糖或新生态糖的再聚作用，生成较大的分子，这也反映在淀粉还原糖量降低、黏度略有升高。

4. 焦糖化作用

水解反应产生的葡萄糖、麦芽糖在酸性或碱性条件下，高温时具有焦糖化作用。这就是黄糊精和英国胶具有米黄色至棕色的原因。

三、生产原材料

1. 淀粉

各种谷物淀粉和薯类淀粉都可以作为生产糊精的原料，并且在转化成糊精过程中工艺条件基本相同，但转化的难易度随淀粉的种类和质量而变化。马铃薯淀粉最易转化，其次是木薯淀粉，谷物淀粉则要求较长的转化时间和较高的转化温度才能达到预定的糊精转化率，但因玉米淀粉产量多，价格低廉，仍是工业化生产糊精的主要原料。

2. 催化剂

理论上各种酸都有催化效果。但实际生产中，硫酸能加深糊精的色泽，残留量比较高；乙酸是弱酸易挥发，作用不完全，转化率低；硝酸和盐酸都适合于做催化剂，但盐酸催化效能高，用量少，价格便宜，具有挥发性，易于混合均匀，在转化过程中一部分被挥发掉，有时可省去中和工序，所以工业上常选用盐酸为催化剂。

四、热糊精的生产

热糊精的生产过程包括预处理（酸化）、预干燥、热转化和冷却等工序，其主要设备干式反应器结构如图 5-8 所示。

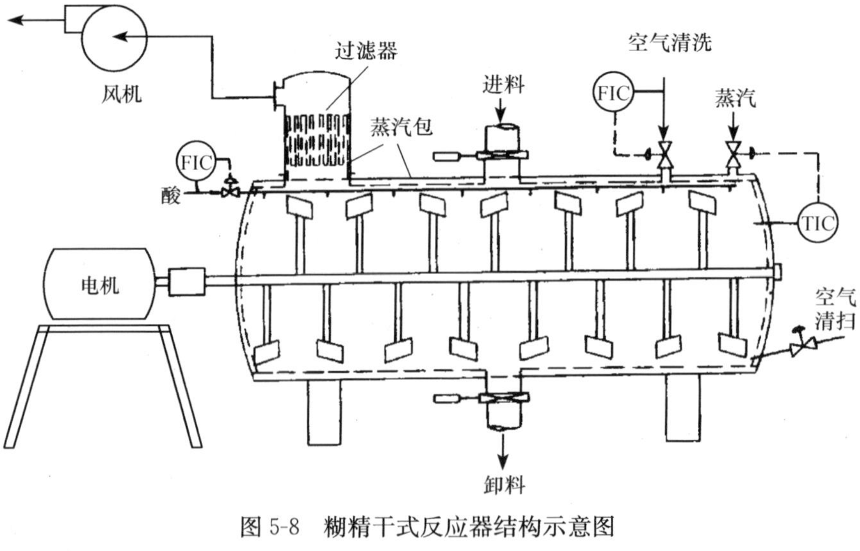

图 5-8　糊精干式反应器结构示意图

(1) 预处理。将酸性催化剂稀溶液喷洒到含水5%以上的淀粉上。在制取白糊精和黄糊精时，通常使用盐酸，将其以很细的雾滴形式均匀地喷洒在混合器中不断搅拌的淀粉上。对于英国胶，可加微量的酸或不加酸，或加磷酸三钠或磷酸二钠、碳酸氢钠、碳酸氢铵、三乙醇胺等缓冲剂。

(2) 预干燥。根据不同种类糊精的要求，用于转化的淀粉开始时的水分含量应在1%～5%。淀粉中含水量过高时，将加剧淀粉的水解作用并抑制缩合反应，所以淀粉的水分含量应等于或小于3%，否则缩合反应是难以进行的。

预干燥能否成为一个独立阶段，取决于制取的糊精种类及设备。淀粉中水分会引起水解，尤其是在低pH及加热时。在转化过程中，这种水解作用应该是最小的。例如，黄糊精，在糊精化或热转化之前干燥预处理过的淀粉常常是必要的，如用气流干燥快速除去水分。在许多白糊精生产中并不需要严格的预干燥，因为有些水解作用有助于获得所需的性能。

(3) 热转化。热转化作用通常是在混合器中完成的，可以用蒸汽或油浴加热，整个转化过程中应保证有良好的搅拌作用及均匀的热量分布。在转化过程中，应该有充足的空气流，以使水分在初始阶段就能快速除去及蒸发掉，并使温度达到所需值。

转化温度与时间取决于产品种类及设备类型。温度范围为100～200℃，加热时间从几分钟到数小时。白糊精在低温及较短的时间内制备，而黄糊精和英国胶需要较长时间和较高温度。

(4) 冷却。转化结束时，温度为100～200℃，甚至更高。通常根据色泽、黏度或溶解性来确定终点，这时糊精正处于转化的活性状态，采用快速冷却方法中止转化作用。为此，通常将热糊精倾入冷却混合器中或用冷却水冷却。若转化作用的pH非常低，需用碱中和，以防止冷却期间及随后储存时的进一步转化。中和也可以在干态下进行。

由于最后的糊精产品只含有很少的水分，与水混合时会发生结块及起泡现象，因此可将糊精放在湿空气中，使其吸收水分，含水量升高到5%～12%或更高。

五、性　　质

热糊精在物理和化学性质方面与原淀粉有很大的差异，这些差异随转化度不同而变化。

(1) 颗粒结构。在显微镜下放在甘油中观察时，热糊精颗粒外形与制造它的原淀粉相似。但在水与甘油混合物中用显微镜观察时，有较高转化度的热糊精有明显的结构削弱及外层剥落现象。

(2) 水分。在干燥及热转化阶段，糊精的含水量是逐渐降低的。如果不经吸湿，最后的水分含量为：白糊精是2%～5%，黄糊精及英国胶都少于2%。但糊精有较强的吸水性，其平衡含水量为8%～12%。

(3) 色泽。糊精的色泽受转化温度、pH及时间的影响。转化温度越高、转化时间越长，色泽越深。pH高时较pH低时色泽更深。对黄糊精来说，溶解度达到100%之后颜色变深的速率增大。

(4) 溶解度。随着转化作用的进行，糊精在冷水中的溶解度逐渐增加。白糊精溶解度范围从高黏度类型的最小溶解度60%到最高转化率的低黏度类型的溶解度95%。英国胶溶解度范围从70%～100%，对相同转化度时，英国胶的溶解度大于白糊精。几乎所有的黄糊精都是100%可溶解。

（5）还原糖含量。随着转化作用的进行，还原糖量稳定地上升到最高值。除高转化度类型外，所有白糊精的这个值是不断上升的。但是，在转化作用的后期，还原糖增加的速率较缓慢。糊精中还原糖含量主要取决于品种，白糊精为10%～12%，黄糊精为1%～4%，而英国胶更低。

（6）碱值。与还原糖或葡萄糖值相似，这是转化过程中形成醛基量的一个指标。随着分子链的变短，醛基量增加，碱值达到峰值；随着继续加热，碱值开始下降。这是由于糖苷键转移及可能的再聚作用形成了分支链结构所致。

（7）糊精含量。糊精含量是指用半饱和氢氧化钡溶液配制的1%溶液（1g产品溶于100mL半饱和氢氧化钡溶液）中可溶部分的量。淀粉、水化淀粉及低转化度糊精会被半饱和氢氧化钡沉淀。糊精含量都随转化程度而升高。

（8）黏度。糊精黏度通常用热黏度和冷黏度来表示。只要糊精化作用中的主要反应是糖苷键断裂，则糊精在热水中的黏度是下降的。白糊精有一个很宽的黏度范围，它取决于转化程度。转化度提高，黏度逐渐降低。具有最低黏度的黄糊精，当转化作用使溶解度达到100%时，黏度降低速率减慢，最后降到一定值。但也有报道，在很高的转化度上，黏度略有升高。英国胶的黏度随转化度提高，开始黏度有所下降，然后逐渐上升。

（9）溶液稳定性。糊精水溶液的稳定性有很大的差异，取决于转化度、糊精种类、原淀粉的特性及添加剂的影响。除了很大的直链淀粉分子外，直链淀粉的分子越小，溶液越稳定。支链淀粉溶液比直链淀粉的更稳定，但直链淀粉分子在糊精化时分解，通过糖苷键转移或再聚作用转化成分支型结构，这种产品的水溶液稳定性更高。转化过程中所发生的化学反应与转化类型有关，在白糊精生产中除了高转化度品级外，都是水解反应占优势。玉米白糊精的支化度为2%～3%，因此，白糊精溶液的稳定性是较差的，冷却及放置时会形成不透明的浆液。英国胶是在含酸量最少的情况下转化的，水解反应最小，加热温度和时间是转化的主要因素，结果使分子重排形成20%～25%的糊精支化度。因此转化度相同时，英国胶的水溶液稳定性比白糊精高。在黄糊精制取中，水解作用最初占主导地位，但高转化温度有利于广泛的苷键转移及再聚作用，也由于有较高转化度，因此黄糊精溶液比英国胶溶液稳定。

制取糊精的原淀粉的性质也是一个重要因素，糯玉米淀粉比普通玉米淀粉转化成的糊精溶液稳定性好得多。

添加剂也常用于增加糊精溶液的稳定性，最常用的添加剂是硼砂或硼砂与碱。硼酸或四硼酸钠的添加量可达到糊精质量的20%，它与羟基形成络合物，增加了溶液的黏度，并可增加它的内聚性和黏着性。硼砂小于15%对其特性影响十分显著，这种影响可通过加碱将硼砂转化成偏硼酸而得到加强，硼砂与偏硼砂对糊精的黏着性起主要作用。

（10）薄膜性能。高温转化淀粉溶液形成薄膜的特性是影响其作为黏合剂使用的重要因素。与原淀粉溶液制取的薄膜比，热转化淀粉溶液制取薄膜的拉伸强度高。对同一类型的转化产品来说，其薄膜拉伸强度随转化程度增加或黏度降低而逐渐降低。但是，黏度较低的糊精分散在水中的固体量较多，因而形成高固体含量的薄膜。这种薄膜干燥速率快，有较强的黏着性，并能迅速与表面黏结。

对同一类型的热转化作用来说，黏度越低或转化度越高，薄膜越容易溶解。黄糊精制得的薄膜可溶性最大。糊精薄膜有结晶化特征，使薄膜有变脆及剥成碎片的倾向，薄膜结晶化作用与转化度有关，添加增塑剂或吸湿剂可克服这个缺点。

六、应　　用

热转化糊精在食品中，可用作固体饮料和汤类的增稠剂。喷雾干燥得到的麦芽糊精可用作微胶囊的壁材。此外热转化糊精还广泛用作医药、造纸、铸造、壁纸、标签、邮票、胶带纸等行业的黏合剂。白糊精或英国胶宜于制备强韧薄膜；在需要快速黏合、快速散开及再湿可溶性时，可选择黄糊精产品。

第九节　抗性淀粉

一、基本原理

食物中的淀粉有两种，一种是容易被人体消化的，另一种则不易被人体消化，这种不易被人体胃肠酶解、消化吸收的淀粉就叫做抗性淀粉（resistant starch），又称抗酶解淀粉、难消化淀粉。因此，抗性淀粉指的是一类在小肠中不能被消化的淀粉，可以定义为："通常能够到达人体大肠中的淀粉及淀粉降解产物的总和"。抗性淀粉有几种主要类型：RS1 型抗性淀粉、RS2 型抗性淀粉、RS3 型抗性淀粉、RS4 型抗性淀粉、包含体复合物。

（1）RS1 型抗性淀粉。这种抗性淀粉是由被包埋于基质（植物组织）中的淀粉颗粒组成的，由于这些基质组织不让消化酶透过，从而在结构上阻止了淀粉与酶接触，即因细胞壁的屏障作用，使淀粉酶无法接近，发生酶抗性，或因蛋白质成分遮蔽，而抑制了相应的水解作用。完整的谷物及种子是很好的例子。由于植物组织大部分是完整的，其中淀粉多数是未糊化的，但实际上淀粉可以是天然的亦可以是糊化的。此类阻抗淀粉受咀嚼作用及加工过程中粉碎及碾磨作用的影响，而改变含量。由于轻度碾磨的谷物、豆类及早餐谷物食品中所含的谷物颗粒经粉碎后并未将胚乳细胞中的淀粉完全显露出来，因此此类食品中常含有 RS1 型抗性淀粉。但在加工和咀嚼之后，此类阻抗淀粉往往变得可以消化。

（2）RS2 型抗性淀粉。天然淀粉颗粒的完整性、多孔性、高密度性及部分结晶结构均是形成其酶抗性的原因。因此一些天然淀粉在小肠中比其他淀粉具有更强的抗水解作用。此类淀粉就是 RS2 型抗性淀粉。RS2 型抗性淀粉主要存在于未烹煮马铃薯、新鲜香蕉以及高直链玉米淀粉中。例如，土豆淀粉，其与小麦淀粉相比具有很强的抗水解性。因此土豆及香蕉淀粉通常被作为 RS2 型淀粉的典型例子。现在认为 RS2 型抗性淀粉的抗性主要是与淀粉颗粒的大小（如土豆淀粉与小麦淀粉相比）及淀粉中含有某些淀粉酶抑制剂组分（如在香蕉淀粉中）有关。大颗粒的淀粉其表面积/体积比较小，所以淀粉酶对其表面的水解可能性相对较小，而且土豆淀粉颗粒表面没有孔隙。

（3）RS3 型抗性淀粉。RS3 型抗性淀粉主要是由老化的直链淀粉组成，商业抗性淀粉多为此类。老化淀粉是指糊化后在冷却或储存过程中结晶而难以被淀粉酶分解的淀粉，也称为回生淀粉。它是抗性淀粉的重要成分，通过在水分含量特定的条件下，将淀粉反复高压处理，引起淀粉化学结构、聚合度和晶体构象方面等的变化，可以得到此型淀粉。

具体作用原理如下：淀粉糊化后吸水膨胀，直链淀粉溶出而使黏度上升，颗粒膨胀到一定程度后破损，而后随着冷却、储存时间的增加，直链淀粉再度排列形成新的结晶构造，此时在结构上会发生改变，该现象所需时间短，发生在糊化作用后数小时内，所形成的新结晶结构可于加热至140℃以上溶解。同时另一老化作用发生在支链淀粉中，约需数天至数星期发生结晶，属于较缓慢老化作用。此结晶构造用DSC测定时，在55～70℃形成吸热峰，这一结晶主要由支链淀粉外围短支链（DP=14～18）相结合形成，而直链淀粉结晶时其直链链长在结晶区可达DP=26～73，非结晶区DP=6～30，显然较支链淀粉结构稳定。因此，溶解直链淀粉结晶所需温度较高。DSC测定140～150℃出现吸热峰，可知RS3抗性淀粉主要由老化的直链淀粉组成。另外，老化的支链淀粉也具有酶抗性。由此，各种淀粉产生抗性淀粉难易的顺序为：含较高直链淀粉>一般的淀粉>蜡质淀粉。

老化淀粉是膳食中抗性淀粉的主要成分，这类淀粉即使经加热处理，也难以被淀粉酶类消化，因此可作为食品添加剂使用。常采用湿热处理制备，如直链含量为70%的玉米淀粉，经过压热法处理，可获得21.2%的RS3型抗性淀粉产品。国外专利中多采用高直链的玉米淀粉为原料，将脱支酶作为主要手段，结合不同干燥方式制备高抗性淀粉含量的产品。RS3型抗性淀粉也多存在于煮熟放冷的马铃薯、面包、玉米片、米饭等具有老化淀粉的食品中。

（4）RS4型抗性淀粉。化学改性淀粉（chemically modified starch）主要是指经过物理或化学变性后，由于淀粉分子结构的改变以及一些化学官能团的引入而产生的抗酶解淀粉部分，如羧甲基淀粉、交联淀粉等。同时，也指种植过程中，基因改造引起的淀粉分子结构变化，如基因改造或化学方法引起的分子结构变化而产生的抗酶解淀粉部分。

（5）包含体复合物。淀粉颗粒中天然存在的，或在淀粉加工过程中形成的包含体复合物，一般不被看作是抗性淀粉。但是，目前的一些糊化淀粉的体外消化试验表明，这些复合物能抵抗真菌α-淀粉酶水解。这可能与它们在消化道中的消化方式有关。

由于RS1和RS2型抗性淀粉在加热和加工的过程中会损失掉大部分，国内外研究人员目前最感兴趣的还是RS3和RS4型抗性淀粉，可以将它们添加到食品中，提高食品的功能性。

二、RS3型抗性淀粉的制备

有关RS3型抗性淀粉的制备方法可以分为以下几类。

（一）热液处理法

按照热处理温度和淀粉乳水分含量的不同，淀粉的热液处理分为以下几种。

（1）湿热处理（heat moist treatment，HMT）。是指淀粉在低水分含量下，经热处理加工的过程，其含水量小于35%，温度较高，为80～160℃。

（2）韧化处理又称退火处理（annealing，ANN）。是指在过量水分含量的条件下，其含水量大于40%，温度设定在淀粉糊化温度以下的热处理过程。

（3）压热处理（autoclaving）。是指淀粉含水量大于40%，溶液在一定温度和压力下进行处理的过程。

（4）减压处理法（reduced pressure）。短时间内能够进行大批量的处理，没有糊化的淀粉颗粒，热稳定性高，工业生产非常有潜力。

（5）超高压处理法（ultrahigh pressure）。通过处理后，A型结晶由于压力的作用，双螺旋结构重新聚集，部分转为B型，但是此处理不能导致分子质量的降低。此处理淀粉颗粒糊化，但保持其颗粒结构，不发生溶出现象。因此与热糊化淀粉相比，此种处理具有不同的糊化和凝胶特性。

其中一些可以在不发生糊化的条件下，淀粉颗粒维持其最初的颗粒结构，来提高 RS 的含量。

（二）挤压处理法

将挤压膨化技术应用于抗性淀粉制备的预处理中，是由于在抗性淀粉的制备过程中，挤压膨化起到预糊化的作用，提高淀粉的糊化度，只有使淀粉完全糊化，才能使淀粉酶与普鲁兰酶对其充分作用，生成一定长度的直链淀粉分子，通过调节酶作用条件，从而提高抗性淀粉得率。

挤压处理按其处理方法又可以分为双螺旋挤压法和单螺旋挤压法。

（三）微波辐射法

微波膨化技术可应用于抗性淀粉制备的预处理中。抗性淀粉（RS3）形成的过程实际就是淀粉老化的过程。在微波膨化处理过程中，淀粉分子间氢键断开，冷却阶段相邻的直链淀粉间形成氢键，即淀粉的老化过程；而且，食品物料微波膨化的内动力是水分汽化，在此过程淀粉糊化，使物料产生多孔的网状结构，产生膨化效应，有利于淀粉酶或普鲁兰酶的酶解作用，再通过控制酶解条件，提高抗性淀粉的得率。

微波处理受淀粉的加热温度以及水分含量的影响，尤其是水分与升温速率显著相关，当水分含量较低时，升温速率非常快，当水分含量较高时，升温却不显著。

（四）超声波处理

超声波处理可应用于抗性淀粉的制备。因为在抗性淀粉制备过程中，淀粉分子的降解与酶解是必不可少的过程，而超声波是一种频率很高（$10^5 \sim 10^8$ Hz）的声波，由于超声波加速了溶剂分子与聚合物分子之间的摩擦，从而引起 C—C 键裂解；另外由于超声波的空化效应所产生的高温高压环境导致了链的断裂，从而引发聚合物的降解。而且超声波在降解淀粉的同时，可以使酶解速率增加，缩短抗性淀粉的制备时间。

（五）脱枝降解法

在抗性淀粉的制备过程中，现有的脱枝方法有两种，一种是酶法脱枝，另一种方法是化学方法脱枝，用酸（盐酸、硫酸、硝酸等）处理淀粉，又称淀粉的林特勒化，有一定的脱枝效果，但其脱枝效果不及酶法脱枝效果好。

脱枝降解法所用的酶主要为脱枝酶类，如普鲁兰酶（pullulanase），此种酶可以水解直链和支链淀粉分子中的 α-1,6 糖苷键，并且所切 α-1,6 糖苷键的两头至少含有两个以上的 α-1,4 糖苷键，从而使淀粉的水解产物中含有更多的游离直链淀粉分子。这样在淀粉的老化过程中，更多的直链淀粉双螺旋相互缔合，形成高抗性的晶体结构。除此之外还可以用普鲁兰酶及 α-淀粉酶复合处理原淀粉溶液。

除了上述方法外还有蒸汽加热法、反复脱水法等，或将以上方法进行复合处理，如将挤压膨化技术或微波膨化技术同时应用于淀粉的前处理。

三、影响 RS3 型抗性淀粉形成的因素

1. 淀粉原料种类

不同植物来源的淀粉其特性不同，因而 RS 的产量也不同，而且不同基因型 RS 产量各不相同，最高可达 65%，而低的只有 40.1%。

2. 直链淀粉的含量及其聚合度

由于直链淀粉比支链淀粉更易发生老化，所以直链淀粉含量越高，抗性淀粉的产量越高。随着直/支比增大，抗性淀粉占总淀粉的百分比增大。

RS 得率不仅与直链淀粉含量有关，同时还与直链淀粉分子质量大小有关。据有关报道用 α-淀粉酶水解马铃薯淀粉，得到平均聚合度为 40～610 的淀粉。当聚合度小于 100 时，随着直链淀粉聚合度的增加，RS 产量也增加，直链淀粉的聚合度在 100～610 时 RS 产量（23%～28%）趋于平缓。

3. 淀粉原料中所含脂类含量

研究发现脂类含量影响 RS 的形成，质量较小的物质（如醇类、脂类）能与直链淀粉结合形成复合物。直链淀粉与油脂结合后就不再参与直链双螺旋的形成，因而降低 RS 的含量。所以对原淀粉进行一定的脱脂能增加抗性淀粉的含量，而添加单硬脂酸甘油酯和蔗糖脂肪酸酯降低抗性淀粉含量，且随着两种脂添加量的增加，抗性淀粉含量降低。

4. 处理方法及工艺

不同处理方法所得抗性淀粉的含量不同。例如，蜡质玉米淀粉用常压蒸煮、高压蒸煮、焙烤、挤压和煎炸等方式处理，发现常压蒸煮、高压蒸煮的方式较其他的方法产生的 RS 含量高。

处理工艺不同所得抗性淀粉含量也不同。例如，加热/冷却处理次数对抗性淀粉的形成影响很大。随着次数的增加，抗性淀粉形成量也增加。玉米淀粉经 20 次冷热循环后，抗性淀粉含量由 21.3%增至 40%左右。

5. 糖的种类及用量

例如，葡萄糖、果糖、麦芽糖和蔗糖对颗粒态抗性淀粉含量都有影响而且都有一个最适添加量，分别为 18%、7%、22%和 10%。在最适添加量之前，随着糖含量的增加，抗性淀粉含量增加，超过最适添加量后，抗性淀粉含量与糖添加量成反比。

6. 盐

不同的盐对抗性淀粉形成的影响有差异。例如，NaCl 和 KCl 有利于抗性淀粉的形成且都有一个最适添加量，分别为 20%和 12%。在最适添加量之前，随着盐含量的增加，抗性淀粉含量增加；超过最适添加量后，抗性淀粉含量与盐的添加量成反比。而 $CaCl_2$ 的添加对抗性淀粉的形成起抑制作用。

四、特　　性

（一）抗性淀粉的生理学特性

RS 与不消化的低聚糖和非淀粉多糖（NSP）有许多相似之处，FAO 已将 RS 作为 DF（膳食纤维）的一种。RS 与 DF 的不同之处是：在结肠内 RS 可 100%被细菌发酵和重吸收。

1. 能量值

RS 含量高的食物在小肠中只部分被消化吸收，其葡萄糖利用率较低，血糖生成指数低；不消化的 RS 到达结肠，在结肠细菌的作用下发酵，产生的 SCFA（短链脂肪酸）可被吸收，继续给机体提供能量，有研究认为这类食物产生的能量中 12%是由 SCFA 提供的，并且证明 RS 是以缓慢且完全的方式吸收的。

2. 发酵

可以在结肠发酵的食物成分主要包括不消化碳水化合物（NSP、RS、低聚果糖等）和蛋白质，其中 RS 占全部发酵物总量的 5%～35%。RS 在结肠的发酵产物主要有气体（CO_2、H_2、CH_4）和乙酸、丙酸、丁酸、SCFA 及水。SCFA 是结肠黏膜尤其是末端结肠黏膜的主要能源物质，对结肠黏膜有营养作用。SCFA 能降低结肠内 pH，从而影响菌群的平衡，降低肠腔内蛋白质发酵产物氨的吸收，降低一些细菌代谢酶的活性。

（二）抗性淀粉的保健功能

抗性淀粉已成为食品与营养研究的热点，西方居民食谱中，抗性淀粉的比例已增至 10% 以上。既然不被消化，当然人体也就无法吸收，它虽然类同于膳食纤维，却有着比膳食纤维更为广泛的保健意义。

1. 降低餐后血糖和血胰岛素反应

RS 在人体内缓慢完全吸收，因此抗性淀粉可有较低的血糖生成指数和胰岛素反应。尤其对Ⅱ型糖尿病患者，可延缓餐后血糖上升，有效控制糖尿病病情。有研究认为 RS 可部分阻止高蔗糖饲料诱发的大鼠葡萄糖耐量异常的发生，与葡萄糖和可消化淀粉相比，RS 具有维持餐后血糖稳态、提高机体胰岛素敏感性的作用。Muri 等在实验中采用了缓慢吸收的含淀粉食物或用阿卡波糖抑制 A2 葡萄糖苷酶活性，结果显示 RS 能降低餐后血糖和胰岛素分泌，并改善血浆中脂类物质的分布，因而对Ⅱ型糖尿病有益。

2. 对肠道疾病的防治作用

抗性淀粉不被消化进入结肠，作为结肠菌群的营养源，这些微生物通过发酵，将碳水化合物代谢后生成丁酸等短链脂肪，从而降低结肠及粪便的 pH。丁酸具有促进结肠健康，减少胺类致癌物的产生，抑制肿癌细胞的作用。还可减少肠黏膜细胞的增生，进而降低患结肠癌危险。肠道的大肠杆菌还能合成泛酸、尼克酸、核黄素等人体不可缺少的生命物质，增加人体所需营养。未降解的抗性淀粉还可增加粪便通量，加速有毒物质的排出．防治便秘和痔疮及肛门直肠疾病。Ranhostra 等观察到与天然淀粉相比，RS 使大鼠粪便的湿重和干重增加了 6 倍；当在饮水中添加抗生素，促进肠道正常菌群繁殖后，粪重增加了 18 倍。同时，粪便的体积也随着质量的增加而增加。此外，RS 还有助于稀释肠道内致癌的有毒物质。

3. 降低血清胆固醇和甘油三酯

长期以来人们对抗性淀粉有一种误解，认为多吃含淀粉食物会导致肥胖，进而罹患多种慢性病。然而研究发现情况并非如此。抗性淀粉能降低胆固醇的含量，促进胆汁分泌与循环，因而可预防胆结石的形成。抗消化淀粉还能减少脂质吸收与脂肪酸合成，有效降低血中及肝脏内脂质含量，预防脂肪肝形成。因此它可作为减肥保健食品添加剂。Cheng 等研究了含不同比例 RS 的大米淀粉和玉米淀粉对喂饲高胆固醇大鼠血脂代谢的影响，结果显示：喂饲含 RS 为 45g/100g 和 63g/100g 大米淀粉的实验组血清总胆固醇浓度明显低于其他各组；血清浓度在含 RS 为 63g/100g 大米淀粉实验组明显高于其他各组，而肝中甘油三酯和总胆固醇明显低于其他各组。Hubert 等的实验证实生土豆淀粉（RS2）和高直链玉米淀粉（high amylase starch, HAS）对喂饲半纯化饲料大鼠的肠组织有明显增生和肠 SCFA 聚积作用，肠道胆固醇吸收明显减少；与对照组相比，实验组大鼠血清和肝中胆固醇、甘油三酯水平均明显降低。

4. 促进矿物质吸收

膳食纤维摄入量过多往往伴随着植酸的摄入量也相应较高，会降低食物中维生素、矿物质的吸收，但 RS 对此没有不良影响，并且 RS 被看作肠道益生元，对保持矿物质生物活性还具有积极作用。抗性淀粉能在回肠中经肠内微生物发酵而降低 pH，促进矿物质等微量营养元素的吸收，促进矿物元素钙、镁等的溶解，形成可溶性钙、镁，经扩散易被人体上皮细胞吸收。Hubert 比较生土豆淀粉和 HAS 对喂饲半纯化饲料大鼠肠道矿物质利用的影响，与对照组相比，两种 RS 实验大鼠钙、镁、锌、铜、铁的表观吸收率均有增加。

5. 减肥功效

富含纤维的食物可通过延缓肠道碳水化合物吸收，增加肠激素分泌及发酵产生 SCFA 的作用增加其饱腹感，而且碳水化合物在小肠的滞留可能导致肠促胰酶肽（产生饱腹感的有效成分）浓度增加。RS 具有上述纤维素样作用，可增加饱腹感，有利于减轻体重。而抗性淀粉所产生的热量约只有糖类的一半。此外，RS 对体重的控制还表现在两个方面：一是促进脂肪氧化，防止脂肪在组织中聚积；二是增加脂肪排出，减少能量摄入。对回肠造口术患者的试验表明，高 RS 谷物食品可以通过某种与增加脂肪排泄有关的机制对能量平衡产生影响。

五、应　　用

1. 在烘焙食品中的应用

抗性淀粉的膳食纤维含量大于 40%，因其颗粒小、吸水性低、耐热性强，而适于中等含水量的焙烤食品、低含水量的谷物制品和休闲食品的生产，作为食品配料，可最终改善烘焙产品的品质。

高纤维面包经常会有较黑的颜色、坚韧的质地，并且体积较小，而加入抗性淀粉后，因其低吸水性，不会吸收面包中其他组分所含水分，有利于产品保持较长时间的松软性，而且抗性淀粉颗粒细小，远小于天然膳食纤维，也能使面包的结构更松软；并且含有抗性淀粉的面包的体积大于添加纤维素的面包的体积；此外，抗性淀粉耐热性强，烘烤加热不影响它的稳定性。

添加抗性淀粉使饼干具有脆性且不像传统的添加纤维的饼干那样硬。在法式面包中添加抗性淀粉也可增加脆性。

抗性淀粉在烘焙食品中的用量根据产品不同范围通常为 7%～17%。

2. 在酸奶中的应用

抗性淀粉不仅是双歧杆菌、乳酸杆菌等益生菌增殖的良好基质，还可以作为菌体保护剂。例如，加有抗性淀粉的酸奶，乳酸杆菌的数量明显高于对照组，饮用后，菌体的存活率大为提高。

3. 在其他食品中的应用

抗性淀粉在面条中应用，也能增加制品的坚实性和耐煮性。又由于抗性淀粉为水不溶性物质，在黏稠不透明的饮料中可用抗性淀粉来增加饮料的浊度，而不产生沙粒感，也不会掩盖饮料风味。另外抗性淀粉还可以用于汤料中。

第十节　多孔淀粉

多孔淀粉又名微孔淀粉，是一种新型的变性淀粉。用物理（超声波照射、喷雾、醇变性）、机械（机械撞击）、酸解以及生物（酶水解）方法使淀粉颗粒由表面至内部形成孔洞的淀粉定义为多孔淀粉。微孔淀粉表面布满直径为 1μm 左右的小孔，小孔由表面向中心深入，孔的容积占颗粒体积的 50%左右。将天然生淀粉经过水解处理以后，在其颗粒表面形成小孔，并一直延伸到颗粒内部，是一种类似马蜂窝状的中空颗粒，可以吸附各种物质，具有良好的吸附性。因此，多孔淀粉是一种新型有机吸附剂和包埋材料，广泛用于医药、农药、印刷、日用化工、化妆品和食品行业。

多孔淀粉与其他吸附剂相比，具有良好的吸附性能，除此之外它还具有如下优点：①原料来源广泛，廉价易得；②纯天然物质，安全、无毒，使用剂量不受限制；③可生物降解；④生产工艺简单；⑤应用广泛，适应性强。

在制备多孔淀粉过程中，不仅可控制其孔数、孔径、孔深，还可根据被吸附物质特性对其进行改性。例如，当被吸附物质为非极性物质时，可在多孔淀粉的表面接上非极性基团，从而增强其吸附的专一性。

在多孔淀粉制备方法中，超声波照射、醇变性、机械撞击方法目前无法工业化生产；而用淀粉与明胶等混合再喷雾，形成的是一种实心端聚体，吸附作用只发生在表面的凹坑内，吸附量有限；从发芽的种子中分离多孔淀粉也是依靠发芽过程中产生的淀粉酶作用于淀粉颗粒而产生多孔，这种方法难以控制发芽的程度，不同种子间以及同一粒种子的不同部位淀粉受到酶解的程度都不一样，难以均一、稳定；酸法或酶法是用酸或淀粉酶部分降解淀粉颗粒而使其产生多孔状的方法。酸解或酶解需在糊化温度下进行，在低温下酸解速率较慢，随机性强，不易形成孔状，限制了酸法的应用，因此工业上常用的方法是酶法。

生淀粉水解酶来源于微生物，通过发酵，可大批量工业化生产酶制剂，而且酶解生产多孔淀粉的工艺简单易行，得到的多孔淀粉为中空颗粒，具有较大的吸附量。

一、酶法制备多孔淀粉的工艺流程及影响因素

（一）工艺流程

酶法制备多孔淀粉的工艺流程见图 5-9。

颗粒态淀粉→在糊化温度下部分酶解→离心或过滤→洗涤→干燥→多孔淀粉

图 5-9　酶法制备多孔淀粉的工艺流程图

（二）影响因素

（1）生淀粉酶的特性、来源。生淀粉酶属于淀粉酶的特殊种类，但至今还没有一个严格定义。一般来说生淀粉酶是指可以直接作用未经蒸煮的淀粉颗粒的酶，生淀粉酶所涉及的酶有许多种。例如，α-淀粉酶、β-淀粉酶、葡萄糖淀粉酶、异淀粉酶、脱枝酶、普鲁兰酶、磷酸化酶等，其来源为曲霉、细菌、酵母、动物体内的消化液、植物、发芽植物种子等。这些酶除了大豆β-淀粉酶没有生淀粉降解能力外，细菌β-淀粉酶以及不同来源的糖化酶、α-淀粉酶均或多或少地有降解各种生淀粉的能力。

粗酶的活性大于结晶酶（纯酶）的活性。单一纯酶的水解活力并不理想，具有生淀粉酶活力的各种酶之间的协同作用，能达到较高的水解能力。例如，α-淀粉酶和葡萄糖淀粉酶组合后使用效果较好。当两者比例为 1∶4 时形成的微孔淀粉吸水率、吸油率较高。

（2）淀粉的来源、品种。生淀粉酶水解生淀粉受淀粉植物来源和酶来源的影响。谷类淀粉的水解要比块根类淀粉容易；同一种来源淀粉的水解率不同，取决于品种、生长状态、组织层等；并不是任何淀粉都能形成多孔淀粉，能形成多孔淀粉的生淀粉主要来源于玉米、木薯、甘薯、土豆、大米、小麦、大麦等，有的淀粉不管用何种酶水解，只能从淀粉粒表面一层一层剥离，最终形成鳞片状外表面，如香蕉、百合、莲子淀粉粒。形成多孔淀粉与否取决于淀粉的天然立体结构、生长环境等。

(3) 直链淀粉含量。生淀粉的酶解程度取决于淀粉粒和酶的特性。酶解容易的淀粉粒直链淀粉含量较低，X射线衍射图谱表现为A型，支链淀粉的短链/长链（质量比）在2～3以上；较难酶解的淀粉粒直链淀粉含量较高，X射线衍射图谱表现为B型，支链淀粉的短链/长链（质量比）在2以下。

酶解的效果主要受直链/支链比例及其结构、颗粒表面积、结晶度、晶型、磷与糖苷残基的结合、酶对颗粒的吸附、原淀粉的多孔性等多种因素影响。

(4) 淀粉的预处理。糖化酶酶解前对淀粉进行湿热预处理，能增加酶的敏感性，而且谷物类淀粉的效果好于根茎类。例如，用pH 3.5乙酸缓冲液在60℃下浸泡处理2h，籼米淀粉的水解度升高，平均粒径与未预处理的相似，但粒子内部更易水解，能形成单个深圆孔。

(5) 淀粉的粒度。淀粉的粒度与酶解效果之间的关系比较多样化。采用奇异雅霉、*Asp*. sp. 和*Rhizopus* sp. 的糖化酶水解不同粒度的淀粉粒，发现只有*Rhizopus* sp. 糖化酶的水解率随粒度的减小而升高，而奇异雅霉和*Asp*. sp. 糖化酶的水解力与粒度没有明显的关系。

由土豆、大麦淀粉分级得到的小颗粒比大颗粒更容易被酶水解。

用枯草杆菌α-淀粉酶和黑曲霉糖化酶共同作用不同粒度的木薯、玉米淀粉，大颗粒能形成多孔结构，而小颗粒只在表面腐蚀，不能形成孔。

(6) 淀粉中的蛋白质和脂质。蛋白质的存在阻碍了酶接近淀粉粒子，淀粉中蛋白质含量越高，酶解速率越低。结合磷脂和其他共存物的存在也会影响淀粉粒的酶解。谷物类淀粉中脂质的总量为0.7%～1.2%，豆类淀粉为0.01%～0.87%，块根类淀粉为0.08%～0.19%。这些脂质以游离状态或与淀粉结合的形式存在，结合脂质通过离子键或氢键结合到淀粉分子的羟基上或形成直链淀粉包合复合物，直链淀粉将脂质包合在螺旋的疏水核心。由于直链淀粉-脂质复合物的存在影响酶的吸附，降低了α-淀粉酶作用的敏感性。从而影响酶解速率。

采用α-淀粉酶水解各种脱除了全部脂质的淀粉，发现不同淀粉的水解率的提高程度不同，次序依次为：土豆＞小扁豆＞木薯＞小麦＞玉米。

脱脂增加了α-淀粉酶接近直链淀粉的机会。小麦、玉米、木薯水解率的提高要归功于直链淀粉构象的转变（从V形螺旋→无规线团），为酶解提供了较大的比表面积。

直链淀粉-脂质复合物中的脂质通过一般的脱油方式（如6号溶剂）不能将脂质全部脱除，除非用热丙醇水溶液（3∶1，*V*/*V*）在90～100℃抽提7h才能将脂质脱除。但是在制备多孔淀粉时，若以上述条件脱脂，淀粉可能已经糊化，不利多孔淀粉形成。

(7) pH。pH会影响底物分子和酶分子的解离状态，任何一种酶都在适当的pH范围内有较高的活性。一般是利用柠檬酸缓冲液或乙酸缓冲液来控制pH的范围。葡萄糖淀粉酶合适pH为4.0～4.5，α-淀粉酶的合适pH为5.4～6.9。

二、性质和作用

(一) 性　　质

产品生产过程不添加任何化学试剂，安全无毒副作用，应用时可以任意比例添加到食品、药品等产品中。应用到水溶性体系时，多孔淀粉不坍塌崩解，仍然保持完整的立体颗粒结构。产品具有如下特性：①产品孔洞容积大，具有较大的吸附能力；②多孔淀粉吸附目的物后对其有保护作用，如活菌、维生素A；③多孔淀粉吸附目的物后可达到缓慢释放目的物的作用，具有良好的缓释功能。

（二）应　　用

（1）酸奶增稠冻融稳定剂。糊液黏性好、透明度高，胶凝性弱，冻融稳定性好，膨润性好，保水性强，抗老化，抗剪切力强，耐冷热，耐酸碱，是各种乳制品，特别是酸奶制品的最佳增稠稳定剂。

（2）酱类制品防析水剂。黏性好，糊液透明度、稠度高、易成型、冻融稳定性好，保水性强，抗老化、抗剪切力强、耐冷热、耐酸碱，是食品行业的优良添加剂。

（3）其他食品中的应用。具有多孔性能的微胶囊包埋剂，具有良好的乳化稳定性，可应用于各种食品中（乳化香精、粉末香精、DHA、β胡萝卜素、维生素 E、维生素 A 等各种油性提取物的产品）。多孔淀粉为壁材制造的微胶囊，干燥速率快、油的包埋率高、货架期更稳定，微胶囊粉末在水中再分散能力强，比传统的糊精、麦芽糊精等壁材效果好。

（4）烟草高效吸附剂。具有独特的蜂窝状结构，吸附力强，具有很高的降焦降害作用，将本品吸附烟草专用香精后加入烟嘴或烟丝中，口感更加纯合、适口，提高香烟档次。

除以上所述，目前，多孔淀粉已经广泛应用于药物载体，特别是兽药载体。

思　考　题

1. 淀粉变性的目的有哪些？
2. 试述变性淀粉按生产方法的分类情况。
3. 试述取代度的概念。
4. 变性淀粉的生产方法有哪些？
5. 试述预糊化淀粉的生产方法及其制备原理。
6. 预糊化淀粉的性质如何？适合应用于哪些食品中？
7. 试述次氯酸钠氧化淀粉的氧化机理、性质及其在食品工业中的应用。
8. 简述双醛淀粉的氧化机理。
9. 试述低取代度淀粉乙酸酯的性质及其在食品工业中的应用。
10. 简述淀粉磷酸酯的制备机理。
11. 简述淀粉烯基琥珀酸酯的生产方法。
12. 简述淀粉黄原酸酯的制备机理。
13. 羧甲基淀粉的生产方法、性质及其在食品工业中的应用有哪些？
14. 羟乙基淀粉的制备机理及方法有哪些？
15. 羟乙基淀粉的性质及其在食品工业中的应用有哪些？
16. 羟丙基淀粉的制备机理、生产方法、性质及其应用有哪些？
17. 交联淀粉的性质及其在食品工业中的应用有哪些？
18. 自由基引发接枝共聚法中引发形式有哪些？
19. 接枝共聚淀粉的性质有哪些？
20. 糊精的分类及性质有哪些？
21. 糊精的生产工艺过程及其基本原理有哪些？
22. 抗性淀粉包括哪几种类型？
23. RS3 型抗性淀粉的制备原理及方法有哪些？
24. 影响 RS3 抗性淀粉形成的因素有哪些？
25. 抗性淀粉的保健功能及其在食品工业中的应用有哪些？
26. 酶法制备多孔淀粉的工艺及其影响因素有哪些？
27. 多孔淀粉的性质及其在食品工业中的应用有哪些？

第六章　淀粉发酵

第一节　概　　述

淀粉不仅是人类食物的来源，也是微生物生长的能源与营养物质，无论细菌、放线菌，还是酵母、霉菌，均可以直接或间接利用淀粉作为碳源，为自身提供养分和产生代谢物。淀粉发酵就是指以淀粉为原料依靠微生物的生命活动直接或间接地生产产品的过程，能够被微生物利用的淀粉质原料种类很多，如谷物中的玉米、小麦、水稻，豆类中的绿豆、豇豆、菜豆，薯类中的马铃薯、甘薯、木薯，还有淀粉质的野生植物葛根、芭蕉芋等。

随着社会对淀粉加工产品需求的不断增长，淀粉加工已不满足于淀粉糖、变性淀粉等传统加工，对淀粉发酵制品的生产和需求正呈逐年增长的势头。目前，淀粉发酵产品包括乙醇、有机酸、氨基酸、核苷酸、维生素、生物可降解塑料、微生物油脂、食品添加剂等众多与人们生活息息相关的制品。

乙醇，在食品领域用于配制果酒、白酒等酒类制品，也可用于酿造食用及工业乙酸；作为新型可再生能源，燃料乙醇已成为汽油的部分替代品。广泛应用于医药、食品、化工、能源、交通等领域。我国乙醇生产原料 80%来源于淀粉质，主要有玉米、木薯、马铃薯、小麦等粮食作物。生产乙醇的淀粉原料需要预先液化糖化，将淀粉水解为葡萄糖，再接入酒精酵母将葡萄糖转化为乙醇，发酵结束后经蒸馏、精馏乙醇发酵醪制得成品乙醇。

氨基酸工业是 20 世纪 50 年代发展起来的新兴产业，所制的各种氨基酸常作为调味剂、营养补充剂、食品添加剂、医用输液营养剂等。目前，经发酵法生产的氨基酸包括谷氨酸、赖氨酸、苏氨酸、色氨酸等。其中应用最广泛的当属谷氨酸钠（味精），其次是赖氨酸。利用棒杆菌发酵生产谷氨酸，一般使用淀粉糖化液，经谷氨酸棒杆菌发酵得到谷氨酸发酵醪，再经等电点、离子交换法从发酵醪中提取谷氨酸粗品；粗品经中和、除杂、脱色、浓缩、结晶后获得谷氨酸钠成品。

有机酸是分子中含有羧基（—COOH）的酸类物质，含有一个或数个羧基的有机酸广泛存在于自然界中动物、植物、微生物体内，工业上用途较广。代表性的有机酸有柠檬酸、乳酸、葡萄糖酸、苹果酸、衣康酸、酒石酸、琥珀酸、乙酸等。除酒石酸主要来源于葡萄，是葡萄酒发酵的副产物外，其他的有机酸多数以发酵法生产为主。淀粉发酵制取柠檬酸可分为表面发酵法、固体发酵法和液体深层发酵法，发酵获得的柠檬酸成熟醪再经中和、酸解、净化、浓缩、结晶而获得柠檬酸成品。

微生物油脂一般又称为单细胞油脂，即微生物以碳水化合物、碳氢化合物和普通油脂为碳源、氮源、辅以无机盐生产的油脂及另一些具有商业价值的脂质。某些微生物可发酵淀粉，产生具有生理活性功能的多不饱和脂肪酸，包括亚油酸（LA）、共轭亚油酸（CLA）、γ-亚麻酸（GLA）、花生四烯酸（AA）、二十碳五烯酸（EPA）、二十二碳六烯酸（DHA）、二十二碳五烯酸（DPA）等，它们大多是生物活性物质前体，现已引起人们的广泛关注。

此外，淀粉经水解，还可经微生物细胞转化为生物可降解塑料、食品添加剂、维生素、抗生素、核苷酸等。随着对淀粉发酵产品研究的不断深入，以淀粉为原料，经微生物发酵开发研制的产品种类还将越来越多。

第二节 乙醇生产

一、概 况

乙醇广泛应用于食品、医药、化工、日用化妆品、能源、国防等领域，乙醇生产为国民经济发展提供重要的基础原料。目前，我国乙醇生产原料80%采用淀粉质，主要有玉米、木薯、马铃薯、小麦等粮食作物，有的地区因地制宜地采用了野生植物淀粉质原料。

无论玉米还是木薯生产乙醇，淀粉质原料都需经过原料粉碎、淀粉糊化-液化、醪液酶解等工序，将不能为酵母直接利用的淀粉释放到植物组织细胞外，并转化为酵母可利用糖。目前，国内淀粉质乙醇生产工艺在原有传统工艺基础上，不断更新，呈现出以下特点。

(1) 加大原料粉碎细度，颗粒粉碎细度由1.5～2.5mm提高到1.8～2.0mm，更利于糊化、糖化。

(2) 使用高效糖化剂高温淀粉酶、高效糖化酶，用以提高淀粉糖化效率。

(3) 采用高温活性干酵母、固定化技术等，提高酒母质量，降低酒母培养成本。

(4) 进行高酒度、高酵母数、高渗透压的浓醪发酵，提高乙醇生产能力和设备利用率，降低成本。

(5) 采用4～6塔的差压蒸馏，增加排杂点，提高热能利用率。

二、淀粉质乙醇生产原理

淀粉乙醇生产是通过淀粉的溶解、淀粉酶系的酶解、乙醇酵母的发酵、发酵成熟醪的蒸馏和精馏来完成的。

1. 淀粉液化糖化原理

参见前面章节。

2. 乙醇发酵原理

乙醇酵母接入糖化醪，葡萄糖被摄入酵母细胞中，酵母细胞经过一段时间的大量繁殖，醪液中的酵母数可达10^8个/mL以上，然后进入乙醇发酵阶段。在厌氧条件下，酵母菌中的葡萄糖经图6-1中EMP途径（糖酵解途径）和丙酮酸的脱羧及还原反应最终生成乙醇、CO_2。酵母乙醇发酵的总反应式为：

$$C_6H_{12}O_6+2ADP+2H_3PO_4 \longrightarrow 2C_2H_5OH+2CO_2+2ATP+10.6kJ$$

酵母细胞中，葡萄糖在己糖激酶、异构酶、醛缩酶、磷酸甘油激酶、变位酶、烯醇化酶、丙酮酸激酶、丙酮酸脱羧酶、乙醇脱氢酶等胞内酶依次作用下，逐步转化为乙醇需要经历以下4个阶段。

(1) 葡萄糖经磷酸化、异构化和己糖激酶作用后，生成1,6-二磷酸果糖，再经醛缩酶作用裂解为两种磷酸丙糖（3-磷酸甘油醛和磷酸二羟丙酮）。

(2) 磷酸二羟丙酮异构化为3-磷酸甘油醛，后者经NAD^+和P_i氧化磷酸化生成1,3-二磷酸甘油酸。

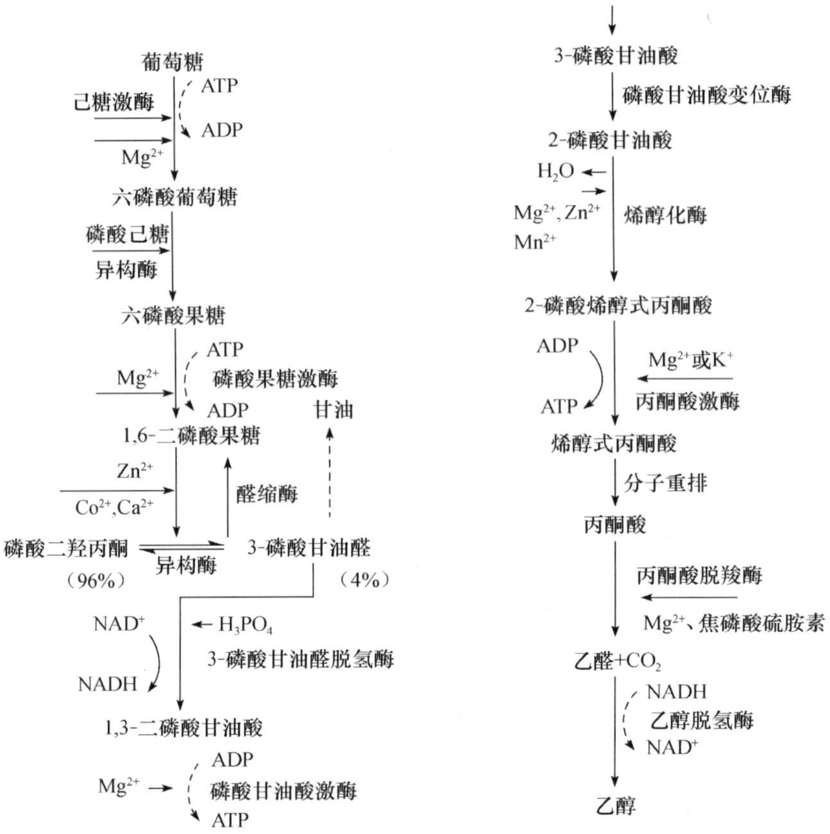

图 6-1　Embdcu-Meyerhof-Parnas 代谢途径（EMP 途径）
（朱坚真，2009）

（3）1，3-二磷酸甘油酸在磷酸甘油酸激酶催化下，形成 3-磷酸甘油酸，后者被变位酶催化为 2-磷酸甘油酸，再由烯醇化酶催化脱水形成 2-磷酸烯醇式丙酮酸，然后又经丙酮酸激酶催化形成烯醇式丙酮酸，分子结构重排形成丙酮酸。

（4）丙酮酸经脱羧酶催化，脱羧形成乙醛，再经乙醇脱氢酶催化还原形成乙醇。

3. 乙醇蒸馏精馏原理

乙醇发酵成熟醪是一个复杂的、多组分的混合物，包括水、乙醇、干物质及其中的挥发性杂质。将乙醇和所有挥发性物质从发酵成熟醪中分离出来的过程称为乙醇蒸馏。其结果是将粗乙醇和酒糟（包括水和不挥发性杂质）分开。将多种挥发性杂质从粗乙醇中除去，进一步提高乙醇纯度的过程称为乙醇精馏。

蒸馏是利用液体混合物中各组分挥发性能的差异，分离各组分的方法。表 6-1 为常压下不同乙醇浓度的乙醇-水溶液沸腾时，乙醇在液相与气相中的分布情况。

表 6-1　不同浓度的乙醇-水溶液沸腾时液相与气相中的乙醇分布

溶液中乙醇浓度 a（体积分数）/%	沸点/℃	气相中乙醇浓度 A（体积分数）/%	$K=A/a$
5	95.90	35.75	7.15
10	92.60	51.00	5.10
15	90.20	61.50	4.10

续表

溶液中乙醇浓度 a（体积分数）/%	沸点/℃	气相中乙醇浓度 A（体积分数）/%	$K=A/a$
20	88.30	66.20	3.31
25	86.90	67.59	2.70
30	85.56	69.26	2.31
35	84.86	70.60	2.02
40	84.08	71.95	1.80
45	83.40	73.45	1.63
50	82.82	74.95	1.50
55	82.30	76.54	1.39
60	81.70	78.17	1.30
65	81.20	79.92	1.23
70	80.80	81.85	1.17
75	80.40	84.10	1.12
80	79.92	86.49	1.08
85	79.50	89.05	1.05
90	79.12	91.80	1.02
95	78.75	95.05	1.00
97.6	78.15	97.60	1.00

资料来源：贾树标，2009

若以 A 和 a 分别表示气相与液相中乙醇浓度，那么两者之比即称为乙醇的挥发系数，即 $K=A/a$。实验测得，在平衡的乙醇沸腾水溶液中，气相中的乙醇浓度均高于液相中的乙醇浓度，并且，乙醇的挥发系数随溶液中乙醇浓度增加而减小。

根据拉乌尔定律，对于混合溶液而言，沸点低（蒸汽压高）的组分，在气相中的浓度总是比在液相中的高；沸点高（蒸汽压低）的组分，在液相中的浓度总是比在气相中的高。由此可知，乙醇水溶液加热沸腾时，蒸汽中的乙醇含量较溶液中的高，乙醇水溶液的乙醇含量越高，乙醇气化的温度越低，据此原理设计了多级蒸馏设备蒸馏塔以获取高浓度乙醇。因此在常压下，经过气化与冷凝，采用常规蒸馏技术可以提高乙醇浓度。

但在常压下，当乙醇浓度达到97.6%（体积分数）或95.57%（质量分数）时，乙醇挥发系数 K 值等于1，此时蒸馏乙醇-水溶液已不能再提高乙醇浓度了，此乙醇-水溶液称为恒沸混合物，对应的溶液沸点为78.15℃，称为乙醇-水溶液的最低恒沸点。

研究表明，对于低浓度的乙醇水溶液，当压力增高时气相中的乙醇浓度增加；对于高浓度的乙醇水溶液，当压力增高时，气相中的水分增加。因此，采用减压蒸馏，不但可以使乙醇水溶液的沸点降低，而且随着沸点的降低，气相中的乙醇浓度增加。从表6-2中可知，当压力降至 0.933×10^4 Pa时，不再形成恒沸混合物，便可得到100%乙醇。

表6-2　不同压力下乙醇在恒沸混合物中的浓度

压力/$\times10^4$Pa	沸点/℃	恒沸混合物中乙醇浓度（质量分数）/%	压力/$\times10^4$Pa	沸点/℃	恒沸混合物中乙醇浓度（质量分数）/%
0.933	29.97	100	5.3930	63.04	96.25
1.333	33.35	99.56	10.130	78.15	95.57
1.792	39.20	98.70	14.440	87.12	95.35
2.644	47.60	97.30	19.344	95.35	95.25

资料来源：贾树标，2009

乙醇发酵成熟醪蒸馏后的粗乙醇含有除乙醇以外的许多挥发性杂质，大致可分为醇、醛、酯、酸 4 类。依据乙醇提纯过程的进程一般可将杂质分为头级杂质、中间杂质和尾级杂质。头级杂质的沸点较乙醇低，挥发性更强，主要包括乙醛、乙酸乙酯、甲酸乙酯、乙酸甲酯等。尾级杂质的沸点比乙醇高，挥发性相对弱，主要包括戊醇、异戊醇、异丁醇、丙醇、异丙醇、有机酸等。尾级杂质中的某些成分多不溶于水，呈油状，因此将这部分杂质称为杂醇油。中间杂质挥发性相似于乙醇，不宜与乙醇分离，但可通过改变蒸馏条件使之具有头级或尾级杂质特性再行分离。

去除粗乙醇中这些杂质的过程即为乙醇精馏。精馏的目的是最大限度地清除乙醇中的挥发性杂质。如果以 α 和 β 分别表示杂质在气相和液相中的百分浓度，则杂质的挥发系数 $K_{杂}=\alpha/\beta$，杂质的精馏系数 $K'=K_{杂}/K_{乙醇}=(\alpha a)/(\beta A)$。精馏系数表示出在同一乙醇浓度下，杂质的挥发性与乙醇挥发性的差异。当 $K'>1$ 时，表明在该乙醇浓度条件下，杂质的挥发性高于乙醇的挥发性，杂质在蒸馏塔内向上运动的速率快于乙醇。当 $K'<1$ 时，表明该乙醇浓度条件下，杂质的挥发性小于乙醇的挥发性，杂质在蒸馏塔中的运动情况有两种：一种是杂质本身挥发系数小于 1，在蒸馏塔中运动方向朝下；另一种是杂质的挥发系数大于 1，在蒸馏塔中的运动方向向上，但运动速率慢于乙醇。当 $K'=1$ 时，表明该乙醇浓度条件下，杂质的挥发性等于乙醇的挥发性，在此条件下，无法将杂质与乙醇分离。

根据杂质挥发系数与乙醇挥发系数性能的差异，可选择不同乙醇浓度阶段分离杂质以提高乙醇纯度。表 6-3 为乙醇、水和杂质三元混合物中主要杂质的精馏系数。

表 6-3　乙醇、水和杂质三元混合物中乙醇和主要杂质的精馏系数

乙醇浓度(体积分数)/%	乙醇	甲醇	异戊醇	乙醛	乙酸乙酯	乙酸甲酯	甲酸乙酯	乙酸异戊酯	异丁酸乙酯	异戊酸乙酯	异戊酸异戊酯
1	10.75		3.26								
10	5.10	0.58			5.69						
15	4.10				5.24						
20	3.31	0.79			5.44						
25	2.70		2.05		5.63						
30	2.31	0.92	1.29		5.45						
35	2.02		1.21		5.19	6.19					
40	1.80	1.16	1.06		4.78	5.83					
45	1.63		0.92	2.76	4.36	5.52		2.15			
50	1.50	1.26	0.80	2.87	3.86	5.26		1.89			
55	1.39		0.71	2.99	3.52	5.04	8.63	1.58			
60	1.30	1.32	0.615	3.08	3.31	4.92	8.00	1.31	3.23	1.76	1.00
65	1.23		0.53	3.17	3.17	4.79	7.64	1.14	2.35	1.54	0.85
70	1.17	1.32	0.46	3.25	3.08	4.62	7.26	0.94	1.96	1.45	0.70
75	1.12		0.39	3.30	2.86	4.46	6.96	0.80	1.61	1.34	0.58
80	1.08	1.38	0.31	3.33	2.69	4.25	6.60	0.74	1.30	1.20	0.46
85	1.05		0.30	3.33	2.57	4.10	6.19	0.67	1.14	1.04	0.38
90	1.02	1.49	0.29	3.33	2.35	4.01	5.68	0.69	1.07	0.88	0.34
95	1.004	1.93	0.23	3.30	2.10	3.78	5.08	0.55	0.95	0.80	0.299

资料来源：贾树标，2009

4. 淀粉质乙醇理论产率和淀粉利用率

依据乙醇反应式可计算 100kg 淀粉乙醇发酵理论应得到的无水乙醇质量。

$$(C_6H_{10}O_5)_n + nH_2O \longrightarrow nC_6H_{12}O_6$$
$$162.1 \qquad\qquad\qquad 180.1$$
$$C_6H_{12}O_6 \longrightarrow 2C_2H_5OH + 2CO_2 + 2ATP$$
$$180.1 \qquad 2\times 46.05$$

根据上述反应式，计算 100kg 淀粉理论上可生产无水乙醇的质量为：

$$162.1 : (2\times 46.05) = 100 : x$$
$$x = 56.82(\text{kg})$$

因为多数酒精厂实际生产 96%乙醇，我国计算淀粉出酒率以 96%乙醇为基准。已知 100kg 96%乙醇含 93.85kg 纯乙醇，则 100kg 淀粉理论生产 96%乙醇的质量为：

$$56.82/0.9385 = 60.54(\text{kg})$$

即淀粉 96%乙醇的理论出酒率为 60.54%。

$$\text{淀粉出酒率} = \frac{96\%\ \text{乙醇产量(t)}}{\text{原料和曲料淀粉总含量(t)}} \times 100\%$$

实际生产中，在原料浸洗粉碎、酵母生长繁殖、发酵生成挥发性物质、醪液污染杂菌等环节可能消耗糖分，乙醇蒸馏精馏中可能损失乙醇等，实际出酒率始终低于理论出酒率。为了考察乙醇生产的原料利用效率，引入淀粉利用率概念：

$$\text{淀粉利用率} = \frac{\text{实际出酒率}}{\text{理论出酒率}} \times 100\%$$

三、乙醇生产工艺

乙醇生产工艺流程如图 6-2 所示。

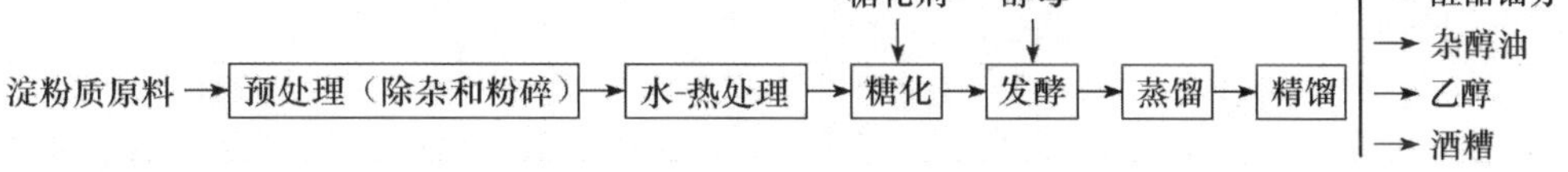

图 6-2　乙醇生产工艺图

1. 淀粉质原料选择与粉碎

选择淀粉质原料生产乙醇时，从工艺考虑，凡含有可发酵性糖或可变为发酵性糖的原料，都可作为乙醇生产的原料，但对于大规模工业化生产，原料还要满足淀粉含量高、来源广泛、价格低廉、容易储藏等要求，便于生产管理和经济核算。

目前，我国乙醇生产的淀粉原料，一般分为两大类：薯类原料和粮谷类原料。薯类原料主要包括甘薯、木薯、山药等。粮谷类原料包括高粱、玉米、大米、谷子、大麦、小麦、燕麦等。

原料中的杂质一般分为泥沙、石块、纤维质杂质及金属杂质等几类，生产上常采用气流-

筛式分离机、永久性磁力除铁器及电磁除铁器等设备去除上述杂质。

之后通过机械粉碎，将整粒原料粉碎至一定细度，利于淀粉颗粒的释放，可以缩短后续淀粉吸水膨胀、糊化的时间，提高淀粉原料的出酒率。酒精厂常用的淀粉质原料粉碎方法有干式粉碎和湿式粉碎两种。

相对于干式粉碎，湿式粉碎原料粉末不会飞扬，原料损失少，又能节省除尘设备投资，但是得到的粉碎原料不易储藏，需立即使用，若采用锤式粉碎机容易产生堵塞现象，并且湿式粉碎耗电量较干式粉碎高出 8%～10%。

2. 原料的蒸煮、液化与糖化

根据原料热处理工艺条件的不同，原料的蒸煮工艺又分为高压蒸煮工艺、低温蒸煮工艺和无蒸煮工艺等多种。

高压蒸煮工艺又分为间歇蒸煮工艺和连续蒸煮工艺两类。目前我国一些小型酒精厂采用间歇蒸煮工艺，大多数酒精厂都采用连续蒸煮工艺。我国以罐式或柱式连续蒸煮为主，美国以管道式连续蒸煮为主，俄罗斯以柱式和管道连续式蒸煮为主。

罐式连续蒸煮工艺条件随原料的种类、粉碎细度等因素的不同而有较大的差异。

需要注意的是，粉浆预煮加水时应不断搅拌，防止粉料结块；所加水温不要超过原料糊化温度，一般控制在 50℃左右。在不影响总体效益的前提下，尽量提高原料粉碎细度，可降低原料蒸煮温度和缩短蒸煮时间，减少蒸煮过程中可发酵物质的损失，提高原料出酒率。

目前还有两种较新的蒸煮方法，即低温蒸煮工艺和无蒸煮工艺。所谓低温蒸煮一般要求蒸煮温度不高于 100℃，主要利用添加的 α-淀粉酶作液化剂，在较低温度下保温液化一段时间，达到规定的液化要求后进入糖化阶段。

江南大学研制的甘薯干低温蒸煮工艺流程如图 6-3 所示。

甘薯干→粉碎→拌料→加 α-淀粉酶→加温至 80～85℃液化→冷却→加酸调节 pH→糖化

图 6-3 淀粉质原料低温蒸煮工艺流程（章克昌，2010）

该工艺相对高压蒸煮工艺可节省总用气量的 20%～25%及相应水电用量，添加 α-淀粉酶不增加后续糖化酶用量，酵母菌提早进入主发酵期，发酵时间相对缩短。

无蒸煮工艺是指淀粉质原料不经加热处理蒸煮糊化，而利用微生物及酶制剂等将淀粉转化为酵母可利用的糖，进行乙醇发酵的工艺。无蒸煮工艺所用微生物酶制剂有：泡盛曲霉麸曲糖化酶、黑曲霉麸曲糖化酶、枯草杆菌麸曲 α-淀粉酶、黑曲霉麸曲淀粉酶、根霉麸曲糖化酶等。配料中若添加纤维素酶、果胶酶，则可缩短发酵周期，提高乙醇得率。

促使淀粉转化成糖的生物催化剂称为糖化剂。糖化剂可分为固体糖化剂、液体糖化剂及酶制剂糖化酶。无论哪一种糖化剂均是微生物发酵所制产品。糖化酶的生产菌种有黑曲霉、泡盛曲霉、毛霉、根霉、拟内孢霉，目前糖化剂的生产菌株主要是黑曲霉（*Aspergillus niger*），如糖化酶生产菌株 UV-41、UV-48 等。糖化剂中含有的淀粉酶系主要包括耐高温 α-淀粉酶、β-淀粉酶、糖化酶。淀粉经过蒸煮、液化、糖化后成为糖化醪，主要成分是葡萄糖。

3. 糖化醪乙醇发酵

淀粉质原料经前处理后，糖化醪被送入乙醇发酵工序。在此阶段，酒母罐中大量酵母种子与糖化醪相遇，在 28～30℃通入无菌空气的条件下，将糖转化成乙醇和 CO_2。乙醇发酵方式可分为间歇式发酵和连续式发酵两类。间歇式发酵全过程是在发酵罐独立体系中完成。先期冷却的糖化醪被送入发酵罐，从酒母罐中接入培养至生长对数期的酵母种子，接种量在 5%～10%，28～30℃发酵至终点，即为发酵成熟醪，接着就进入下一阶段的乙醇蒸馏。

连续发酵全过程处于一个动态体系，若干个发酵罐前后依次连接构成发酵罐组，酒母和糖化醪混合，以一定速率从起始发酵罐沿管路依次流入下一个发酵罐。在流动期间，酒母将淀粉水解后的葡萄糖转化为乙醇，同时，发酵醪中剩余的糖化剂继续把糊精水解为葡萄糖，为酵母提供养分。连续发酵工艺流程图如图 6-4 所示。

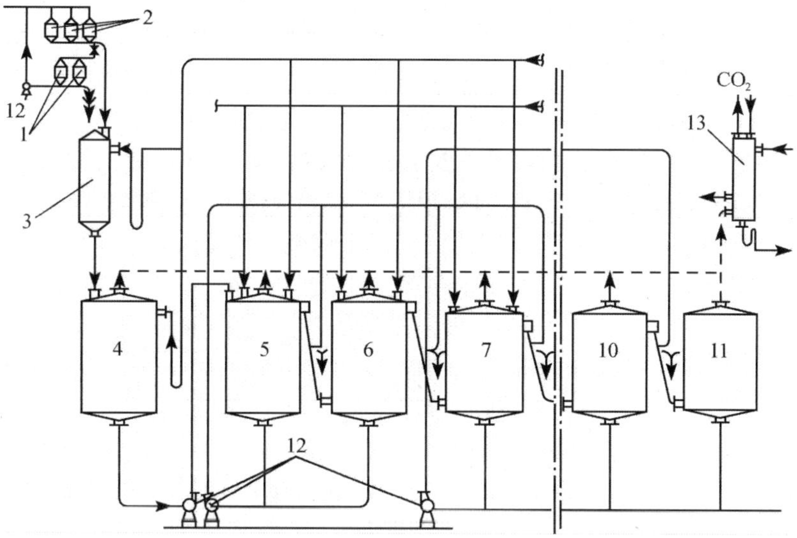

图 6-4　顺流式连续发酵流程（章克昌，2010）

1. 酒母种子罐；2～4. 酒母增殖罐；5、6. 主发酵罐；7～11. 后发酵罐；12. 泵；13. 酒母捕集器

连续发酵相对间歇发酵具备许多优点：避免了间歇发酵多次扩培酒母的工序，连续发酵可 180 天接一次种子液，这样相对减少了劳动量及染菌机会；设备利用率高，避免了间歇发酵的间隔时间，提高了生产效率；连续发酵无菌条件好，有效抑制杂菌污染的结果是提高了乙醇产率。

糖化醪经酵母发酵后，将醪液中可转化的糖耗尽，依据发酵醪液中还原糖、残总糖、乙醇含量等指标可判定发酵终点。一般间歇发酵醪的乙醇含量在 8%左右，还原糖应为 0.25%～0.3%，残总糖应不大于 1%。连续发酵成熟醪液的还原糖应小于 0.2%，残总糖为 0.3%～0.6%，乙醇含量应为 9%～11%。若间歇发酵成熟醪液中发酵前后增酸幅度超过 2.0%，连续发酵前后增酸超过 0.5%时，说明醪液已感染杂菌。

4. 乙醇蒸馏精馏工艺

在乙醇生产中，将乙醇和其他所有挥发性杂质从成熟醪液中分离出来的过程被称为乙醇蒸馏。成熟醪含有的各种物质挥发性不同，利用杂质与乙醇的挥发系数不同，将乙醇与杂质分离开来，进一步提高乙醇浓度和纯度的过程称为乙醇精馏。

淀粉质乙醇发酵成熟醪是多种物质的混合体，包括乙醇、水及各种杂质。发酵成熟醪所含杂质分为不挥发性杂质和挥发性杂质。挥发性杂质主要有杂醇、醛、酸、酯等。其中甲醇主要是原料中果胶分解产物，各种酸类物质主要来自杂菌代谢产物，杂醇油有异戊醇、异丁醇、正丁醇等，醛类主要是乙醛，酯类包括乙酸乙酯、甲酸乙酯、乙酸甲酯、异丁酸乙酯等主要产物。不挥发性杂质包括不溶性淀粉、不溶性纤维素、酵母菌体细胞沉淀、未发酵不溶性残糖，以及发酵体系中非挥发性代谢产物甘油、琥珀酸、乳酸等成分。这些杂质与醪液剩余水分构成了乙醇糟液，在醪塔底部被排除。

发酵成熟醪中的乙醇浓度仅为 12%～18%，需经过蒸馏系统的蒸馏处理，才能将乙醇浓缩提纯至 96%的成品乙醇。乙醇蒸馏系统是由若干个不同功能的蒸馏塔组成的，常用蒸馏塔包括醪塔、粗辅塔、水萃取塔、精馏塔、脱甲醇塔、含杂馏分处理塔 6 种塔。醪塔，也称粗馏塔，其功能是将乙醇和挥发性杂质及一部分水从发酵成熟醪中分离出来，并从塔釜排除发酵成熟醪中由固形物、不挥发性杂质及大部分水组成的乙醇醣液。粗辅塔主要功能是辅助醪塔浓缩低浓度乙醇。从粗辅塔排除的乙醇蒸气经浓缩后浓度可达 84%～93%，冷凝后一部分回流，另一部分进入水萃取塔。水萃取塔功能是将来自醪塔、粗辅塔、精馏塔、含杂馏分处理塔的较高浓度粗乙醇（84%～93%），加水稀释萃取蒸馏，以除去其中的头级杂质和中间杂质。精馏塔功能主要是排除一部分水萃取塔未能排净的杂质、提高粗乙醇的乙醇浓度及排出废水。脱甲醇塔的功能是除去来自精馏塔、浓度体积分数在 95%以上的精馏乙醇所含甲醇成分，同时也能脱去其他的残余头级杂质成分，如乙醛、乙酸乙酯、乙酸甲酯等，以进一步提高精馏乙醇的质量。含杂馏分处理塔的主要功能是将含杂醇油较多的低度乙醇（30%～60%）蒸馏浓缩，去除杂醇油等杂质，生产工业酒精。

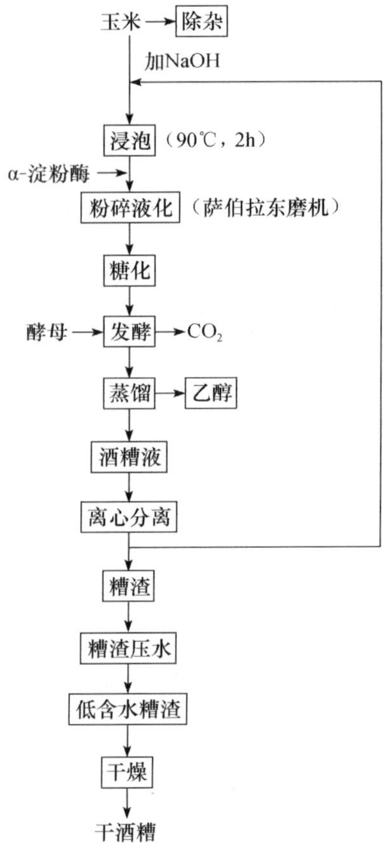

图 6-5　酒糟清液全部回用工艺（LBW）流程图（贾树标，2009）

四、实　　例

（一）玉米原料醣液清液全部回用生产乙醇实例

美国 C，E. Lummus 公司的 Tennol 酒精厂首次采用酒糟清液全回用技术，以玉米为原料生产燃料乙醇。

1. 酒糟清液全部回用工艺（LBW）

酒糟清液全部回用工艺如图 6-5 所示。

2. 操作要点

如图 6-5 所示，该工艺原料玉米除杂后，加入回用热酒糟清液（用 NaOH 调节 pH），90～95℃浸泡 2h，玉米籽粒含水达 50%时，送入一级萨伯拉东磨机，同时加入 α-淀粉酶，高温加酶湿法粉碎，使淀粉酶提前参与降解淀粉。浆液进入二级萨伯拉东磨机恒温 90℃磨细处理后，液化完成。经换热器降温至 60℃，加入糖化酶，再经小型萨伯拉东磨机均质化处理，边均质边糖化，之后冷却至 35℃进入酵母乙醇发酵阶段。该工艺中使用了耐高温酵母，在 37～40℃时可正常发酵。发酵结束后，醪液乙醇蒸馏，剩余酒糟液采用卧式沉降离心机分离，滤液中固形物含量低，清液中固形物含量仅为 0.25%～2%，离心后得到的滤渣固形物含量为 30%，湿滤渣经螺旋挤压机挤压，滤渣固形物含量达 45%，然后送至沸腾干燥器干燥，得到干酒糟。清液则全部回用浸泡原料和调浆。

该工艺因具有减少环境污染、大幅降低能耗、较少蒸汽投资等优势，值得当前大型乙醇企业参考。

（二）淀粉质原料无蒸煮乙醇发酵工艺实例

1. 工艺流程

如图 6-6 所示。

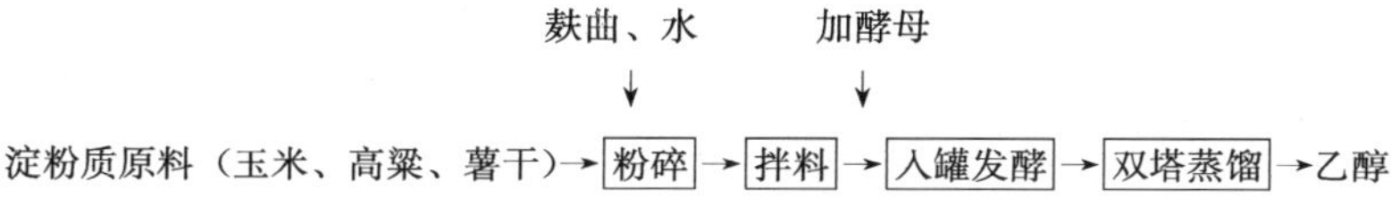

图 6-6　淀粉质原料无蒸煮乙醇发酵工艺流程图

2. 操作要点

将玉米、高粱、薯干粉碎，要求全部通过 2.5mm 筛孔，按预定比例称重，加入预先已有水的糖化锅中，边加料边搅拌，随后加入一定比例的麸曲（东酒一号麸曲和 UV-11 麸曲），搅匀后调至麸曲酶解最适 pH，用泵将醪液打入发酵罐，接入酵母菌种（上海 K 氏酵母、南阳混合酵母），30℃乙醇发酵 144h，发酵醪液乙醇含量 10.1%，总糖含量 1.16%，还原糖含量 0.14%，酒母细胞数达 1.0×10^8 个/mL。经质量部门检验，生料发酵所产乙醇的感官指标、质量指标、卫生指标和熟料乙醇发酵所产乙醇质量相当。

第三节　味精生产

氨基酸工业是自 20 世纪 50 年代以来发展起来的一个朝气蓬勃的新兴工业体系。这些年来，国内外在研究、开发和应用氨基酸方面均取得重大进展，新发现的氨基酸种类和数量已达 1000 多种，其中作为调味品及食品添加剂的氨基酸数量占多数。氨基酸作为人类营养添加剂、调味剂、饲料添加剂、医药、农药等，在诸多方面有着广泛的应用。

至今氨基酸的生产方法虽有抽提法、化学合成法、直接发酵法和酶转化法，但是绝大多数氨基酸是以发酵法或酶法生产的。本节以谷氨酸产生菌发酵生产味精为例，介绍以淀粉水解糖发酵生产氨基酸的方法。

一、味精的性质

味精是 L-谷氨酸一钠一水化合物，学名叫 α-氨基戊二酸一钠一水化合物。

（一）味精的物理性质

味精是白色柱状结晶体或结晶性粉末，在显微镜下晶形为棱柱状的八面体。分子式为 $NaC_5H_8NO_4\cdot H_2O$，相对分子质量 187.13。味精分子结构中含有不对称碳原子，因此具有旋光性，分为 L 型、D 型、DL 型三种光学异构体。谷氨酸一钠的分子结构式如图 6-7 所示。

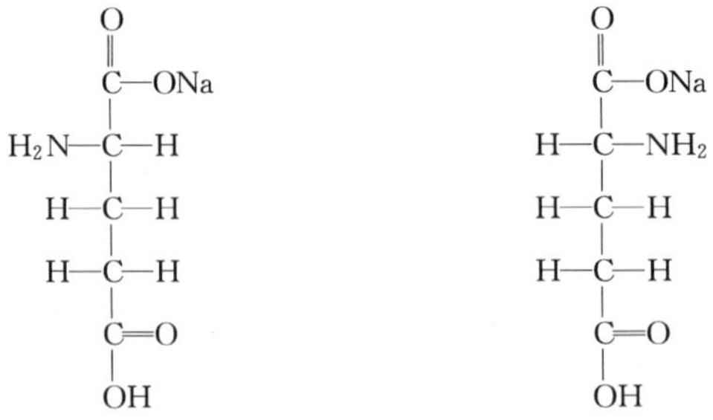

L-谷氨酸钠　　D-谷氨酸钠

图 6-7　谷氨酸一钠的分子结构式

味精的相对密度为 1.65，熔点 195℃，在 120℃以上逐渐失去结晶水。味精易溶于水，不溶于乙醚、丙酮等有机溶剂，难溶于纯乙醇。

（二）味精的化学性质

谷氨酸一钠具有一个羧基、一个羧酸钠和一个氨基，呈中性。

（1）与酸作用生成谷氨酸或谷氨酸盐酸盐：

$$\underset{\text{谷氨酸一钠}}{NaC_5H_8NO_4} + HCl \longrightarrow NaCl + \underset{\text{谷氨酸}}{C_5H_9NO_4} \xrightarrow{HCl} \underset{\text{谷氨酸盐酸盐}}{C_5H_9NO_4 \cdot HCl}$$

（2）与碱作用，生成谷氨酸二钠盐，加酸后又生成一钠盐：

$$NaC_5H_8NO_4 + NaOH \longrightarrow H_2O + \underset{\text{谷氨酸二钠}}{Na_2C_5H_7NO_4} \xrightarrow{HCl} \underset{\text{谷氨酸一钠}}{NaC_5H_8NO_4} + NaCl$$

（3）稳定性。味精在 120℃以上逐渐失去结晶水，在 155℃下分子内脱水，225℃以上分解。若其水溶液长时间受热，生成焦谷氨酸一钠，其结构式如下：

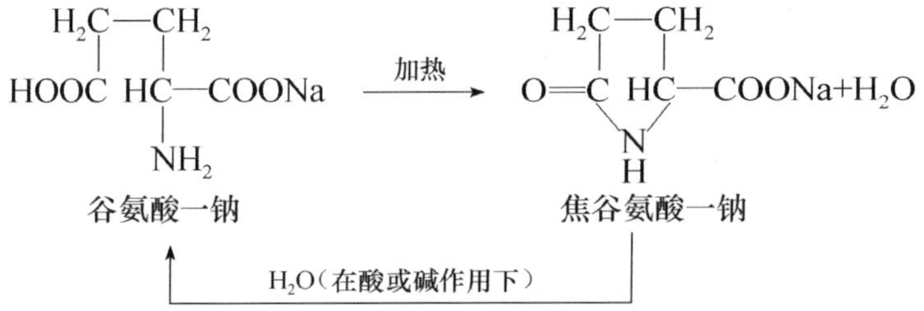

（三）味精的生理作用

味精又称味素，是调味料的一种，能够增加食品的美味。当味精被食用后，经胃酸作用转化为谷氨酸，吸收后是构成蛋白质的基质，并参与体内其他代谢过程，具有一定的营养价值，还具有特殊的生理作用。

味精的生理作用：①合成人体代谢所需要的其他氨基酸。谷氨酸通过转氨作用把氨基转移到酮酸上，合成人体代谢所需要的其他氨基酸。②作为脑组织的能源和改善脑机能。脑组织只能氧化氨基酸中的谷氨酸，当脑中葡萄糖供应不足时，谷氨酸与氨基结合，生成谷氨酰胺，后者能起到能源的作用，能通过血脑屏障供给大脑。③降低血液中氨中毒的作用。当肝功能受损时，血液中氨含量增高，引起严重的氮代谢紊乱，而谷氨酸能与氨起作用，生成谷氨酰胺，有效降低氨基含量，起到解氨毒的作用。④在人体内可转化为糖，再进入糖代谢。

通过急性毒性试验、亚急性毒性试验、慢性毒性试验、致畸试验、突然变异性试验等证明，食用味精是安全的。因此 FAO/WHO 食品添加剂法规委员会宣布取消对味精的食用限量是有科学根据的。

二、发酵法生产味精的原理

产生谷氨酸的微生物包括节杆菌属、短杆菌属、棒状杆菌属、微杆菌属和微球菌属的菌种。现今大多数工业发酵使用的是短杆菌属和棒状杆菌属的菌种。从发酵液中提取精制谷氨酸的过程中，谷氨酸与钠离子结合，得到味精的晶体。根据杂质的多少和谷氨酸钠含量的多少可以得到晶体味精、粉体味精等。

由葡萄糖生物合成谷氨酸的代谢途径如图 6-8 所示。葡萄糖经糖酵解（EMP 途径）和己糖磷酸途径（HMP 途径）生成丙酮酸，再氧化成乙酰辅酶 A，然后进入三羧酸循环，生成 α-酮戊二酸，α-酮戊二酸在谷氨酸脱氢酶的催化及有 NH_4^+ 存在的条件下，生成谷氨酸。经过谷氨酸对葡萄糖的实际转化率为 54.4%～81.7%。CO_2 固定反应、乙醛酸循环的比率等对转化率影响较大。

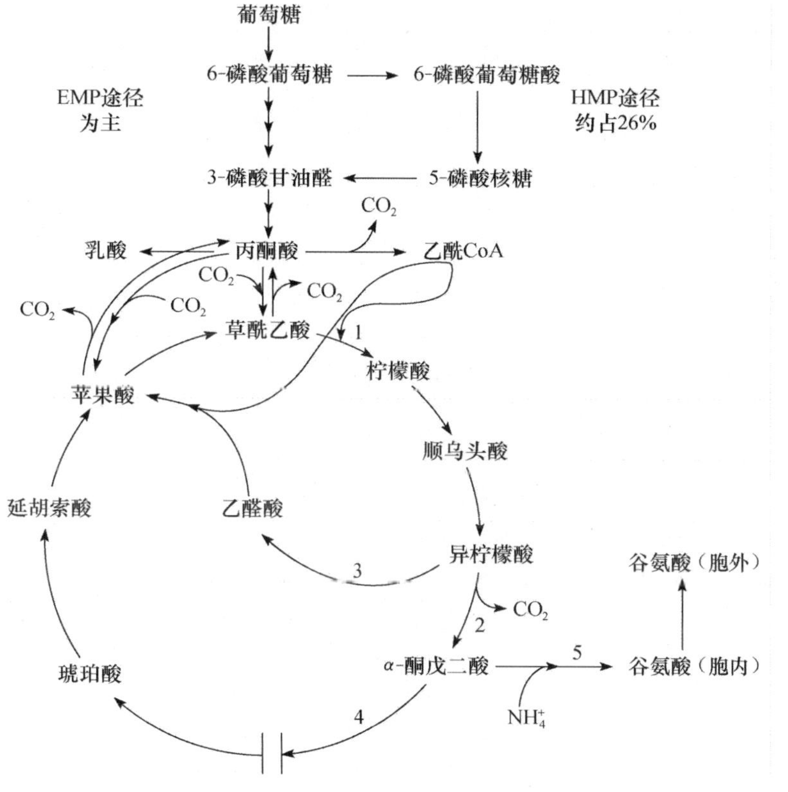

图 6-8　由葡萄糖生物合成谷氨酸的代谢途径（邓毛程，2007）

1. 柠檬酸合成酶；2. 异柠檬酸脱氢酶；3. 异柠檬酸裂解酶；4. α-酮戊二酸脱氢酶；5. 谷氨酸脱氢酶

细胞膜的通透性对谷氨酸的产量影响很大。当细胞膜转变为有利于谷氨酸向膜外渗透的方式，谷氨酸才能不断地排出细胞外，有利于谷氨酸在发酵液中的积累。根据细胞膜的结构特性，控制细胞膜通透性的方法主要有两种：一种是通过控制脂肪酸和甘油的合成，实现对磷脂合成的控制，使得细胞不能形成完整的细胞膜；另一种是通过干扰细菌细胞壁的形成，使得细胞不能形成完整的细胞壁，丧失了对细胞膜的保护作用。现在发酵生产谷氨酸的菌种中很大一类就是利用生物素缺陷型菌株，在发酵过程的不同时期控制生物素的添加量，既能使微生物生长迅速，又能使细胞膜具有一定的通透性，利于谷氨酸的排出。在发酵过程中添加青霉素、头孢霉素 C 等 β-内酰胺类抗生素等物质也可以形成不完整的细胞壁，提高谷氨酸的产量。

发酵液中的谷氨酸制备味精的工艺流程如图 6-9 所示，详细过程将在后面详述。

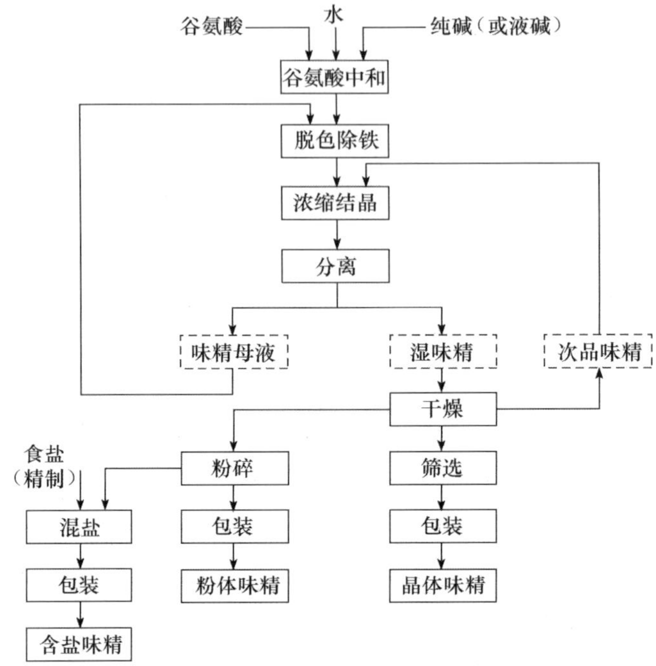

图 6-9　谷氨酸制造味精的工艺流程图（陈宁，2007）

三、味精发酵生产工艺

几乎所有的谷氨酸产生菌都不含淀粉酶，不能直接利用淀粉。可以作为谷氨酸发酵碳源的有：葡萄糖、果糖、蔗糖、麦芽糖、乙酸、乙醇等，其中以葡萄糖、蔗糖为最佳。目前我国谷氨酸生产上普遍采用淀粉水解的葡萄糖，其次是用甜菜糖蜜、甘蔗糖蜜作为糖质原料来源。在国外也有采用乙酸、乙醇等作为碳源。

利用淀粉水解糖为原料通过微生物发酵生产谷氨酸，是最成熟的工艺，主要生产过程包括以下几个方面。

（一）淀粉水解糖的制备

制备谷氨酸发酵用葡萄糖的淀粉原料很多，主要有玉米、木薯、马铃薯、大米、小麦等含淀粉原料；糖蜜有甘蔗糖蜜和甜菜糖蜜两种。淀粉水解糖的制备方法前文已有详细介绍，在此略过。

（二）菌种扩大培养

菌种扩大培养是将处于休眠状态的保藏菌种接入试管斜面活化后，再经过摇瓶、种子罐等逐级扩大培养，从而获得一定数量和质量纯种的过程。

国内谷氨酸发酵菌种扩大培养普遍采用二级种子培养的流程：

保藏菌种→斜面培养→一级种子培养→二级种子培养→发酵罐

1. 斜面培养

要求斜面培养基有利于菌种的生长，不产酸；培养基配方以多含有机氮而不含或少含糖为原则。对菌种的要求是菌种绝对纯，不得混有任何杂菌和噬菌体。

培养基配方：葡萄糖 0.1%，蛋白胨 1.0%，牛肉膏 1.0%，酵母膏 0.5%，氯化钠 0.25%，琼脂 2.0%，pH 7.0～7.2（传代和保藏斜面不加葡萄糖）。一般在 32℃培养 18～24h，经质量检查合格，即可放入冰箱保存备用。

2. 一级种子培养

培养基组成为葡萄糖 2.5%，尿素 0.5%，硫酸镁 0.04%，磷酸二氢钾 0.12%，玉米浆 2.5%～3.5%（根据玉米浆质量指标增减用量），硫酸亚铁、硫酸锰各 22mg/kg，pH 7.0。一般采用 1000mL 三角瓶分装培养基 200mL，灭菌，冷却后接入斜面菌种，置于往复式摇床上恒温振荡培养 10～12h。培养温度 32～33℃。通常在 pH 下降到 6.8～7.0 时下摇床，残糖在 1%左右。

3. 二级种子培养

培养基的一个配方是：葡萄糖 25g/L，$MgSO_4 \cdot 7H_2O$ 0.7g/L，KH_2PO_4 1.5g/L，糖蜜 125g/L，玉米浆 250g/L，纯生物素 18.8μg/L，尿素 5g/L，$FeSO_4$、$MnSO_4$ 各 2mg/L，pH 7.0，121℃保温 10min。二级种子培养基的配方不是固定的，需要根据菌种需求、工艺条件、原料等的不同而进行相应的优选。

二级种子培养一般在种子罐内进行，在加入培养基、一级种子后需要进行搅拌通风培养，培养温度是 32℃，培养时间为 7～8h。对二级种子的要求是检测无杂菌及噬菌体污染，菌体生长均匀、粗壮，排列整齐，革兰氏阳性反应，能够适应发酵培养基的环境。

（三）谷氨酸发酵

目前，国内谷氨酸发酵大部分采用生物素缺陷型菌株进行发酵生产，也有少数厂家采用温度敏感型菌株发酵生产谷氨酸。一般发酵周期为 28～32h，产酸水平为 90～160g/L，糖酸转化率为 55%～63%。

采用生物素缺陷型菌株的发酵工艺主要有以下几类：淀粉糖原料、小种量、一次高初糖的生物素“亚适量”工艺；淀粉糖原料、小种量、中初糖流加低浓度糖液的生物素“亚适量”工艺；淀粉糖原料、大种量、中初糖流加中浓度或高浓度糖液的生物素“超亚适量”工艺；淀粉糖原料、大种量、中初糖流加高浓度糖液的生物素“亚富量”工艺；糖蜜原料、大种量、中初糖流加中浓度糖液的生物素“丰富量”工艺。下面以中初糖流加高浓度糖液的生物素“超亚适量”工艺为例，介绍谷氨酸发酵过程控制。

发酵基础培养基配方：葡萄糖 18 800kg，85%的 H_3PO_4 120kg，KCl 200kg，$MgSO_4 \cdot 7H_2O$ 140kg，糖蜜 200kg，玉米浆 600kg，纯生物素 300mg，消泡剂 10kg，定容 $102m^3$，温度 121～122℃，维持 8～10min。因为谷氨酸产生菌均不能利用淀粉，只能利用葡萄糖、蔗糖、麦芽糖等，所以采用淀粉水解糖得到的葡萄糖作为碳源。谷氨酸的碳氮比为 100∶(15～30)。因为磷酸盐是某些蛋白质和核酸的组成成分，参与一系列的代谢反应；镁离子是许多重要的酶（如已糖磷酸化酶、异柠檬酸脱氢酶、羧化酶等）的激活剂；钾、锰、铁同样是许多酶的激活剂，所以培养基中添加了相应的无机盐。

发酵过程中温度的控制。在发酵前期应满足菌体生长所需的最适温度。若温度偏高，菌生长快易衰老；若温度偏低，菌生长慢发酵周期延长。在发酵中期，应将温度提高到最适产酸温度。谷氨酸产生菌产生谷氨酸的最适温度是 35～37℃。图 6-10 为谷氨酸发酵过程中温度变化曲线。

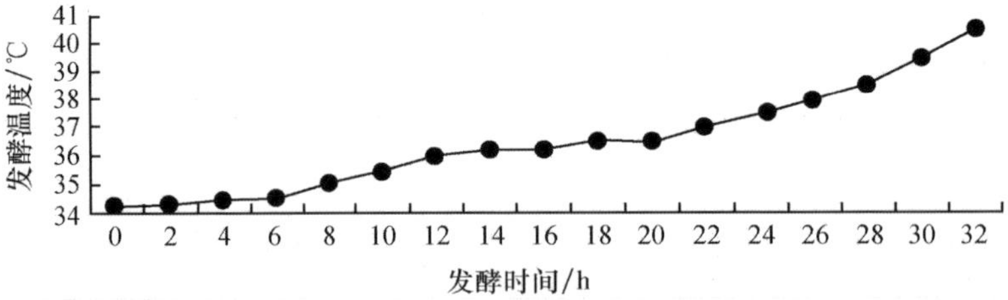

图 6-10 发酵过程的温度变化曲线（邓毛程，2007）

发酵过程中 pH 的控制。在发酵过程中，随着营养物质的利用、代谢产物的积累，培养液的 pH 会不断变化，如随着氮源的利用，放出氨，pH 会上升；当葡萄糖被利用生成有机酸时，pH 会下降。因此，pH 的变化被认为是谷氨酸发酵的重要指标，当菌种、培养基的组成、工艺条件一定时，在正常发酵情况下其 pH 的变化具有一定的规律性。谷氨酸发酵过程中 pH 的调节方法主要有三种：添加碳酸钙法、尿素流加法、液氨添加法。目前氨基酸发酵中普遍采用的方法是液氨添加法。一般在发酵前期控制 pH 在 7.3 左右；发酵中期控制 pH 在 7.2 左右；发酵后期控制 pH 在 7.0 左右；即将放罐时，为了后续提取工艺的方便，pH 控制为 6.5～6.8。

发酵过程中供氧的控制。氧的供应对谷氨酸发酵来说是一个关键因素，对前期菌体的生长和后期代谢产物的积累都有很大的影响。可以说，供氧量关系到发酵的成败。一般培养基丰富，糖浓度高，生物素含量高，需氧量大。耗氧速率与生长速率、耗糖速率、谷氨酸生成速率有关。当生物素浓度增加时，耗糖速率和耗氧速率也增大，引起供氧不足，使谷氨酸产量降低。与菌体生长期相比较，谷氨酸生成期需要大量的氧。谷氨酸发酵在细胞最大呼吸速率时，谷氨酸产量大。因此，在谷氨酸生成期要求充分供氧，以满足细胞最大呼吸的需氧量。谷氨酸发酵过程中通气采用多级控制模式，即发酵前期逐步提高通气量，发酵中期控制通气量在最高值并维持 6～10h，发酵后期逐步降低通气量。

发酵过程中泡沫的消除。在谷氨酸发酵中，由于通气和搅拌，产生少量泡沫是空气溶解于发酵液中的结果。发酵过程泡沫形成有一定的规律性。泡沫的多少，一方面与搅拌、通气有关，另一方面与培养基性质有关。蛋白质原料，如蛋白胨、玉米浆、黄豆粉、酵母粉等是主要发泡剂。葡萄糖等本身起泡能力低，但丰富培养基中浓度较高的糖类增加了培养基的黏度，使泡沫稳定，糊精含量多也引起泡沫的形成。培养基灭菌方法和操作条件会影响培养基成分的变化而影响泡沫的生成。目前，味精厂普遍采用 BAPE（聚氧乙烯聚氧丙醇胺醚）或 PPE（聚氧乙烯聚氧丙烯季戊四醇醚）作为消泡剂，它们属非离子型表面活性剂，消泡能力强、用量少、毒性低、使用方便。

发酵过程中流加糖的控制。在谷氨酸产生菌大量生长繁殖后，初始培养基中的糖消耗非常快，这时需要流加高浓度的葡萄糖液，以满足菌体生产谷氨酸的需求。流加糖有两种方法，即间歇流加法和连续流加法。这里采用的是在发酵残糖浓度为 10～15g/L 时，开始流加糖液，使发酵残糖浓度维持在 10～15g/L。

放罐处理。在发酵末期，在残糖浓度降至 1.3%～1.4%时，采用适当工艺条件，使谷氨酸产生菌继续转化糖为谷氨酸。在放罐前 1～2h 时，采用低通风（或停止搅拌保压），适当温度，直至发酵结束，可以取得较好的效果。

四、谷氨酸提取

谷氨酸发酵属于细菌发酵，发酵完成后，发酵液中除了含有 10%左右的谷氨酸外，还含有无机盐，主要有钾、钠、氨、镁、钙、二价铁、氯、硫酸根、磷酸根等离子，NH_4^+ 占0.6%～0.8%，残糖1%以下。此外，还有一定量的菌体和培养基残留物，如湿菌体占8%左右，发酵过程中添加的消泡剂也在发酵液中。发酵液中还有一些含量很少的发酵副产物存在，如有机酸类的乳酸、琥珀酸等，氨基酸类的天冬氨酸、丙氨酸、甘氨酸和核苷酸类等物质，各种氨基酸的含量均小于1%。

常用的提取谷氨酸的方法有等电点法、离子交换法、等电点-离子交换法、金属盐法、离子交换膜电渗析法等。

1. 等电点法

谷氨酸分子中有两个羧基和一个氨基，等电点（pI）是3.22。因此将发酵液用硫酸逐渐调节到其等电点时，谷氨酸就可以从发酵液中结晶析出，采用离心分离或沉降的方法得到谷氨酸晶体。这种方法的特点是设备简单，操作容易，生产周期短，酸、碱用量省等。

这种方法得到的谷氨酸的晶体有两种，α型结晶和β型结晶。其中α型结晶属于斜方六面晶体，是等电点时提取得到的一种理想结晶，这种晶体纯度高、颗粒大、质量重，晶体有光泽，易沉降，含水量低，与母液分离容易。影响谷氨酸结晶的主要因素有发酵液的性质、温度、谷氨酸浓度、加酸速率、起晶方式、搅拌速率、残糖、菌体存在与否等。

2. 离子交换法

当发酵液的pH低于3.22时，谷氨酸以阳离子状态存在，可以用阳离子交换树脂（酸性树脂，如732等）来吸附谷氨酸离子，然后用热碱液洗脱下来，收集其中的谷氨酸流分，经冷却、结晶操作，得到谷氨酸的晶体。使用此方法分离谷氨酸时需要注意的是要防止大量的谷氨酸在柱子中形成结晶，即“结柱”现象，所以要使用70℃的热水正洗或反洗交换柱。

3. 等电点-离子交换法

目前国内许多工厂都采用该法提取谷氨酸。该法是把发酵液经等电点提取谷氨酸后，再用单柱或双柱法，将等电点法剩下的母液通过离子交换树脂进行交换，然后用碱液洗脱树脂上的谷氨酸，收集高流分，将其与下一批发酵液合并，再用等电点法提取谷氨酸。

此种方法克服了等电点法提取谷氨酸收率低的缺点，又可以减少树脂用量，获得较高的提取收率，提高了谷氨酸的产量和质量。

五、味精制备

味精是L-谷氨酸一钠，上述得到的谷氨酸晶体仅仅是味精生产中的半成品。该谷氨酸晶体还要通过中和、脱色、除铁、再结晶等步骤，得到较纯的谷氨酸一钠，它具有很强的鲜味，其商品名即为味精。

1. 中和

先把谷氨酸加入水中，成为饱和溶液，再加碱中和到谷氨酸的第二等电点pI=6.96，此时的谷氨酸一钠离子在溶液中约占总离子浓度的99.59%。中和剂可以用固体氢氧化钠、工业液碱或纯碱。一般都使用纯碱进行中和。中和的温度控制在60～70℃，pH控制在6.0～6.6。

2. 除铁

由于原辅料不纯带有铁离子和铁制设备的腐蚀而游离出较多铁离子，使味精铁离子含量超标，严重的还会使味精呈黄色，所以必须除去铁离子。除铁的方法有硫化钠和树脂法。硫化钠除铁时铁离子变成硫化亚铁沉淀，但是有硫化氢生成，因而少用；通常采用树脂法除铁。通用

1 号树脂、122 弱酸性阳离子树脂等把溶液中的铁离子除去。

3. 脱色

溶液中色素的来源有以下几个方面：淀粉制糖过程中产生的、培养基灭菌过程中产生的、发酵液浓缩过程中产生的、葡萄糖聚合反应、铁与单宁的反应、葡萄糖和氨基酸的反应等。色素的存在将影响味精的色泽和纯度，因此要对中和液进行脱色处理。国内脱色的方法主要有活性炭法和树脂法。一般生产上均以活性炭脱色为主，辅以树脂法而除去色素。

活性炭有粉状和颗粒状两种，它的脱色原理是由于活性炭表面的吸附作用。

4. 浓缩与结晶

除去铁和色素的中和液除了谷氨酸一钠外，还含有大量的水，必须把这些水除去使溶液达到过饱和状态，谷氨酸一钠才能以固体状态结晶出来，得到我们的产品。浓缩的方法有两种：一是降低溶液的温度，一是蒸发。工业生产中都是采用蒸发的方法，除去中和液中的水分，使味精析出。

浓缩的条件是在 65℃以下，真空度保持在 80kPa 以上，进行真空减压浓缩。当料液浓度达到 29.5～30.5°Bé 时，吸入晶种，进行起晶。之后进行连续加料操作，要注意尽量使补料速率、浓缩速率（蒸发速率）与结晶速率三者之间保持适当的平衡，有利于晶粒的长大，而避免新晶核的产生。

六、味精的清洁生产

据统计，每生产 1t 味精，要排放 1～1.5t 有机物和 2～3t 无机物，另外还有洗涤水、冷却水等。一个年产 5000t 味精的工厂，排放 5000～7500t 有机物和相当量的无机物，其中无机物中的氮素量为 1100～1400t，折合成含氮量 46%的尿素 2500～3000t。

当前，味精行业的污水治理，是国内外均未彻底解决的一个难题。近几年以江南大学为主体的研究人员，成功研究出一个新的谷氨酸提取工艺，即闭路循环提取谷氨酸工艺，如图 6-11 所

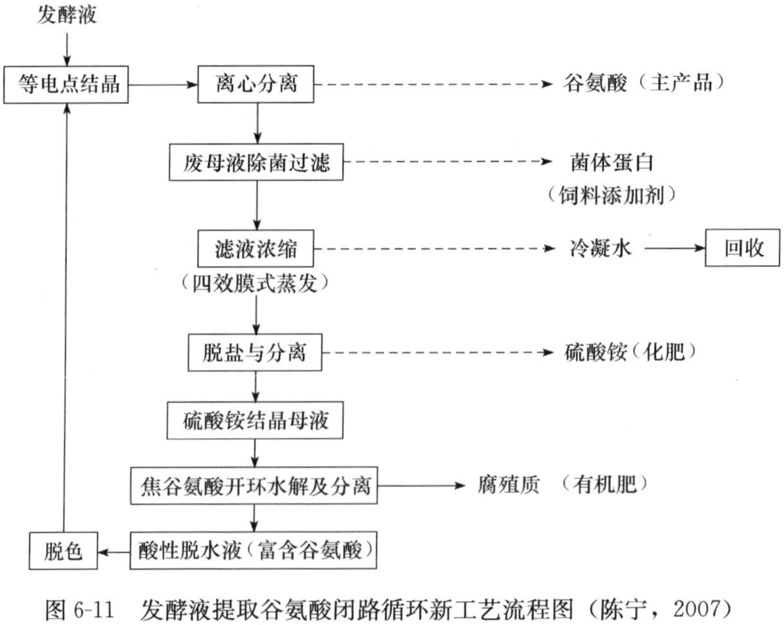

图 6-11　发酵液提取谷氨酸闭路循环新工艺流程图（陈宁，2007）

示。味精行业的污水治理问题需要科研部门从生产企业和我国国情出发，研究出适合的经济有效的处理技术，为我国的经济建设服务。

第四节　有机酸生产

有机酸是分子中含有羧基（—COOH）的酸类。柑橘、葡萄、食醋、泡菜等的酸味都是有机酸造成的。许多有机酸广泛存在于动物、植物和微生物体内。微生物合成的有机酸有50多种，其中在国民经济中具有较大用途并已工业生产的有：柠檬酸、乳酸、乙酸、葡萄糖酸、苹果酸、曲酸、甲叉丁二酸、α-酮戊二酸、丙酸、琥珀酸、抗坏血酸、水杨酸、赤霉酸及多种长链二元酸等。

含有一个或数个羧基的有机酸广泛存在于自然界，在动物、植物、微生物体内均有发现。工业上用途较广、具代表性的有机酸有柠檬酸、乳酸、葡萄糖酸、苹果酸、衣康酸、酒石酸、琥珀酸、乙酸等。除酒石酸主要来源于葡萄，是葡萄酒发酵的副产物外，其他的有机酸多数以发酵法生产为主，其中乳酸、苹果酸利用化学合成法生产的比例也不小，但由于最终产物为消旋型，人体不能吸收，因此在食品、医药工业上生产L-型有机酸是今后发展的必然趋势。

下面我们以柠檬酸和乳酸为例介绍发酵法生产有机酸的原理、发酵过程控制和有机酸的分离提取方法。

一、柠　檬　酸

柠檬酸又名枸橼酸，其分子式为$C_6H_8O_7$，全名是3-羟基-3-羧基戊二酸。柠檬酸外观为白色颗粒或白色结晶性粉末，无臭，具有令人愉快的强烈酸味，安全无毒。商品柠檬酸主要是一水柠檬酸和无水柠檬酸，前者在低于36.6℃的水溶液中结晶析出，后者在高于36.6℃的水溶液中结晶析出。

在自然界，柠檬酸主要存在于多种植物的果实中，如柠檬、柑橘、葡萄、菠萝、梅子等，尤其以未成熟果实含量较多，植物叶子中也含有柠檬酸。另外，在人及动物的器官（骨骼、肌肉）和体液（血液、乳汁、唾液、汗、尿等）中也广泛存在，是生物体主要的代谢产物之一。

柠檬酸的应用很广泛，在食品、医药、化工中均有重要用途。柠檬酸的用量以食品工业最大，约占总用量的70%，被称为第一食用酸味剂，广泛应用于糖果、饮料、果酱、果冻、果酒以及罐头、糕点等食品的生产。在医药上，柠檬酸常用作糖浆、片剂等的调味剂，柠檬酸铁铵是常用的补血剂，柠檬酸钾可用于治疗膀胱炎和糖尿病所引起的酸中毒，柠檬酸钠是重要的抗凝血剂，广泛应用于输血、血浆的保存及制造代血浆等。在化工上，柠檬酸是高效螯合清洗剂，用于各种金属表面、换热器、化工管道及锅炉等的清洗除垢。近年还用于工业、民用洗涤剂中，替代有害的三聚磷酸钠，从而使无公害洗涤剂进入消费市场。柠檬酸的酯类物质，如柠檬酸三乙酯、乙酰柠檬酸三丁酯等可作为无毒增塑剂，用于制造食品包装材料。柠檬酸是有机酸中重要的短线产品，多年来世界柠檬酸消费量增长速率始终维持在5%～7%，其用途还在不断的扩大中。

（一）柠檬酸的生物合成

在生物体内的三羧酸循环中，柠檬酸位于循环的起始点，故所有微生物皆能合成柠檬酸，但在正常的代谢调节作用下，大多数微生物累积柠檬酸量很少。研究发现产生柠檬酸并能分泌至胞外的微生物有青霉、曲霉、木霉和酵母等。其中，在工业生产中黑曲霉是被广泛应用的菌种。

黑曲霉适于在薯干粉、玉米粉、可溶淀粉、糖蜜、葡萄糖、麦芽糖、糊精、乳糖等培养基上生长并产酸。生长的最适 pH 因菌种而异，一般 pH 3～7，产酸最适 pH 为 1.8～2.5。生长最适温度为 33～37℃，产酸最适温度为 28～37℃，温度过高易形成杂酸。斜面培养可在麦芽汁 4%～6%的培养基上生长。生长发育中可生成多种活力较强的酶系，故能利用淀粉类物质，并对蛋白质、单宁、纤维素、果胶物质等具有一定的分解力。利用黑曲霉发酵时，以边长菌、边糖化、边发酵产酸的方式来生产柠檬酸。

柠檬酸的生物合成途径有多种，原料不同，使用的菌种不同，其生化途径也有所不同，这是一个非常复杂的过程。人们对柠檬酸的生物合成机制不断进行着研究与探讨并提出新的理论与假设。目前，普遍被人接受的观点是将柠檬酸的生物合成分为以下三个阶段。

1. 糖质原料分解为丙酮酸

微生物在利用淀粉质、糖蜜、蔗糖等糖质原料时，先行将其转换为葡萄糖，葡萄糖再被进一步氧化分解。在黑曲霉体内，约 80%以上的葡萄糖走 EMP 途径降解为丙酮酸，不足 20%的葡萄糖走 HMP 途径降解为丙酮酸。

2. 由丙酮酸生成草酰乙酸

草酰乙酸是合成柠檬酸的前体物质。在黑曲霉体内，草酰乙酸是由丙酮酸羧化酶催化丙酮酸的羧化生成。

3. 柠檬酸的合成

人们首先从实验中得到以下事实：①在柠檬酸合成期，菌体内柠檬酸合成酶、乌头酸水合酶、异柠檬酸脱氢酶的活性，像菌体生长期的酶活性一样高；②丙酮酸羧化酶活性高，异柠檬酸裂解酶活性也高；③有草酸生成。因此，在 20 世纪 70 年代中期，有人提出了另一种柠檬酸合成途径（图 6-12）。总之，柠檬酸的大量积累是菌体代谢失调的结果。

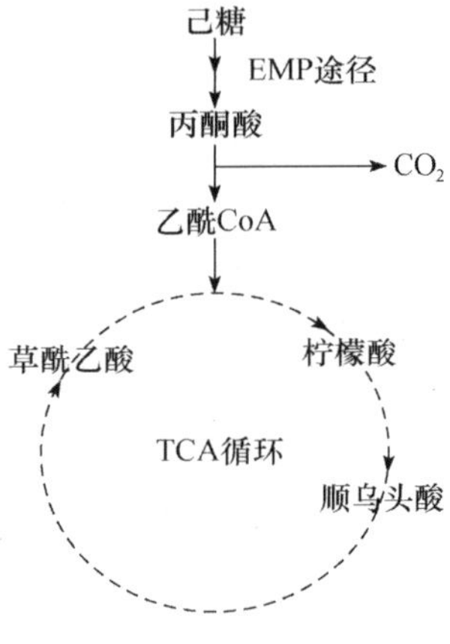

图 6-12　柠檬酸的生物合成（曹军卫，2007）

由柠檬酸生物合成途径我们可以看出，1mol 葡萄糖能生成 1mol 柠檬酸，因此，柠檬酸对葡萄糖的理论转化率为 192/180×100%＝106.7%。实际生产中，以糖质原料发酵生产柠檬酸的实际转化率不可能达到理论转化率，这是因为菌体本身的生长以及维持生命基本代谢都需要消耗一部分葡萄糖。目前，糖质原料生产柠檬酸的最高转化率为 95%左右，一般为 90%～95%，也有个别发酵过程超过 100%。

（二）生产柠檬酸的发酵工艺

柠檬酸发酵工艺的发展可分为三个阶段：在 20 世纪 20 年代采用青霉或曲霉进行表面发酵生产；进入 30 年代，曲霉的深层发酵逐渐得到发展；从 50 年代起至今，以黑曲霉的深层发酵为主，并行着表面发酵和固体发酵工艺。

1. 表面发酵和固体发酵

表面发酵是利用生长在液体培养基表面上的微生物将可发酵性糖转化为柠檬酸。这种生产工艺出现最早，其优点是不仅设备简单，投资少，收效快，技术简单，能耗低，原料粗放，对于糖蜜等粗原料也能适应，而且可采用高浓度发酵方法，产酸率高。缺点是设备占地面积大，劳动强度高，发酵时间长，菌体生长量多而影响柠檬酸的分离提取。

液体表面发酵是将灭过菌的培养液装入浅的铝盘或不锈钢盘（深度5～20cm）中，叠放在保温的无菌室里。培养基要注意维持低水平的铁，否则柠檬酸产量就会下降。接种采用黑曲霉孢子悬液或干孢子粉喷洒的方法进行，在适当温度下菌丝在培养基表面生长。发酵过程中适当通入无菌空气，对维持好氧条件、控制温度和降低 CO_2 水平是非常重要的。培养基的pH逐渐降到2左右，此时，柠檬酸才开始产生。

表面发酵可分为不置换法和置换法两种工艺。不置换法是培养液一次加入，发酵结束后弃去菌盖，发酵液用来提取柠檬酸。一般在30℃培养6～7天完成发酵过程。置换法一般是采用糖浓度低而营养较丰富的培养液先培养菌盖，待菌盖形成之后再更换发酵培养基，可更换1到数次，发酵液用来提取柠檬酸。培养菌盖，一般使用5%的糖液，视糖蜜质量再补充少量 NH_4NO_3、K_2HPO_4 等盐类。一般可置换培养基8～10次，总发酵周期为14～20天，收集起来的发酵液，用来提取柠檬酸。置换法的优点是节省了大量培菌时间（即以菌盖为接种物），发酵速率快。缺点是为了保持菌盖的高活性，不能将发酵液残糖控制得很低，这样一来就造成替换出来的发酵液其残糖含量较高，给后道提取柠檬酸工序带来困难。

固体发酵是将发酵原料与曲霉菌丝体混合，经过微生物的代谢活动，将原料中的可发酵成分转化为柠檬酸。采用固体发酵工艺有如下优点：设备简单，投资少；操作简便，能耗低；原料粗放，发酵周期短。缺点是：占地面积大，劳动强度大，产酸率及提取得率低，副产物多。

固体发酵因设备与通风不同可分为薄层发酵和厚层发酵两种类型。薄层发酵与表面发酵类似，只是固体物料替代了液体培养基，物料铺摊厚度在15～20cm，发酵用盘可以是竹匾曲盘、木制曲盘等。若是铁、铝制的盘必须涂上涂料，盘底设有假底或多孔筛板，以利于通风。厚层发酵设备与酱油生产制曲池相似，物料铺摊在假底上，厚度为50～60cm，假底下可进行通风。

固体发酵的原料主要是甘薯渣、木薯等下脚料。为了提供曲霉生长以及柠檬酸发酵所必需的氮源，还必须添加含氮物质作为培养基的组成成分，常用的有：米糠、麸皮、豆饼粉、花生饼粉、玉米粉、菜籽、饼粉、尿素、$(NH_4)_2SO_4$，其中米糠等还可以起到疏松酵醅的作用。碳酸钙可促进糖化酶活力，并有中和酸度的作用，对产酸有利，一般添加量为2%～3%。

2. 利用薯干粉醪液深层发酵

深层发酵法是先进工业生产的标志，世界上80%的柠檬酸是用此方法生产的，一般使用的是40～200m^3 容量的搅拌罐或容积更大（200～900m^3）的空气提升式发酵罐。发酵罐应该是抗腐蚀的，一般采用不锈钢或用特殊的玻璃或塑料衬里的钢制造。由于发酵使用的原料不同，柠檬酸发酵大体分为利用薯干粉醪液深层发酵、利用糖蜜深层发酵、利用水解糖深层发酵三种发酵模式。本文介绍利用薯干粉醪液深层发酵生产柠檬酸的发酵工艺。

1）种子培养

种子培养的目的是使黑曲霉孢子发芽，发育成产酸型的菌丝球并以此作为接种物。大多数生产厂家均采用此法，但也有工厂采用麸曲或孢子直接接种。一般工厂使用培养18～28h的黑曲霉种子，此时的菌丝直径应为24μm，有横隔膜，形成菌丝球。球体具有3～4个液泡，菌丝分支旺盛，分支末端细胞钝圆，整个培养物呈暗褐色，滴定酸度为1.5%～2.0%。若是薯干粉种子培养物，还应注意其糖化酶活力。

菌丝球是指由许多真菌菌丝缠绕而成的小球，它是由菌球中心向四周辐射的分支菌丝构成

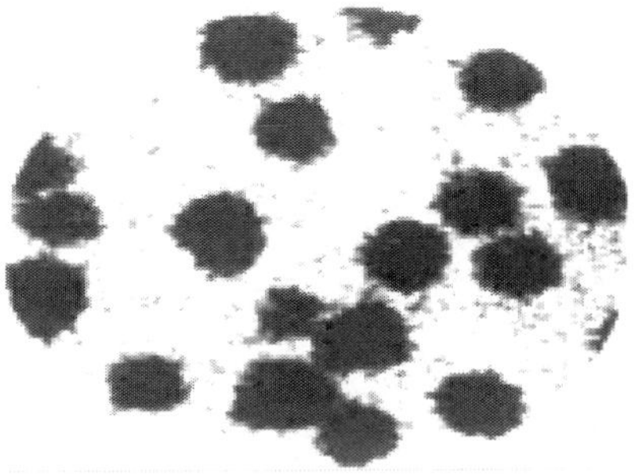
图 6-13　菌丝球

的。以薯干粉原料发酵生产柠檬酸时，接种的菌液中菌丝球的含量在1000个/mL左右，菌丝球的直径为0.1mm左右，表面粗糙，发酵时产酸量多（图6-13）。研究发现，菌丝球的大小、结构、数量对产酸有明显的影响。小而紧密，核心部分是空心状的菌丝球产酸效果好。而且某些金属（特别是镁）存在时，甚至在很低水平，都可以对菌丝球的形成有害，导致菌丝变长，分杈不好。所以，必须对原料进行预处理，降低镁离子的浓度。可以加入一定量的铜离子，使它能与镁竞争，防止原料对镁的吸收。

2）工艺操作要点

在种子培养基中添加硫酸铵0.3%～0.5%，拌匀后，待种子培养基冷却至35℃左右接入黑曲霉麸曲，于35℃左右通风培养20～30h，然后用无菌压缩空气将培养的小球状菌丝体输入发酵罐中，此时发酵培养基的温度保持在35℃左右。发酵在35℃左右进行，通风搅拌培养4天。当酸度不再上升，残糖降到2g/L以下时，立即将发酵醪泵送到贮罐中，并及时提取柠檬酸。

3）薯干粉发酵培养基

薯干粉220～280kg，液化后制成1m^3发酵醪液，自然pH。空罐及实罐灭菌按常规方法进行。我国薯干粉醪液发酵时罐的装料量常达90%。

4）薯干粉培养基深层发酵管理

（1）温度控制。整个发酵过程温度控制在32～36℃，应根据各厂实际情况而定。

（2）罐压控制。对50m^3发酵罐，一般发酵罐内空气压力为0.1MPa。

（3）风量控制。50m^3标准机械搅拌发酵罐的通风量调节如下：0～18h为0.08～0.1m^3/(m^3·min)，18～30h为0.12m^3/(m^3·min)，30h以后为0.15m^3/(m^3·min)。

罐体积若小于50m^3，通风量要相应适当增大；若罐体积大于50m^3，则要减小通风量。通风量还应该根据发酵过程的产酸情况灵活掌握。

（4）搅拌转速。国内薯干粉醪液深层发酵用的发酵罐都采用箭叶涡轮搅拌浆，转速控制如表6-4所示：

表6-4　国内常用薯干粉深层发酵罐容积与转速关系

罐容积/m^3	搅拌转速 r/min
5	150～200
25～30	110～120
50	90～115
80	90～110

（5）pH控制。用薯干粉醪液发酵，黑曲霉还担负着淀粉糖化的任务，糖化的适宜pH在4.0左右。在糖化基本完成之前，必须控制低风量，使pH缓慢降到2.5，这个过程需要16～18h。当产酸量加上还原糖量接近起始可发酵糖总量（其差不大于10g/L）时，则可以认为糖化已经完成，这时可适当加大风量，以满足黑曲霉对氧的进一步需要，使发酵进入旺盛产酸期。在产酸期内应控制风量，使产酸速率维持在2～3g/(h·L)，而不宜过快，这样有利于糖化完全以及防止菌体过早衰老。pH下降过快容易造成菌体早衰。遇此情况，可在发酵的18～40h期间加入少许$CaCO_3$（5～10g/L），以中和酸度，但pH不能太高，若超过3.0，副产物

草酸的生成量就会明显增多。

(6) 发酵过程监测。发酵过程应注意温度和 pH 以及糖耗的变化是否正常，这是判断发酵正常与否的依据。一般在接种后 30min 测定发酵醪液的总糖量，以后每隔 8h 测定残糖和酸度，发酵结束前的最后 10h 改为每隔 2h 测 1 次，以确定放罐时间。

(7) 放罐条件。以酸度不再增加或残糖不再降低为放罐条件，正常发酵都能达到预定的产酸和残糖指标。整个发酵时间是 90～100h。

薯干粉发酵的总用糖一般为 140～160kg/m^3，产柠檬酸 120～155kg/m^3，转化率达 93%～97%。

国外一般采用双酶法将淀粉水解成糖液后再进行柠檬酸发酵。此法对糖化酶的质量要求比较高，要求不含蛋白酶、脂肪酶和葡萄糖苷转移酶。此外，使用的发酵原料必须是纯淀粉。如果使用粗淀粉，则其中的非淀粉组分将被酶水解产生各种物质，使发酵难以控制。

(三) 柠檬酸的提取

柠檬酸成熟发酵醪中除了含有柠檬酸外，尚有残糖、菌体、蛋白质、色素和胶体物质、无机盐、有机杂酸，以及由原料带入的各种杂质。要在如此复杂的混合体系中获得符合质量标准的柠檬酸成品，必须采用一系列物理和化学的方法进行处理。目前国内最常用的方法是钙盐法。钙盐法提取工艺流程见图 6-14。

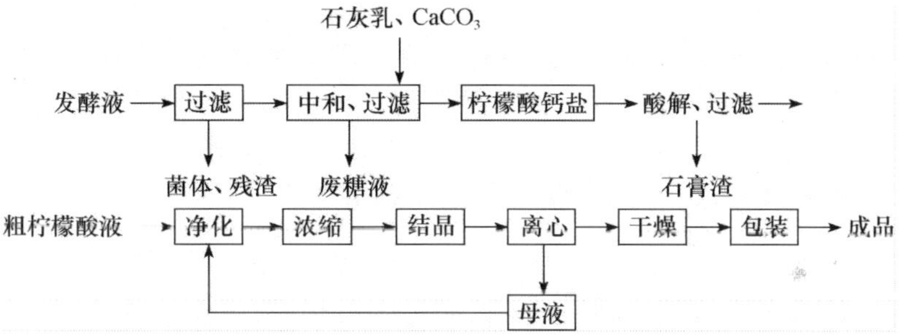

图 6-14　柠檬酸钙盐法提取工艺流程

在发酵结束后，应及时进行热处理，方法是将发酵液加热至 80～90℃，维持 20～30min。

热处理的作用是：①杀死微生物，终止发酵，防止柠檬酸被分解；②使蛋白质等胶体物质变性凝固，降低发酵液黏度，有利于过滤；③使菌体内柠檬酸释放出来，提高收率。

过滤是柠檬酸提取工作中的第一步除杂操作，要求尽量除去固相杂质，使滤液澄清，同时还要做到残留在滤渣中的柠檬酸量少，以提高酸的收率。过滤速率受温度、过滤介质、助滤剂的影响。一般柠檬酸过滤采用板框压滤机、全自动板框压滤机或真空转鼓过滤机。

下一步是中和。原理是柠檬酸与钙盐或氢氧化钙反应生成柠檬酸钙，因其溶解度小，柠檬酸钙会在液相中沉淀析出，从而达到与可溶性杂质分离的目的。需要注意的是，发酵液中存在的主要杂酸，如草酸和葡萄酸，它们也能在中和时形成钙盐。草酸钙可以在 pH 3 以下的热溶液中沉淀析出，因此先被分离出来，而葡萄糖酸钙的溶解度很大，一直处于溶解状态，所以不会混杂到柠檬酸钙沉淀之中。

之后加入硫酸将柠檬酸钙酸解。酸解之前，必须准确分析柠檬酸钙盐中柠檬酸的含量，以确定硫酸用量。当加酸量达到预定量的 80%～85%时，用 pH 试纸检测，并放慢加酸速率。在 pH 达到 2 时，采用双管法检查酸解终点。到达终点后即升温至 85℃，搅拌数分钟后即可将其置于60℃以下进行减压蒸发，浓缩至70%以上，进行结晶。结晶离心分离以后，检验质量，合格的湿晶体送去干燥。

二、乳　酸

乳酸，别名是2-羟基丙酸、α-羟基丙酸、丙醇酸。纯品为无色液体，工业品为无色到浅黄色液体。无气味，具有吸湿性。相对密度1.2060。熔点18℃。沸点122℃。能与水、乙醇、甘油混溶，不溶于氯仿、二硫化碳和石油醚。在常压下加热分解，浓缩至50%时，部分变成乳酸酐，因此产品中常含有10%～15%的乳酸酐。

乳酸是具有重要工业价值的有机酸，广泛用于食品、医药、烟草、纺织、制革、化工电镀、媒染等多方面。食品工业中用作酸味剂、防腐剂、还原剂等，以乳酸为原料生产的硬脂酰乳脂酸的钙盐（CSL）和钠盐（SSL）广泛被用作面团的改良剂，使面包质地柔软并延长保存期；在医药上，乳酸的钙盐、铁盐、钠盐都是补充金属元素的药品，含有聚乳酸的手术缝合线可随伤口的愈合被人体吸收；烟草工业中，乳酸可用于提高烟草品质和保持烟草湿度；制革中常用乳酸脱石灰使皮革柔软细密；纺织工业中用乳酸来处理纤维，使其易于着色，增加光泽，且触感柔软；乳酸甲酯、乳酸丁酯及乳酸的高级酯和醚类是油漆、涂料、树脂的良好溶剂以及塑料的增塑剂、润滑剂。由此可见，生产乳酸具有重要意义。

目前使用的乳酸的来源，合成法和发酵法各占一半。前者可用于除食品和医药以外的轻工、化工制品；后者适用于食品和医药。发酵法生产乳酸优于合成法，一则避免了合成法生产过程可能混入的致癌或不利健康的物质，二则考虑在食品和医药中应加入人体仅能吸收的L-乳酸。这是因为人体只含有L-乳酸脱氢酶，而D-乳酸不能被吸收之故。若过多服用D-或DL-乳酸，将会引起机体代谢紊乱，故应服用L（+）乳酸为宜。

（一）乳　酸　菌

乳酸菌是人类最早利用的微生物之一，是一类能利用可发酵性碳水化合物（主要为葡萄糖）产生大量乳酸的细菌的通称。该类菌在自然界广泛存在，从人和动物的消化道到多种食物、果、蔬类植物表面以及土壤、污水中都可分离得到。其中绝大多数乳酸菌对人、畜健康有益。

乳酸菌属于化能异养菌，需自外界环境中吸收营养物质，最常用的碳源是葡萄糖和乳糖。在呼吸类型上多数属于厌氧或兼性厌氧菌，故只能通过发酵作用进行糖的代谢。代谢的终产物除能量外主要是乳酸和一些其他还原性产物。经深入研究，发现不同种类的乳酸菌其细胞内的酶系统不完全相同，因而其发酵过程产生乳酸的数量和构型以及其他还原物质多有差异，故将乳酸发酵分为同型乳酸发酵、异型乳酸发酵和双歧乳酸发酵三种类型。双歧途径也属于异型发酵类型。

乳酸菌在发酵过程中能使80%～98%的糖转化为乳酸，称之为同型乳酸发酵。属于这一发酵类型的乳酸菌有链球菌属（*Streptococcus*）的乳链球菌（*Str. Lactis*）、乳脂链球菌（*Str. cremoris*）、嗜热链球菌（*Str. thermophilus*）、丁二酮乳链球菌（*Str. diacetilactis*）；乳杆菌属（*Lactobacillus*）的干酪乳杆菌（*L. casei*）、保加利亚乳杆菌（*L. bulgaricus*）、嗜酸乳杆菌（*L. acidophilus*）、植物乳杆菌（*L. platarum*）、瑞士乳杆菌（*L. helveticus*）、赖氏乳杆菌（*L. leichmannii*）和乳酸乳杆菌（*L. lactis*）。

某些乳酸菌在发酵过程中，能使大部分的糖转化为乙醇、乙酸、CO_2 及有限的乳酸，这种发酵过程称为异型乳酸发酵。属于这一发酵类型的乳酸菌有乳杆菌属（*Lactobacillus*）中的巴氏乳杆菌（*L. pastorianus*）、布氏乳杆菌（*L. buchneri*）、短乳杆菌（*L. brevis*）、发酵乳杆菌（*L. fermenitum*）；明串珠菌属（*Leuconostoc*）中的噬柠檬酸明串珠菌、葡聚糖明串珠菌。

双歧杆菌属（*Bifidobacterium*）是一类特殊的严格厌氧菌，对营养要求较高，它们对葡萄糖的代谢也可归属于异型发酵，但与其他乳酸菌的异型发酵不同。其在葡萄糖的发酵中，使 2mol 葡萄糖产生 2mol 乳酸和 3mol 乙酸，称为双歧途径乳酸发酵。

（二）工业乳酸发酵的生产工艺

用发酵法生产乳酸，因发酵菌种和发酵原料不同，其工艺特点也不同，如有淀粉、糖蜜、亚硫酸盐纸浆废液和乳清等发酵工艺。另外，发酵中选用中和剂的种类不同，如有 $CaCO_3$、石灰乳、氨气、NaOH 等，这样使终产品也不相同。本节主要介绍以淀粉质为原料的乳酸发酵工艺。

淀粉质原料是工业乳酸发酵中使用最普遍、用量最大的原料。常用的有大米、玉米、薯干等，一般含淀粉 70%左右，粗蛋白 6.0%～8.5%。淀粉要经水解糖化后才能被乳酸菌利用，糖化剂可有麦芽糖酶、麸曲、酶制剂、无机酸（HCl）等。其工艺有两种，一种是糖化后的糖化醪接种乳酸菌进行发酵，称之为单行发酵；另一种是将糖化剂与乳酸菌同时加入糊化醪中，使糖化与发酵同时进行，称为并行发酵。

辅料除无机的氮、磷、硫、镁等和中和剂外，还有有机氮源和维生素、氨基酸等生长因子的物质，如菊粉、麦根、麸皮、米糠、玉米浆、毛发水解物等。

发酵法生产乳酸，我国目前最常用的是分批式发酵，其次是糖化发酵并行式。我们以分批式发酵为例，如图 6-15 所示，介绍细菌的乳酸发酵。

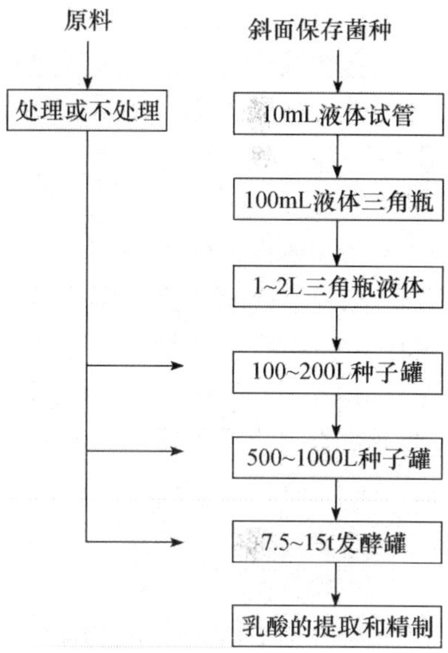

图 6-15 乳酸分批发酵的总流程

1. 发酵培养基的配制

由于主料和使用的菌种、菌株不同，发酵培养基的配方和配制方法亦有差异，但是有些基本要求和原则是相同的。

1）碳源的用量

碳源除用于构建菌株、维持生命活动的能源外，主要用于转化乳酸，乳酸发酵中乳酸钙的最高浓度可达重量的 17%，需消耗 14%的葡萄糖，故总的糖量应在 15%或略高才能满足，不必要超过此量。如果生产中采用的是补料发酵，那么初糖可定为 10%，另外 5%在补料中加入。如果乳酸产率达不到这一数值，或需要 15%以上的糖量才能达到 17%的乳酸，就应从菌种和工艺条件上找原因。

2）氮源和生长因子

一般由 1%的麦根提供即可满足，有的配方达 1.8%。

3）磷

如 $CaHPO_4$ 提供，加量 0.35%～1%。如以 $(NH_4)_3PO_4$ 提供，则氮源可适当降低，有些原料（如蔗糖）则可不外加磷化合物。

4）$CaCO_3$

作为中和剂，在培养基中的用量一般达 10％。

糖蜜和淀粉质水解糖在预处理时，都有较长时间的加热，所以配制培养基后一般不再灭菌。如果用的是糖蜜和蔗糖的混合原料，可采用 70℃保持 20min 的巴氏灭菌即可。

2. 发酵管理

乳酸分批发酵的管理主要有控制泡沫、温度、pH、补料、搅拌和检测等。

1）泡沫

随着 CO_2 的产生，发酵过程常出现大量的泡沫，尤其是发酵中期。主要注意发酵罐或发酵池的装量，发酵罐的填充系数一般定在 80％左右，即液面至罐顶要留出 30～40cm 的空间，防止发酵过程中泡沫溢出。

2）温度

根据各菌种和菌株对温度的不同要求进行控制，如德氏乳杆菌、保加利亚乳杆菌等都可以在 50℃左右发酵。

3）搅拌

乳酸发酵时缓慢的或间歇的搅拌还是需要的。缓慢搅拌可以促进乳酸菌生长，还可帮助赶出 CO_2，帮助散温，使醪液均匀等作用，特别是加入 $CaCO_3$ 乳液等中和剂时，更需搅拌，以避免局部料液过碱。

4）pH

乳酸菌在发酵过程中，转化糖类物质产生大量的乳酸，使 pH 不断下降，当达至 pH 5 以下时，发酵速率明显下降，此时需添加 $CaCO_3$。$CaCO_3$ 可在培养基配制时一次加入，也可在发酵过程中分批添加，分批添加还可提高发酵罐的填充系数。其他的中和剂还有 NaOH、氨水、氨气等，不同的中和剂将得到相应的不同产物，即乳酸钙、乳酸钠和乳酸铵。不同的菌种，需控制的 pH 是不相同的，多数在 5 以上。

5）补料

乳酸发酵的用糖量一般达到 150g/L。一般都先在培养基中加入一部分，其余在发酵过程中流加或分批加入。补糖原则是使培养基中的糖浓度维持在 30～40g/L 的水平，当糖浓度降到 30g/L 时，流加较浓的糖溶液，或分批加入，使总加糖量（包括初糖）为 150g/L。当以氨水或氨气作中和剂时，实际上也起到了补氮的作用。

6）发酵终了的标准和处理

一般以残糖量、产酸量和外观等综合因素进行考察后作出判断。以水解糖为原料发酵时，当残糖降至 1g/L 后，就视为发酵已经完成，这个过程需 5～6 天。蔗糖和糖蜜混合发酵定为 2g/L，这个过程蔗糖原料需 6 天。发酵过程中乳酸不断产生，在发酵终了时，乳酸将不再上升，预示着发酵已经完成。由于乳酸菌的活动减弱，放出的发酵热减少，醪温不再上升。

在乳酸发酵结束后，杂菌中的丙酸菌等可能开始活动，从而影响产品的纯度和产率，因此应及时加入石灰乳，将 pH 提高到 10 左右，同时升温 70～90℃进行灭菌和使蛋白质变性凝聚，静置 6～12h，使菌体和其他悬浮物下沉，澄清后将清液放出，沉渣压滤后一并进入提取工段。

（三）乳酸的提取与精制

乳酸的提取法有钙盐法、锌盐法、离子交换法、溶剂萃取法、活性炭处理法等。

乳酸发酵液中含有大量的菌体、蛋白质、多糖、还原糖及 $CaCO_3$ 和 Mg^{2+} 等一些无机离子。钙盐法就是在上述发酵液中加入石灰乳、加热后，取上清液和板框压滤机压滤后的滤液合并后提取乳酸。首先加活性炭进行脱色处理，活性炭用量为1.5%～2.0%，温度维持60～70℃。趁热过滤，滤液泵入浓缩罐，在87kPa左右的真空下浓缩至乳酸钙浓度为150g/L。当乳酸钙起始浓度在14.5%～15.5%范围内时，随着温度的降低，发酵液内乳酸钙的溶解度逐渐减小。晶核的形成和成长，要在不同温度下进行，为了得到大的晶体，除了加入晶种和其他措施外，需采取缓慢降温措施，使其充分结晶。然后压滤或离心去掉母液，收集乳酸钙晶体。加入硫酸，使之生成硫酸钙沉淀而脱去钙离子，得到乳酸。

溶剂萃取法与吸附法及离子交换法结合进行，经浓缩可得到食用级乳酸。

第五节　其他淀粉发酵产品

一、微生物油脂

（一）概　　述

微生物油脂一般又称为单细胞油脂，即微生物以碳水化合物、碳氢化合物和普通油脂为碳源、氮源、辅以无机盐生产的油脂和另一些具有商业价值的脂质。微生物细胞通常仅含有2%～3%油脂，随着人们对微生物研究的深入，发现某些微生物在特定条件下培养，干菌体含油率可达30%，甚至60%，如此之高含油量使微生物油脂实际开发成为可能。尤其引人注目的是，某些微生物还可产生具有生理活性功能的多不饱和脂肪酸，主要包括亚油酸（LA）、共轭亚油酸（CLA）、γ-亚麻酸（GLA）、花生四烯酸（AA）、二十碳五烯酸（EPA）、二十二碳六烯酸（DHA）、二十二碳五烯酸（DPA）等。它们大多是生物活性物质前体，具有抗衰老、抗氧化、抗炎症，抑制肿瘤细胞形成、扩散和转移，防治心脏病、高血压等作用；EPA、DHA、DPA还能促进婴儿神经系统发育，提高儿童智力。正因微生物油脂有如此多的保健功能才被广泛应用于食品行业。在人们日益关注自身健康的今天，具有保健功能油脂开发拥有广阔的发展前景。

（二）微生物法生产油脂

与传统的油脂生产工艺相比较，利用微生物生产油脂具有油脂含量高、生产周期短、生产成本低等优点；并且可以利用细胞融合、细胞诱变等技术，使微生物生产的油脂比植物油脂更符合人们对高营养油或某些特定脂肪酸油脂的需求。

1. 微生物油脂生产工艺

微生物油脂一般按如下工艺生产：

筛选菌种→菌种扩大培养→收集菌体→干菌体→预处理→油脂提取→精制

2. 产油微生物菌种筛选

用于工业化生产菌株必须具备以下条件：

（1）油脂积累量大，含油量应达50%以上，且油脂转化率不低于15%；

（2）生长繁殖速率快，不易污染杂菌；

（3）能适应工业化深层培养，装置简单；

（4）油风味良好，安全无毒，易消化吸收。

能够生产油脂的微生物有酵母、霉菌、细菌和藻类等，其中真核的酵母、霉菌和藻类能合成与植物油组成相似的甘油三酯，而原核的细菌则合成特殊的脂类。现在用于生产多不饱和脂肪酸的微生物主要为藻类、细菌和真菌，由于细菌产量低，所以目前主要集中在藻类和真菌。

3. 产油微生物菌种扩大培养

培养产油微生物碳源很多，如葡萄糖、蔗糖、淀粉糖化液、废糖蜜、乳糖、淀粉厂废水、纸浆工业废水及木材水解液等；但最适合细胞生长和油脂合成的碳源是葡萄糖，以葡萄糖为碳源生产菌体生物量高，产脂量也高。

微生物产油脂多的一个关键因素是培养基的碳源充足而其他营养成分缺乏，在这种情况下，微生物菌体不再进行细胞增殖，而是将过量的碳水化合物转为脂类、酸度（酵母最适 pH 为 3.5～6.0，霉菌为中性至微碱性，藻类一般适宜中性或微碱性培养）、通气量等。在实际生产中，培养初期供给大量氮源使微生物迅速增殖，以获取大量菌体细胞，后期改为含糖量多的培养条件以使油脂积累，这样可从蛋白质合成初期百分之几油脂含量提高到后期百分之几十油脂含量。

（三）发展前景

微生物用于油脂工业已成为现实，将现代生物技术运用到产油微生物研究技术中，不仅使微生物的油脂含量不断提高，而且能够获得产多不饱和脂肪酸多的菌株。其开发研究方向主要为：继续寻找或改良高产油脂菌种；降低产油微生物培养成本，如利用农副产品及工业废水、废料等廉价碳源，促进微生物油脂产业化；优化微生物发酵产油脂工艺；加强微生物功能性油脂开发应用研究；降低生物柴油制取成本，微生物油脂替代植物油脂制取生物柴油等。

二、核苷酸类物质

核苷酸类物质，包括肌苷（Inosine）、肌苷酸（IMP）、鸟苷酸（GMP）、黄苷酸（XMP）等。利用微生物生产核苷酸类物质的方法主要有三种。

（1）分解法，即先利用微生物培养积累核糖核酸或脱氧核糖核酸，然后再利用核酸分解酶将核糖核酸或脱氧核糖核酸降解为核苷酸类物质。

（2）添加前体法，即利用核苷酸生物合成的补救途径，通过添加前体物来发酵生产核苷酸。

（3）直接发酵法，即根据代谢控制原理，通过选育遗传性突变株，以葡萄糖为原料，直接发酵生产核苷酸。

以直接发酵法生产肌苷为例，介绍采用淀粉水解发酵生产核苷酸类物质的方法。

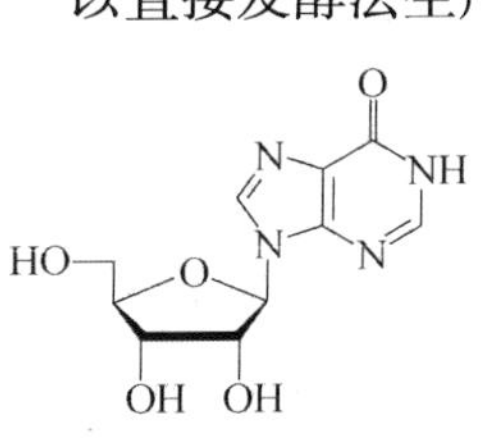

图 6-16　肌苷分子结构式

肌苷也叫次黄嘌呤核苷，是次黄嘌呤的 N-9 与 D-核糖的 C-1 通过-糖苷键连接而形成的化合物，分子结构式如图 6-16 所示。其磷酸酯为肌苷酸。它能直接透过细胞膜参与糖代谢，促进体内能量代谢和蛋白质合成，适用于各种原因引起的白细胞减少症、血小板减少症、各种心脏疾患、急性及慢性肝炎、肝硬化等，此外尚可治疗中心视网膜炎、视神经萎缩等。

1. 肌苷生产菌株的选育

肌苷产生菌主要是枯草芽孢杆菌，根据枯草芽孢杆菌生物合成的代谢调节机制及成功的育种实例，重点放在选育 5′-核苷酸酶活力强的菌株或者切断支路代谢。

目前选育出的菌株及产率有：枯草芽孢杆菌（Ade^- ＋tyr^- ＋his^-）菌株已工业化生产，以葡萄糖为碳源，产肌苷 16g/L，转化率 20%；枯草芽孢杆菌 G3-46-22-6（Ade^- ＋Xan^- ＋dea^- ＋8-AG^R）菌株，发酵时，加 1%次黄嘌呤，肌苷产率为 3.3%，不加次黄嘌呤，肌苷产率为 2.2%。

2. 发酵控制

碳源多使用葡萄糖或淀粉水解液。氮源有氯化铵、硫酸铵或尿素等，因为肌苷的含氮量很高(20.9%)，所以必须保证供应足够的氮源。工业上常用液氨或氨水来调节发酵培养基的 pH，这样，既调节了培养基的 pH，同时又补充了氮源的供应。在发酵中，需控制腺嘌呤适量。氨基酸有促进肌苷酸积累，同时节约腺嘌呤的作用。肌苷发酵的最适 pH6.0～6.2，最适温度 32℃。

三、维生素的发酵生产

维生素是“人和动物体内不能合成而为维持正常的生理功能必须从食物中获得供给的微量有机物质”。其中，能在人体和动物体内转变为维生素的物质称为维生素原。化学结构与维生素相似，并有维生素的生物活性的物质称为同效维生素。维生素是人体生命活动的必需要素，主要以酶类的辅酶或辅因子形式参与生物体内的各种生化代谢反应。维生素还是防治由于维生素缺乏而引起的各种疾病的首选药物，如 B 族维生素用于治疗神经炎、角膜炎等多种炎症。维生素 C 能刺激人体造血机能，增强肌体的抗感染能力。维生素 D 是治疗佝偻病的重要药物。

微生物中细菌的某些种能合成维生素，有些种需加入维生素的中间体才能合成维生素；酵母菌能合成维生素的整体。但一旦外界提供维生素，则会促进酵母菌的生长；霉菌有合成大部分维生素的能力。

目前可由发酵法生产的维生素有维生素 C、维生素 K、维生素 D_2、维生素 B_2（核黄素）等。以核黄素的发酵生产为例，介绍维生素的发酵生产要点。

1. 核黄素概述

核黄素又称维生素 B_2，分子式为 $C_{17}H_{20}N_4O_6$，由异咯嗪与核糖醇构成，分子结构式见图 6-17。分子中异咯嗪环中第 1 位和第 10 位氮原子可被还原，在生物代谢过程中有递氢作用，它与机体内的 ATP 作用生成黄素单核苷酸(FMN)，FMN 再与 ATP 作用就生成黄素腺嘌呤二核苷酸（FAD），两者是多种脱氢酶的辅酶，是重要的递氢体，可促进生物氧化作用。

核黄素在自然界中多数与蛋白质相结合而存在。纯品为黄色至橙色结晶状粉末。生产方法有抽提法、化学合成法和微生物发酵法。

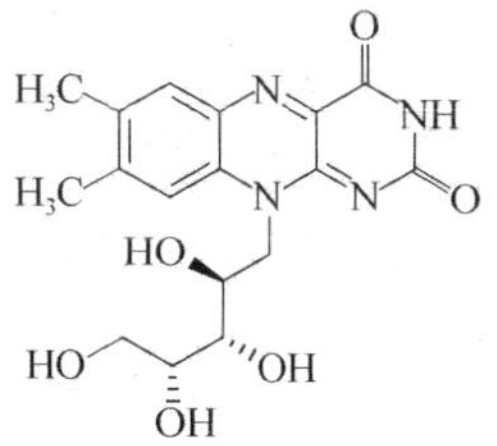

图 6-17 核黄素分子结构式

2. 核黄素产生菌

1937 年左右开始应用微生物发酵法生产核黄素，但产量很低。后来又发现许多种微生物都能产生核黄素，如某些细菌、酵母菌和霉菌，产量较高，已大量用于工业生产的有棉阿舒囊霉和阿舒假囊酵母。核黄素由真菌菌丝体中的原生质形成，一般初生菌丝所产生的核黄素最多，形成后转移到空泡中或直接分泌出去，当浓度高时在空泡中可形成结晶。现在，可用于核黄素发酵的微生物还有枯草芽孢杆菌和季也蒙毕赤酵母等。

3. 核黄素生产工艺

核黄素生产有表面培养、深层培养和直接提取三种方法。以深层培养法为例说明核黄素生产。

维生素 B_2 的发酵生产可以采用二级发酵形式，用沉淀与氧化相结合的方法提取产品。发酵培养基中常用的碳源主要是葡萄糖，油脂也可作为有效碳源。培养基中氮源有蛋白胨、鱼粉和骨胶等，其中蛋白胨的品种及质量对产量影响较大。加入乙酸铵和少量豆油（作消泡剂或补充碳源）等能加强维生素 B_2 的形成。培养在发酵罐中进行。种子为培养 24～48h 的新鲜菌液，接种量为 2%。若是采用棉阿舒囊霉发酵，因为其是严格好氧菌，在发酵过程中通气量的控制是维生素 B_2 高产的关键，效果好可促进大量膨大菌体的形成，维生素 B_2 的产量迅速上升，同时可缩短发酵周期。发酵温度（28±1)℃，前期只消耗基质，pH 由 6.3 降到 4.5，直到培养约 15h 才开始合成维生素 B_2，此时 pH 已超过 7.0，发酵时间 4 天左右，产量最高可达 7000U/mL 以上。此时即可滤取清液，然后通过活性炭吸附，并用 5%～10%吡啶水溶液洗脱或还原沉淀的方法进行提取或精制。

四、黄　原　胶

（一）概　　述

黄原胶是一种水溶性生物高分子聚合物，最初是由美国农业部伊利诺伊州皮奥里尔北部研究所于 1952 年发现，由于其具有突出的高黏性和水溶性、独特的流变学特性、优良的温度和 pH 稳定性、满意的兼容性及食用的安全性等特点，因此引发了学术界和商业界对黄原胶的研究和应用。

1975 年 Jansson 等发现黄原胶大分子一级结构中主链由 β-D-葡萄糖经 1,4-糖苷键连接而成类似纤维素的结构，其中每两个葡萄糖残基环中的一个连接着一条侧链，侧链由两个甘露糖和一个葡萄糖醛酸交替连接而成三糖基团。与主链直接相连的甘露糖 C_6 上有一个乙酸基团，末端甘露糖的 C_4～C_6 上则连有一个丙酮酸（成缩酮）。整个分子结构中含有大量的伯醇、仲醇羟基。黄原胶分子结构如图 6-18 所示。

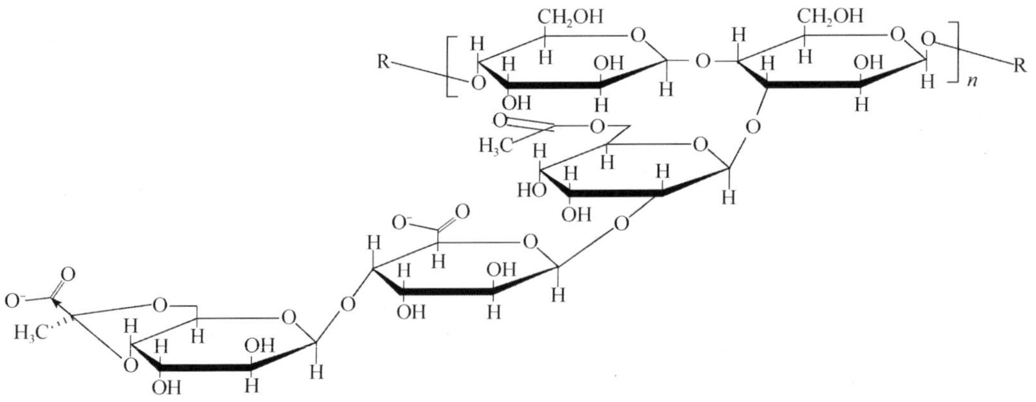

图 6-18　黄原胶分子结构

黄原胶分子的带电荷侧链反向缠绕纤维素主链，形成类似棒状的一级钢性结构；黄原胶分子间靠氢键形成双股的二级螺旋立体结构；双股螺旋结构间靠微弱的非共价键结合，排列成整齐的“超级接合带状”三级螺旋聚合结构；在不加热的稀溶液（<1%）中，黄原胶呈现典型

的四级菊花状聚集结构。

黄原胶的多级分子结构使其具有多种优良性质：①溶液具有很高的黏度；②溶液黏度耐酸碱、抗生物酶酶解；③溶液抗盐，且当黄原胶浓度大于0.35%时，加入0.01%～1%一价金属盐可增加黏度；④溶液具有良好的假塑性；⑤是良好的增稠剂、乳化剂和成型剂，在某些条件下其性能优越于明胶、CMC、海藻酸钠等添加剂；⑥溶液具有耐温性，在−4～93℃范围内反复冷冻或加热，黏度基本不变。

（二）制备方法

目前，产生黄原胶的微生物菌株有甘蓝黑腐病黄单胞菌、锦葵黄单胞菌、胡萝卜黄单胞菌、木薯萎矮病黄单胞菌等，但多以甘蓝黑腐病黄单胞菌及其变异株制备黄原胶。学者Sutherland研究认为，筛选细胞壁合成缺陷型菌株有助于提高黄原胶产量。

产生黄原胶的黄单胞菌等微生物常以葡萄糖、蔗糖或淀粉等为碳源，以蛋白质、鱼粉、豆粉或硝酸盐为氮源，添加KH_2PO_4、$MgSO_4$、$CaCO_3$等无机盐和Fe^{2+}、Mn^{2+}、Zn^{2+}等微量元素及谷氨酸、柠檬酸、延胡索酸等可促进黄原胶产量。

影响微生物发酵产黄原胶主要因素有菌种特性、发酵培养基、发酵参数及提取工艺。发酵参数包括温度、pH、氧气、接种量和发酵周期等因素。每一种黄原胶产生菌均有其相应的培养条件，只有确定了菌株最佳培养基配方，并在适宜的发酵条件下培养，才能获得理想的黄原胶产量。

由于黄原胶发酵液的黏度很高，因此需将原始发酵液稀释至0.4～0.5Pa•s，通过离心等方法将菌体细胞和杂质去除，再以甲醇、乙醇、异丙醇等有机试剂将黄原胶沉淀出来。常用沉淀黄原胶的方法有低级醇沉淀、钙盐-工业乙醇沉淀、铝盐-异丙醇沉淀和季铵盐-甲醇沉淀等。

黄原胶是一种高黏度的物料，发酵生产时常用通气式搅拌发酵，发酵后期黏度增高，需要提高搅拌速率和通气量，且提取过程中需除去菌体，因黏度高而导致后处理费用高。许喜林等利用膜式两级发酵罐生产黄原胶，一级罐用来培养菌体，产生胞外酶；发酵液经微滤管滤去菌体，胞外酶液被引入二级罐加入底物进行发酵生产，取得了理想的结果：黄原胶产胶量比普通法提高24.5%，简化了分离工序，醇耗量降低40%。

我国山东食品发酵设计研究院筛选到一株生产优质高黏度黄原胶的高产菌株，经连续摇瓶发酵，以淀粉或其他碳水化合物为碳源，发酵时间65～70h，发酵平均得率大于3.5%，最高达4%以上，提取后产品黏度大于1300mPa•s，剪切值约为7.0（NDJ-1型旋转黏度计），与美国Sigma公司试剂级黄原胶产品在同样条件下测定的指标相当。

（三）应用前景

在钻井采油方面，黄原胶的黏稠性可保持水基钻井液的黏度，防止井壁坍塌、抑制地层井喷；黄原胶的假塑性使处于钻头附近的黄原胶液具有极低的黏度和磨阻性，可节省能耗；在钻井作业中采用黄原胶液作为泥浆增稠剂，可减少淡水的用量；黄原胶液用于3次采油，可至少增加10%采收率。

在食品添加剂方面，黄原胶作为稳定剂，使果肉型果蔬汁品质保持均一性；在冷冻食品中，黄原胶可控制冰晶的形成、抗融化及提高膨胀率；在肉制品中可增加持水性、抑制淀粉的回生及提高出品率；在蛋糕制作中可使蜂窝组织均匀、质体松软、富有弹性、松软时间延长；

在乳制品中添加黄原胶，可增加黏度、防止脂肪上浮、提高热稳定性；在罐装蔬菜中可降低脱水率、抗酸败等。黄原胶作为添加剂可延长多种食品的货架期。

在其他方面，黄原胶代替黏土作为釉浆悬浮剂和黏结剂，使陶瓷和搪瓷产品的釉面平整、光亮、滋润，同时也节约成本，改善劳动环境；利用黄原胶研制成功的凝胶型抗溶泡沫灭火剂，避免了普通灭火剂必须在使用时相混、输送管道长不能超过 200m 的限制。

目前黄原胶的应用覆盖了食品、医药、农药、石油、地矿、轻纺、化妆品、造纸、建筑、消防等 20 多个领域。国际上黄原胶的需求量每年以 7%～8%的速率增加，国内市场的需求也在上升，质量好的黄原胶产品供不应求。我国虽然每年有数千吨的产量，但产品质量与国外产品相比仍有较大差距。为此，我们应加强黄原胶高产菌株的选育、完善黄原胶的生产工艺、改进黄原胶的分离提取方法、降低分离提取的能耗和成本、开发黄原胶的深度加工等研究，以提高我国黄原胶的质量，缩短我国与国际间的差距。

五、可降解塑料聚羟基链烷酸（PHA）

（一）概　　述

聚羟基链烷酸（polyhydroxyalkanoate，PHA）是多种细菌合成的一类胞内聚酯，主要作为细菌的碳源和能源储藏物质，具有类似于合成塑料的物化特性及合成塑料所不具备的生物可降解性、生物相容性、光学活性、压电性、气体相隔性等许多优点。自从 19 世纪 70 年代全球出现了石油危机和“白色污染”以来，人们就始终寻找塑料的替代品。PHA 因在环境中可完全降解成水和二氧化碳，作为理想的新型生物材料已引起广泛关注。

PHA 是由 100～30 000 个相同或不同的羟基烷酸单体聚合而成的聚合酯，可视为脂肪族羟基酸的聚合物，其结构如下所示：

$$\left[\mathrm{O} - \overset{\overset{\displaystyle \mathrm{R}}{|}}{\mathrm{CH}} - (\mathrm{CH_2})_m - \overset{\overset{\displaystyle \mathrm{O}}{\|}}{\mathrm{C}} \right]_n$$

式中：$m=1$，2 或 3，通常 $m=1$，即羟基处于β-位；n 是指单体的数目；R 代表侧链，大多数为不同链长的烷基，范围从甲基至壬基，也可以是支链的、不饱和的或带取代基的烷基。

聚 β-羟基丁酸（poly-β-hydroxybutyrate）简称 PHB，是分布最广、发现最早的 PHA 家族主要成员。PHB 是由多个 D 型 3HB 单元组成，相对分子质量一般为 1000～250 000，其分子式为 $\left[\overset{\overset{\displaystyle \mathrm{CH_3}}{|}}{\mathrm{CH}} - \mathrm{CH_2} - \mathrm{COO} \right]_n$。PHB 与合成塑料聚丙烯相比，存在两个明显弱点：一是加工成型温度区间狭窄，另一个是抗冲击强度低。

聚羟基丁酸-羟基戊酸［poly-(hydroxybutyrate-co-hydroxyvalerate)］简称 PHBV，其单体由 β-羟基丁酸（HB）和 β-羟基戊酸（HV）所组成，通常写作 P（3HB-co-3HV）。聚合物 PHBV 中 PHV 可占 0～40%，适量增加 HV 单元比例后，所制材料的熔点降低、硬度下降，弹性变好，加工性增强。

1976 年，英国 ICI 化学公司利用生物发酵技术合成聚 β-羟基丁酸（PHB），从此，通过生物发酵技术合成聚酯生物降解塑料引起人们极大关注。美国 W. R. Gyace 公司同时也进行了中试生产。奥地利林茨化学集团（Chemie Linz AG）和英国帝国化学工业公司（ICI，现称 Zeneca）分别在 1985 年和 1987 年成功开发第一代生物塑料 PHB 和第二代生物塑料 PHBV，年产规模分别是 20t 和 1000t。

（二）制备方法

1. 培养条件

研究发现，只有原核微生物细胞可代谢积累 PHA，而真核细胞不产 PHA。PHA 的生理作用是作为微生物的碳源和能源储存物质。当微生物处于营养均衡的环境中，一般不储存 PHA；而当环境中营养不平衡，如氮或磷不足时，就大量合成并储存 PHA。

细菌发酵产 PHA 传统的方法是两阶段的流加培养法，包括菌体细胞生长期和菌体产 PHA 合成期。在前期，通过提供菌体细胞生长繁殖所需最适条件，获得高产菌体细胞生物量。在随后的 PHA 合成期，限制菌体生长所需营养成分，如 N、P、O、Mg 等，使菌体细胞生长受限，菌体细胞的代谢则转向 PHA 的合成。细菌合成 PHA 常用的碳源是葡萄糖和蔗糖，此外，还可以利用农业或食品废物作为廉价碳源和氮源。

2. 发酵菌种

目前，有 60 多个光能和化能自养及异养菌属微生物可积累 PHB。真养产碱杆菌（*Alcaligenes eutrophus*）生物学性状稳定，可利用葡萄糖为碳源产 PHB，但不能利用双糖或多糖。若产率以 PHB 占细胞干重的百分率计，最高达 96%。固氮菌（*Azotobacter*）可利用蔗糖、甜菜或甘蔗糖蜜及玉米糖浆产 PHB，发酵时间短，但单位体积发酵液的 PHB 产量低。此外，嗜盐杆菌属（*Halobacterium*）以葡萄糖为底物，PHB 最高产量占菌体细胞干重的 45%；色杆菌属（*Chromobacterium*）以葡萄糖或蛋白胨为底物、拜杰林克氏菌属（*Beijirinckia*）以葡萄糖为底物、柄杆菌属（*Caulobacter*）以葡萄糖或谷氨酸为底物产 PHB，最高产量占菌体细胞干重分别为 37%、38%、36%。另外，巨大芽孢杆菌可积累一种含 95%β-羟基丁酸、3%β-羟基庚酸和 2%β-碳八羟基酸残基的共聚物。

我国清华大学利用构建基因工程菌株发酵淀粉水解糖，中试规模为 1.2t，发酵罐 58h 最高细胞浓度 164.4g/L，PHA 最高占细胞干重的 82%，产率最高达 2.18g/(L·h)。

3. 提取工艺

现已采用的 PHA 提取方法主要有：有机溶剂萃取法、酶裂解法、次氯酸钠分解法、次氯酸钠-氯仿法以及机械破胞法等。西北大学对圆褐固氮菌 G-3 菌株产 PHA 的提取方法进行了优化，认为 SDS-EDTA 方法操作简单，价格低廉，所得 PHA 纯度、回收率、分子质量均较理想。

SDS-EDAT 法如下：

冷冻干燥菌体→加入 7g/L SDS、10g/L EDTA 溶液→50℃，pH11，磁力搅拌 15min→调 pH7，加水稀释，4000r/min，离心 15min→将沉淀用水洗涤一次，离心 15min→取固相，干燥→得 PHA 产品。

中国科学院化工冶金研究所与中国农业大学合作共同建立了一条中试规模生产 PHA 发酵提取工艺流程，构建了稳定高产的重组大肠杆菌基因工程菌 HSM174（pTZ101），发酵周期 22～24h，采用二段碱浸破壁提取胞内产物的后提取工艺，大大降低了 PHA 生产成本，增加了产品纯度。

（三）应用前景

PHA 作为一类真正可完全降解的高分子材料，它具有与聚丙烯类似的物理力学性能与良好的加工性能，可仿丝、压模、注塑制成薄膜、容器等制品。PHA 具有生物相容性，可用做缝合线、骨钉、骨骼支架、血管连接导管、药物缓释载体等，还可应用于人体器官修复的整形外科手术中。PHA 具有光学活性，可应用于色谱中分离手性物质。还可利用 PHA 水解的单体 HB 合成具有手性活性的化合物，如蜂激素、甲虫的防治剂、香料等。

PHA 工业生产的主要障碍是价格过高。预降低成本关键在于降低发酵成本和提取回收成本。因此，今后应在筛选高效合成 PHA 的菌株、研究 PHA 合成酶的催化机制、克隆与 PHA 合成相关酶的基因、利用基因工程菌株高效生产 PHA、寻找廉价简单的 PHA 后部提取工艺、加强 PHA 产品改性应用研究等方面加大研究力度，使得 PHA 制品早日能与化学合成塑料媲美，尽快普及化、大众化。

思　考　题

1. 什么是糖化？试述乙醇发酵所用糖化剂种类。
2. 试述淀粉质原料蒸煮处理的目的和方法。
3. 乙醇发酵中淀粉是如何转化为乙醇的？
4. 试述乙醇生产中连续发酵与间歇发酵方式的特点。
5. 什么是乙醇蒸馏、乙醇精馏？
6. 什么是挥发系数、精馏系数？
7. 简述发酵法生产味精的原理。
8. 如何精制味精？
9. 菌丝球的性质对发酵生产柠檬酸酸有什么影响？
10. 如何以发酵法生产乳酸？
11. 相对传统油脂生产，微生物油脂工艺的优点是什么？
12. 试述微生物油脂工业化生产菌株具备的条件。
13. 试述今后微生物油脂研究开发的方向。
14. 试述直接发酵法生产肌苷的工艺流程。
15. 哪些微生物可代谢生产核黄素？
16. 试述液体发酵核黄素生产工艺流程。
17. 试述黄原胶的分子结构特点。
18. 试述黄原胶制品特性。
19. 哪些微生物可产黄原胶？
20. 影响微生物发酵生产黄原胶的主要因素有哪些？
21. 试述 PHA、PHB、PHBV 的分子结构特点。
22. 哪些微生物可生产 PHA、PHB？
23. 试述常用 PHA 的提取方法。
24. 试述 PHA 的用途。

第七章　淀粉检测技术

淀粉在自然界的分布很广，主要有禾谷类淀粉、薯类淀粉、豆类淀粉和其他淀粉。淀粉及其在食品加工中的应用非常广泛，除了作为增稠剂、填充剂、稳定剂等，淀粉还可以增加制品的黏着性和持水性。淀粉及其产品理化特性、功能特性决定着食品的加工性能，是食品生产管理中常做的分析检测项目。

第一节　淀粉常规检测方法

一、淀粉化学组成测定

（1）淀粉水分含量的测定采用130℃烘干至恒重：GB 12087“淀粉水分测定方法”；

（2）淀粉灰分测定：GB 12086“淀粉灰分测定方法”；

（3）蛋白质含量的测定采用半微量凯氏定氮法：GB/T 14771；

（4）脂肪含量的测定采用索氏抽提法：GB/T 14772；

（5）总碳水化合物测定采用苯酚-硫酸法：取样品100mg（干基）放入100mL容量瓶，加1.0mL乙醇，加1mol/L NaOH 9.0mL，在沸水中煮10min（不停搅拌），然后定容糊液至100mL。取5.0mL溶液，用0.1mol/L HCl中和，酚酞作指示剂。然后取1.0mL溶液，加5%苯酚溶液1.0mL和5.0mL H_2SO_4，室温下反应30min，在490nm处测定吸光度。然后，根据葡萄糖-吸光度标准曲线计算，并换算出总碳水化合物。

二、淀粉产品指标的测定方法

（1）淀粉及其衍生物硫酸化灰分测定：GB 12089“淀粉及其衍生物硫酸化灰分测定方法”；

（2）淀粉及其衍生物酸度测定：GB 12090“淀粉及其衍生物酸度测定方法”；

（3）淀粉及其衍生物二氧化硫含量测定：GB 12094“淀粉及其衍生物二氧化硫含量测定方法”；

（4）淀粉斑点测定：GB 12095“淀粉斑点测定方法”；

（5）淀粉细度测定：GB 12096“淀粉细度测定方法”；

（6）淀粉白度测定：GB 12097“淀粉白度测定方法”；

（7）淀粉黏度测定：GB 12098“淀粉黏度测定方法”。

三、淀粉黏度的测定

1. 原理

在45.0～92.5℃的温度范围内，样品随着温度的升高而逐渐糊化，通过旋转式黏度计可得到黏度值，此黏度值即为当时温度下的黏度值。作出黏度值与温度曲线图，即可得到黏度的最高值及当时的温度。

2. 仪器

黏度计、天平、搅拌器、冷凝器。

3. 步骤

1）样品的准备

2）样品量

用天平称取样品，使样品的干基重量为 6.0g。倒入烧杯，加入蒸馏水或纯度相当的水，使水的重量与所称取的淀粉重量和为 100g。

3）黏度计及淀粉乳液的准备

按黏度计所规定的操作方法进行校正调零，并将仪器测定筒与保温装置相连，打开保温装置。淀粉乳液定量移入装在保温装置内的烧瓶，烧瓶上装有搅拌器和冷凝器，并且密闭。打开保温装置、搅拌器和冷凝器。

4）测定

将测定筒和淀粉乳液的温度通过保温装置分别同时控制在 45℃、55℃、65℃、75℃、85℃、92.5℃。在保温装置到达上述每个温度时，从有淀粉乳液烧瓶中吸取淀粉乳液，加入到黏度计的测量筒内，测定黏度，读下各温度时的黏度值。

5）作黏度值与温度变化的曲线图

以黏度值为纵坐标，温度变化为横坐标，根据所得到的数据作出黏度值与温度变化曲线。

四、淀粉产品特性指标的测定

1. 浊度的测定

配制 2%淀粉悬浮液，沸水中加热 1h，并不停的搅拌，然后迅速冷却悬浮液至室温，把样品在 4℃冰箱内放置 21 天，定时取样测试，以水做参比，640nm 下测定其吸光度。

2. 膨润力（*SW*）及溶解度（*S*）的测定

称取 0.5g 样品于离心管，加入 20mL 水，在 50℃、60℃、70℃、80℃、90℃下搅拌加热 30min，3000r/min 离心 15min，上清液倒入干燥皿中 105℃烘箱烘干至恒重，并称重离心残留物。采用下式计算膨润力和溶解性：

$$S(\%)=\frac{W_r}{W}\times 100$$

$$SW=\frac{W_t}{W-W_r}$$

其中：W_t——沉淀物的重量，mg；

W_r——上清液干重，mg；

W——样品重量，mg。

3. 持水力的测定

准确称取 5.000g 样品（干基）于 120mL 离心管中，加入 75mL 去离子水，在摇床中振荡 1h，然后 3000*g* 离心 10min，去除沉淀物表面的自由水分，并倒立排水 10min，称量沉淀物。根据差值可计算出样品的持水力数值。

4. 晶体特性的测定

淀粉及淀粉颗粒的 X 射线衍射分析，采用日本理学 Rint-2000 型 X 射线衍射仪测量，采用 Cu 靶，石墨单色器、30kV、30mA，扫描速率为 8°/min 在 $2\theta=10°\sim60°$范围扫描测得。相对结晶度=峰面积/总面积×100%。

5. 热特性的测定方法

采用差示扫描量热仪（DSC）测定，用铝制坩埚（PE0219-0062）称取 4.0mg（干基）淀粉或米粉样品，按 1∶2（*W*/*W*）的比例加入去离子水，压盖密封后，置于室温隔夜平衡后测定。进行测定，空坩埚为参比，扫描温度范围为 20～140℃，扫描速率为 10℃/min。选取合适温度范围，计算热特征参数及热焓（ΔH）值。每个样品适当重复，取平均值。

6. 糊化性质的测定

采用澳大利亚 Newport 公司的 RVA 测定大米淀粉及大米粉的糊化特性：准确称取 3g 样品，加入到装有 25.0mL 蒸馏水的铝罐中，参数设置为：50℃保温 1min，然后以 12℃/min，升温到 95℃，保温 2.5min，再以 12℃/min 降温至 50℃并保持 2min，整个过程历时 13min，温度和转速由 Thermocline For Windows 软件控制。

7. 质构性质的测定

称取 3g 淀粉或米粉样品（干基），置于直径为 42.5mm 的铝盒中，加入 6.0mL 水，放置 10min，沸水蒸汽中蒸煮 20min，保温 10min，冷却至室温后，取出凝胶置于 TA.XT2 质构仪 P/50 探头下，均匀分布于平板中心环内测试。参数设置为：预压速率（pretest speeds）：1.0mm/s，下压速率（test speed）：0.5mm/s，压后返回速率（post-test speed）：0.5mm/s，两次压缩时间间隔（time interval）：5.0s，试样受压变形（strain）：80%，触发力（trigger force）：5.0*g*。表征凝胶质构的评价参数：硬度（hardness）、黏着性（adhesiveness）、弹性（springiness）、凝聚性（cohesiveness）、胶黏性（gumminess）、咀嚼性（chewiness）及回复性（resilience）。测试之前，设置参数，校正仪器（本试验采用高度校准），所有试验参数均由质构仪输出软件（Texture Expert software3.2）采集输出。实验重复三次。

8. 回生性质的测定

采用差示扫描量热仪（DSC）测定大米淀粉及大米粉的回生性质，用空铝坩埚校正仪器。铝制坩埚（PE0219-0062）称取 4.0mg（干基）左右的淀粉或米粉样品，按 1∶2（W/W）的比例加入去离子水，压盖密封后，置于室温隔夜平衡后测定。以空铝坩埚为参比，扫描温度范围为 20～140℃，扫描速率为 10℃/min，扫描结束后放置于 4℃冰箱，定时取样测试，测定其回生性质。因大米淀粉及米粉糊融化温度在 40～70℃范围内（在 100～120℃范围内，虽有微弱融化峰，但焓变值基本不变，不予考虑），计算出 40～70℃范围内的焓变值作为回生焓变（ΔH，J/g）。所有实验重复三次，结果取平均值。采用公式计算回生度：

$$\mathrm{RD}(\%) = \Delta Hr/\Delta Hg \times 100$$

式中：RD——回生度（retrogradation degree）；

ΔHr——回生焓变；

ΔHg——糊化焓变。

第二节　淀粉含量的测定

直链淀粉和支链淀粉都以颗粒状存在于胚乳细胞中，常称为淀粉粒。淀粉的测定方法主要是根据淀粉的理化性质而建立的。常用的方法有：根据淀粉在酸或酶作用下能水解为葡萄糖，通过测定还原糖进行定量的酸水解法和酶水解法；根据淀粉具有旋光性而建立的旋光法；根据淀粉不溶于乙醇的性质而建立的重量法。

一、酸水解法

1. 原理

酸水解法的原理是样品经乙醚除去脂肪，乙醇除去可溶性糖类后，用盐酸水解淀粉为葡萄糖。水解反应为：

$$(C_6H_{10}O_5)_n + nH_2O \xlongequal{} nC_6H_{12}O_6$$

然后按还原糖测定方法测定水解所得的葡萄糖含量，再把葡萄糖含量折算为淀粉含量，换算系数为0.9。

2. 试剂

乙醚；乙醇（85%）；盐酸（1+1）；NaOH溶液（400g/L）；NaOH溶液（100g/L）；乙酸铅溶液（200g/L）；硫酸钠溶液（100g/L）；甲基红溶液（2g/L，用乙醇配）；0.01mol/L $KMnO_4$标准溶液；裴林氏试剂；0.1%标准葡萄糖溶液。

3. 实验操作步骤

1）样品处理

将样品磨碎并过40目筛，称取3.00g样品置于放有慢速滤纸的漏斗中，用30mL乙醚分三次洗去试样中脂肪，弃去乙醚。用150mL 85%乙醇分数次洗涤残渣，除去可溶性糖。滤干乙醇溶液，以100mL水洗涤漏斗中残渣并转移至250mL锥形瓶中，加入30mL盐酸，接好冷凝管，置沸水浴中回流2h。回流完毕后，立即置流水中冷却。待试样水解液冷却后，加2滴甲基红溶液，先以NaOH溶液（400g/L）调至黄色，再以盐酸校正至水解液刚变为红色为宜。然后加20mL乙酸铅溶液（200g/L），摇匀，放置10min，再加20mL硫酸钠溶液（100g/L），以除去过多的铅。摇匀后将全部溶液和残渣转入500mL容量瓶中，加入水稀释至刻度。过滤，弃去初滤液20mL，滤液供测定用。

2）裴林氏液的标定（空白滴定）

（1）预备滴定：准确吸取裴林氏A、B液各5mL于锥形瓶中，加水10mL，摇匀。在电炉上加热2min至沸腾，沸腾后立即由滴定管滴入标准葡萄糖溶液至终点（由蓝色变为淡黄色），记下消耗的体积。

（2）正式滴定：准确吸取裴林氏A、B液各5mL于锥形瓶中，加水10mL，预加比预备滴定少0.5～1mL的标准葡萄糖溶液，摇匀。在电炉上加热2min至沸腾，沸腾后立即由滴定管以逐滴速率滴入标准葡萄糖溶液至终点，记下消耗的体积。

3）样品水解液中淀粉的测定

（1）预备滴定：准确吸取裴林氏A、B液各5mL于锥形瓶中，加水10mL，加大米水解液10.00mL，摇匀。在电炉上加热2min至沸腾，沸腾后立即由滴定管滴入标准葡萄糖溶液至终点，记下消耗的体积。

（2）正式滴定：准确吸取裴林氏A、B液各5mL于锥形瓶中，加水10mL，加大米水解液10.00mL，预加比预备滴定少0.5～1mL的标准葡萄糖溶液，摇匀。在电炉上加热2min至沸腾，沸腾后立即由滴定管以逐滴的速率滴入标准葡萄糖溶液至终点，记下消耗的体积。

4）计算

$$\text{还原糖}（\%）=\frac{(V_0-V_1)\times 0.1\%\times 0.9}{W\times V_2\div 500}\times 100$$

式中：V_0——空白正式滴定消耗的标准葡萄糖溶液，mL；
V_1——样品正式滴定消耗的标准葡萄糖溶液，mL；
V_2——测定时吸取的样液体积，mL；
W——硬糖的质量，g；
500——样品水解液总体积，mL；
0.9——还原糖（以葡萄糖计）折算成淀粉的换算系数。

二、酶水解法

1. 原理

样品经除去脂肪和可溶性糖类后，在淀粉酶的作用下，使淀粉水解为麦芽糖和低分子糊精，再用盐酸进一步水解为葡萄糖，然后按还原糖测定法测定其还原糖含量，并折算成淀粉含量。计算公式同酸水解法。

2. 试剂

同酸水解法。

3. 实验操作步骤

（1）样品处理。将样品磨碎并过 40 目筛，称取 2～3g（精确至 0.001g）。置于放有慢速滤纸的漏斗中，先用 50mL 石油醚或乙醚分五次洗去试样中脂肪，弃去石油醚或乙醚。用 150mL 85%乙醇分数次洗涤残渣，除去可溶性糖。滤干乙醇溶液，将残留物移入 250mL 烧杯内，将烧杯置沸水浴加热 15min，使淀粉糊化，放冷至 60℃以下，加 20mL 淀粉酶溶液，在 55～60℃保温 1h，并时时搅拌，然后取一滴此液加一滴碘溶液，应不显现蓝色，若显蓝色，再加热糊化并加 20mL 淀粉酶溶液，继续保温，直至加碘不显蓝色为止，加热至沸，冷后移入 250mL 锥形瓶中并加水至刻度，混匀，过滤，弃去初滤液，取 50mL 滤液，置于 250mL 锥形瓶中加 5mL 盐酸，装上回流冷凝器，沸水浴中回流 1h，冷后加两滴甲基红指示液，用 NaOH 溶液（200g/L）中和至中性，溶液转入 100mL 容量瓶中，洗涤锥形瓶，洗液并入 100mL 容量瓶中加水至刻度，混匀备用。

（2）测定方法同酸水解法。

（3）计算同酸水解法。

三、旋光法

1. 原理

酸性氯化钙溶液与磨细的含淀粉样品共煮，可使淀粉轻度水解。同时钙离子与淀粉分子上的羟基络合，这就使得淀粉分子充分地分散到溶液中，成为淀粉溶液。淀粉分子具有不对称碳原子，因而具有旋光性，可以利用旋光仪测定淀粉溶胶的旋光度［α］，旋光度的大小与淀粉的浓度成正比，据此可以求出淀粉含量。溶提淀粉溶胶所用的酸性氯化钙溶液的 pH 必须保持为 2.30，相对密度须为 1.30，加热时间的长短也要控制在一定范围。因为只有在这些条件下，各种不同来源的淀粉溶液的比旋度［α］才都是 203°，恒定不变。样品中其他旋光性物质（如糖分）须预先除去。

2. 样品制备

（1）称取样品：将样品风干、研磨、通过 100 目筛，精确称取约 2.5g 样品细粉（要求含淀粉约 2g)，置于离心管内。

(2) 脱脂：加乙醚数毫升到离心管内，用细玻棒充分搅拌，然后离心。倾出上清液并收集以备回收乙醚。重复脱脂数次，以去除大部分油脂、色素等（因油脂的存在会使以后淀粉溶液的过滤困难）。大多数谷物样品含脂肪较少，可免去这个脱脂手续。

(3) 抑制酶活性：加含有升汞的乙醇溶液 10mL 到离心管内，充分搅拌，然后离心，倾去上清液，得到残余物。

(4) 脱糖：加 80%乙醇 10mL 到离心管中，充分搅拌以洗涤残余物（每次都用同一玻璃棒），离心，倾去下清液。重复洗涤数次以去除可溶性糖分。

3. 溶提淀粉

(1) 加乙酸-氯化钙：先用乙酸-氯化钙溶液约 10mL 加到离心管中，搅拌后全部倾入 250mL 三角瓶内，再用乙酸-氯化钙溶液 50mL 分数次洗涤离心管，洗涤液并入三角瓶内，搅拌玻璃棒也转移到三角瓶内。

(2) 煮沸溶解：先标记液面高度，直接置于加有石棉网的小电炉上，在 4～5min 内迅速煮沸，保持沸腾 15～17min，立即将三角瓶取下，置流水中冷却。煮沸过程中要时常搅拌，防止烧焦；要调节温度，勿使泡沫涌出瓶外；常用玻璃棒将瓶侧的细粒擦下；并加水保持液面高度。

4. 沉淀杂质和定容

(1) 加沉淀剂：将三角瓶内的水解液转入 100mL 容量瓶，用乙酸-氯化钙溶液充分洗涤三角瓶，并入容量瓶内，加 30% $ZnSO_4$ 1mL 混合后，再加 15% $K_4Fe(CN)$ 61mL，用水稀释至接近刻度时，加 95%乙醇一滴以破坏泡沫，然后稀释到刻度，充分混合，静置，以使蛋白质充分沉淀。

(2) 滤清：用布氏漏斗（加一层滤纸）吸气过滤。先倾清溶液约 10mL 于此滤纸上，使其完全湿润，让溶液流干，弃去滤液，再倾清溶液进行过滤，用干燥的容器接收此滤液，收集约 50mL，即可供测定之用。

5. 测定旋光度

用旋光测定管装满滤液，小心地按照旋光仪使用说明，进行旋光度的测定。

$$淀粉(\%) = \alpha \times N \times 100/\{[\alpha]_D^{20} \times L \times (W - K)\} \times 100$$

式中：α——用钠光时观测到的旋光度；

$[\alpha]_D^{20}$——淀粉的比旋度，在这种方法条件下为 203°；

L——旋光管长度，cm；

W——样品质量，g；

K——样品水分含量，%；

N——稀释倍数。

也可以不用上列公式计算，改用工作曲线来求得淀粉含量，这样准确度高些。

四、直链淀粉与支链淀粉含量的测定

1. 原理

淀粉与碘形成螺旋状结构的淀粉-碘络合物，具有特效的颜色反应，其色泽主要依赖于淀粉的结构和成分。直链淀粉与碘生成纯蓝色，支链淀粉与碘作用显紫红色。因此两种淀粉与碘作用有着不同的光学特性，表现出特定的吸收光谱及吸收峰。如果将两种淀粉（总量不变）按不同比例配成溶液，分别与碘作用，其颜色深浅与其含量（质量分数）呈正比关系。

2. 直链淀粉、支链淀粉混合标准曲线的制备

精确称取直链淀粉及支链淀粉各 50mg，分别置于 50mL 容量瓶中，加入几滴无水乙醇湿润，再加入 10mL 0.5mol/L 的 NaOH 溶液，在沸水中加热溶解、冷却。用蒸馏水定容，混匀，即得到 1mg/mL 的直链淀粉、支链淀粉标准溶液。

按表 7-1 吸取直链淀粉、支链淀粉标准溶液于 50mL 容量瓶中，各加入 20mL 蒸馏水，用 0.1mol/L HCl 溶液将 pH 调至 3 左右，加入 0.5mL 碘试剂（2g KI 溶于少量蒸馏水中，再加 0.2g 碘，溶解后定容至 1000mL，定容后放置 10min）。在 620nm 波长处，用 1cm 比色皿测定其光密度，以混合液中直链淀粉的质量分数为横坐标，光密度为纵坐标，绘制标准曲线。

表 7-1　直链淀粉、支链淀粉标准溶液配比表

容量瓶编号	1	2	3	4	5	6	7
2.5mL 混合液中直链淀粉量/mL	0.20	0.30	0.40	0.50	0.60	0.70	0.80
2.5mL 混合液中支链淀粉量/mL	2.30	2.20	2.10	2.00	1.90	1.80	1.70
在总淀粉中直链淀粉含量/%	8	12	16	20	24	28	32

3. 样品中直链淀粉和支链淀粉含量的测定

样品经 40 目筛，用甲醇在索氏抽提器回流抽提试样 4h，或在古氏抽提器中抽提 2h（5～6 滴/s），脱脂，将试样分散于盘中静置 2 天，使残余甲醇挥发至水分含量达到平衡。先测定样品中总淀粉含量。若样品量少时，可用蒽酮比色法测定。称取样品使其含有 50mg 的总淀粉，加少量无水乙醇及 10mL 0.5mol/L 的 NaOH 溶液，在沸水浴中加热 10min，冷却，用蒸馏水定容至 50mL，混匀。吸取 2.5mL 样品溶液于 50mL 容量瓶中，加入 20mL 蒸馏水，用 0.1mol/L HCl 溶液将 pH 调至 3 左右，加入 0.5mL 碘试剂，定容后放置 10min，在 620nm 波长处，用 1cm 比色皿测定其光密度。从标准曲线上计算出样品中直链淀粉和支链淀粉的含量。

第三节　淀粉糖的检测

淀粉糖是以淀粉为原料，经酶法、酸法加工制备的糖品的总称，是淀粉深加工的主要产品。淀粉糖种类按其成分组成来分大致可分为液体葡萄糖（葡麦糖浆）、结晶葡萄糖（全糖）、麦芽糖浆（饴糖、高麦芽糖浆、麦芽糖）、麦芽低聚糖、麦芽糊精、果葡糖浆等。淀粉糖的分析主要根据各种糖的物化特性进行定量分析。

一、还原糖的测定

1. 原理

还原糖是指分子中含有游离醛基或酮基的单糖和含有游离醛基的双糖等具有还原性的糖类，如葡萄糖、果糖、乳糖、麦芽糖等。

2. 斐林试剂制备

同淀粉含量测定。

3. 测定步骤

称取麦芽糖浆 2g、半成品糖水 6g 或糊精溶液（液化）15g，移入 250mL 容量瓶中，用蒸馏水定容至刻度，用移液管分别吸取斐林试剂甲、乙液各 5mL 和蒸馏水 20mL 于 150mL 锥形瓶中，其余测定步骤同斐林试剂标定法，即以样品稀释液代替葡萄糖溶液滴定斐林试剂。

4. 计算

还原糖含量按下式计算：

$$还原糖(\%) = RV/WG \times 100$$

式中：R——10mL 斐林试剂相当于葡萄糖的质量，g；

W——样品溶液消耗的体积，mL；

G——样品质量，g；

V——样品定容体积，250mL。

二、麦芽糖的测定

1. 斐林试剂制备

同淀粉含量测定。

2. 测定步骤

称取麦芽糖浆 1.5g 于 100mL 烧杯中，加入 9mL 温水，用玻璃棒搅拌使之溶解，在搅拌下缓缓加入 95%的乙醇 81mL，放置 12h 以上使糊精沉淀（玻璃棒不要取出）。然后用滤纸过滤于 250mL 容量瓶中，并用 95%的乙醇 10～15mL 分三次洗涤玻璃棒、烧杯和滤纸，洗涤液一并过滤于 250mL 容量瓶中，加水定容，摇匀。用移液管分别吸取斐林试剂甲、乙液各 5mL 和蒸馏水 20mL 于 150mL 锥形瓶中，其余测定步骤同斐林试剂标定法，即以样品稀释液代替葡萄糖溶液滴定斐林试剂，沉淀物和滤纸供测定糊精用。

3. 计算

麦芽糖含量按下式计算：

$$麦芽糖(C_{12}H_{22}O_{11} \cdot H_2O, \%) = R_1V/WG \times 100$$

式中：R_1——10mL 斐林试剂相当于麦芽糖的质量，g；

W——样品溶液消耗的体积，mL；

G——样品质量，g；

V——样品定容体积，250mL。

说明：10mL 斐林试剂理论上相当于还原糖量如下：葡萄糖 0.0500g，麦芽糖 0.0807g。因此，根据斐林试剂标定值（R），可得麦芽糖测定时标定值（R_1）：

$$R_1 = R/0.0500 \times 0.0807$$

三、糊精的测定

1. 斐林试剂制备

同淀粉含量测定。

2. 测定步骤

将麦芽糖测定后的沉淀物（黏附于玻璃棒、烧杯和滤纸上的糊精）用 100mL 热水洗入 500mL 锥形瓶中，加入浓盐酸 4mL，在沸水浴上回流 3h，使糊精水解为葡萄糖，冷却后用 20%的氢氧化钠溶液中和至微酸性，移入 250mL 容量瓶中，加水定容至刻度，摇匀。用移液管分别吸取斐林试剂甲、乙液各 5mL 和蒸馏水 20mL 于 150mL 锥形瓶中，其余测定步骤同斐林试剂标定法，即以糊精水解液代替葡萄糖溶液滴定斐林试剂。

3. 计算

样品中的糊精含量按下式计算：

$$糊精(\%) = RV \times 0.9/WG \times 100$$

式中：R——10mL 斐林试剂相当于葡萄糖的质量，g；

W——样品溶液消耗的体积，mL；

G——样品质量，g；

V——样品定容体积，250mL。

0.9——葡萄糖换算成糊精的系数。

四、糖浆浓度的测定

1. 折光法

折光法是用手持式糖量计或阿贝折光仪测定。使用时，取一滴糖液于棱镜上，合上棱镜盖，对准光亮处，读取暗明分界线百分数字即为该糖之固形物。折光仪使用前，需用纯水调正零点以减少误差或按该仪器使用说明书调正。

2. 密度法

密度法是用波美度测定。把麦芽糖盛入 250mL 的量筒中，放入精密波美表，静止 10min 后，读取度数，同时测定糖浆温度，以 20℃为标准温度，高于或低于此标准温度按下式修正(适用于 0～40℃范围)：

$$°Be'(t) = °Be'(20℃) + 0.05(t - 20)$$

式中：t——测定的糖浆温度，℃。

五、糖浆酸度的测定

1. 测定步骤

称取糖浆 2g，用 30～40mL 水溶解，加入 1%的酚酞指示剂 2 滴，用 0.1mol/L 的氢氧化钠标准溶液滴定至粉红色为终点，记录氢氧化钠标准溶液消耗的体积。

2. 计算

糖浆酸度按下式计算：

$$酸度(以乳酸计,\%) = VC \times 0.09/G \times 100$$

式中：C——氢氧化钠标准溶液的浓度，mol/L；

V——滴定时消耗 0.1mol/L 的氢氧化钠标准溶液的体积，mL；

G——样品质量，g；

0.09——氢氧化钠换算成乳酸的系数。

六、熬糖温度的测定

称取 200g 麦芽糖浆于 500mL 烧杯中，加食油两滴，温度计离杯底 0.5cm 左右，在

1000W 电炉上（需垫石棉网）加热出现焦点时温度为终点，即为熬糖温度。

七、粉浆细度测定

1. 操作

预备 100mL 粉浆（若粉浆浓度厚，需加水稀释），量取其中 30mL，置于标准筛中过滤，轻轻用水淋洗至无粉浆流下，然后用角匙轻轻刮取留在标准筛上的粉粒于 100mL 离心管中，加水至刻度。另取同一样品粉浆 10mL 于另一离心管中，同时置于离心机内，在 3000r/min 下离心 5min，取出计量上清液体积和粉浆沉淀体积。

2. 计算

粉浆细度按下式计算：

$$\text{通过粉粒细度(目/寸,\%)} = (V_1 - V_0)/3/V_1 \times 100$$

式中：V_0——留在标准筛上的粉粒体积，mL；

V_1——被测粉浆沉淀体积，mL；

3——取样体积倍数。

八、DE 值的测定

1. 试剂

（1）试剂：液化型 α-淀粉酶（酶活力 6000 单位/g），糖化酶（酶活力为 4 万～5 万单位/g），斐林溶液 A、B，亚甲基蓝指示剂，D-葡萄糖标准溶液。

（2）碱性酒石酸铜甲液：称取 15g 硫酸铜（$CuSO_4 \cdot 5H_2O$）及 0.05g 亚甲基蓝，溶于水中并稀释至 1000mL。

（3）碱性酒石酸铜乙液：称取 50g 酒石酸钾钠及 75g 氢氧化钠，溶于水中，再加入 4g 亚铁氰化钾，完全溶解后，用水稀释至 1000mL，储存于橡胶塞玻璃瓶内。

（4）葡萄糖标准溶液：精密称取 1.000g 经过 98～100℃干燥至恒量的纯葡萄糖，加水溶解后加入 5mL 盐酸，并以水稀释至 1000mL。此溶液每毫升相当于 1mg 葡萄糖。

仪器：150mL 锥形瓶，容量瓶（100mL），移液管（1mL、5mL、20mL），25mL 酸滴定管，100mL 量筒，搅拌棒，恒温水浴锅。

2. 淀粉糖浆的制备

10g 淀粉置于 150mL 锥形瓶中，加水 50mL，搅拌均匀，配成淀粉浆，于 80℃水浴上加热，并不断搅拌，淀粉浆由开始糊化直到完全成糊，呈透明状，加入液化型 α-淀粉酶 8mg（先溶于 15mL 蒸馏水中，再倒入糊化的淀粉中），不断搅拌使其液化。并使温度保持在 80℃（水浴）温度，搅拌 20min，然后将锥形瓶移至电炉（隔石棉网）加热至沸，灭酶活 2min，4000r/min 离心 10min，滤液冷却至 55℃，加入糖化酶 25mg，于 65℃恒温水浴中糖化 40min，加热至沸，沸腾灭酶 2min，即为淀粉糖浆，冷却后测定其体积为 V。冷却后再取 2mL，定容到 100mL（即稀释 50 倍），作为样品液待用。

3. DE 值的测定

（1）标定碱性酒石酸铜溶液：吸取 5.0mL 碱性酒石酸铜甲液及 5.0mL 乙液，置于 150mL 锥形瓶中，加水 10mL，从滴定管滴加约 9mL 葡萄糖标准溶液，放置在电炉上，控制在 2min

内加热至沸，在电炉上趁沸以每两秒1滴的速率继续滴加葡萄糖标准溶液，直至溶液蓝色刚好褪去为终点，记录消耗葡萄糖标准溶液的总体积，同时平行操作三份，取其平均值，计算每10mL（甲、乙液各5mL）碱性酒石酸铜溶液相当于葡萄糖的质量（mg）（样品始终放在电炉上沸腾滴定）。

（2）样品溶液预测：吸取5.0mL碱性酒石酸铜甲液及5.0mL乙液，置于150mL锥形瓶中，加水10mL，在电炉上控制在2min内加热至沸，在电炉上趁沸以先快后慢的速率，从滴定管中滴加样品溶液，并保持溶液沸腾状态，待溶液颜色变浅时，以每两秒1滴的速率滴定，直至溶液蓝色刚好褪去为终点，记录样液消耗体积（样品始终放在电炉上沸腾滴定）。

（3）样品溶液测定：吸取5.0mL碱性酒石酸铜甲液及5.0mL乙液，置于150mL锥形瓶中，加水10mL，从滴定管滴加比预测体积少1mL的样品溶液，使在2min内加热至沸，趁沸继续以每两秒1滴的速率滴定，直至蓝色刚好褪去为终点，记录样液消耗体积，同法平行操作三份，得出平均消耗体积（样品始终放在电炉上沸腾滴定）。

4. 计算公式

$$\text{DE}(\%) = \frac{1 \times V_1 \times V \times N \times 100}{m \times V_2 \times 1000}$$

式中：DE——样品中葡萄糖的含量，%；

1——1mL葡萄糖标准液相当于1mg葡萄糖，mg/mL；

V_1——标定碱性酒石酸铜溶液平均消耗葡萄糖标准液的体积，mL；

V_2——测定时平均消耗样品液的体积，mL；

V——糖化后样品液的体积，mL；

N——稀释倍数（50）；

m——样品质量，g。

第四节　变性淀粉的检测

一、变性淀粉pH的测定

用天平称取折算成干基质量为（12±0.1）g的样品，放入400mL烧杯中，加入除去CO_2的冷蒸馏水，使水的质量与所称取的淀粉质量之和为200g，搅拌以分散样品，把烧杯放在沸水浴中使水浴液面高于样品液面。搅拌淀粉乳直至淀粉糊化（大约5min），盖上表面皿再煮大约10min（放在沸水浴中的总时间应为15min）。取出，在冷水浴中立刻冷却至室温（约25℃），从冷水浴中取出并搅拌淀粉糊以破坏已形成的凝胶。

用磁力搅拌器以足够的速率搅拌淀粉糊，使淀粉糊表面产生小的旋涡。在淀粉糊中插入已标定好的、用蒸馏水冲洗过并用柔软吸水纸擦干的电极，待读数稳定后，观察并记录pH，精确至0.1个pH单位。

二、酸变性淀粉流度的测定

流度是黏度的倒数，黏度越低，流度越高。由于淀粉用酸变性的主要目的是降低淀粉糊的黏度，因此在酸变性淀粉的生产过程中经常用测定流度的方法来控制反应程度或用流度来表示酸变性淀粉的黏度大小。酸变性淀粉的流度一般用经验方法测定，其范围为0～90。操作方法如下。

在烧杯中用10mL蒸馏水浸湿5g干淀粉，然后在25℃下加入90mL 1%的NaOH溶液，边加边搅拌，在3min内加完。在25℃下放置27min后，将其注入具塞的、下方连有玻璃毛细管的专用玻璃漏斗中（25℃，100mL蒸馏水在该玻璃漏斗中的流出时间为70s），测定淀粉糊在70s内流出的体积（mL），以流出体积表示酸变性淀粉的流度。

三、氧化淀粉羧基含量的测定

（一）乙酸钙法

1. 原理

乙酸钙与氧化淀粉中的羧基进行离子交换，再用碱滴定阳离子交换所放出的乙酸来测定氧化淀粉羧基的含量。

2. 操作

准确称取经充分混合、折算成绝干试样约10g的样品，放入150mL烧杯中，加入0.75 mL 0.1 mol/L的盐酸溶液，搅拌使成糊状并不断用电磁搅拌器搅拌，用砂芯漏斗抽滤。淀粉糊用无N_2及CO_2的冷蒸馏水（可用刚煮沸后冷却的蒸馏水）漂洗数次直到无氯离子为止（用$AgNO_3$检验）。

将漂洗干净的样品转移至250mL容量瓶中，加入25mL 0.5mol/L乙酸钙溶液，用无N_2及CO_2的冷蒸馏水稀释至刻度［即$Ca(Ac)_2$最后的浓度为0.05mol/L］，在30min内不时的摇动容量瓶，然后过滤到一个干燥的吸滤瓶中。

吸取上述滤液50mL于250mL锥形瓶中，滴入2滴1%酚酞指示剂，用0.05mol/L NaOH标准溶液滴定至酚酞的终点，消耗的NaOH标准溶液的体积为V_1（mL）。

空白实验：准确称取折算成绝干样原淀粉（未氧化）约10g（与试样等质量），除了不用0.1mol/L盐酸脱灰处理外，其他步骤与上述相同。用相同溶剂的无N_2及CO_2的冷蒸馏水漂洗，然后按上述方法用乙酸钙处理，再用0.05mol/L NaOH标准溶液滴定至酚酞的终点，消耗的NaOH标准溶液的体积为V_2（mL）。

3. 计算

氧化淀粉的羧基含量按下式计算：

$$\text{羧基}(\%) = 5M\left(\frac{V_1}{W_1} - \frac{V_2}{W_2}\right) \times 0.045 \times 100$$

式中：M——氢氧化钠标准溶液浓度，mol/L；

V_1——滴定样品时所耗用的氢氧化钠标准溶液体积，mL；

V_2——滴定空白试样时所耗用的氢氧化钠标准溶液体积，mL；

W_1、W_2——样品及原淀粉质量，g；

0.045——与1.000mol/L氢氧化钠标准溶液所相当的羧基质量，g；

5——化简后系数（50/250）。

（二）酸碱滴定法

1. 原理

在均匀取样的氧化淀粉中加入无机酸将羧酸盐转变为酸的形式，过滤，用水洗去阳离子和多余的酸，洗涤后的试样在水中糊化并用标准氢氧化钠溶液滴定。

对马铃薯氧化淀粉，用磷酸盐含量校正结果。

2. 样品的制备

将样品过孔径为 800μm 实验筛。对不能通过实验筛的样品，再用螺旋式磨粉机研磨，至其全部通过 800μm 实验筛。充分混匀样品。

注：在玉米氧化淀粉或小麦氧化淀粉情况下，可以用索氏抽提法，用丙酮和水（体积比为 3∶1）混合物去除脂肪，以校正脂肪对羧基含量的影响。

3. 分析步骤

1）称样

称取约 5g（精确到 0.0001g）已准备好的试验样品，置于 100mL 烧杯中。

2）羧基盐转化

向烧杯中加入 25mL 0.1mol/L 盐酸溶液，用磁力搅拌器搅拌 30min。

3）洗涤

用玻璃砂芯坩埚或布氏漏斗（0.55mm，内衬中速滤纸）过滤悬浮液，用水洗涤滤饼直至滤液中无氯离子。可通过加入 1mL 10g/L $AgNO_3$ 溶液到 5mL 的滤液中检验是否存在氯离子。如果有氯化物存在，1min 之内将出现浑浊或沉淀。大约用 300mL 的水洗涤滤饼。

4）糊化

将滤饼定量地转移到装有 100mL 水的 600mL 烧杯中，再加入 200mL 水，将烧杯放入水浴锅中，用机械搅拌器连续搅拌直到淀粉糊化，再继续搅拌 15min。

5）滴定

取出烧杯趁热以 1g/L 酚酞乙醇（体积分数 90%）溶液作指示剂，用 0.1mol/L 标准氢氧化钠溶液（不含二氧化碳）滴定至粉红色不褪（约 0.5min）为终点。

6）水分含量的测定

实验样品水分含量的测定参照 ISO1666。

7）磷含量的测定

对马铃薯氧化淀粉，参照 ISO3946 测定试验样品中磷的质量分数 w_p。

4. 结果计算

1）计算羧基含量，以干淀粉计，运用下列公式

$$w_c(\%)=\frac{cvM_c\times 100}{m}\times\frac{100\%}{100\%-w_m}$$

式中：w_c——总的羧基质量分数（以干淀粉计），%；

c——滴定用的氢氧化钠溶液的摩尔浓度，mol/L；

v——滴定用去的氢氧化钠溶液的体积，mL；

M_c——羧基的毫摩尔质量（M_c=0.045g/mmol）；

m——试验样品的质量，g；

w_m——试验样品的水分质量分数，%。

2）磷酸盐校正

马铃薯氧化淀粉中含有磷酸盐，对所得的羧基的测定值有影响。对马铃薯氧化淀粉，通过从 1）结果中的 w_c 减去 $3w_p$，来校正羧基含量。

$$3w_c=n\times\frac{M_c}{M_p}\times w_p$$

式中：w_p——试样中磷的质量分数，%；

n——从磷中分离出的游离酸的数量（$n=2$）；

M_c——羧基的毫摩尔质量（$M_c=0.045$g/mmol）；

M_p——磷的毫摩尔质量（$M_p=0.031$g/mmol）。

四、氧化淀粉羰基含量的测定

1. 原理

羰基与羟胺反应生成氨，用酸滴定生成的氨即可求得氧化淀粉的羰基含量。

2. 羟胺试剂制备

将25.00g分析纯盐酸羟胺溶于蒸馏水中，加入100mL 0.5mol/L的NaOH溶液，加蒸馏水稀释到500mL。此溶液不稳定，过2天应重新配制。

3. 操作

称取过40目筛的绝干氧化淀粉样品0.5000g，放入250mL烧杯中，加入100mL蒸馏水，搅匀，在沸水浴中使淀粉完全糊化，冷却至40℃，调pH至3.2，移入500mL带玻璃塞三角瓶中，准确加入60mL羟胺试剂，加塞，在40℃放置4h。用0.1000mol/L HCl标准溶液快速滴定至pH 3.2，记录HCl标准溶液消耗的体积，称取同样质量的原淀粉进行空白滴定。

4. 计算

氧化淀粉中的羰基含量按下式计算：

$$\text{羰基含量(\%)}=\frac{(V_1-V_2)\times 0.1000\times 0.028}{m}\times 100$$

式中：V_1——空白滴定消耗的盐酸标准溶液的体积，mL；

V_2——样品滴定消耗的盐酸标准溶液的体积，mL；

m——样品的质量，g。

五、双醛淀粉双醛含量的测定

1. 原理

双醛淀粉中双醛含量的测定是利用硝基苯肼与双醛淀粉中的醛基反应生产深红色的对硝基苯腙，后者在450nm波长处有最大吸光度并与浓度呈正比例关系。

2. 操作

(1) 方法A。每百个脱水葡萄糖单元（AGU）中含有小于1个双醛的双醛淀粉含量的分析。

称取25mg（含1%左右双醛的氧化淀粉）或250mg（含0.1%左右双醛的氧化淀粉）样品于18mm×150mm试管中，加20mL水，在热水浴中加热1.5h，经常用玻璃棒搅动。加入1.5mL对硝基苯肼溶液（0.25g对硝基苯肼溶于15mL冰乙酸中），加热1h，并不断搅拌至完全生成深红色的对硝基苯腙（反应时间并不要求严格控制，因为98%的苯腙在15min内形成，1h后生成的苯腙达99.8%）。冷却试管，加0.4g助滤剂，用玻璃砂芯漏斗真空过滤，用5mL 7%的乙酸溶液洗涤两次，再用5mL水洗涤两次，并用水淋洗试管，淋洗液倒入漏斗中。将漏斗放至一清洁、干燥的500mL过滤瓶中，反复用95%的热乙醇洗涤漏斗和试管，直至对硝基苯腙全部溶解。将其定量转移至250mL的容量瓶中，用乙醇稀释至刻度，在450nm波长处以原淀粉作空白测定吸光度。

（2）方法B。每百个脱水葡萄糖单元（AGU）中含有大于1个双醛的双醛淀粉（高度氧化的双醛淀粉）双醛含量的分析。

称取高度氧化的双醛淀粉样品（80～100个双醛基/100个AGU）50～62mg于200mL容量瓶中，加入180mL蒸馏水，加热并不断搅拌2～3h。冷却，稀释至200mL。吸取20mL（约5mg氧化淀粉）置于试管中，按方法A处理，但加入对硝基苯肼溶液1.5mL（0.25g对硝基苯肼溶于15mL冰醋酸中）。

3. 计算

用已知含量双醛的双醛淀粉为标准，作标准曲线，从标准曲线中查出待测样品的双醛含量。

六、乙酸酯淀粉取代度的测定

1. 原理

乙酸酯淀粉取代度的测定原理是用过量的碱将淀粉乙酸酯皂化为盐类，多余的碱用标准酸中和，通过与空白样品比较，计算出淀粉中的乙酰基含量，再换算成取代度。

2. 操作

准确称取经充分混合的折算成绝干样的样品约5g，置于250mL碘量瓶中，加入50mL蒸馏水混匀，再加3滴1%酚酞指示剂，然后用0.1mol/L氢氧化钠溶液滴定至微红色不消失为终点，再加入25.0mL 0.5mol/L氢氧化钠标准溶液，小心不要弄湿瓶口，塞紧瓶口，放在电磁搅拌器中搅拌60min（或机械振荡器振摇30min）进行皂化作用。去塞，用洗瓶冲洗碘量瓶的塞子及瓶壁，将已皂化含过量的0.5mol/L盐酸标准溶液滴定过量的碱至粉红色消失为终点。所用去的0.5mol/L盐酸标准溶液的体积为V_1（mL）。

空白试验：准确称取折算成绝干样的原淀粉约5g（与样品等质量），测定步骤与上述相同。记录用去的0.5mol/L盐酸标准溶液的体积为V_2（mL）。

3. 计算

乙酸酯淀粉的取代度按下式计算。

$$A(\%)=\left(\frac{V_2}{W_2}-\frac{V_1}{W_1}\right)M\times 0.043\times 100$$

$$\text{取代度(DS)}=\frac{162A}{4300-42A}$$

式中：A——样品的乙酰基质量分数，%；

V_1——样品耗用的盐酸标准溶液体积，mL；

V_2——原淀粉耗用的盐酸标准溶液体积，mL；

M——盐酸标准溶液浓度，mol/L；

0.043——与1mL浓度为1.000mol/L盐酸标准溶液所相当的乙酰基的质量，g；

162——淀粉相对分子质量；

W_1——乙酰基相对分子质量；

4300——样品质量，g；

W_2——空白样质量，g。

七、羧甲基淀粉（CMS）取代度的测定

1. 原理

用盐酸酸化溶液或悬浮液使羧甲基盐全部转化成酸式。淀粉用甲醇沉淀，澄清后，再用砂芯玻璃坩埚进行过滤，过量的酸性物质可以通过甲醇洗涤而完全除去，将淀粉干燥。称取一定量的干燥淀粉，加入过量的标准氢氧化钠溶液处理，样品中过量的氢氧化钠用标准盐酸溶液反滴定。

2. 样品的制备

将样品过孔径为 800μm 筛子，不能通过筛子的样品，再用螺旋式磨粉机研磨，至其全部通过 800μm 筛子，充分混匀样品。

3. 分析步骤

（1）称取约 3g（精确至 0.0001g）准备好的实验样品，置于 150mL 的烧杯中。

（2）羧甲基淀粉盐的转化。用 3mL 100%甲醇湿润样品并用刮勺搅拌均匀，加入 75mL 水（不含二氧化碳）搅拌至完全分散。

注：对于高黏度淀粉，需加入 6mL 甲醇和 100mL 水才能得到完全搅拌的溶液。

用 4mol/L 盐酸将溶液酸化至 pH 为 1，用搅拌器搅拌 30min。

酸式羧甲基淀粉的沉淀　加入 300mL 100%甲醇于 500mL 的烧杯中，将溶解好的试验样品溶液滴入甲醇中，同时用力搅拌。样品悬浮液加完后，继续搅拌约 1min，盖上烧杯，静置 2h。

注：如果试验样品是用 100mL 水分散，则需用 400mL 甲醇使淀粉沉淀。

（3）酸式羧甲基淀粉的洗涤。将烧杯中的上清液慢慢倒出，并收集在一合适的容器中，在真空状态下用砂芯坩埚过滤残余物，抽干后，再在滤饼中加入 25mL 100%甲醇，搅拌，重复上述步骤，直至过滤残液 pH 大于 3.5，用甲醇进行最后一次洗涤。

将滤饼从砂芯坩埚中转移到表面皿上，置于 40℃的烘箱中干燥几小时。

（4）试验样品的滴定。用研钵研碎干燥的沉淀物；称取约 1.5g（精确到 0.0001g）上述试样放入 150mL 烧杯中。

注：称样量应使羧甲基质量在 0.5～1.5mmol/L 范围内。

（5）滴定。用 2mL 100%甲醇湿润样品并加入 75mL 水（不含二氧化碳）使之溶解，在沸水浴中将烧杯中的物质加热到 90℃，然后使之冷却至室温再继续下一步骤。

加入 25.00mL 0.1mol/L 氢氧化钠于上述溶液中，在烧杯上盖上箔片并用磁力搅拌器搅拌 1h。滴入 2～3 滴 10g/L 酚酞乙醇溶液用 0.1mol/L 稀盐酸溶液滴定至刚好无色。

注：如果采用电位滴定法，则滴定应在密闭容器中进行，滴定终点为 pH=9.0。

注：如果用于滴定的溶液非常黏稠，可以加入 50mg 氯化钠（最大量）降低其黏度。

（6）空白滴定。加入 25.00mL 0.1mol/L 氢氧化钠溶液至 150mL 的烧杯中，再加 2mL 100%甲醇和 75mL 水，用 0.1mol/L 稀盐酸溶液滴定。

4. 结果计算

干燥的试验样品羧甲基含量用下列方程式计算：

$$w_c(\%)=\frac{c\times M_c\times(V_b-V_s)\times 100}{m}\times\frac{100\%}{100\%-w_m}$$

式中：w_c——酸式羧甲基的质量分数（干基），%；

c——用于滴定的标准稀盐酸摩尔浓度，mol/L；

M_c——酸式羧甲基摩尔质量（—CH_2—COOH），$M_c=58$g/mol；

V_b——空白滴定时消耗的稀盐酸体积，mL；

V_s——样品滴定时消耗的稀盐酸体积，mL；

m——用于滴定的实验样品的质量，mg；

w_m——滴定用实验样品的水分质量分数，%（精确至 0.01%）。

羧甲基淀粉取代度的计算（其定义为每摩尔脱水葡萄糖单位结合的羧甲基的量）干燥实验样品的羧甲基取代度可以用下列方程式来计算：

$$x_c=\frac{w_c\times M_a}{(100\%-w_c)\times M_c}$$

式中：x_c——干燥实验样品的羧甲基淀粉取代度；

w_c——干燥实验样品的羧甲基质量分数，%；

M_a——脱水葡萄糖的摩尔质量，$M_a=162$g/mol；

M_c——与淀粉反应后酸式羧甲基的摩尔质量，$M_c=58$g/mol。

八、磷酸酯淀粉取代度的测定

测定磷酸酯淀粉的取代度时需先将样品中的游离磷除去，测定出结合磷含量。其测试原理是低取代度的磷酸酯淀粉在室温水中不膨胀，而游离磷以无机盐存在，可溶于冷水，因此可用水洗涤除去（对于高取代度的在室温水中膨胀性大的样品，可用 2.5%～3.0%的 NaCl 溶液洗涤或用 7∶3 甲醇溶液或乙醇溶液洗涤），再将样品中的有机物质用硫酸/硝酸混合酸破坏，并将磷转化为正磷酸盐，再加入钼酸铵和还原剂形成蓝色的磷酸钼，在波长 824nm 上用分光光度计测定吸光度，通过标准曲线查出结合磷含量即可计算出取代度。

1. 标准曲线的制作

取 7 只 50mL 的锥形瓶，分别加入 0mL、1.0mL、2.0mL、3.0mL、4.0mL、5.0mL、10.0mL 100μg/mL 磷的磷标准溶液［准确称取在（105±2）℃下干燥 1h，并在干燥器中冷却至室温的无水正磷酸二氢钾 0.4393g，精确至 0.5mg，溶于水中，再定量地转移至 1000mL 容量瓶中，稀释至刻度，并混合均匀，即为每毫升含 100μg 磷的磷标准溶液］，它们分别对应于含 0μg、2μg、4μg、6μg、8μg、10μg 和 20μg 的磷。在 7 只锥形瓶中分别加入水，使每只瓶内的溶液总体积为 30mL，并混合均匀，再按次序在每只锥形瓶中先加入 4mL 钼酸铵溶液（10.6g 钼酸铵四水化合物溶于 500mL 水中，再加入 500mL 10mol/L 的硫酸溶液），再加入 2mL 50g/L 的抗坏血酸溶液，每加入一只即混合均匀。

将 7 只锥形瓶置于沸水浴中加热 10min，然后插入冷水浴中，冷却至室温，定量地将锥形瓶中的溶液各转移入 50mL 容量瓶中，加水至刻度，混合均匀，用分光光度计将不含磷标准溶液的容量瓶中的溶液作为其他 6 个溶液的参照溶液，在波长 825nm 处测定吸光度，以磷的毫克数作为吸光度的函数，画出标准曲线。

2. 游离磷的洗涤

称取 0.5～1.0g 经充分混合的磷酸酯淀粉样品，放于 10mL 离心试管中，加水至刻度，对称地放入离心机中，开动离心机逐渐至最高转速，停机后，取出试管倒去上层清液，再在试管中加入水，用玻璃棒搅动淀粉成悬浮液，再放入离心机内，如此数次，直至上层的清液对钼酸铵及抗坏血酸溶液经加热后不显蓝色，说明该淀粉中的游离磷已基本去除。然后，将试样于干燥箱内烘干至恒重，用研钵研碎。

3. 结合磷的测定

精确称取已洗去游离磷并已烘至恒重和研碎的样品 0.5g，倒入 100mL 凯氏烧瓶中，加入 15mL V 浓硫酸（96%）∶V 浓硝酸（65%）=1∶1 的混合溶液，并使之混合均匀，将烧瓶置于加热器（安全炉或煤气灯）上，渐渐加热至瓶内液体微沸，继续煮沸直至棕色气体变成白色，液体变成澄清为止。若溶液出现深暗色不褪去，可在继续加热的同时，逐滴加入 65%的硝酸溶液。待冷却后，加入 10mL 水并加热至烧瓶内再次出现白色蒸汽为止，用以除去过量的硝酸溶液。将瓶内消化好的溶液冷却至室温，并加入 45mL 水，用 10mol/L 的氢氧化钠溶液将 pH 提高到 7，再将瓶内溶液定量地移入 100mL 容量瓶内，加水至刻度，充分摇匀。

准确量取 25mL 样品液放入 50mL 锥形瓶内，用移液管先加入 4mL 钼酸铵溶液，再加入 2mL 抗坏血酸溶液，加后立即混匀。将锥形瓶置于沸水浴中 10min，再放入冷水浴中冷却至室温，定量地移入 50mL 的容量瓶内，加水至刻度，摇匀，用分光光度计在 825nm 波长处测定该溶液的吸光度，从标准曲线上查出相应的磷的毫克数。用水代替样品进行空白测定。

4. 计算

磷酸酯淀粉的取代度（DS）按下式计算：

$$DS = \frac{M_p}{M_{gr}} = \frac{P(\%) \times \frac{162}{30.974}}{[100 - w(\%)] - [p(\%) \times K]}$$

$$P(\%) = \frac{m_1 V_0 \times 100}{m_0 V_1 \times 10^3}$$

式中：M_p——磷的物质的量；

M_{gr}——葡萄糖残基的物质的量；

P（%）——结合磷；

w（%）——水分含量；

162——淀粉分子中每个葡萄糖残基的相对分子质量；

30.974——磷的相对原子质量；

K——生成磷酸酯淀粉比原淀粉的增重系数，若以磷酸酯淀粉的一钠计，则换算系数为 3.8734；

m_0——样品的质量；

m_1——从标准曲线上查得的样品液的磷含量，mg；

V_0——样品液的定量体积，100mL；

V_1——用于测定的样品液的等分体积，25mL。

九、羟丙基淀粉取代度的测定

（一）分光光度法

1. 原理

测定羟丙基淀粉取代度的原理与测定丙二醇相同，测定中用 1,2-丙二醇作标准溶液。1,2-丙二醇、羟丙基淀粉在浓硫酸中均生成丙醛的烯醇式和烯醛式脱水重排混合物，此混合物在浓硫酸介质中与茚三酮生成紫色络合物，在 595nm 测吸光度，可推导出羟丙基含量。

2. 标准曲线的绘制

制备 1.00mg/mL 的 1,2-丙二醇标准溶液，分别吸取 1.00mL、2.00mL、3.00mL、4.00mL、5.00mL 此标准溶液于 100mL 容量瓶中，用蒸馏水稀释至刻度，得到每毫升含 1,2-丙二醇 10μg、20μg、30μg、40μg、50μg 的标准溶液，分别取这 5 种标准溶液 1.00mL 于 25mL 具塞刻度试管中，缓慢加入 8mL 浓硫酸（避免局部过热，防止重排产物挥发逸出）混合均匀，于 100℃水浴中加热 3min（加热时间应用秒表严格控制），立即放入冰浴中冷却，然后加入 0.6mL 3%的茚三酮溶液，在 25℃水浴中放置 100min，再用浓硫酸稀释到 25mL，倾倒混匀（注意不要振荡），静置 5min，用 1cm 比色皿以试剂空白作参比，在 595nm 处测定吸光度，并在 15min 内测定完毕，以浓度为横坐标吸光度为纵坐标作标准曲线。

3. 样品分析

在 100mL 容量瓶中称取经充分混合的羟丙基淀粉 0.05～0.1g，加入 0.5mol/L 的硫酸溶液 25mL，于沸水浴中加热至试样完全溶解，冷却至室温后用蒸馏水稀释至 100mL。必要时可进一步稀释，以保证每 100mL 溶液中所含的羟丙基不超过 4mg，吸取该溶液 1mL 放入具有玻璃塞的 25mL 刻度试管中，将试管浸入冷水中，滴加浓硫酸 8mL，混匀后置试管于 100℃沸水浴中准确加热 3min，立即摇匀，于 25℃水浴中保持 100min，用浓硫酸调整试管内体积至 25mL，倒转试管若干次以混匀（不得摇动），立即将部分溶液移入分光光度计的 1cm 比色皿内，准确静置 5min 后，以试剂空白作参比，在 595nm 处测定吸光度，在标准曲线上查出相应丙二醇的含量。

4. 原淀粉空白值的测定

称取相同质量来源的未变性淀粉试样溶液，然后按相同比例稀释空白淀粉。取 1.00mL 此溶液于 25mL 具塞刻度试管中按处理样品的方法处理，以试剂空白作参比，在 595nm 处测定吸光度，在标准曲线上查出相应丙二醇的含量。

5. 计算

羟丙基淀粉的摩尔取代度（M_s）按下式计算。

$$M_s = \frac{2.79H}{100 - H}$$

$$H(\%) = F \times \left(\frac{M_s}{W_s} - \frac{M_o}{W_o}\right) \times 0.7763 \times 100$$

式中：H——羟丙基百分含量，%；

F——试样或空白样稀释倍数；

M_s——在标准曲线上查得的试样中的丙二醇质量，g；

M_o——在标准曲线上查得的原淀粉空白样中的丙二醇质量，g；

W_s——试样质量，g；

W_o——原淀粉质量，g；

0.7763——丙二醇含量转换成羟丙基含量的转换系数；

2.79——羟丙基百分含量转换成取代度的转换系数。

（二）质子核磁共振波谱法

1. 原理

变性淀粉在氯化氘的重水溶液中被部分水解，测出羟丙基官能团中甲基基团上的三个质子的信号，采用 3-三甲基硅烷基-1-丙磺酸的钠盐作为内标。

2. 试验样品的制备

将样品过 800μm 筛。样品不能通过筛子部分，再用螺线式磨粉机研磨，至其全部通过 800μm 筛，充分混匀样品。

3. 分析步骤

1）洗涤试样

称取约 20g 已准备好的试样，置于 400mL 烧杯中，加入 200mL 水在室温下搅拌 15min，如果样品难分散或过滤速率慢，可用冷水重复上述步骤，在真空条件下，用布氏漏斗过滤淀粉，重复上述步骤两次，在真空烘箱（压力<10kPa）中用（30±5）℃干燥已洗涤好的淀粉样品 4h 以上。

2）实验溶液的准备

称取精确到 0.1mg 的经洗涤并干燥的试样 12mg（干基），置于 5mL 试管中。加入 1 安瓿重水（纯度>99.95%，储存于 0.75mL 密封的安瓿中）和用微量吸液器吸取 0.1mL 2mol/L 氯化氘溶液。盖上试管，混合，然后放入沸水浴中，3min 后，如得到澄清溶液，取出并冷却至室温，如溶液不澄清，继续在沸水浴中加热直至得到澄清溶液（加热最长时间为 1h）。烘干 5mL 试管外表面，称重（精确至 0.1mg）。用微量吸液器吸取 0.05mL 内标溶液加入试管中，称重（精确至 0.1mg），计算出加入 5mL 试管中内标溶液的质量。充分混匀，调整好旋转仪并把 5mL 试管放置于核磁共振波谱仪（最小频率为 60MHz）中，旋转试管。调整好测定仪至最佳状态，以得到合适的光谱。对于傅立叶变换（FT）仪，建议弛豫时间为 15s。TSPSA 的甲基信号在 0μg/g 处，故采用−0.5～+6μg/g 的波谱范围。对于傅立叶变换-核磁共振波谱仪，将 FID（自由感应衰减）变换成光谱，并在相位校正后开始子程序的积分。在基线校正后，测出来源于羟丙基官能团中的甲基团在+1.2μg/g 和 TSPSA 中的甲基团在 0μg/g 下的双重线间的峰面积。

内标溶液：称取 50mg 3-三甲基硅烷基-1-丙基磺酸（TSPSA）钠（精确至 0.1mg），溶解于 5g（精确至 0.1mg）重水（纯度>99.8%，储存于 25mL 备有螺纹盖的瓶）中，储存于密封瓶中。

4. 结果计算

通过公式计算出干燥样品中羟丙基含量 w_h。

$$w_h(\%)=\frac{3A_h}{A_{is}}\times\frac{w_{is}\times m_{is}}{M_{is}}\times M_h\times\frac{100}{m}\times\frac{100\%}{100\%-w_m}$$

式中：w_h——干燥后样品中的羟丙基质量分数，%；

A_h——羟丙基的甲基基团峰面积；

A_{is}——内标样 TSPSA 中甲基基团峰面积；

3——TSPSA 中甲基基团数；

w_{is}——内标样 TSPSA 溶液的质量分数，%；

m_{is}——NMR 试管中内标溶液的质量，g；

M_{is}——TSPSA 的摩尔质量，$M_{is}=218$g/mol；

M_h——羟丙基基团的摩尔质量，$M_h=59$g/mol；

m——NMR 试管中洗涤并干燥后试样的质量，mg；

w_m——洗涤并干燥后试样的水分质量分数，%。

十、羟丙基类淀粉残留氯丙醇的测定

在羟丙基淀粉、羟丙基酯淀粉及氧化羟丙基淀粉中残留有氯丙醇，可用气相色谱测定。

1. 仪器

气相色谱仪：配有火焰电离检测器的双柱气相色谱仪。

浓缩瓶：500mL 烧瓶。

压力瓶：带有洗涤器、玻璃塞和钢丝夹的 200mL 压力瓶。

色谱柱：不锈钢柱，3m×3.2mm（外径），内装有 10% Carbowax 20M 80～100 目的 Cas Chrom 2（固定相）。装柱后使用前，在 200℃高温，氦气流量为 25mL/min 下老化过夜。

2. 测定步骤

1）标准液配制

准确量取 25μL 氯丙醇，精确称量，将内容物注入 500mL 预先装有部分水的容量瓶中。再称注射管质量，取两次质量差即为氯丙醇的质量。用水稀释至 500mL，混匀。溶液（贮液）约含氯丙醇 27.5mg 或 55μg/mL。此溶液（贮液）需新鲜配制。

2）样品制备

将经混合具有代表性的样品 50.0g 放入压力瓶中，加入 125mL 1mol/L 的硫酸溶液。在适当位置夹住顶部，振荡内容物直至样品完全分散。置水浴上加热 10min，振摇转动再加热 15min。冷却，用 25%的 NaOH 溶液中和至 pH7.0，用 Whatman 1 号滤纸或相当的滤纸于布氏漏斗中，真空过滤。用 25mL 水洗涤压力瓶和滤纸，洗液与滤液合并，加入 30g 无水硫酸钠，用磁力搅拌器搅拌 5～10min，直至硫酸钠溶解。将此溶液转移至一具有聚四氟乙烯塞子的分液漏斗中，用 25mL 水洗涤烧瓶。用 50mL×5 份乙醚萃取，每次萃取后静置 5min，使两相充分分离。将合并的乙醚萃取液放入浓缩器中，在 50～55℃水浴中蒸发浓缩至 4mL。冷却至室温，用少量乙醚将浓缩物定量转移至 5.0mL 的容量瓶中，用乙醚稀释至刻度，混匀。

3）标准液制备

分别称取 50.0g 未变性的蜡质玉米淀粉于 5 个压力瓶中，各加入 125mL 1mol/L 硫酸溶液、0mL、0.5mL、1.0mL、2.0mL 及 5.0mL 标准液，相当于淀粉中含 0mg/kg、0.5mg/kg、1.0mg/kg、2.0mg/kg、5.0mg/kg 的氯丙醇。然后按样品制备相同的方法进行水解、中和、过滤、萃取和浓缩。

4）测定步骤

色谱分析条件为柱温 110℃，入口温度 210℃，检测器温度 240℃，用氢气（30mL/min），氦气（40mL/min）或空气（350mL/min）作载气，进样量 2μL。

3. 计算

样品中的氯丙醇含量按下式计算。

以峰面积（或峰高）和氯丙醇浓度作校正曲线。

$$样品中氯丙醇含量(mg/kg)=\frac{m\times a}{A}$$

式中：m——标准液氯丙醇的量，μg；

a——样品氯丙醇的峰面积，cm^2；

A——标准液氯丙醇的峰面积，cm^2。

十一、接枝淀粉接枝参数的测定

接枝淀粉的接枝参数主要是均聚物含量、接枝百分率和游离单体含量。

1. 均聚物含量的测定

均聚物是淀粉接枝过程中，单体自身聚合未接到葡萄糖环上而混于接枝淀粉中的聚合物。均聚物含量以均聚物质量占接枝淀粉（包含均聚物）质量的百分率表示。其测试原理是利用能溶解乙烯类或丙烯类均聚物而不溶解接枝淀粉的溶剂将均聚物从接枝淀粉中萃取分离出。萃取溶剂的选择为：接枝单体为丙烯酸，萃取溶剂为水；接枝单体为丙烯酸酯和乙酸乙烯酯，萃取溶剂为丙酮；接枝单体为丙烯酸和丙烯酸酯，萃取溶剂为丙酮，接枝单体为丙烯腈，萃取溶剂为二甲基甲酰胺。

将 50mL 离心试管洗净，在 105～110℃的烘箱中烘至恒重，准确称重。粗称 8～10g 经充分混合的接枝淀粉试样于离心试管中，在 105～110℃烘箱中烘至恒重，准确称重。

用量筒量取 30～40mL 根据接枝单体种类选择的萃取溶剂于离心试管中，用玻璃棒搅拌 1min 左右，加塞在室温放置 10h 以上，搅匀，然后放入低速离心机中进行沉淀，弃去上层清液，再加入 30～40mL 萃取溶剂，用玻璃棒搅拌均匀，放入离心机中沉淀，再重复操作两次，以充分洗去试样中的均聚物。

将萃取后的接枝淀粉试样晾干或在 50℃水浴中烘至无溶剂为止，然后在 105～110℃烘箱中烘至恒重，准确称重。

接枝淀粉中的均聚物含量按下式计算：

$$\text{均聚物含量}(\%) = \frac{m_1 - m_2}{m_1 - m_0} \times 100$$

式中：m_0——离心试管的质量，g；

m_1——去除均聚物前的试样和离心试管质量，g；

m_2——去除均聚物后的试样和离心试管质量，g。

2. 接枝百分率的测定

去除均聚物的淀粉接枝共聚物中含有接枝高分子的质量百分率称为接枝百分率，简称接枝率。其测试原理是用酸将已去除均聚物的接枝共聚物中的淀粉水解掉，然后过滤，所得产物即为接枝到淀粉上的高分子物质。

用 1mol/L 的盐酸 100mL 对已除去均聚物的试样在 98℃水浴中回流水解 10h，将淀粉彻底水解，水解程度用 I_2-KI 溶液检验。然后用 1mol/L 的 NaOH 溶液中和、过滤，水洗至无 Cl^-，用 $AgNO_3$ 溶液检验，所得不溶物即为接枝到淀粉上的高聚物，将这不溶物在 105～110℃的烘箱中烘至恒重，准确称重。

接枝百分率按下式计算。

$$\text{接枝百分率}(\%) = \frac{m_4}{m_3} \times 100$$

式中：m_3——去除均聚物的接枝淀粉的质量，g；

m_4——接枝到淀粉上的高聚物质量，g。

3. 游离单体含量的测定

游离单体是接枝淀粉中未参加反应的单体或既没有接到淀粉上，又未发生自身间聚合的单体，以占绝干接枝淀粉质量的百分率表示。其测试原理是利用溴酸钾在氧化溴化氢时所析出的溴与单体的双键起加成反应，多余的溴再与碘作用，最后以硫代硫酸钠滴定所析出的碘。

准确称取5g左右接枝淀粉试样于烧杯中，用400mL左右蒸馏水分数次充分洗涤试样，在布氏漏斗中过滤，收集各次滤液转移至500mL容量瓶中，用水稀释至刻度。用移液管吸取50mL滤液（如过量则改吸10mL），放到盛有30mL 0.5%十二烷基硫酸钠溶液的250mL碘量瓶中，摇匀后加入50mL 0.009mol/L的溴化钾-溴酸钾溶液（称取12.5g溴化钾和1.5g溴酸钾于200mL烧杯中，加适量水溶解并转移至1000mL容量瓶中，用蒸馏水稀释至刻度），然后迅速加入10mL 6mol/L的HCl溶液，并将瓶塞塞紧，摇匀放于暗处静置15min后，加入20mL 10%的碘化钾溶液，析出碘后立即用0.1mol/L $Na_2S_2O_3$ 溶液滴定至浅黄色，将近终点时，加入1%淀粉指示剂2mL，然后继续滴定到蓝色完全消失为终点。并做一空白试验。

接枝淀粉中的游离单体含量按下式计算：

$$W=\frac{(V_1-V_2)C}{V}\times\frac{V_f}{1000}\times\frac{M}{2}$$

$$\text{游离单体含量}(\%)=\frac{W}{W_0(1-W_w)}\times 100$$

式中：W——过滤液中不饱和单体的质量，g；
V_1——空白试验所消耗的 $Na_2S_2O_3$ 标准溶液的体积，mL；
V_2——样品试验所消耗的 $Na_2S_2O_3$ 标准溶液的体积，mL；
V——所取样品的体积，mL；
C——$Na_2S_2O_3$ 标准溶液的浓度，mol/L；
V_f——滤液总体积，mL；
M——不饱和单体的相对分子质量，若参加接枝共聚反应的单体多于一种，则取其摩尔加权平均值；
W_0——接枝淀粉样品的质量，g；
W_w——样品的水分含量。

十二、交联淀粉交联度的测定

大多数交联淀粉的交联度都是低的，因此很难直接测定交联淀粉的交联度。低交联度的淀粉，受热糊化时黏度变化较大，可根据低温时的溶胀和较高温度时的糊化进行测定。而高交联度的交联淀粉在沸水中也不糊化，故只能测定淀粉颗粒的溶胀度。

1. 交联度的测定

准确称取已知水分的交联淀粉0.5g于100mL烧杯中，加入蒸馏水25mL配成2%的淀粉液，放入恒温水浴中，稍加搅拌，在82～85℃溶胀2min（用秒表计时），取出冷至室温后，在2支刻度离心试管中分别倒入10mL糊液，对称装入离心机时，开动离心机，缓慢加速至4000r/min时，用秒表计，离心2min，停转，取出离心管，将上清液倒入一个培养皿中，称取离心管中沉积浆质量，再将沉积浆置于另一培养皿中于105℃烘干，称得沉积物干质量。

2. 计算

交联淀粉颗粒的溶胀度根据下式计算：

$$\text{溶胀度}(\%)=\frac{m_1}{m_2}\times 100$$

式中：m_1——沉积浆质量，g；

m_2——沉积物干质量，g。

十三、预糊化淀粉糊化度的测定

1. 原理

预糊化淀粉糊化度的测定原理是：淀粉由许多葡萄糖分子通过 α-1,4 糖苷键连接而成，酶对糊化淀粉和原淀粉有选择性的分解，TaKa 淀粉酶能在一定温度下将定量的熟淀粉在一定时间内转化成一定量的麦芽糖和葡萄糖，而转化糖的数量与淀粉生熟程度有比例关系，故可根据生成的糖量计算出糊化度。

2. 实验步骤

分别称取通过 60 目筛的磨碎试样 1g（水分 14%）置于 2 个 100mL 的三角瓶中，分别标记为 A_1、A_2，另取 1 个 100mL 的三角瓶，不加试样作为空白，标记为 B。向这 3 个瓶中各加入蒸馏水 50mL。

把 A_1 置于电炉上煮沸或在沸水浴中煮沸 20min，然后将 A_1 三角瓶迅速冷却到 20℃（夏天高温时应将 A_2、B 与 A13 个三角瓶一起迅速冷却到 20℃）。

在 A_1、A_2、B_3 个三角瓶中各加入 5%的 TaKa 淀粉酶液 5mL（用时现配），在 37～38℃水浴中保温 2h，每 15min 搅拌一次，然后在 3 个三角瓶中迅速加入 1mol/L 的盐酸溶液 2mL，用蒸馏水定容至 100mL，过滤后做检定液用。

各取检定液 10mL，分别置于 3 个 100mL 具塞磨口三角瓶中，各加入 0.1mol/L 的碘液 10mL，0.1mol/L 的 NaOH 溶液 18mL，然后加塞静置 15min。静置后在上述 3 个三角瓶中各加入 10%的硫酸溶液 2mL，用 0.1mol/L $Na_2S_2O_3$ 的标准溶液进行滴定，待试样颜色变为淡黄色时加入 1%淀粉液作指示剂，继续滴定至蓝色消失，记录所消耗的 $Na_2S_2O_3$ 标准溶液的体积。

3. 计算

预糊化淀粉的糊化度按下式计算：

$$糊化度(\%) = \frac{Q - P_2}{Q - P_1} \times 100$$

式中：Q——空白试验所消耗的 $Na_2S_2O_3$ 标准溶液的体积，mL；

P_1——糊化完全时所消耗的 $Na_2S_2O_3$ 标准溶液的体积，mL；

P_2——待测试样所消耗的 $Na_2S_2O_3$ 标准溶液的体积，mL。

十四、辛烯基琥珀酸酯淀粉取代度的测定

1. 实验步骤

精确称取试样 0.5g 于 150mL 烧杯中，用数毫升试剂级异丙醇湿润。吸取 2.5mol/L 的盐酸异丙醇溶液 25mL，加入并淋洗烧杯壁上的试样。在磁力搅拌器上搅拌 30min，用量筒加入 90%的异丙醇 100mL，继续搅拌 10min。用布氏漏斗过滤试样溶液，并用 90%的异丙醇淋洗滤渣直至洗出液无氯离子为止（用 0.1mol/L 的 $AgNO_3$ 检验）。将滤渣移入 600mL 烧杯中，用 90%的异丙醇仔细淋洗布氏漏斗，洗液并入 600mL 烧杯中，用蒸馏水定容至 300mL。于沸

水浴中加热搅拌 10min，以酚酞为指示剂，趁热用 0.1mol/L 的 NaOH 标准溶液滴定至终点。

2. 计算

辛烯基琥珀酸酯淀粉取代度按下式计算：

$$取代度 = \frac{0.162A}{1-0.210A}$$

式中：A——每克辛烯基琥珀酸酯淀粉所耗用 0.1mol/L 的 NaOH 标准溶液的物质的量，mmol。

十五、硬脂酸淀粉酯取代度的测定——反滴定法

1. 原理

过量的碱处理硬脂酸淀粉酯，使硬脂酸水解下来生成硬脂酸钠，多余的碱再与酸反应，同时作一空白，即可测出硬脂酸的量。

2. 实验步骤

1）样品测定

称取 15g 样品置于 250mL 碘量瓶中，加入 80mL 60℃体积分数为 95%的乙醇（去除未反应的硬脂酸）。浸泡并不断搅拌 10min，将样品倒入布氏漏斗，用 60℃ 80%乙醇抽滤洗涤至无氯离子为止，再将样品在 50℃下烘干，然后在 105℃下烘干至恒重。

精确称取此纯净、干燥的样品 4g 于 250mL 三角瓶中，加入 50mL 蒸馏水，再加入 20mL 0.25mol/L 的标准 NaOH 溶液，置于振荡器中，于 110r/min 的转速下振荡 50min，然后加入两滴酚酞指示剂，用 0.1mol/L 的标准 HCl 滴定至粉红色刚好消失，记录耗用盐酸的体积 V_1。

2）空白测定

称取 4g 原淀粉，加入 20mL 0.25mol/L 的标准 NaOH 溶液，置于振荡器中，于 110r/min 的转速下振荡 50min，然后加入两滴酚酞指示剂，用 0.1mol/L 的标准 HCl 滴定至粉红色刚好消失，记录耗用盐酸的体积 V_0。

3）结果计算

硬脂酸淀粉酯的质量分数和取代度（DS）按下面公式计算：

硬脂酰基质量分数：

$$W(\%) = \frac{267c(V_0 - V_1)}{1000M} \times 100$$

取代度计算：

$$DS = \frac{162c(V_0 - V_1)}{1000M - 266c(V_0 - V_1)}$$

式中：DS——取代度，定义为每个 D-吡喃葡萄糖残基中的羟基被取代的平均数目；

W——硬脂酰基质量分数，%；

162——葡萄糖酐（AGU）单元的分子质量；

267——硬脂酰 $CH_3(CH_2)_{16}CO^-$ 的分子质量；

c——标准 HCl 的摩尔浓度，mol/L；

M——干样品的质量，g；

V_0——滴定空白液用去的标准盐酸的体积，mL；

V_1——滴定样品用去的标准盐酸的体积，mL。

十六、抗性淀粉含量的测定-TSA 法

采用美国分析化学家学会（AOAC）推荐的酶-重力法测量各淀粉增抗后的抗性淀粉含量。首先将经过老化处理的淀粉用高温淀粉酶在93℃水浴中搅拌酶解 30min，加酶量以每克淀粉干基 500 单位，然后升温至 100℃灭酶 15min；冷却至 60℃，以 10mmol/L 浓度的 HCl 液调节物料 pH 为 4.5，加入葡萄糖淀粉酶（5000U/干基淀粉）水浴中继续水解上述淀粉 30min 后，取出冷却至室温；将淀粉水解液布氏漏斗抽滤，沉淀用蒸馏水洗涤三次以上；沉淀在 80℃条件下干燥，105℃恒重，冷却称重，获得 RS 含量，并计算 RS 得率。

第五节　淀粉检测新技术

淀粉糊化黏度可用布拉班德黏度仪（Brabender Viscograph，BV）和快速黏度分析仪（Rapid Visco Analyzer，RVA）测定。

一、布 拉 班 德

布拉班德黏度仪是连续追踪淀粉糊化过程中黏度变化最常用的仪器，也叫做淀粉黏度仪（amylograph）。它是一种与同心双层圆筒型旋转黏度计相近似的仪器。这种仪器是使外筒以一定速率（75r/min）旋转，在带动内筒的圆板上安装 8 根支杆，与此相对，在外筒底部也安装 8 根支杆，使外筒在试样中转动时产生的扭矩与弹簧的扭转相平衡，将弹簧偏转的角度记录在记录纸上。温度是通过安装在温度计的水银触点，以一定的速率往上升高的，它能与时间成比例，每隔 1min 升高 1.5℃。另外，通过往冷却管道中输送冷水也可以一定速率进行冷却。记录下的黏度时间（温度）曲线称为布拉班德黏度曲线。以 700cm · g 作为 1000 布拉班德黏度单位（BU）。

具体步骤为：测定时预先往 500mL 25℃的蒸馏水中加入一定量的淀粉（马铃薯淀粉 5%，甘薯淀粉 6%，小麦和玉米淀粉 10%），使之最高黏度能达到 700～800BU，然后倒入外筒内。从设定室温（25℃）开始以 1.5℃/min 或 2.0℃/min 的升温速率加热至 95℃，在 95℃保持一定的时间（10～60min），然后通入冷水以同样的速率降温至设定温度，保持一定的时间（10～60min）。测定过程中，温度受程序的控制，按恒定的速率上升或下降，以黏度和温度对时间作图可以得到黏度和温度曲线图，计算机专用软件通常在图上截取 6 个特征点，并自动计算出糊的回生值和破损值，该值和 RVA 的概念有所不同。该仪器可供设定的参数有：起始记录温度、升温速率、加热和冷却温度、保温时间、加热和冷却模式等。

二、RVA 快速黏度分析仪

快速黏度分析仪是一种连续记录式旋转黏度计，具有加热、冷却和可改变剪切力的能力，由于它能以可控制的方式迅速加热并冷却试样，因此特别适用于测试淀粉质产品。

1. 测试程序

RVA 按照预先设定的测试程序进行测试。每个测试程序均由一系列按时间顺序设定的

温度和剪切力（搅拌速率）构成。包含多达 128 个温度和速率设定。可将测试程序储存以便于以后调用。在测试程序中各相邻温度设定段之间以线性方式升温。速度可在程序中设定，起到指示时间的作用。测试完成时，可以按照预定的方式自动对与该测试程序相关的资料进行分析。

2. 测试操作

测试的试样被置于一次性的铝制样品筒内。搅拌器置于该样品筒中并且其上端被插入搅拌器接头中。搅拌器接头由位于 RVA 主机顶部塔帽中的搅拌电动机驱动。

操作者如欲开始测试，可按照仪器的指示，将塔帽按下，使样品筒下降进入铜制哈夫基座的凹处，即可启动测试循环。基座紧紧夹持住样品筒。由液压系统提供恒定地夹紧样品筒所需要的压力。由于夹持力使样品筒与基座的内表面密合而使其稍有变形。此种方式实现了基座和样品筒之间恒定而又可靠的热接触。随着基座被加热或冷却，样品筒及其内容物也被迅速加热或冷却。

搅拌电动机按测试程序规定的速率转动。通常，在测试开始时采用高速（960r/min）混合 10s，使试样充分混匀。然后，在较低的测量速率（160r/min）下进行测试。

3. 温度的控制

温度信号由铜质基座中内置的两只铂传感器发生。由独立的电路连续测量传感器的阻抗并数字化，供微处理器进行处理。计算机程序据此计算出跟踪温度程序所需要的加热或冷却力度。基座由内置的阻抗组件加热，并由通过机加工管路的流动自来水冷却。因此，很容易获得高达 15℃/min 的加热/冷却速率，在 13min 内即可获得一条完整的糊化曲线（加热-保持-冷却循环）。

4. 黏度的测量

RVA 的微处理器通过一个闭合的模拟环回路控制着电动机的转速。为保持电动机恒定转速所需要的电流被测量并数字化送达微处理器，成为扭力矩信号，随即被转换为黏度值以便储存或显示。

RVA-SUPER3 的可测黏度范围为 50～6000cP（厘泊），RVA-SUPER3＋为 50～12 000cP（80r/min），而 RVA 4 则为 50～50 000cP（80r/min）。可测黏度范围受电动机扭力矩的限制，并取决于搅拌器的转速和被测试样的性质。推荐 RVA-SUPER3＋和 RVA-4 使用的最低转速分别为 40r/min 和 10r/min。在 RVA-SUPER3 中，在开始阶段的快速混合后，转速固定于 160r/min。

黏度测量单位为厘泊（cP）或 RVU。其换算关系为 1RVU＝12cP。

淀粉质的糊和凝胶显然是非牛顿型的，它们的表观黏度不仅随试样的浓度和温度改变，而且随剪切力、剪切的经历、时间和其他因素而变化。控制所有的参数以便保证测试过程的可比性是十分必要的。因此，建议在适当的场合均应使用标准方法。

5. 糊化曲线

淀粉在水中因加热和冷却而发生的黏度变化一般均呈现有相同特征的糊化曲线（图 7-1）。

6. 常用的特性参数

RVA 糊化特性曲线最重要的参数是峰值黏度和最终黏度，其他常用的特征参数有峰值时间、糊化温度、峰值温度、最低黏度、衰减度、回生值。

7. 测试结果的电子显微图

RVA 测试的玉米糊化不同阶段的黏度变化及显微图如图 7-2 所示。

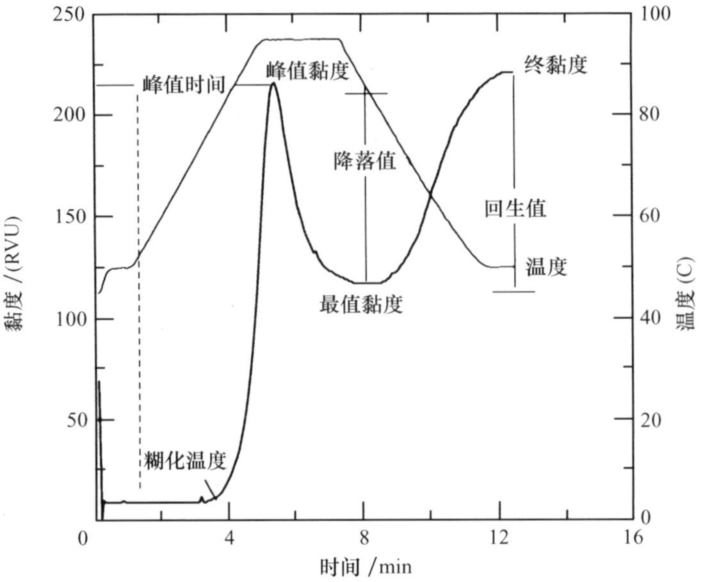

图 7-1　典型的 RVA 糊化曲线

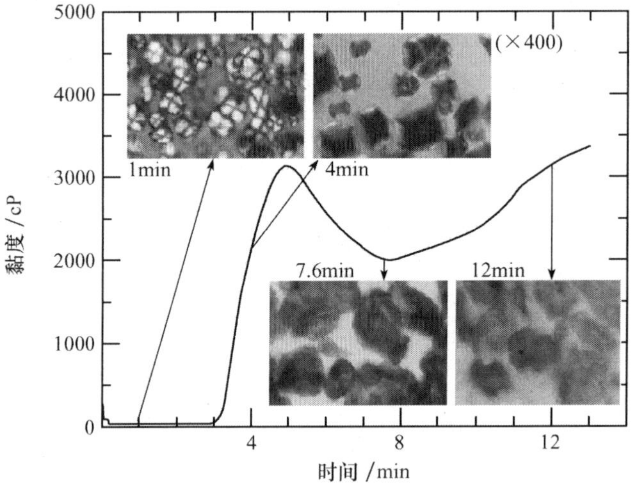

图 7-2　RVA 测试的各个糊化阶段普通玉米淀粉颗粒的黏度及显微图片

三、DSC 差示扫描量热仪

1. DSC 原理

差示扫描量热法（Differential Scanning Calorimetry，DSC）是在程序升温条件下，保持待测物质与参照物温差为零，测定由于待测物相变或化学反应等引起输给它们所需能量差与温度关系的一种方法，是用来进行高分子聚合物物态转化及热效应分析的常用技术手段，可用于测定高聚物晶体熔点、结晶度、物态转变热效应等。

淀粉糊化温度大多采用差示扫描量热法测定，从 DSC 谱上可确定糊化起始温度（T_o）、峰值温度（T_p）、最终糊化温度（T_c）和糊化过程焓变（ΔH）等参数。差示扫描量热法是在程序升温下，保持待测物质与参照物温度差为零，测量输给待测物质和参照物的热量差随温度变化的一种技术。根据所用测量方法不同，该技术又可分为功率补偿差示扫描量热法和热流式差示扫描量热法。

淀粉糊化温度是指淀粉粒在加热过程中发生不可逆润胀，丧失其双折射和结晶性的临界温度。糊化温度可用偏光显微镜测定淀粉丧失双折射线方法测定，玉米淀粉糊化温度为 62℃～67℃～72℃、小麦淀粉为 58℃～61℃～64℃，马铃薯淀粉为 56℃～62℃～67℃，玉米和小麦淀粉糊化温度明显高于马铃薯淀粉。稻米糊化温度可通过碱消值法间接测定。

2. 测量方法

以 DSC822e 差示扫描量热仪为例，说明具体实验方法。

1）准备

（1）检查 DSC 传感器的位置。DSC 传感器必须准确置于炉体的中心。如果 DSC 传感器没有置于中心位置，进入步骤（2）如果 DSC 传感器置于中心位置，进入步骤（3）；

（2）用中心调节器调节 DSC 传感器；

（3）采用下列的温度程序创建适合您仪器的方法：

第一部分：动态基本模块 1：25～500℃，加热速率为 20K/min。基本模块 2：25～700℃，加热速率为 20K/min；

第二部分：等温基本模块 1：在 500℃为 60min。基本模块 2：在 700℃为 20min 坩埚类型选择 No Pan，并为该方法取名为“Heat”；

（4）使用方法“Heat”进行一次没有坩埚的实验；

（5）检查左边的进气口和右边的外壳是否没有灰尘，这样它们就能进行适当的冷却；

（6）进行铟检查；

（7）在第一次测量前，运行一次没有样品的温度程序，将仪器进行预处理。

2）检测

（1）向 DSC822e 发送实验。仪器进入起始温度（inscrt tcmpcrature）阶段。WAIT FOR INSERT SAMPLE（放入样品）显示在模块控制窗口上；

（2）如果要使用吹扫气体，检查流速。通常的流速为 80mL/min（绝不要触碰炉体、炉盖或刚从炉体中取出的样品，炉体的温度会达到 500℃或 700℃，用镊子移动炉盖或样品）；

（3）用镊子移走炉盖；

（4）将样品坩埚小心的放在 DSC 传感器的左边坩埚位置上；

（5）确保右边的参比坩埚是空的；

（6）用镊子盖上炉盖；

（7）在模块控制窗口中选择 OK；实验结束时，WAIT FOR REMOVE SAMPLE（取走样品）出现在模块控制窗口；

（8）打开炉室取出样品。如果使用氧化铝坩埚，要先等它冷却后才能放在放置热物品的蓝色平台上（坩埚冷却过快会破裂）；

（9）按 OK 确认；

（10）测量后，将要测量仪器设定至待机温度，可如下操作：单击控制模块窗口上的 RESET 按钮，仪器进入待机温度；

（11）测量后要关闭加热电源，可如下操作：双击控制模块窗口上的 RESET 按钮。加热电源被关闭（炉体电源断开）。

四、质　构　仪

由英国 Stable Micro Systems 公司研制生产的质构仪（简称 SMS 物性测试仪）现在已经广泛应用于检测各种食品感官品质，将人对食品的感觉量化，是现在国内外通用的质构分析仪。随着该质构仪的进一步发展，SMS 物性测试仪不仅可以检测食品口感特征，还研发出两种探头分别为面团吹泡装置和面团拉伸装置来检测面团的流变学特性。SMS 物性测试仪的面团吹泡试验和面团拉伸试验的方法都遵循国际标准方法 ICC No. 121 和 ICC No. 114/1，并且数据具有可比性。

1. SMS 新型的吹泡仪 D/R 系统

面团的流变学特性与面团的焙烤品质密切相关。新型的吹泡仪在雷丁大学食品科学系教授 Bogdan Dobraszezyk 和 Clive Roberts 与 Stable Micro Systems 公司的共同努力下诞生的，被命名为 Dobraszezyk/ Roberts 面团膨胀系统（简称 D/R 系统），测试模拟焙烤膨胀中面团流变特性。该仪器如图 7-3 所示。

该吹泡仪采用 SMS 质构仪用活塞充气装置，向固定在吹泡仪上的面片充气，通过压力传感器来测量面团充气时受到的压力，面团膨胀的体积通过活塞的位移来计算。面团的流变特性（如张力、压力和弹性）可通过压力、体积和时间来计算。该吹泡仪对样品的处理过程简便，转到测试系统上就不再与样品接触，这个成熟的系统可应用于研发、品控和产品生产监控的全面综合的测试工具。可自动显示结果及根据给定值计算吹泡结果（图 7-4）。

图 7-3　质构仪

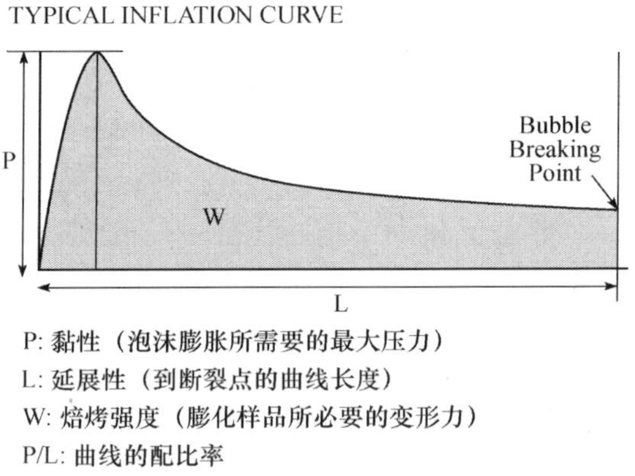

图 7-4　质构仪吹泡结果图

2. SMS 质构仪在评价面制品感官品质中的应用现状及前景

目前，国内外普遍使用 SMS 质构仪检测面制品的感官品质，这些方法已经被国际标准方法批准，如用 AACC 74-09 标准方法检测面包硬度，AACC 16-50 标准方法检测意大利面条和通心粉的硬度，并且 AIB 也批准很多 SMS 质构仪用于评价面制品（蛋糕、妙芙、蛋卷、汉堡等）的口感。研究人员也采用 SMS 质构仪测量馒头的硬度、黏性、咀嚼度、弹性等质构参数，并分析这些质构参数与面粉的淀粉及其组分的相关性。结果表明，较高的支链淀粉与直链淀粉比和较高的破损淀粉含量对馒头品质有较好的影响。

思　考　题

1. 淀粉产品有哪些特性指标？简述这些特性指标的测定方法。
2. 淀粉含量的测定主要有哪几种方法？每种测定方法依据的原理是什么？
3. 简述直链淀粉和支链淀粉含量测定的原理。
4. 淀粉糖按其成分组成可以分为哪些？简述这些淀粉糖的测定方法。
5. 什么是抗性淀粉？简单介绍抗性淀粉的测定方法。
6. RVA 糊化特性曲线的参数有哪些？每个参数代表的意义是什么？
7. 综述 SMS 质构仪在评价食品感官品质方面的现状及应用前景。
8. 目前淀粉检测有哪些新技术以及这些新技术的应用前景？

主要参考文献

曹军卫，马辉文，张甲耀. 2007. 微生物工程. 北京：科学出版社，456-468

曹龙奎，李凤林. 2008. 淀粉制品生产工艺学. 北京：中国轻工业出版社

陈炳瑜. 2001. 可完全生物降解塑料PHA. 材料导报，2：52

陈国强，吴琼. 2001. 生物可降解塑料——聚轻基脂肪酸酯（PHA）的生产技术研究. 精细与专用化学品，18：22-25

陈璥. 2009. 玉米淀粉工业手册. 北京：中国轻工业出版社

陈宁. 2007. 氨基酸工艺学. 北京：中国轻工业出版社，78-92

陈志成. 2003. 薯类精深加工利用技术. 北京：化学工业出版社

崔孟忠，李竹云，徐世艾. 2003. 生物高分子黄原胶的性能、应用与功能化. 高分子通报，6：23-28

邓毛程. 2007. 氨基酸发酵生产技术. 北京：中国轻工业出版社，193-228

邓宇. 2002. 淀粉化学品及其应用. 北京：化学工业出版社

董仁威. 1988. 淀粉深度加工新技术. 成都：四川科学技术出版社

董兆麟. 2001. 可完全降解性生物塑料——聚经基烷酸的开发研究. 材料导报，2：52

段钢. 2010. 新型乙醇工业用酶制剂技术与应用. 北京：化学工业出版社

高嘉安. 2001. 淀粉与淀粉制品工艺学. 北京：中国农业出版社

黄平，刘毅刚，余明华. 2001. 生料酿酒技术. 北京：中国轻工业出版社

黄强，罗发兴，扶雄. 2005. 变性淀粉糊黏度的检测方法比较. 中国胶黏剂，14（12）

惠斯特勒. 1987. 淀粉的化学与工艺学. 王雒文，等译. 北京：中国食品出版社

贾树标，李盛贤，吴国锋. 2009. 新编乙醇工艺学（第二版）. 北京：化学工业出版社

江英，廖小军. 2004. 豆类薯类储藏与加工. 北京：中国农业出版社

金大勇，顾国维，杨海真. 2004. 生物降解塑料聚羟基烷酸（PHA）的研究进展. 氨基酸和生物资源，26（3）：30-32

金征宇. 2008. 碳水化合物化学——原理与应用. 北京：化学工业出版社

黎卫强. 2010. 糖化酶在食品工业中的应用研究进展. 沿海企业与科技，119（4）：65-67

李爱萍，李光吉. 2004. 聚羟基脂肪酸酯生物合成的研究进展. 高分子通报，10：20-26

李浪，周平，杜平定. 1994. 淀粉科学与技术. 郑州：河南科学技术出版社

刘清泉. 2002. 黄原胶产业的现状及发展趋势. 中国食品添加剂，6：5-8

刘亚伟. 2001. 淀粉生产及其深加工技术. 北京：中国轻工业出版社

刘亚伟. 2005. 小麦精深加工. 北京：化学工业出版社

刘亚伟. 2008. 淀粉基食品添加剂. 北京：化学工业出版社

彭菊芳. 2001. 圆褐固氮菌G-3菌株聚羟基烷酸（PHA）提取研究. 西北大学硕博学位论文

钱建亚，顾林. 1999. 三种常用淀粉糊化测定方法的比较. 西部粮油科技，24（4）

秦波涛，李和平，王晓曦. 1999. 薯类的综合加工及利用. 北京：中国轻工业出版社

司徒海峰，许喜林，陈维钧. 1999. 两步发酵法生产黄原胶的研究. 华南理工大学学报（自然科学版），27（6）：114-117

苏涛，周河治，梁静娟. 1997. 微生物合成可降解塑料聚羟基链烷酸（PHA）. 工业微生物，27（3）：37-48

唐雪玲. 2003. 提高G-Ⅲy菌株PHB产量及其性质改善的研究. 西北大学硕博学位论文

王惠权，何秉旺. 1994. 微生物β-淀粉酶研究进展. 微生物学通报，21（1）：44-47

韦革宏，杨祥. 2008. 发酵工程. 北京：科学出版社，208-217
吴爱芳，张鸿. 小麦和面粉加工行业中品质控制仪器应用. 北京微讯超技仪器技术有限公司
吴振强. 2006. 固态发酵技术与应用（第三版）. 北京：化学工业出版社，198-207
徐开天. 2008. 乙醇蒸馏技术. 北京：中国轻工业出版社
徐世艾. 2000. 黄原胶的制备. 食品与发酵工业，26（5）：56-61
杨婀娜. 1990. 淀粉糖工艺学. 哈尔滨：黑龙江科学技术出版社
尤新. 1999. 淀粉糖品生产与应用手册. 北京：中国轻工业出版社
尤新. 1999. 玉米深加工技术. 北京：中国轻工业出版社
尤新. 2008. 玉米深加工技术（第二版）. 北京：中国轻工业出版社
尤新. 2010. 淀粉糖品生产与应用手册. 北京：中国轻工业出版社
于云岭，刘桂芳，张岩，等. 2000. 利用稻米发酵生产柠檬酸工艺的研究. 天津轻工业学院学报，4：31-35
张剑，林庭龙，秦英，等. 2009. β-淀粉酶研究进展. 中国酿造，5：5-8
张力田. 1998. 淀粉糖. 北京：中国轻工业出版社
张力田. 2011. 淀粉糖（第三版）. 北京：中国轻工业出版社
张美莉. 2007. 杂粮食品生产工艺与配方. 北京：中国轻工业出版社
张燕萍. 2007. 变性淀粉制造与应用. 北京：化学工业出版社
张友松. 1999. 变性淀粉生产与应用手册. 北京：中国轻工业出版社
章克昌. 2010. 乙醇与蒸馏酒工艺学. 北京：中国轻工业出版社
赵凯. 2009. 食品淀粉的结构、功能及应用. 北京：中国轻工业版社
周显青. 2003. 食用豆类加工与利用. 北京：化学工业出版社
朱坚真，莫澎，叶盛权. 2009. 中国乙醇生产与经营. 北京：化学工业出版社
2005-12-17. 淀粉质原料乙醇生产技术. 中国酿造网. http://www.niangzao.net/news/157/15798.html
2010-08-23. 2001-2010年中国发酵酒精产量统计. 中国产业信息网. http://data.chyxx.com/shpyl/201008/G37161L9PI.html
Bhattacharya M. 1987. Kinetics of starch gelatinization cluring extrusion cooking. Food Sci，(5)：23
Conway H F. 1986. How extrusion cooking variesproduct properties. Food Eng，40：102
Gomez M H. 1984. Aphysiochemical model for extrusion of corn starch. Food Sci，49：40